通信建设工程专业监理实务系列丛书

数据中心配套建设工程监理实务

赵忠强　崔　昊　许　杰　周　亮 编著

中国矿业大学出版社

内 容 提 要

本书从工程监理角度全面描述数据中心配套建设工程组成特点,影响数据中心安全稳定工作的因素及工程建设标准、施工进度和质量控制、安全生产监督管理、工程竣工验收等工作重点和监理措施。书中总结了数据中心配套建设工程施工过程中常见的质量和安全生产事故案例,通过对案例的分析,提醒监理在此类工程中安全生产监督管理的重点和难点,提示读者在工作中注意。结合监理工作的过程,书中整理了数据中心各专业质量检查、过程验收监理用表,供读者实际工作中参考。

本书通俗易懂,资料性强,适合数据中心配套建设工程监理人员阅读,可作为数据中心建设单位参阅资料数据中心配套建设工程设计、施工、材料设备供应以及大专院校师生参考书。

图书在版编目(C I P)数据

数据中心配套建设工程监理实务 / 赵忠强等
编著.—徐州:中国矿业大学出版社,2016.12
ISBN 978 - 7 - 5646 - 3430 - 8

Ⅰ.①数… Ⅱ.①赵… Ⅲ.①通信设
备—机房—建筑工程—监理工作 Ⅳ.①TU712

中国版本图书馆 CIP 数据核字(2016)第 323261 号

书 名	数据中心配套建设工程监理实务
编 著	赵忠强 崔 昊 许 杰 周 亮
责任编辑	杨 洋
出版发行	中国矿业大学出版社有限责任公司
	(江苏省徐州市解放南路 邮编 221008)
营销热线	(0516)83885307 83884995
出版服务	(0516)83885767 83884920
网 址	http://www.cumtp.com E-mail:cumtpvip@cumtp.com
印 刷	江苏淮阴新华印刷厂
开 本	787×1092 1/16 印张 20.25 字数 500 千字
版次印次	2016 年 12 月第 1 版 2016 年 12 月第 1 次印刷
定 价	60.00 元

(图书出现印装质量问题,本社负责调换)

序

　　作为云计算的基础设施和下一代网络技术的创新平台,数据中心的发展成为近年来行业关注的热点,安全、稳定、可靠的数据中心网络成为信息技术产业发展的重要保障。随着数据中心网络的快速发展,数据中心建设工程呈现多元化发展态势,由电信运营商建设逐渐向多渠道共建或单独建设演变。在数据中心建设过程中,施工环境、施工过程、施工验收标准等都是重点把控的关键因素。《数据中心配套建设工程监理实务》正是基于上述背景和现实需求的一部应景之作,可作为数据中心配套建设工程从项目设计至竣工验收的全过程参考书。

　　该书深入剖析数据中心配套建设工程特点,全面阐述数据中心配套建设工程在质量控制、进度控制、安全生产监督管理及工程协调中的监理工作要点。内容全面、程序规范、组织严谨,对涉及的各专业工程施工质量进行详细描述,符合国家及行业建设工程监理规范要求。书中涉及相关安全生产事故案例来自作者多年工程实践过程中收集整理的典型案例,具有较强的指导作用。该书是数据中心配套建设工程中难得的监理工作指导书。

　　近年来,作者所在单位(中邮通建设咨询有限公司)先后完成数十项数据中心建设工程、数据中心配套设备工程监理任务,建设单位包含电信运营商、政府机构、大型企业等。该公司在数据中心全专业监理工程中积累了丰富的经验,总结形成一套符合国家和行业标准规范的数据中心全专业监理资料,培养出一批具有国家注册监理工程师执业资格的行业专家和领军人物。为适应如火如荼的数据中心建设工程监理,该公司技术发展与信息化部组织专业人员编写了通信建设工程各专业监理实务,形成系列丛书,《数据中心配套建设工程监理实务》是其中之一。

　　鉴于数据中心建设工程涉及专业多,技术含量高,建设标准严,工序交接复杂,建设过程中临时用电、临时用气、登高作业以及各类电动工具使用较多,在施工过程中难免会出现偶发事件,读者在实际工作中应重视。该书尚存在对工程偶发情况描述不全等不足之处,读者在实际工作中应注意分析不同数据中心建设工程个性特点,结合实际以求监理工作更加科学、规范。

2016 年 8 月

前　言

随着互联网技术迅速发展，信息数据传输的容量大幅度增加，用户需求的数据存储空间、信息存储量越来越大，对机房设备容量的要求越来越高，速度要求越来越快。人们之间交流方式的改变，通信业务内容的增加，对各种信息数据的需求量急剧增长，在信息数据的应用上，更加依赖基于网络技术的大容量存储和交换设备；在大数据、互联网$^+$的驱使下，数据中心目前处于高速增长期，建设速度加快，建设范围由电信运营商逐渐发展到多渠道，加上老机房改造或扩容，其建设规模进一步扩大。数据中心设备集成化水平和精密度不断提高，设备对数据中心机房的环境要求也越来越高，数据中心建设难度和精度越来越高。作为信息网络的基础设施数据中心，将承载更多的设备安全、稳定、可靠、大容量，并要求数据传递迅速、有效，以满足不同类别信息产业发展的需求。

在我国科学技术飞速发展过程中，数据中心的地位越来越重要，在其设计、施工、材料使用上的要求越来越严格，特别是一些新技术、新材料、新设备的出现，对数据中心质量安全及使用功能的要求也发生了很大变化。数据中心机房在交付使用以后，既要保障设备安全可靠运行，又要求有数据中心机房环境温度、湿度监控及有效动力供给、有效防雷电等技术措施，同时还要满足一定期限的扩容冗余。

因此，数据中心机房的设计、施工质量直接关系到设备能否安全、稳定地可靠运行，能否保障数据中心配套建设工程施工质量达到设计指标，保障各类信息传输的畅通无阻，是数据中心建设过程中需直接面对的问题。作为数据中心配套建设工程监理，在熟悉掌握数据中心建设特点的同时，工作中严格履行建设工程监理合同，是保障数据中心配套建设工程在质量、进度、投资等方面实现其预期使用功能的重要因素，为做好数据中心配套建设工程监理工作而编写本书。

从监理的角度考虑，本书从以下几个方面描述数据中心配套建设工程监理工作：影响数据中心安全、稳定、可靠运行的主要因素，数据中心配套建设工程监理方案，监理文件资料管理，监理进度控制重点和措施，数据中心配套设备安装质量控制细则，安全生产监督管理的监理工作等。为了杜绝隐患，明确质量事故、安全事故给工程实施过程带来的危害，列举了十九个安全生产事故案例，通过分析找出这些质量事故、安全事故形成的原因，便于工作中引以为戒。同时，简要介绍数据中心机房的能效管理以及模块化数据中心（微模块）的特点和监理措施。

全书以监理工作程序为主线，体现数据中心配套建设工程施工过程控制，有针对性地说明工程实施各阶段安全、质量管控过程和方法，便于发现和处理施工中出现的问题，落实监理工作。本书内容充分考虑监理人员工作的特点，严格遵照工程建设程序、工程建设法规、行业标准，通过工程质量控制、安全生产监督管理、工程协调等措施在现场的落实，使得监理的工作更加科学、规范。

本书是通信建设工程专业监理实务系列丛书的第一册,后面将陆续出版通信铁塔专业、通信管道和线路专业、移动无线网专业等监理实务。在编写过程中得到中邮通建设咨询有限公司总经理刘泽生、副总经理司方来、技术发展与信息化部经理崔昊、人力资源部经理徐云和、苏北分公司经理许杰等大力支持以及公司技术发展与信息化部周亮的协助,引用和参阅了国家标准和行业标准,同时得到中国矿业大学计算机科学与技术学院高级工程师胡继普的指导,在此表示衷心感谢。

本书读者对象主要是数据中心配套建设工程监理人员,可作为数据中心建设单位的参阅资料,数据中心配套工程设计、施工、材料设备供应以及大专院校师生参考书。

本书不足之处,敬请读者批评指正。

作　者

2016 年 8 月

目　录

1 数据中心配套建设工程监理概述

1.1 数据中心机房概述

1.1.1 通信系统机房

目前,传统通信机房的概念发生了根本性变化。传统通信机房主要安装用于通信的语音信息传输、语音通信转接、语音信息交换等通信设备,其属于解决人们的语音交流问题。而新的通信机房已经不再为单纯语音通信所独占,传输的语音内容转变为便于计算机处理的全方位数字化信息,特别是互联网数据信息。为了处理这些互联互通的网络数据信息,机房内增添了很多网络设备,如网络服务器、存储设备、安全检测设备、自动控制设备,也包括数据交换机、路由器等网络转接设备,形成以处理互联网信息为主导的数字化综合通信机房,这种机房已经不再是传统意义上的通信机房。

通信系统机房:主要为系统设备提供运行环境的场所,可以是一幢建筑物或建筑物的一部分,包括主机房、辅助区、支持区和行政管理区等。通信机房的定义中有一个特殊的情况,就是电磁屏蔽室(屏蔽机房)——专门用于衰减、隔离来自内部或外部的电场、磁场能量的建筑空间体。因屏蔽机房内部设施是特定通信系统要求的,作为通信系统机房的特例,屏蔽机房主要被用在需要保密、对干扰防护要求非常高、涉及国家安全的重要通信信息系统,另外还有洁净机房,是对于机房防尘的要求。

1.1.2 数据中心机房

随着社会的不断发展进步,各行业、政府及企业,对各种信息数据的需求量急剧增长,在信息数据的应用上,更加依赖基于网络技术的大容量存储和交换设备,并要求这些信息数据安全、可靠,信息数据传递迅速、有效。作为信息网络的基础设施数据中心机房,将担负着这些功能,承载着更多的设备安全、稳定、可靠、大容量。

由于数据中心承载着大量的信息、数据内容,其机房不同于工业生产厂房和一般建筑,在数据中心机房的供配电、静电防护、电磁屏蔽、使用环境、智能化程度、接地特性、照明电气等方面都做了明确要求,并能全程监控机房的运行状态。随着互联网技术的发展以及数据应用量和应用范围不断扩大,数据中心的地位越来越重要,在数据中心的设计、施工、材料使用上的要求越来越严格,特别是一些新技术、新材料、新设备的出现,数据中心在其质量安全的要求上也发生了很大变化,数据中心建设单位对其机房的功能趋向多元化,对工程建设安全、质量及使用功能也提出了更高要求。

随着通信设备的技术性能不断提高,对数据中心机房环境的要求越来越高,比如机房内部的通信设备对在防腐抗霉变、机房的温湿度、机房设备保护的安全技术措施、机房的远程监控和本地告警、消防系统等都提出了更高要求。

由于数据中心的特殊性,在实时通信的过程中,数据中心机房设备的运行环境要求安全、稳定、不间断。因此数据中心机房必须具有不间断的动力供给并保证连续,对后备电源的要求也与机房电源一样具有安全、稳定、可靠、连续。

在数据中心配套建设工程项目建设过程中,数据中心机房用来安装设备,并保障其安全稳定运行。由于现在大部分通信设备的体积、重量等原因,要求机房建筑物的承重上必须满足安装通信设备的要求。一般分为两种选择:一种是建筑物建成后有选择地作为数据中心机房使用;另一种是在建筑物建设之前就确定为数据中心机房使用。这两种情况对后续工程建设的影响程度明显不同,与后续工程建设中所遇到的问题多少有直接联系。

1.1.3　对数据中心机房的要求

随着综合通信业务范围的加大,数据信息交换和传输容量不断增加。用户需求的数据存储空间和信息存储量越来越大,对机房设备容量的要求越来越高,速度要求越来越快。随着人们之间的交流方式的改变,通信业务内容无限增加,固定用户和移动用户对数据存储量要求不断加大。数据中心机房建设的能力增加,建设规模扩大,机房管理、使用维护都将发生根本性变化。随着数据中心设备集成化水平的提高,其精密度不断提高,设备对机房环境的要求越来越高,因此机房的建设难度和建设精度也越来越高。

数据中心机房在交付使用以后,既要保障机房设备安全可靠运行,又要求对机房环境温度、湿度、噪音、安全进行监控,以及有效的机房动力供给和防雷电等技术措施,同时还要满足一定期限的扩容冗余预留。同时,机房设计、施工质量直接关系到机房设备能否安全稳定且可靠地运行,是否能保证各类信息传输的畅通无阻。对数据中心机房的总要求是:安全、稳定、可靠、连续。

1.2　数据中心机房建设主要考虑因素

建筑物在建设之前明确作为数据中心机房使用的,在机房建设工程设计中就能充分考虑数据中心机房在工程建设、交付使用后对建筑物的要求等问题。包括机房建设的环境安全、机房用水用电的管道井设施以及机房建设过程的预留设施等。

建筑物作为他用,然后在其内部建设数据中心机房的情况比较被动。因为大部分建筑物并没有考虑数据中心机房要求的特殊性,往往是在原建筑的某一个区域选一个或几个房间作为数据中心机房,就会出现很多问题。表现最为明显的是消防、供电、楼层承重等方面的改造,给工程实施带来很多不便,对后期机房安全、稳定、不间断运行产生很大影响。

现在数据中心机房建设前期,监理参与选址的机会较少,但是随着建设单位对数据中心机房建设的重视,监理服务范围不断扩大,服务内容不断深入,有必要掌握或了解选择数据中心机房的相关内容,便于后续工作中有所提示。从对数据中心机房的要求来说,影响机房安全稳定可靠运行的主要因素有以下几个方面。

1.2.1　消防安全保障

由于一般建筑物的消防系统都是采用水消,当建筑物的某一处出现火灾等危情时,水消防系统会自动对该发生火灾的地点或区域进行喷淋,阻止火情蔓延或消灭火情。而数据中心机房内部有采用动力供给的设备在运行,因此建筑物内部的水消是不能应用于数据中心机房的。

数据中心机房采用的是气体消防,也即当机房出现火情时,机房内部的气体消防系统在设定的时延后自动启动气体消防系统,实施对机房内设备的火情控制。因此,鉴于消防系统的不同,一般采取的措施是:在数据中心机房内部新安装气体消防系统,这适用于无人值守的机房;采用独立的手动消防设施,适应于有人值守机房。显然,在一般建筑物内再建数据中心机房是较为被动的,这种情况一般适应于对机房要求不高的住宅小区、一般企业内部、普通办公楼宇等场所。

1.2.2 建筑物供电系统

一般建筑物对供电系统并没有特别的要求。一般建筑物在建设和使用中,电源在维护过程切换中允许停电,这就不能保证数据中心机房连续运行要求。要完成不间断通信,除了在机房建设中安装不间断设备以及配备足够容量的蓄电池以外,还要对供电系统进行大量的改扩建。如原来楼宇为单路供电的,要为数据中心机房独立设置另一路供电电路,当一路市电检修或故障时将自动切换至另一路市电供电,实现不间断。

由于数据中心机房内电子设备对干扰的敏感性,任何细小的干扰或电源波动都将影响设备工作的稳定性和系统工作性能。因此电压波动大、时常停电或掉电、电源浪涌脉冲滤波性能好坏、电源线路热噪声、线路谐波失真、电源频率漂移、来自电网或传输电路上的雷电脉冲、其他电器设备干扰的瞬时尖峰脉冲、电源线路相互间的干扰等,都将影响机房设备的正常、稳定工作。因此,要使数据中心机房设备工作稳定可靠,必须使用独立供电方式,即从市电接入开始采用专用电力线路、专用电力设备、专用机房配电设备对机房通信设备供电,才能满足设备正常运行,保障通信的各种性能要求。

1.2.3 环境安全

由于建筑物在建设中对机房建设要求的不甚了解,往往忽视了机房本身的安全以及机房受周围环境影响的因素存在和产生影响的可能性。① 数据中心机房运行过程中要求稳定、可靠,周围任何造成建筑物损坏、装修震动、房间泄/漏水都将给机房造成很大伤害,甚至造成机房报废;② 来自机房内部精密通信设备对灰尘的敏感性。再如,数据中心地点的选择应注意尽量避免建在人口密集的城市中心,存在化工、燃气、热电厂、大型变电站、河流、树林、山区以及风沙区域附近,这些地点将存在数据中心安全稳定运行的隐患,周围环境变化或环境出现骤变时直接或间接对数据中心造成不同程度的影响或伤害。

1.2.4 对环境影响

在原建筑内部建设数据中心机房时,不仅对建筑物提出了要求,还存在着建设过程对环境的破坏等问题。因此除了做好新安装设备、机房本身的防护措施以外,工程竣工后与建设单位交接验收之前,作为建设单位还必须做好对环境的保护和对机房、设备、装置的保护。同时,注意数据中心与原建筑的协调性,建设过程对建筑装饰性玻璃、地面、墙面、其他设备等方面的有效防范措施。

另外还要考虑机房所在建筑内部或外部、周围民众、居民及物业、环境周围的特点。数据中心机房要求设备工作稳定、安全,运行过程中任何不利因素都将造成机房稳定性变化,给数据通信和传输造成不同程度的影响。

1.2.5 环境监控

由于数据中心机房内部存在着大量精密的数字化通信设备,对环境的敏感程度非常高,为了保证设备正常运行,设备运行时必须处于全封闭的环境中。机房内部设备运行状态完全靠监控系统完成。因此数据中心机房的监控中,还需要配置监控或管理机房,对建筑物的要求同样比较特殊。

1.2.6 环境温度

由于数据中心机房内设备对运行环境有着非常严格的要求,要求温度恒定(22～24℃)、湿度达到机房设计性能指标的要求。目前保障数据中心机房环境温度的主要是空调设备,包括新风空调及洁净化设备。这与数据中心建设地点选择有直接的联系,建设地点的选择对数据中心的设计、建设成本、运行环境条件、运维费用都有紧密的联系。比如数据中心所在地的气候条件、地理环境,将有助于确定最合适的机房冷却措施以及运行环境投入,决定机房空调系统的设计与选型。

1.2.7 线缆走向限制

由于原建筑建设时仅考虑基本的工作生活需求,改建中通信系统的电缆、光缆、监控线等的进出、位置、信号线走向和抗干扰等都将受到制约。由于数据中心机房工作的引出/引入光(电缆)的存在,其走线路由选择较为困难。按照规定,数据中心机房光、电缆的引入方式必须是埋地管道,那么原建筑物大部分没有考虑这些特殊的要求,建筑物的地基基础不会留下进入楼宇的管道等设施,给后建数据中心机房增加了很多困难。

1.2.8 接地系统

数据中心机房对设备的接地有着非常严格的指标限制。接地线的敷设质量、位置、接地电阻的大小将直接影响设备的运行安全。原建筑物的接地线不能满足通信设备的工作要求,无论是在老建筑物还是在新建筑物内新建、改建、扩建数据中心机房,其接地线必须独立敷设,并与建筑物的防雷接地系统在入地端链接,形成联合接地系统。但是也应注意,有的老建筑的接地系统在建筑使用过程和市政工程建设中遭到破坏,原建筑接地系统在使用前(联合接地接入前)必须进行检查测试,防止因原建筑的接地系统不良而给数据中心带来潜在危害。

新建数据中心机房建筑工程中,应注意其接地要满足数据中心接地电阻的要求,在接地线(接地扁钢或接地铜棒、镀锌圆钢)的埋深、焊接质量、接地焊接方式(搭接)等,确保数据中心的等电位接地电阻要求。

1.2.9 电子干扰因素

数据中心机房内部的设备是精密的电子设备,对环境电磁干扰、电源干扰等非常敏感。某电源电路的电磁脉冲会造成设备的停止工作或错误的传递信息数据;某处的装修电站、电焊等产生的电火花干扰就可能造成设备的停止运行甚至报废。因此,一般建筑物中建设的数据中心机房安全防范能力非常薄弱。

1.2.10 机房大小

数据中心机房的建设中,设备的位置、间距、距物理墙体之间的距离都有严格要求,而一般建筑物并不会考虑机房的建设要求。

通信设备安装运行后,为了后期有效维护管理,要求设备距离物理墙面的最短距离不小于 600 mm,设备机柜本身的厚度一般在 600~1 100 mm 之间,加上设备前端的操作通道最小 600 mm,这样单列设备就必须建立在最小宽度为 1 800~2 300 mm 的范围内,数据中心机房的供电、后备蓄电池等同时在机房中使用,因此一个完整的单机柜机房的最小面积必须大于 6 m²。

1.2.11 楼层承重

数据中心机房设备的重量大小是有严格的标准。由于一般建筑物建设中考虑的是住宅、商务、办公等场所,忽略数据中心机房对建筑物承重、环境等方面的要求。比如机房承重,正常的居住建筑物楼层厚度为 100~150 mm,而数据中心机房地板的厚度一般要求为150~200 mm,大型数据中心机房地板的厚度一般要求大于 200 mm,而且楼板层的钢筋必须使用 Φ16 mm 以上双层或多层螺纹钢,混凝土现浇层;一般民用建筑物的楼层很难满足要求,制约着机房承重的大小。

原建筑物中常存在承重满足不了建筑材料、通信设备(如蓄电池)的堆放、设备存放及设备安装或蓄电池安装的要求。因此数据中心机房建设中对原建筑地面的承重必须经过有资质的检测单位检测其承重能力,在满足要求的情况下才能作为数据中心机房使用。施工前应详细了解建筑地面荷载,安装的设备或蓄电池超载时应按设计文件采取加固措施。

另外,为了保障数据中心机房设备的正常运行,作为后备电源的蓄电池放置也是需要考虑的。因为大容量的通信设备需要的蓄电池容量很大,蓄电池组很重,那么建筑物必须有足够的承重能力才能满足要求。

多楼层数据中心机房的设计中还应考虑楼板的吊挂能力,大容量数据中心机房在布放电源电缆和各类通信线缆时,需要架空吊挂,其上层楼板的质量不容忽视。

1.2.12 建筑物结构安全

在数据中心机房的建设中,涉及对原建筑部分墙体进行拆除、墙壁和楼层间(楼板)开孔等可能改变原建筑结构或影响原建筑物结构安全的施工,这些必须由原建筑设计单位或有相应资质的设计单位核查有关原始资料,在对原建筑结构进行必要的核验后确定施工方案。作为强制性标准,严禁建设单位和施工单位对原建筑结构随意更改,这就制约着在原建筑内设立数据中心机房。

1.2.13 机房高度

比如一般的商务办公和住宅楼宇的楼层高度为 2 500~3 300 mm,而通信设备机柜的高度为 1 800~2 200 mm,如果使用 2 200 mm 的标准机柜,按要求加上走线方式的交流和直流电源电缆,各类设备的通信、监控等线路的走线架距离机柜 400 mm,底座高度 600~800 mm,再加上各类线缆的敷设高度、人员操作空间 600 mm、消防管道设施 1 500 mm、空调静压箱高度等,那么总高度起码要求在 5 600~5 800 mm,就不能在 2 500 mm 高度的房间建设,数据中心机房的地点和位置将受到很大限制。

1.2.14 机房给排水

数据中心机房环境符合要求的措施之一是使用空调设备。一般风冷型机房专用空调设备的安装和使用后产生新的问题,就是排水,包括冷凝水排放和调节环境的加湿注入水两个通道。由于原建筑物并没有考虑这些问题,因此要建成符合要求的数据中心机房,必须重新打孔敷设管道,对原建筑将造成一定程度损坏。如果是水系统空调,因敷设管道的要求,更不便于在一般建筑物内部建设。

数据中心机房内部用电设备的防水是数据中心机房建设中不可忽视的重要内容。在居民区和一般楼宇中,一旦某地出现泄漏水,势必会对机房产生威胁,在选择数据中心机房的时候必须考虑这一点。

1.2.15 运行管理

建设前应充分考虑建成后的数据中心机房维护和管理,使其达到或满足建设单位的使用要求。管理区域一般包括:网络管理室、管理员生活卫生区、客户实验区、客户休息室、备件存放、应急或抢修通道等区域。

1.2.16 建筑预留

建筑预留就是在数据中心机房建筑工程施工过程中,给予后期数据中心机房配套设备施工中的各类互联互通管道、电源电缆、空调管道、消防管道以及弱电走线槽道的孔洞等,包括:数据中心消防管道的进、出通道;机房与动力供给(电力室)之间的走线通道;用于楼层之间电源电缆走线的各楼层间预留孔;高低压配电室与机房动力供给(电力室)之间的预留走线孔;空调机房至水冷机组、冷却塔之间的管道孔预留;空调机房的加湿水管孔洞预留;空调机房的地漏及排水管道(当大面积积水时排水防范措施);消防使用的机房泄压孔预留;机房与外部通信管道井和走线位置;数据中心的通信进线室;机房配电室与柴油发电机组之间的电缆管道(管道井);高低压配电室与外部变配电室的电源电缆管道(管道井);柴油发电机组与预埋储油箱之间的油路通道;水冷空调的补水池和管道孔等。一般建筑物基本不具备这些条件,如果重新开启势必影响原建筑物的结构安全。

同样,新建数据中心需要充分考虑这些因素,建筑预留部分掌控得不好,将给后期设备安装带来诸多变更,不仅影响工程进度,对工程整体影响也很大,不可忽视。

上面简单介绍数据中心机房建设的要求和影响因素,分析的主要目的是在数据中心配套建设工程建设中注意观察工程涉及的一些问题。由于数据中心机房要求安全、稳定、可靠,因此数据中心机房工程建设中的质量控制是非常关键的。数据中心机房建设质量直接与建设单位的重视程度、监理的工作成效关联。

总之,新建机房的选址应考虑问题是多方面的。一般情况下在已经建成的建筑物内建设机房,适应于非专业的或小型数据中心机房。这里非专业的就是机房内部不仅包含通信设备,还存在消防控制设备和照明电器设备等;在建筑物建设之前就确定为数据中心机房的,适应于专用机房或者数据中心机房。

在数据中心机房选定以后,下一步需要考虑:室内装饰装修、供配电系统、防雷与接地系统、空气调节系统、给水排水系统、综合布线、监控与安全防范、消防系统等相关内容。对专用数据中心机房来说,在机房建筑之前已经充分考虑了影响数据中心机房建设的诸类因素,有严格的设计、施工及验收标准。

1.3 数据中心机房及工程项目组成

1.3.1 通信机房及工程项目组成

对于一般的机房或者规模较小机房,建设项目的组成参见图1-1。在机房建设中,小型机房一般包括市电接入、机房配套设备安装、传输设备和传输管线等,分别作为独立的单位工程项目建设。

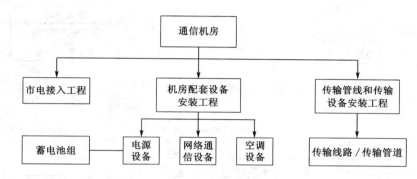

图1-1 通信机房建设工程的一般组成

1.3.2 数据中心配套建设工程项目组成

1.3.2.1 数据中心机房基本组成

数据中心机房与小型通用型机房有很大区别,主要是由构成综合类数据中心机房的特殊性和性质所决定,比如综合类数据中心机房的地位、作用、应用范围、建设重点、建设所考虑的问题不同。数据中心机房主要包括:① 主机房区域:数据中心的核心区域,主要用于互联网电子信息处理、存储、交换和传输设备的安装和运行的建筑空间,包括服务器机房、网络机房、存储机房等功能区域;② 支持区域:包含机房设备运行的动力、消防、能源保障区域,支持并保障完成信息处理过程和必要的技术作业的场所,如变配电室、柴油发电机房、不间断电源系统室、电池室、空调机房、动力站机房、消防设施用房、消防和安防控制室等;③ 辅助区域:包括大客户接待区域、网络管理室、监控室、测试室及体验室、客户休息室和备件仓库等;④ 灾备中心:包含在数据机房区域内,为用户提供数据备份的专用区域;⑤ 冗余和容错部分:主要是数据中心为了防止用户、网管、动力以及其他严重错误导致数据瘫痪灾难的恢复,其冗余是为了更加可靠地保障数据中心的运行,从动力提供到数据中心数据存储保障都留有一定的余量,以便用户数据和设备的扩容。同时,冗余包含重复配置系统的一些部件,当系统中某些部件发生故障时,冗余配置的部件介入并承担故障部件的工作,由此减少系统的故障时间,数据中心的组成参见图1-2。

1.3.2.2 数据中心机房运行环境要求

为了保障数据中心机房设备正常运行,电信级数据中心机房包括:数据网络系统、电气与不间断电源系统、空调通风系统、机房智能化系统、给水排水系统、消防系统、节能与环保等部分组成。数据中心机房运行环境组成参见图1-3。

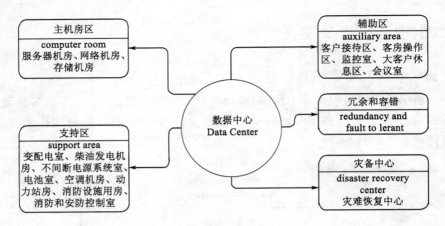

图 1-2　数据中心机房的组成

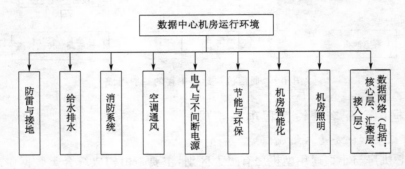

图 1-3　数据中心机房运行环境组成

1.3.2.2.1　数据网络

数据中心机房的数据网络是为客户网络和服务器设备托管提供电信级数据中心空间租用的基础设施及专业化服务,包含机架机位出租、VIP 机房出租、超额电力出租、工作附属区出租、机房装修工程等服务内容,并能在数据中心机房内提供互联网端口租用、IP 地址租用等互联网接入服务。

数据中心机房作为互联网数据节点,在资源出租服务基础上提供服务出租类增值业务,包括:安全专家服务(安全运营及 DDOS 防护)、客户网络及 IT 外包维护服务、内容分发服务、冗灾备份、KVM 等。

数据中心网络一般采用层次化结构,包括核心层、汇聚层、接入层。从简化网络层次、降低网络延时、降低固定资产投资和节能减排考虑,核心层和汇聚层可合并设计。为补充后台维护手段,A 级、B 级数据中心增加与数据中心业务网络隔离的运营管理层,采用 KVM 交换机、接入交换机及汇聚交换机等设备以连接客户的服务器。

数据中心网络设备和链路一般采用冗余配置,出口网络方向应采用至少两条上行链路接入到不同设备。A 级、B 级数据中心的上行链路使用不同方向的路由。

1.3.2.2.2　机房照明

数据中心机房的照明设计是结合机房的功能特点,合理确定照明功率密度值,是符合现行国家标准《建筑照明设计规范》(GB 50034—2013)中相关规定。主要内容有:

① 照明等设备加装三次消除谐波脉冲干扰装置。

② 数据中心机房采用光效高、显色性好三基色 T5 或 T8 直管细管径荧光灯及紧凑型荧光灯照明。

③ 数据中心机房灯具高度平走线架底,安装位置在设备列架中间。

④ 数据中心采用低能耗、性能优的电子镇流器。数据中心采用分布式总线控制智能照明系统。

⑤ 数据中心照明光源配套的电子镇流器应具有功率因数校正功能,谐波限制应符合现行国家标准《电磁兼容限值谐波电流发射限值》(GB 17625.1—2012)的相关规定。节能型电感式镇流器应设电容补偿装置。配套镇流器功率因数不应小于 0.9。

⑥ 数据中心机房优先选用配光合理、效率较高的灯具。室内开启式灯具的效率不低于75%。带有包合式灯罩的灯具的效率不低于 65%。带格栅灯具的效率不低于 60%。

⑦ 数据中心机房内合理布置照明灯具开关,靠窗的灯具单独控制。机房内照明采用分区域控制,每个控制区域的灯具设置全开、半开两种方式控制状态。

⑧ 数据中心机房的楼道间灯具开关设置成节能自熄开关。

⑨ 数据中心机房要求设置应急照明。

1.3.2.2.3　电气与不间断电源

数据中心机房用电负荷等级及供电要求应根据机楼的等级,按现行国家标准《供配电系统设计规范》(GB 50052—2009)的要求执行。主要内容有:

① 机房备用发电机容量应满足主设备负荷、与主设备运行相关的空调设备负荷、智能监控系统负荷及消防设备负荷的要求。

② 机房备用发电机组设置的室外储油设施,要结合当地的供油条件及公安消防部门的要求,确定室外储油设施的位置和容量。

③ 机房市电电源与发电机后备电源的切换应采用具有旁路隔离功能的自动转换装置。自动转换装置检修时,不应影响电源的切换。

④ 数据中心机房应配置两回路同时工作的供电线路,当其中一回路供电线路发生故障时,另一回路供电线路能够承担全部负荷的需要。A 级数据中心机房设备及机房空调等重要负荷供电均应采用双电源供电,由两台不同的变压器,不同母线段供电,双电源供电线路及出线开关应可实现互为备份,并可在线扩容和维护。

⑤ 数据中心机房内布置适量插座,供电回路与机房设备及空调供电回路分开设置。

⑥ 新建的数据中心机房设置电气漏电火灾报警系统,所选择漏电火灾报警器的动作电流须大于线路电气设备正常情况下的泄漏电流。

⑦ 数据中心机房低压配电线路采用耐火铜芯电线、电缆,应敷设在金属防火线槽内或穿管敷设。当电缆线槽与网络线槽并列或交叉敷设时,电缆线槽应敷设在网络线槽的下方。低压配电线路或线槽敷设不应影响空调送、回风效果。

⑧ 数据中心机房供电中的 UPS 系统设备选型应根据系统设计负荷率,选择转换效率高的产品。

⑨ 当数据中心规模较大时,采用分散供电的方式。当数据中心规模较小时,采用集中供电的方式。

⑩ 数据中心机房供电的 UPS 系统应具备对蓄电池定期进行自动浮充、限流均充转换

功能,并具有自动温度补偿、深度放电保护、电池检测及电池组放电记录功能。

⑪ 数据中心机房供电的 UPS 系统具备对蓄电池单体电压管理功能。不同厂家、容量、型号、时期的蓄电池组不应混合(或并联)使用。UPS 后备电池放电时间应根据投资及可靠性的要求设置,满足系统设计负荷工作 30 分钟。

⑫ 数据中心机房的 UPS 系统设置蓄电池监测设备,UPS 系统应支持蓄电池远程管理。功率均分或主、备运行模式下 UPS 使用容量以主用设备容量的 80% 为上限。

⑬ 数据中心机房的 UPS 主机应提供 RS232 或 RS485 通信接口,实现远程遥控、遥信和遥测功能。

⑭ 数据中心机房供电的 UPS 蓄电池每台主机设两组,当两组蓄电池容量不足时可多组并联,但并联的组数不应超过 4 组。

监理在数据中心配套项目监理之前,应能全面了解和掌握不间断电源(UPS)的运行环境状态要求和性能参数,后续工作中便于更好地掌握 UPS 机组的运行的状态,对 UPS 设备安装和调试的质量控制尤为重要。

1.3.2.2.4 通风与空调

机房的空调设计,要符合现行国家标准《采暖通风与空气调节设计规范》(GB 50019—2015)、《公共建筑节能设计标准》(GB 50189—2015)的有关规定。

(1)空调系统设置要求

主机房、支持区和辅助区的空调系统应根据数据中心机房的等级,按照标准(参见电信 A 级数据中心建设要求的相关文件)执行,当与其他功能用房共建于同一建筑内的数据中心机房,设置独立的空调系统。

(2)空调技术参数的设置要求

空调技术参数的设置应根据机房的冷负荷情况并结合机房实际,确定机房空调的数量、送风方式及冷却方式。机房空调采用大风量、小焓差(焓为热力学名词,指单位质量的物质所含的全部热能,用符号 H 表示,单位:焦耳)、高显热比的恒温恒湿空调,机房需补充新风,新风设备设置过滤网和电动调节阀。

(3)新风量要求

满足机房的正压要求和现行国家标准的要求,新风口靠近空调机回风口位置设置;当采用新风系统节能运行时,设置新风室,室外空气进入机房前进行沉淀和处理(冷却、加湿、除湿)。

(4)机房冷负荷

机房的冷负荷,要严格按照现行国家标准的相关要求进行计算。机房空调系统的冷负荷要根据以下两部分确定:① 通信设备的散热量应以计算机设备的运行功率为基数(在未知通信设备实际运行功率的情况下,以安装功率为基数)乘以设备的散热系数来计算,设备的散热系数要根据设备的性质和类型取值;② 建筑的热负荷计算要按现行国家标准的要求进行。

新建数据中心机房空调系统要满足国家节能、环保的相关要求,在满足机房安全生产的前提下,充分考虑空调系统运行的节能性。

(5)机房采用的空调系统形式

① 恒温恒湿空调机(直接蒸发式)制冷送风形式(包括风冷及水冷两种形式)适用于北

方地区的数据中心机房;②中央空调冷冻水系统加末端(恒温恒湿)空调风柜形式,当用于北方地区数据中心机房时,冬季利用室外冷却塔及热交换器对空调冷冻水进行降温;空调系统可采用电制冷与自然冷却相结合的方式;③双冷源空调系统:中央空调冷冻水系统加双冷源恒温恒湿空调机的空调形式,适用于A级数据中心机房。

(6)其他要求

①机房空调系统置于独立的空调机房,机房应靠近数据机房设置,所有空调设备安装在空调机房内。

②当场地受限时,风冷恒温恒湿空调机室内机可直接安装在机房内,安装时应采取防止空调冷凝水和加湿水泄漏的措施。

③空调室外机的安装尽量靠近空调室内机,以节省安装费用和运行费用;空调机和主设备之间应留有足够的维修及搬运空间。

④采用单独中央空调中冷冻水、加冷冻水恒温恒湿风柜形式时,空调水系统的技术要求按相关规定配置,A级数据中心机房应设置风冷空调备份。

⑤中央空调系统供回水管不得穿越主机房,如必须穿越时,应采取保护措施;中央空调冷却水系统冬季应采取防冻措施;空调系统保温材料厚度及防火等级应严格按照国家现行规范执行。

⑥空调系统加湿水管或装置应根据当地的环境参数考虑是否设置;对于北方地区气候干燥,加湿量大,不采用电极加湿的方式加湿。

⑦对于数据中心A级(参见数据中心建设标准文件)机房,空调系统制冷量满足主设备冷负荷,并设计为24 h不间断运行;A级机房在运行空调系统出现故障时,应设有一套独立的备份空调系统以完全保证数据中心机房的温湿度要求;末端空调按$\geqslant 3+X(X=1\sim3)$原则备用;空调水管道系统为独立双回路,互为备份。

(7)高密度机架区域空调系统标准配置

①机房需要良好的通风制冷条件,应有良好的送风和回风组织,机架并靠近空调设备安装;当机房内高功率密度设备数量较少时,在整个机房内平均分布,不聚集在一起安装;高功率密度区域应与低功率密度区域隔离,在封闭的小范围内,设置专门的空调系统;机柜布置时应分冷热通道布置并充分考虑机柜散热的要求;空调系统送、回风方式采用下送风、侧回风(一般机房高度条件有限,采用侧墙回风)的方式;机柜间间距应根据空调的回风的要求合理布置。

②对于超高密度功率机房应结合工程情况,在建筑空间、结构承重、电源系统、空调冷却方式、机架结构等方面采取相应的技术措施,合理进行设计。

③机房的空调设备及数据设备均应根据设备的散热需求合理布置,将冷风直接送达服务器的进风口,回风气流应能够顺畅回至空调机,减少在机房内的滞留时间。

④机房内机架设备的列布置应与空调机房送风面和回风面垂直,机房的立柱位不应在热通道上。

⑤机房内气流组织形式应结合建筑条件、通信设备本身的冷却方式和结构、设备布置方式、布置密度、设备散热量、室内风速、防尘、噪声等要求选择;新建机房采用下送风的气流组织方式。

⑥机房空调系统布置时遵循"先冷设备、后冷环境"(围护结构冷负荷占15%左右)的原

则,改造机房采用精确送风的气流组织方式,以节省空调能耗。

⑦ 当通信设备采用冷热通道布局时,根据实际情况,封闭冷通道。

⑧ 采用下送风方式的机房,采用下送风标准机柜,冷风通过活动地板直接送入下送风机柜;架空地板的材质应满足现行国家相关规范中的规定。

⑨ 架空地板的高度应通过计算确定,确保地板下断面风速控制在 1.5～2.5 m/s,单机架功率不小于 3.2 kW 时,活动地板高度不小于 500 mm;单机架功率不小于 4 kW 时,活动地板高度不小于 600 mm;单机架功率不小于 4.8 kW 时,活动地板高度不小于 700 mm。

⑩ 空调系统送风最大距离不超过 15 m;空调主风管风速选用现行国家标准中风速的下限(设计时要合理规划,可以错开安装),低密度机房空调主风管风速控制在 6 m/s 以下。

⑪ 单机架安装功率不大于 1.5 kW 的机房,也可选用上送风的气流组织方式。

⑫ 采用上送风方式的机房,通过风管、调节阀门、送风器等对冷通道进行封闭,直接把冷风送至机柜内部进风口,送风量可通过自动或手动的方式分配。

⑬ 空调系统回风口不应设在射流区内,回风口布置应靠近机架的排风出口,靠上部安装。

⑭ 当机柜内未装满设备时,未安装设备的位置统一安装挡风盲板(假面板),防止冷空气直接由该位置进入热通道,造成冷气流短路、降低制冷效率。

⑮ 低压配电室、UPS 机房及辅助区的空调系统,应独立设置。

⑯ 低压配电室、UPS 机房的空调形式采用上送风的气流组织形式,冷源方式应根据大楼空调系统合理选择;当条件允许时,应采用大楼冷冻水作为冷源。

⑰ 新风系统或全空气系统应设初、中效空气过滤器,末端过滤装置设在正压端。

⑱ 北方地区冬季考虑利用室外新风冷源,应设置新风过滤室对新风进行中效过滤处理,机房新风量较大时需考虑排风。

(8) 降噪及防尘

a. 空调设备选择高效、低噪声、低震动的设备;b. 空调系统运行噪声要求应满足国家现行相关规范要求;c. 采用活动地板下送风时,架空地板下应保持清洁;d. 机房洁净度要求;e. 每升空气中≥0.5 μm 的微尘粒数≤18 000 粒。

上述条款是数据中心机房工作的条件,在设计图纸会审时,监理单位应认真分析图纸,配合工程建设单位和设计单位以及维护单位做好图纸会审的工作,并要求施工单位严谨细致研读图纸,如果出现问题或可疑之处应及时向设计单位提出,以免错、漏问题的出现。

1.3.2.2.5 机房智能化

机房智能化包括:安全防范系统、视频安防监控系统、入侵报警系统、出入口控制系统、机房动力环境监控系统、能源监测、综合布线系统等,是数据中心机房环境运行安全的基本保障。了解和掌握这些系统,在实施监理时可有效地把控进度,掌握时间节点。

一般规定:数据中心机房的动力环境监控系统及安全防范系统设计应根据机房的等级,按现行国家标准《安全防范工程技术规范》(GB 50348—2004)和《智能建筑设计标准》(GB/T 50314—2015)及标准附录 A 的要求执行。

(1) 安全防范系统

① 数据中心机房应按照安全等级要求设置安全防范系统。安全防范系统由视频安防监控系统、入侵报警系统和出入口控制系统组成,各系统之间具备联动控制功能;安全防范

系统具有远程管理功能,方便客户远程监控和管理。

② 数据中心机房安全防范系统的设计、施工和验收应按现行国家标准《安全防范工程技术规范》(GB 50348—2004)、《入侵报警系统工程设计规范》(GB 50394—2007)、《视频安防监控系统工程设计规范》(GB 50395—2007)、《出入口控制系统工程设计规范》(GB 50396—2007)和《智能建筑设计标准》(GB/T 50314—2015)的要求执行。

(2)视频安防监控系统

① 数据中心机房及接入室的门口、主要走道和其他重要部位应安装摄像机监视,根据客户需求,重要机架及机柜可单独设摄像机监视。

② 视频安防监控系统应全天候进行视频录像;视频记录不采用移动侦测控制技术,录像速度不应低于 16 帧/秒;实时录像保存时间不应少于 1 个月。重要机房的录像保存时间应大于 2 个月。

(3)入侵报警系统

数据中心机房、接入室、监控中心和其他重要部位安装防盗报警器,并与视频安防监控系统联动。

(4)出入口控制系统

① 数据中心机房、接入室、监控中心的出入口和其他重要部位应安装门禁设备,划分不同人员进出不同区域的权限,并与视频安防监控系统联动。

② 数据中心机房采用双向读卡,辅助区采用进门读卡。每套电子锁按单扇门和双扇门分单门锁和双门锁;门禁记录保存时间应大于 1 年;紧急情况时,出入口控制系统应能接受相关安全系统的联动控制而自动释放电锁。

(5)机房动力环境监控系统

数据中心机房应安装机房动力环境监控系统。机房动力环境监控系统采用集散或分布式网络结构。系统应易于扩展和维护,并应具备显示、记录、控制、报警、分析和提示功能。机房动力环境监控系统监控内容主要包括:

① 重要电力供电回路的开关状态、故障、电流和电压等参数。

② UPS 的运行状态、故障和电压等参数。

③ 发电机、变压器的运行状态。

④ 恒温恒湿空调机组的运行状况和相关参数。

⑤ 蓄电池电压、充放电电流、电池温度。

⑥ 机房温、湿度。

⑦ 机房漏水报警。

⑧ 机房交流列头柜总路和支路的开关状态、故障、电流、电压、功率、电度等参数,实现精密计量功能。

空调机房等可能存在漏水的场所应装设漏水探测报警,A 级数据中心机房安装缆式漏水探测器,B、C 级数据中心机房安装点式漏水探测器。

当受监控设备具有开放数据接口(RS232/485 等)时,应采用智能通信接口对其进行监控。

(6)能源监测

① 数据中心机房应设 PUE 动态及累计的能源监控装置,设置数据中心总用电量计量

表以及 IT 设备总用电量计量表,应能实现 PUE(能效管理参数)值的实时测量显示及累计平均测量显示,可纳入智能监控系统。

② 机架设置数字电度计量表,并能通过 RS485 接口接入动力监控系统。

(7) 综合布线系统

① A 级数据中心机房采用六类及以上布线系统;B、C 级数据中心机房采用超五类或以上布线系统。

② 机房布线系统的节点分布根据各机房具体情况及办公家具布置合理设计,不均匀分布;每办公座席布点密度不应低于 2 个数据点、1 个语音点;在值班操作区、各楼层办公室和监控室等,布点密度不应低于 2 个信息点/5 m²;除主机房外,无人操作区机房布点密度不应低于 1 个信息点/10 m²。

③ 机房内至少设置 1 套语音点及数据点,机房内的所有电缆、光缆、配线设备等均应给定标签和布线图。

④ 机房内主配线架应有一定数量的光纤、双绞线跳线与支持区配线架相连,以方便对机房内各台主机的操作及管理。

⑤ 数据中心机房辅助区的综合布线系统设计,除应符合规范外,还应符合现行国家标准《综合布线系统工程设计规范》(GB 50311—2016)中的相关规定。

1.3.2.2.6 机房建筑布局节能要求

节能与环保是对数据中心机房提出的新要求,了解节能与环保的原则性要求和硬性规定,对后续监理工作中实施质量、安全监理工作都有很大的帮助,特别是大型数据中心配套建设工程的节能措施。

一般规定:数据中心机房应能在满足业务需要的前提下,从建筑节能、机房网络、存储和服务器设备节能、机房专用空调系统节能、供电系统节能、环保等方面进行统筹规划建设。节能与环保主要包括以下几个方面。

(1) 墙体节能

采用新型节能墙体材料;采用高效建筑保温、隔热材料;严寒和寒冷地区数据中心机房需保温的外墙应首选外保温构造。设计应满足《外墙外保温工程技术规程》(JGJ 144—2008)和本地区建筑节能设计标准推荐的技术。

(2) 门窗节能

采用高效节能门窗;采用防结露的节能门窗框材料;数据中心机房外窗的气密性不应低于《建筑外门窗气密、水密、抗风压性能分级及检测方法》(GB/T 7106—2008)规定的 6 级;有人值守的维护中心等房间的自然采光应满足《建筑采光设计标准》(GB/T 50033—2001)规定的生产车间工作面上采光等级Ⅲ级的要求。

(3) 屋面节能

屋面构造应具有防渗漏、保温、隔热、耐久、节能等性能;屋面隔热应根据不同地区和不同条件采用铺设保温层、倒置式屋面、设置架空层或空气间层、屋顶绿化等措施;屋面保温层选用吸水率低、密度和导热系数小、有一定强度且长期浸水不腐烂变质的材料。

(4) 楼地面节能设计

根据数据中心机房所处城市的气候分区区属,底面接触室外空气的架空或外挑楼板、采暖房间与非采暖房间的楼板、周边地面、非周边地面、采暖地下室外墙(与土壤接触的墙）的传热系数及热阻满足《公共建筑节能设计标准》（GB 50189—2015）中 4.2.2 条的相关规定。

地面及楼板上铺设保温层，采用硬质挤塑聚苯板、泡沫玻璃保温板等板材或强度符合地面要求的保温砂浆等材料，其燃烧性能应符合现行的相关国家标准、规范的规定。

（5）自用网络、存储和服务器设备选型原则

在满足技术和服务指标的前提下，选用高度集成化、低功耗、节能技术的设备；在满足设备正常运行和维护要求的基础上，选用自然散热产品，减少风扇的使用；在同等性能下选择散热能力强、体积小、重量轻、噪音低、易于标准机架安装等的设备；应选择具有接入能耗监测系统的接口的设备；在数据中心机房同一区域内，同一类主设备必须选择进风与排风方式一致的产品型号，不同类型的主设备选择进风与排风方式一致的产品型号；同一数据中心节点内同一类主设备选取同一厂商的设备，以便于虚拟化技术的应用。

（6）自用网络、存储和服务器设备选型

① 对于机框插槽式设备和服务器，应具备能耗监控功能。能通过查询方式监控到目前工作状态下能耗，以及设备各个组件如板卡、机框、风扇，所消耗的能耗比例。

② 对于机框插槽式设备应有高温报警功能。

③ 对于机框插槽式设备和服务器，应具备智能化电源管理功能。应支持根据实际情况中断未用板卡供电或进入微电休眠状态。应支持通过命令行或网管工具远程关闭设备部分模块或功能以减少其工作能耗，支持业务闲时自动降频、关闭空闲 I/O 槽供电。

④ 对于服务器，可将其设置在不同的应用模式下，即根据服务器服务类型（如 FTP 服务器、WEB 服务器、数据库服务器等）将设备调整到不同的性能状态，以降低能耗。

⑤ 对于机框插槽式设备和服务器，可根据实际情况动态调整风扇转速，设备内部应有合理的气流组织，采用防热风回流等技术，降低对机房环境的局部制冷要求。

⑥ 对于机框插槽式设备和服务器，机柜内应采用前进后出或垂直通风方式，不从侧面进出通风。

⑦ 对于服务器，可支持虚拟化扩展技术。应能支持通过虚拟化技术将服务器资源整合起来，提高 IT 设备的利用率，从而减少物理服务器的数量，进而降低总设备的能耗。

⑧ 对于机框插槽式设备和服务器，应满足电信机房在温度、湿度条件方面的要求，其中长期工作条件温度的范围为 5～40 ℃，工作湿度适应范围应在 10％～85％。

（7）机房专用空调系统节能

① 集中式空调系统冷源设计应考虑制冷机组的合理选型配置，以保证空调系统部分负荷时的制冷效率。

② 设置集中式空调系统的数据中心机房，根据机房所在地的热源状况和供热需求，通过技术经济比较，设置机房余热回收装置，利用机房余热提供采暖和生活热水，提高能源的综合利用率。

③ 机房专用空调系统冷凝器或冷却塔安装位置应满足散热要求。冷凝器布置在避免阳光直射的位置或在其上方安装通风遮阳棚。

④ 应根据数据中心机房空调系统规模、标准、类型等，确定空调系统监测与控制的内容，空调系统的控制温度以设备进风点温度为准。

⑤ 面积较大、分期建设的机房，先期设备安装相对集中，并采用设置挡风隔断和冷通道

封闭等形式,减少空调冷量损失。

（8）供电系统节能

① 在低压配电系统中应配置无功功率自动补偿装置。容量较大、负载稳定且长期运行的用电设备的无功功率单独就地补偿,使系统功率因数达到 0.9 以上。

在交流电路中,电压与电流之间的相位差（Φ）的余弦叫做功率因数,用符号 $\cos \Phi$ 表示。在数值上,功率因数是有功功率和视在功率的比值,即 $\cos \Phi = P/S$。P/S 的值一般在 $0.8 \sim 0.9$ 之间。

目前,国内大多数用电设备的功率因数为 $0.8 \sim 0.9$,为了提高能源使用效率,交流供电负载端低压配电室内都采用补偿的方式提高功率因数,这就是动力设备的补偿柜完成的工作,一般采用电容补偿方式,补偿后功率因数可以提高到 $0.9 \sim 1$。补偿后,提高了功率因数对用户端的好处主要有:

a. 通过改善功率因数,减少了线路中总电流和供电系统中的电气元件,如变压器、电器设备、导线等的容量,因此不但减少了投资费用,而且降低了本身电能的损耗。

b. 良好功率因数值的确保,减少供电系统中的电压损失,可以使负载电压更稳定,改善电能的质量。

c. 可以增加系统的裕度（裕度是指留有一定余地的程度,允许有一定的误差）,挖掘出了发供电设备的潜力。如果系统的功率因数低,那么在既有设备容量不变的情况下,装设电容器补偿器以后,可以提高功率因数,增加负载的容量。

例:将 1 000 kV·A 变压器之功率因数从 0.8 提高到 0.98 时:

补偿前为 800 kW,补偿后为 980 kW,即同样一台 1 000 kV·A 的变压器,功率因数改变后,它就可以多承担 180 kW 的负载。

d. 减少了用户的电费支出。

② 补偿电容器所在线路的谐波严重时,补偿电容器柜应配置一定比例的电抗器。

（9）噪声控制

① 空调室外机平台位置应远离居民住宅。空调室外机应选用高效率、低噪声的设备,与楼板连接应有减震措施。空调室外机应布置在敞开处,以提高工作效率。噪声排放应满足现行国家标准《声环境质量标准》（GB 3096—2008）和当地规定。对于客观条件不利的场合,采取有效的隔音降噪的措施。

② 柴油发电机组用房应采取噪声排放控制措施。噪声排放应满足现行国家标准《声环境质量标准》（GB 3096—2008）和当地规定。

③ 空调室内机应选用高效率、低噪声的设备,距机组 1 m 处自由空间声压级低于 75 dB。

④ 数据中心机房排烟设计应符合现行国家标准《建筑设计防火规范》（GB 50016—2010）和《工业建筑供暖通风与空气调节设计规范》（GB 50019—2015）的相关规定。

1.3.2.2.7 消防系统

数据中心机房根据机房级别设置相应的灭火系统,并按照现行国家标准《建筑设计防火规范》（GB 50016—2014）、《高层民用建筑设计防火规范》（GB 50045—2005）、《电子信息系统机房设计规范》（GB 50174—2008）相关条文的规定执行。

数据中心机房、电池电力室（含 UPS 和电池室）、变配电房和发电机房应设置洁净气体

自动灭火系统,并符合下列要求:

① 符合现行国家标准《气体灭火系统设计规范》(GB 50370—2005)的相关规定。

② 灭火剂的选型优先考虑系统的可靠性、环保性、先进性、经济性,选用具有大量成功案例的成熟产品。

③ 当数据中心机房内设置下送风、吊顶时,其下送风管道、吊顶内空间的容积应计算在防护区内;当设有吊顶天花时,为防止由于两个空间的压强差造成天花板跌落,安装吊顶的机房,应设置部分通透性天花板,其投影面积不少于机房总面积的 1/5。

数据中心配套的监控中心,如设自动喷水预作用灭火系统,为确保系统的可靠性,预作用控制阀及其控制系统必须为同一厂家生产。

④ 数据中心机房应设置火灾自动报警系统,并符合下列要求:

a. 火灾报警控制器应设在有人值守的消防中心或将火灾报警信号送至有人值守的消防中心。有条件的应实行火灾自动报警系统(省、市消防报警系统)联网,实现火灾报警集中监控。

b. 火灾自动报警系统应与主机房设置的自动气体灭火系统和预作用喷水灭火系统相配套;火灾自动报警系统应与出入口控制系统联动。

c. 火灾自动报警系统的设计、施工验收应执行现行国家标准《火灾自动报警系统设计规范》(GB 50116—2013)和《火灾自动报警系统施工及验收规范》(GB 50166—2007)。

d. A 级数据中心机房及其配套的高低压配电房和电力电池室安装空气采样早期烟雾探测系统,B 级数据中心机房安装空气采样早期烟雾探测系统(C 级不需安装)。

1.3.2.2.8 给水排水

① 数据中心机房给排水管道敷设,应满足现行国家标准《电子信息系统机房设计规范》(GB 50174—2008)相关条文要求。

② 数据中心机房内应为水消防设施启动后、空调冷凝水、加湿器及空调设备漏水事故提供相应的排水设施和在相关部位设置挡水设施。

③ 数据中心机房内的设备上方严禁穿越生活给排水管道。给排水管道靠近机房墙壁敷设时应设管道井,给排水管道应设于管道井内,管道井的围护结构应进行防水和密闭处理。

④ 当数据中心机房空调系统采用中央空调水冷系统,并设置了冷却塔时,应设置空调补充水系统,采用天面高位水池、低位水池和水泵联合供水系统。

⑤ 机房空调补充水系统的天面高位水箱和低位水池储水总水量应确保在市政停水后可持续补水时间不少于 10 小时。

1.3.2.2.9 防雷与接地

数据中心机房内应采用 TN-S 接地系统。参见图 1-4,TN-S 接地系统(三相五线制供电接地系统)。该供电接地系统在高低压配电室内的总配电接地母排上,将零线(N)和保护接地(PE)线重复接地。之后接入电力室的 PE 线和 N 线严格分离(在电源电缆内部),不混接。其优点是 PE 线在正常情况下没有电流通过,因此不会对接在 PE 线上的其他设备产生电磁干扰。此外,由于 N 线与 PE 线分开,N 线断线也不会影响 PE 线的保护作用。TN-S 接地系统的缺点是:耗用的导电材料较多,投资较大,比如电源电缆芯线数量增加的投资。

数据中心机房的交流工作接地、安全保护接地、防雷接地、防静电接地、屏蔽接地等采用

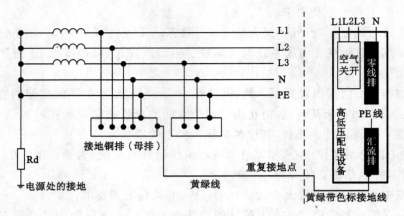

图 1-4　数据中心的防雷接地

联合接地,接地电阻要求小于 1 Ω。按现行国家标准《建筑物防雷设计规范》(GB 50057—2010)和《电子信息系统机房设计规范》(GB 50174—2008)的要求采取防止反击措施;

　　数据中心机房内电气设备及导体作等电位连接;数据中心机房设置防雷及过电压保护措施,防护措施根据机房设备的要求设置,但不应少于三级。各级配电系统浪涌保护器的选择及安装须按照现行国家标准《建筑物电子信息系统防雷技术规范》(GB 50343—2012)的规定执行。数据中心机房各级配电系统浪涌保护器设置地点选择:① 高压电源进线及低压出线侧;② 数据中心机房电力室 UPS 交流输入配电柜;③ 机房内配电箱(柜/头柜);④ 需要保护的电子信息设备。

1.3.2.3　数据中心配套建设工程项目组成

　　数据中心机房配套建设工程建设目的是给机房提供正常运行的环境,一般由以下部分组成,如图 1-5 所示。

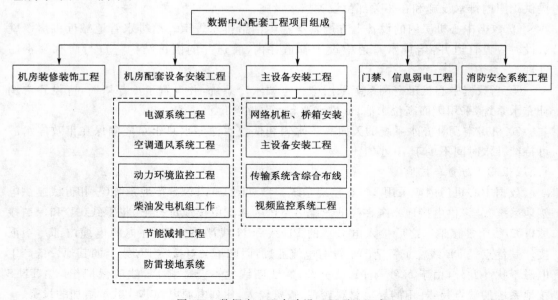

图 1-5　数据中心配套建设工程项目组成

数据中心配套建设工程中,一般由电源系统工程(包含电源、设备走线架),空调通风系统工程,网络机柜、屏蔽金属桥箱安装,网络及服务器设备安装,传输系统含综合布线,机房装修装饰工程,动力环境监控(或远程监控)工程,视频监控系统工程,门禁、信息弱电工程,消防系统工程,节能减排,油机工程,防雷接地系统等十三个单位工程项目组成。

(1)电源系统

数据中心机房常见的电源系统工程项目包括:① 配套高低压配电改造项目(高压配电室改造或新建工程);② 机房电源交流配电项目(电力室,含本地告警项目);③ 机房直流配电项目(电力室或机房,含本地告警项目);④ 高压直流配电项目;⑤ 机房电源改造项目;⑥ 不间断电源(UPS)安装项目;⑦ 机房高频开关通信电源安装项目(DPS、含 DPS配电柜)、EPS 电源安装项目(嵌入式应急电源)以及 UPS、DPS、EPS 配套的蓄电池安装项目;⑧ 动力环境监控项目;⑨ 柴油发电机组安装项目(油机项目、后备电源项目)等,如图1-6 所示。

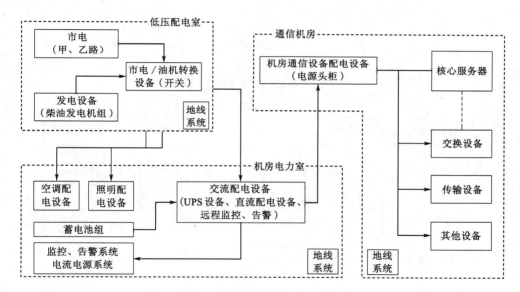

图 1-6　数据中心电源系统组成

由于机房电源系统涉及机房的照明、空调、通信设备、远程监控和告警灯项目,因此电源系统工程项目是根据电源的类型来实施和划分的,如图1-7 所示。

(2)空调通风系统工程

数据中心配套空调工程项目一般包括:机房专用水冷空调、机房专用风冷空调、新风空调项目、空调配电配套设备安装工程等,如图1-8 所示。数据中心的空调机房要求与主设备分开,因此涉及空调机房的装修,这项工程一般在数据中心机房装修整体项目中一并实施。

(3)网络机柜、桥箱安装

重点把控:网络机柜、桥箱安装的时间节点,安装完成后的卫生、机房环境清理,后续工序即为设备安装,如图1-9 所示。

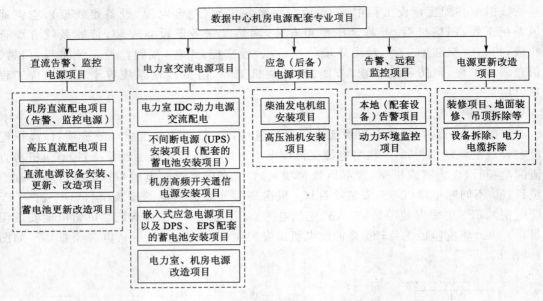

图 1-7　数据中心电源配套专业项目组成

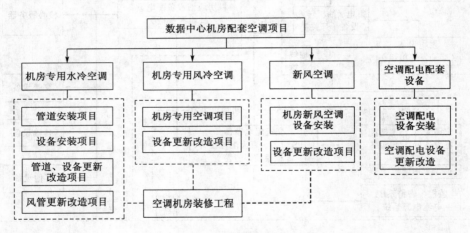

图 1-8　数据中心机房配套空调项目

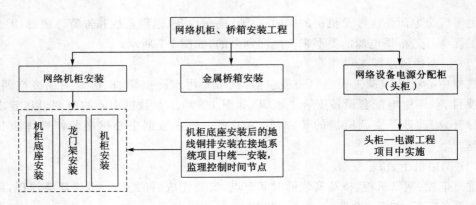

图 1-9　网络机柜、桥箱安装工程

（4）主设备安装

数据中心机房主设备安装包括项目如图 1-10 所示。

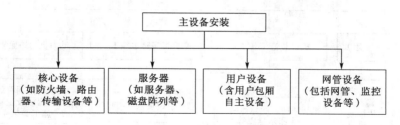

图 1-10　主设备安装工程

（5）传输系统

① 传输线路（光缆接入）——光缆接入重点把控：光缆接入的时间节点，而且在光缆引入后，光交接箱内的所有终端的处理均结束，光缆外部系统已经调测完成。光缆接入的时间、光缆测试完成的时间、光缆成端、光缆接入设备至机房传输设备间的光缆接入与成端以及测试完成时间，一定不能影响用户设备的安装、开通。不得影响机房核心设备（接入设备由建设单位直接提供）的供电测试时间，这是机房与外界联系的关键工序和节点。光缆线路部分往往划归统一安排的数据中心配套线路工程中实施，如图 1-11 所示。

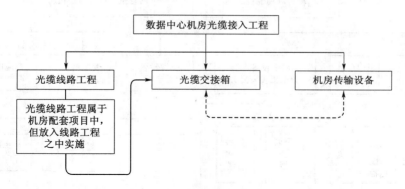

图 1-11　数据中心机房光缆接入工程

② 综合布线——数据中心机房内部的综合布线部分量非常大，网络设备运行时需要的沟通联系，在机房内部均采用网线的方式（六类网线；超五类网线已经很少在数据中心机房内使用）用于机房网络设备之间的联系。由于网络线路非常多，网线的成端、测试工作量很大，施工单位的时间掌控有时直接影响后续设备安装和开通的时间，监理要时刻注意进度。

（6）机房装修装饰工程

机房装修工程项目实施中的诸多因素都将直接影响后续数据中心机房、机房内设备、后期设备运行和维护。因此，控制数据中心机房的装修质量和进度，可以控制后续施工各个工序之间的良性衔接。数据中心机房以及配套工程项目实施进度控制效果或效率，往往可以从机房的装修实施中体现出来。机房装修项目包括的内容如图 1-12 所示。

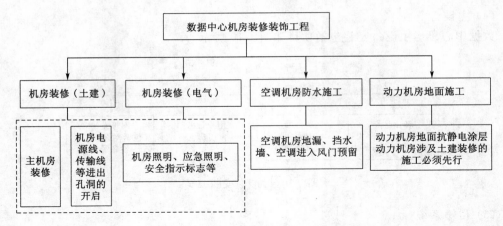

图 1-12　数据中心机房装修工程组成

（7）动力环境监控工程

本项目完成后，对数据中心机房及配套项目所有的电源设备（包括机房每一台机柜的供电）的监控。包括内容如图 1-13 所示。

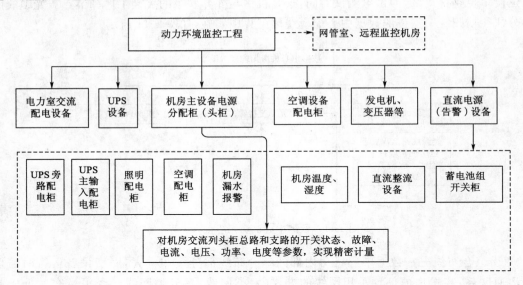

图 1-13　动力环境监控工程

（8）视频监控系统工程

工程项目功能：监视数据中心机房环境，记录进出机房所有人员和机房动静态信息，监视机房设备运行状态，记录数据中心机房走道环境状态，如图 1-14 所示。

（9）门禁、信息弱电工程

本工程项目功能：所有进出数据中心机房的人员必须经过身份验证，工程组成如图 1-15 所示。

（10）消防安全系统工程

消防安全系统工程组成如图 1-16 所示。

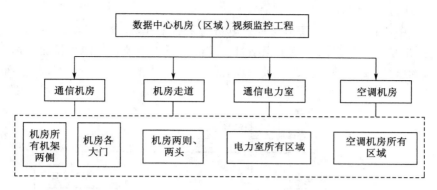

图 1-14　数据中心机房视频监控工程组成

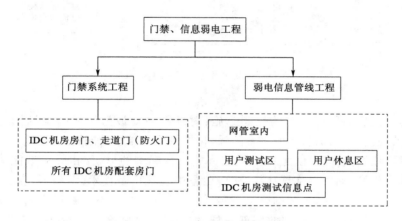

图 1-15　门禁、信息弱电工程

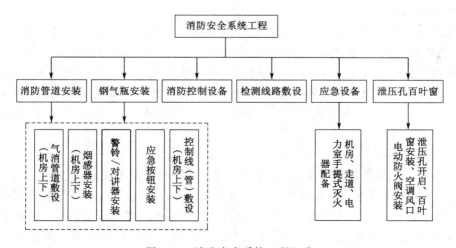

图 1-16　消防安全系统工程组成

（11）油机和节能减排工程

作为数据中心机房后备电源的柴油发电机组安装工程，包含两个方面：一是油机系统升级换新项目；二是机房配套的新建工程项目。节能减排工程项目是减少排放气体污染，这里有的是更新老系统，更多的是新建油机工程时一并进行，如图 1-17 所示。

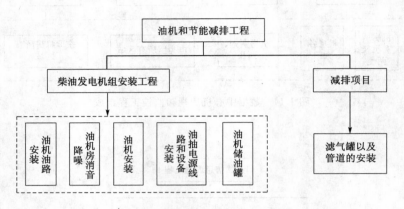

图 1-17　油机和节能减排工程组成

减排中，对机房和外部环境的控制措施：对外部表现最为明显的是油机（柴油发电机组），这就涉及油机设备、油机房的消音降噪、排烟等施工工艺的问题。

节能减排：依据国家标准、相关节能减排的成功案例的分析、相关的节能减排的措施。节能减排：减少供给（动力）；降低功耗；机房工程中多采用新技术、新材料、新方法、新工艺；新技术、新材料、新方法、新工艺的施工控制；提高设备运行效率和材料利用效率；机房节能最直接的做法：采用高压直流系统（降低能耗、提高效率），废除老式 UPS 不间断电源供电系统（降低能耗、减少噪声）；根据季节状态，降低机房空调的运行数量，提倡使用新风空调；水冷空调可以降低能耗，提高效率，但不一定能减少投资。

（12）柴油发电机组安装工序流程

油机设备安装工程（新建工程）包括：油机基础和储油罐基础、油机设备安装、油机油路安装、油机降噪、油机电源、油机远程监控、油机试车与调试等分部分项工程。油机工程项目针对机房配套的后备电源项目，可以独立施工，不受机房以及机房配套项目的影响，但必须以数据中心配套建设工程项目的进度节点和用户要求为主要进度控制，才能保障机房的正式交付使用（有时用户要求油机工程必须验收完成并工作正常）。图 1-18 为新建油机工程项目的工序控制流程。

（13）接地系统

机房接地系统共有几种地线，包括：防雷保护接地、电源保护接地、直流电源工作地线、防静电接地、屏蔽接地等。机房接地系统采用联合接地的形式，通过高低压配电室的总接地汇流排接入大地。防雷接地系统涉及数据中心机房的维护使用人员、设备运行安全甚至建筑物的安全，因此机房接地是机房建设工程中重要的施工质量保证环节。数据中心机房接地与电源设备统一组成联合接地的方式，接地点如图 1-19 和图 1-20 所示。

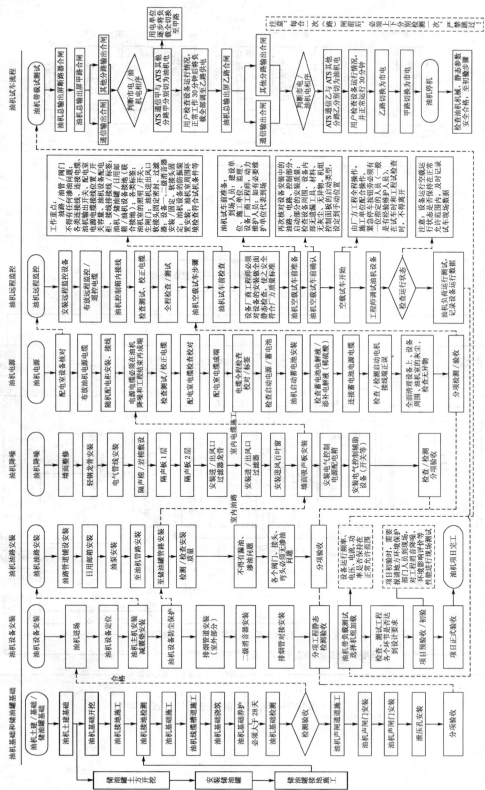

图 1-18 新建油机工程项目的工序控制流程

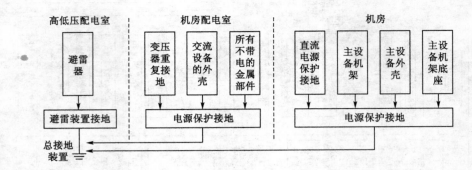

图 1-19　保护接地组成

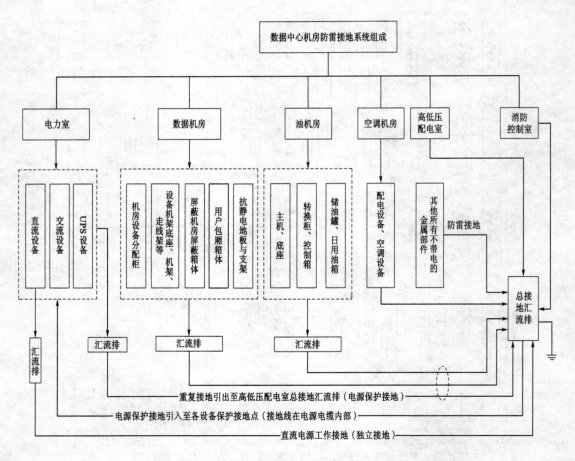

图 1-20　数据中心机房防雷接地系统组成示意图

1.4　数据中心等级及机房技术要求

电信级数据中心机房包括：主机房（数据）、监控中心、配套设备间（动力、空调等设备间）、网络接入间（光缆接入间）、用户测试间、用户休息间以及备间等，如图 1-21 所示。电信级数据中心分为 A、B、C 三级，各级数据中心机房技术要求见表 1-1。

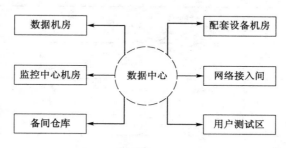

图 1-21　数据中心机房组成

1.4.1　电信级数据中心机房等级划分

参见表 1-1。

表 1-1　　　　　　　　　　　　电信级数据中心机房等级划分

A（容错型）	B（冗余型）	C（基本型）
1. 数据中心运行中断将造成重大的经济损失； 2. 数据中心运行中断将造成公共场所秩序严重混乱	1. 数据中心运行中断将造成较大的经济损失； 2. 数据中心运行中断将造成公共场所秩序混乱	不属于 A 级或 B 级的数据中心机房
在系统需要运行期间，场地设备不应因操作失误、设备故障、外电源中断、维护和检修而导致数据中心运行中断	在系统需要运行期间，其场地设备在冗余能力范围内，不应因设备故障而导致数据中心运行中断	在场地设备正常运行情况时，应保证数据中心运行不中断

1.4.2　各级数据中心机房技术要求

参见表 1-2。

表 1-2　　　　　　　　　　各级数据中心机房技术要求

项目	等级分类			备注
	A 级	B 级	C 级	
选址				
至机场的距离/km	≥8 ≤48	≥3 ≤48		所有的类似规范均有此条相关规定，此条与 TIA942 一致
至市中心的距离/km	≤50	≤80		

项目	等级分类			备注
	A 级	B 级	C 级	
建筑/结构				
主机房均布活荷载标准值 /(kN/m²)	9~10			
主机房吊挂荷载/(kN/m²)	1.2			
UPS 室均布活荷载标准值 /(kN/m²)	9~10			
电池室均布活荷载标准值 /(kN/m²)	16			蓄电池双列4层摆放
钢瓶间均布活荷载标准值 /(kN/m²)	8			
监控中心/(kN/m²)	6			
电磁屏蔽室均布活荷载标准值 /(kN/m²)	9~10			
主机房外墙窗户	不应设窗户	不设窗户		
抗震设防分类	不应低于乙类	不应低于丙类	不应低于丙类	
建筑物耐火等级	一级	不低于二级	不低于二级	
防静电活动地板高	应大于 350 mm	应大于 350 mm		
屋面的防水等级	I	I	I	
空调(中央空调/风冷恒温恒湿空调系统)				
主机房温度	18~25 ℃	18~26 ℃	18~28 ℃	机柜进风温度
主机房相对湿度	40%~70%RH	40%~70%RH	40%~70%RH	
洁净度	每升空气中≥ 0.5 μm 尘粒数 ≤18 000 粒	每升空气中 ≥0.5 μm 的尘粒数 ≤18 000 粒	每升空气中≥ 0.5 μm 的尘粒数 ≤18 000 粒	静态下测试
空调区域设置要求	主机房和辅助 用房均需设置	主机房和辅助 用房均需设置	主机房和辅助 用房均需设置	
制冷主机和水泵、 冶却塔等主设备	N+X 冗余 (X=1~N)	N+X 冗余 (X=1~N)	N+1 冗余	只适用于中央空调系统
恒温恒湿空调	N+X 冗余 (X-1~N)	N+X 冗余 (X-1~N)	N+1 冗余	
冷冻水管、冷却水管系统	独立双回路	双回路	单回路	只适用于中央空调系统
主机房室内压力	正压	正压	正压	
空调设备过滤器	设置	设置	设置	
新风系统除尘要求	初效+中效过滤器	初效+中效过滤器	初效+中效过滤器	
冷冻水管、冷凝水管 等能否穿过主机房	不	不	不	

项目	等级分类			备注
	A 级	B 级	C 级	
电气				
市电供电方式	两个电源供电，两个电源不应同时受到损坏	两个电源供电，两个电源不应同时受到损坏	两回线路供电	
变压器	应按 $2N$	按 $2N$	N	
应急柴油发电机组配置	$N+X$ 冗余 $(X=1\sim N)$	N	N	
应急柴油发电机组燃料支撑时间	结合当地的供油条件及公安消防部门的要求，确定室外储油设施的位置、容量	结合当地的供油条件及公安消防部门的要求，确定室外储油设施的位置、容量	结合当地的供油条件及公安消防部门的要求，确定室外储油设施的位置、容量	
机房空调系统配电	双路电源供电（其中一路为应急电源）末端切换	双路电源供电，末端切换	两回线路供电	
电源				
UPS 系统配置	$2N$	$N+X$	$N+1$	
UPS 系统电池后备时间	30 min	30 min	30 min	按系统设计负荷计算
网络布线				
支持区信息点配置	不少于 4 个信息点	不少于 4 个信息点	不少于 2 个信息点	表中所列为一个工作区的信息点
通信缆线防火等级	应采用 CMP 级电缆，OFNP 或 OFCP 级光缆	采用 CMP 级电缆，OFNP 或 OFCP 级光缆		也可采用同等级的其他电缆或光缆
机房动力环境监控系统				
空气质量	温度、相对湿度、压差	温度、相对湿度	温度	在线检测
空气质量	含尘度			离线定期检测
进线柜配电系统	电压、电流、频率、功率因数、功率	电压、电流、功率	电压、电流	A、B 级谐波含量离线定期检测
交流列柜配电系统	开关状态、电流、电压、有功功率、功率因数	开关状态、电流、电压、功率因数	根据需要选择	
漏水检测报警	应有线状漏水感应器	应有点状漏水感应器	有点状漏水感应器	
机房专用空调、UPS、发电机	应采用智能接口	应采用智能接口	采用智能接口	
集中空调和新风系统	设备运行状态、控制、滤网压差、故障	设备运行状态、滤网压差		
发电机油箱（罐）油位	油位高低状态（模拟量）	油位高低状态（开关量）		

项目	等级分类			备注
	A 级	B 级	C 级	
安全防范系统				
发电机室、配电室	凭卡进入、视频监控、入侵探测	凭卡进入、视频监控	工业级锁	
UPS 室、机电设备间	凭卡进入、视频监控、入侵探测	凭卡进入、视频监控	工业级锁	
紧急出口	凭卡进入、视频监控、入侵探测	凭卡进入、视频监控	工业级锁	
网络、存储机房、办公室	凭卡进入、视频监控	凭卡进入	工业级锁	
网管监控中心	凭卡进入、视频监控	凭卡进入、视频监控	工业级锁	
主机房出入口	凭卡进入、视频监控、入侵探测	凭卡进入、视频监控	工业级锁	
主机房内	视频监控	视频监控	工业级锁	
建筑大门	凭卡进入、视频监控、入侵探测	凭卡进入、视频监控、入侵探测	工业级锁	适用于独立建筑的机房
建筑物周围和停车场	视频监控、入侵探测	视频监控、入侵探测	工业级锁	适用于独立建筑的机房
给排水				
主机房地面排水系统	应设	应设	设	包括冷凝水排水、空调加湿器排水、水消防系统启动后排水
消防				
主机房设置自动气体灭火系统	应设	应设	设	采用洁净灭火剂

1.5 数据中心机房建设涉及标准规范

数据中心配套建设工程设计、施工、监理等涉及的标准、规范、规定较多,在实际监理工作中,根据数据中心各专业施工过程选择使用,参见表 1-3。

表 1-3   数据中心配套建设工程相关法规及标准

序号	标准规范	编号
1	中华人民共和国安全生产法	
2	中华人民共和国电信条例	
3	中华人民共和国工程建设标准强制性条文	
4	中华人民共和国工程建设标准强制性条文(信息工程部分)	

序号	标准规范	编号
5	中华人民共和国合同法	
6	中华人民共和国建筑法	
7	建设工程安全生产管理条例	国务院 393 号令
8	建设工程质量管理条例	国务院 279 号令
9	民用建筑节能条例	国务院令第 530 号
10	10 kV 及以下变电所设计规范	GB 50053—2013
11	240 V 直流供电系统工程技术规范	YD 5210—2014
12	安全防范工程技术规范	GB 50348—2004
13	工业建筑供暖通风与空气调节设计规范	GB 50019—2015
14	出入口控制系统工程设计规范	GB 50396—2007
15	低压开关设备和控制设备第 6—1 部分多功能电器转换开关电器	GB 14048.11—2008
16	低压配电设计规范	GB 50054—2011
17	电磁兼容限值谐波电流发射限值	GB 17625.1—2012
18	电磁屏蔽室屏蔽效能的测量方法	GB/T 12190—2006
19	电气装置安装工程电缆线路施工及验收规范	GB 50168—2006
20	电气装置安装工程电气设备交接试验标准	GB 50150—2006
21	电气装置安装工程接地装置施工及验收规范	GB 50169—2006
22	电信工程制图与图形符号规定	YD/T 5015—2015
23	电信机房铁架安装设计标准	YD/T 5026—2005
24	电信设备安装抗震设计规范	YD 5059—2005
25	电信设备抗地震性能检测规范	YD 5083—2005
26	电信终端设备电磁兼容性要求及测量方法	YD/T 968—2010
27	通信建筑工程设计规范	YD 5003—2014
28	计算机场地通用规范	GB/T 2887—2011
29	电子信息系统机房设计规范	GB 50174—2008
30	服务器和网关设备抗地震性能检测规范　第一部分　服务器设备	YD 5196.1—2014
31	高层民用建筑设计防火规范(2005 年版)	GB 50045—2005
32	工业企业厂界环境噪声排放标准	GB 12348—2008
33	公共建筑节能设计标准	GB 50189—2015
34	供配电系统设计规范	GB 50052—2009
35	互联网数据中心(IDC)工程设计规范	YD 5193—2014
36	互联网数据中心(IDC)工程验收规范	YD 5194—2014
37	火灾自动报警系统设计规范	GB 50116—2013
38	火灾自动报警系统施工及验收规范	GB 50166—2007
39	计算机和数据处理机房用单元式空气调节机	GB/T 19413—2010

序号	标准规范	编号
40	建筑采光设计标准	GB 50033—2013
41	建筑防火封堵应用技术规程	CECS 154—2003
42	建筑给水排水设计规范	GB 50015—2010
43	建筑内部装修防火施工及验收规范	GB 50354—2005
44	建筑内部装修设计防火规范	GB 50222—2001
45	建筑设计防火规范	GB 50016—2014
46	建筑外门窗气密、水密、抗风压性能分级及检测方法	GB/T 7106—2008
47	建筑物电子信息系统防雷技术规范	GB 50343—2012
48	建筑物防雷设计规范	GB 50057—2010
49	建筑照明设计标准	GB 50034—2013
50	建筑装饰装修工程质量验收规范	GB 50210—2001
51	建筑给水排水及采暖工程施工质量验收规范	GB 50242—2002
52	建筑工程施工质量验收统一标准	GB 50300—2013
53	建设工程文件归档整理规范	GB/T 50328—2014
54	建筑电气工程施工质量验收规范	GB 50303—2015
55	建筑地面工程施工质量验收规范	GB 50209—2010
56	工业金属管道工程施工规范	GB 50235—2010
57	建筑材料及制品燃烧性能分级	GB 8624—2012
58	交流电气装置的接地设计规范	GB/T 50065—2011
59	接入设备抗地震性能检测规范第一部分:有线接入网局端设备	YD 5197.1—2014
60	绿色建筑评价标准	GB/T 50378—2014
61	民用建筑电气设计规范	JGJ 16—2008
62	民用建筑工程室内环境污染控制规范	GB 50325—2010
63	民用闭路监视电视系统工程技术规范	GB 50198—2011
64	气体灭火系统设计规范	GB 50370—2005
65	砌体结构工程施工质量验收规范	GB 50203—2011
66	入侵报警系统工程设计规范	GB 50394—2007
67	声环境质量标准	GB 3096—2008
68	视频安防监视系统工程设计规范	GB 50395—2007
69	数据设备用交流电源列柜技术规范	Q/CT 2172—2009
70	数据设备用网络机柜技术规范	Q/CT 2171—2009
71	数据中心基础设施施工及验收规范	GB 50462—2015
72	通风与空调工程施工质量验收规范	GB 50243—2002
73	通信电源集中监控系统工程验收规范	YD/T 5058—2005
74	通信电源设备安装工程设计规范	YD/T 5040—2005
75	通信电源设备安装工程施工监理暂行规定	YD/T 5126—2005

序号	标准规范	编号
76	通信电源设备安装工程验收规范	GB 51199—2016
77	通信电源设备安装工程验收规范	YD 5079—2005
78	通信电源设备的防雷技术要求和测试方法	YD/T 944—2007
79	通信电源设备电磁兼容性限值及测量方法	YD/T 983—2013
80	通信电源用阻燃耐火软电缆	YD/T 1173—2010
81	通信工程设计文件编制规定	YD/T 5211—2014
82	通信建设工程安全生产操作规范	YD 5201—2014
83	通信建设工程节能环境保护监理暂行规定	YD 5205—2014
84	通信建设工程施工安全监理暂行规定	YD 5204—2014
85	通信建筑工程设计规范	YD 5003—2014
86	通信局(站)电源系统总技术要求	YD/T 1051—2010
87	通信局(站)防雷与接地工程验收规范	GB 51120—2015
88	通信局(站)节能设计规范	YD 5184—2009
89	通信局站防雷与接地工程设计规范	GB 50689—2011
90	通信设备安装抗震设计图集	YD 5060—2010
91	通信设备安装施工监理规范	YD 5125—2014
92	通信设备可靠性通用试验方法	YD/T 282—2000
93	通信用不间断电源(UPS)	YD/T 1095—2008
94	通信用柴油发电机组消噪音工程设计暂行规定	YD 5167—2009
95	通信用电源设备抗地震性能检测规范	YD 5096—2005
96	通信用阀控式密封胶体蓄电池	YD/T 1360—2005
97	数据设备用交流电源分配列柜	YDT 2322—2011
98	通信用直流—直流模块电源	YD/T 1376—2005
99	通信中心机房环境条件要求	YD/T 1821—2008
100	外墙外保温工程技术规程	JGJ 144—2008
101	智能建筑设计标准	GB/T 50314—2015
102	住宅装饰装修工程施工规范	GB 50327—2001
103	自动喷水灭火系统施工及验收规范	GB 50261—2005
104	综合布线、传输交换、机房装修、远程监控等相关标准和规范	相关标准规范
105	综合布线系统工程设计规范	GB 50311—2016
106	传输交换、机房装修、远程监控等相关标准和规范	参见相关标准规范
107	通信用高频开关电源系统	YD/T 1058—2015
108	通信用 10 kV 高压发电机组	YD/T 2888—2015
109	通信设施拆除安全暂行规定	YD 5221—2015
110	通信局(站)防雷与接地工程施工监理暂行规定	YD 5219—2015
111	通信局(站)电源、空调及环境集中监控管理系统 第6部分:图像集中监控系统	YD/T 1363.6—2015

序号	标准规范	编号
112	通信局（站）电源系统维护技术要求 第 7 部分：防雷接地系统	YD/T 1970.7—2015
113	互联网数据中心（IDC）安全防护要求	YD/T 2584—2015
114	电信互联网数据中心（IDC）安全生产管理要求	YD/T 2949—2015

注：表中所列标准、规范中，如果有新版本发布，应以最新版本为准。

1.6 机房竣工验收的基本要求

1.6.1 机房环境要求

① 应保持整齐、清洁。

② 室内照明应能满足设备的维护检修要求。

③ 室内温湿度应符合标准。

④ 确保机房所预留的维护空间。

1.6.2 供配电系统

1.6.2.1 基本要求

系统机房供配电系统的施工及验收应包括电气装置、配线及敷设、照明装置的安装及验收。系统机房供配电系统的施工及验收除应执行规范外，应符合现行国家标准《建筑电气工程施工质量验收规范》（GB 50303—2015）的有关规定。

用于系统机房供配电系统的电气设备和材料，必须符合国家有关电气产品安全的规定及设计要求。

1.6.2.2 施工基本要求

① 在改建、扩建工程中，系统机房要安装各种贵重的电子设备，为防止电子设备的霉变腐蚀，对房间的湿度有较严格的要求。因此尽量避免在施工现场进行有水作业，这也是实现机房技术要求的必要措施。

② 工程中会发生拆墙、打洞、楼板开口等可能改变原建筑结构的施工，这些必须由原建筑设计单位或相应资质的设计单位核查有关原始资料，在对原建筑结构进行必要的核验后确定施工方案。严禁建设单位和施工单位随意更改。

③ 原建筑的地面也常存在承重满足不了建筑材料的堆放、设备码放及安装或蓄电池的堆放要求的问题。因此施工前，应详细了解建筑地面荷载。安装的设备或蓄电池超载时，应按设计采取加固措施。

④ 监理单位应做好隐蔽工程记录和会签，作为工程验收、质量事故分析和维修的重要依据。隐蔽工程的相应资料是指工程记录、检验记录、照片、录像等。

⑤ 工程竣工后与建设单位交接验收之前，由于未做保护或保护措施不得力会造成机房、设备、装置的外观污染或破损（尤其装饰性的玻璃、地面、墙面、设备外表面），直接影响工程顺利验收交接。这些情况时，监理在实施监理的过程中做好协调工作，保护成品。

1.6.2.3 电源设施

① 特种电源配电装置是指符合如下条件之一的同时由于特殊需要必须安装在机房内

的配电装置和设备：交流频率不是 50 Hz；交流频率是 50 Hz，但额定电压超过 1 000 V；直流额定电压超过 1 500 V。

这些装置和设备无法与机房内通常的低压装置和设备互换使用，误用有可能损坏设备，甚至发生严重事故，所以这些电源装置和设备应有明显标志，并注明频率、电压等相关参数，以避免误用。

② 对接入电源箱、柜电缆的弯曲半径提出限定要求的目的就是避免箱、柜内部设备和器件及电缆本身受额外应力，从而影响安装工程质量，有时甚至会损坏设备、器件和电缆。

③ 不间断电源及附属设备包括整流装置、逆变装置、静态开关和蓄电池组等 4 个功能单元。由于设备到达现场时已经做过出厂检测，所以安装前只要检查设备随机携带的资料是否完整、设备参数是否符合设计要求即可。因为不间断电源设备出厂检测一般都使用电阻性负载作为试验对象，所以在有条件且现场负载主要是电感性或电容性的场合，应在安装前进行整个不间断电源设备的检测。对运输过程有可能损坏或影响不间断电源设备的场合，也应进行这种检测。

④ 蓄电池的种类有很多，对于铅酸电池一类含有腐蚀性液体的电池，在安装时要格外小心，应佩戴防护装具，以免在腐蚀性液体泄漏时对安装人员造成伤害或对设备、装置造成损坏。蓄电池组的重量很大，在摆放时要充分考虑该处楼板的承重问题，否则可能造成严重的事故。

⑤ 对于存在长时间停电（大于 8 h）可能的机房，采用柴油发电机作为持续后备电源是一种很好的解决方案。在柴油发电机投入备用状态前，进行可靠的负荷试运行是非常重要的。只有通过负荷试运行，能确认柴油发电机安装的正确性、发电的品质因数和馈电线路的导通性。柴油发电机在带上设计负荷连续运行 12 h 后，无漏油、漏水和漏气等不正常现象，才能认为其作为后备电源是可靠的。柴油发电机的噪声、振动和排烟问题主要靠合理的设计方案解决，但良好的安装工艺可以很好地抑制柴油发电机的噪声和振动问题。

1.6.2.4 材料、设备基本要求

工程所用材料和设备的质量与安全性能是影响工程质量的决定因素。认真地进场检验是施工准备的不可忽视的重要环节。根据多年实践经验，国家对消防、电气等特殊材料的检验有强制性要求，必须出具国家认可的检测机构的检测报告或认证书，以保证工程质量。

1.6.2.5 分部分项工程施工验收基本要求

① 施工单位应做好实现施工现场的过程控制，顺利进行工序交接，保证工程的内在质量，要求按照施工组织设计严格组织施工，做好自检及交接检查。监理单位应注意做好工序质量的检查和验收。

② 施工交接验收时应向建设单位提交所有资料的种类，这些是建设单位以后进行管理和维修的原始资料。要求施工单位代表、监理工程师及建设单位代表在相关记录上签字，是为保证资料的权威性。

1.6.3 电气装置

1.6.3.1 基本要求

电气设备、材料本身质量和可靠性的优劣以及其型号、规格等各种参数的选择是否正确，会影响供配电系统运行的安全性和功能的可靠性，有时甚至会造成严重的事故，所以国家陆续颁布了许多关于电气产品安全的标准和规定。这些标准和规定是系统机房电气建设的基础，必须严格遵守。

① 电气装置的安装应牢固可靠、标志明确、内外清洁。安装垂直度偏差应小于 1.5‰；同类电气设备的安装高度，在设计无规定时应一致。

② 电气接线盒内应无残留物，盖板应整齐、严密，暗装时盖板应紧贴安装工作面。

③ 开关、插座应按设计位置安装，接线应正确、牢固。不间断电源插座应与其他电源插座有明显的形状或颜色区别。

④ 隐蔽空间内安装电气装置时应留有维修路径和空间。

⑤ 特种电源配电装置应有永久的便于观察的标志，并应注明频率和电压等相关参数。

⑥ 落地安装的电源箱、柜应有基座。安装前，应按接线图检查内部接线。基座及电源箱、柜安装应牢固，箱、柜内部不应受额外应力。接入电源箱、柜电缆的弯曲半径应大于电缆最小允许弯曲半径。电缆最小允许弯曲半径应符合表 1-4 的要求。

表 1-4　　　　　　　　　　　　　　　　　**电缆最小允许弯曲半径**

序号	电缆种类	最小允许弯曲半径（D 为电缆外径）
1	无铅包钢铠护套的橡皮绝缘电力电缆	$10D$
2	有钢铠护套的橡皮绝缘电力电缆	$20D$
3	聚氯乙烯绝缘电力电缆	$10D$
4	交联聚氯乙烯绝缘电力电缆	$15D$
5	多芯控制电缆	$10D$

⑦ 不间断电源及其附属设备安装前应依据随机提供的数据，检查电压、电流及输入输出特性等参数，并应在符合设计要求后进行安装。安装及接线应正确、牢固。

⑧ 蓄电池组的安装应符合设计及产品技术文件要求。蓄电池组重量超过楼板载荷时，在安装前应按设计采取加固措施。对于含有腐蚀性物质的蓄电池，安装时应采取防护措施。

⑨ 柴油发电机的基座应牢靠固定在建筑物地面上。安装柴油发电机时，应采取抗震、减噪和排烟措施。柴油发电机应进行连续 12 h 负荷试运行，无故障后可交付使用。

⑩ 电气装置与各系统之间的联锁，应符合设计要求，联锁动作正确。

⑪ 电气装置之间应连接正确，应在检查接线连接正确无误后进行通电试验。

1.6.3.2　配线及敷设

① 线缆端头与电源箱、柜的接线端子应搪锡或镀银。线缆端头与电源箱、柜的连接应牢固、可靠，接触面搭接长度不应小于搭接面的宽度。

② 电缆敷设前应进行绝缘测试，并应在合格后敷设。机房内电缆和电线的敷设，应排列整齐、捆扎牢固、标志清晰，端接处长度应留有适当富余量，不得有扭绞、压扁和保护层断裂等现象。在转弯处，敷设电缆的弯曲半径应符合规范上（表 1-4）的规定。电缆接入配电箱和配电柜时，应捆扎固定，不应对配电箱产生额外应力。

③ 隔断墙内穿线管与墙面板应有间隙，间隙不应小于 10 mm。安装在隔断墙上的设备或装置应整齐固定在附加龙骨上，墙板不得受力。

④ 电源相线、保护地线、零线的颜色应按设计要求编号，颜色应符合下列规定：

a. 保护接地线（PE 线）应为黄绿相间色。

b. 中性线（N 线）应为淡蓝色。

c. A 相线应用黄色,B 相线应用绿色,C 相线应用红色。

⑤ 正常均衡负载情况下保护接地线(PE 线)与中性线(N 线)之间的电压差应符合设计要求。

⑥ 电缆桥架、线槽和保护管的敷设应符合设计要求和现行国家标准《建筑电气工程施工质量验收规范》(GB 50303—2015)的有关规定。在活动地板下敷设时,电缆桥架或线槽底部不应紧贴地面。

1.6.3.3 照明电气装置

① 吸顶灯具底座应紧贴吊顶或顶板,安装应牢固。

② 嵌入安装灯具应固定在吊顶板预留洞(孔)内专设的框架上。灯具应单独吊装,灯具边框外缘应紧贴吊顶板。

③ 灯具安装位置应符合设计要求,成排安装时应整齐、美观。

④ 专用灯具的安装应按现行国家标准《建筑电气工程施工质量验收规范》(GB 50303—2015)执行。

⑤ 各类电气插座,无论是电气插座还是信息插座、电视插座,安装高度也应保持一致,且要便于使用和符合设计要求。注意检查验收安装在地面、地板面和桌面等的电气。

⑥ 在吊顶等隐蔽空间内安装的电气装置应考虑便于以后的维修。在不便拆卸的顶板、墙板等隐蔽处的电气装置附近应留有检查口、维修通道和维修空间。检查口和通道的尺寸应满足维修人员进出的需求。

1.6.3.4 施工验收检验及测试

① 检查应包括下列内容:

a. 电气装置、配件及其附属技术文件是否齐全。

b. 电气装置的型号、规格、安装方式是否符合设计要求。

c. 线缆的型号、规格、敷设方式、相序、导通性、标志、保护等是否符合设计要求,已经隐蔽的应检查相关的隐蔽工程记录。

d. 照明装置的型号、规格、安装方式、外观质量及开关动作的准确性与灵活性是否符合设计要求。

e. 进行施工交接验收,并应填写《供配电系统验收记录表》。施工交接验收时,施工单位所提供的文件应符合分部分项工程施工验收基本要求。

② 测试应包括下列内容:

a. 电气装置与其他系统的联锁动作的正确性、响应时间及顺序。

b. 电线、电缆及电气装置的相序的正确性。

c. 电线、电缆及电气装置的电气绝缘电阻应达到表 1-5 的要求。

表 1-5 电气绝缘电阻要求

序号	项目名称	最小绝缘电阻值/MΩ
1	开关、插座	5
2	灯具	2
3	电线电缆	0.5
4	电源箱、柜二次回路	1

d. 不间断电源的输出电压、电流、波形参数及切换时间。

e. 电气绝缘阻值测量,测量用的兆欧表电压等级应符合现行国家标准《电气装置安装工程电气设备交接试验标准》(GB 50150—2006)的要求,详见表 1-6 要求。

表 1-6　　　　　　　　　　兆欧表电压等级

序号	负载电压范围	兆欧表电压等级/V
1	100 V 以下	250
2	100～500 V	500
3	500～3 000 V	1 000
4	3 000～10 000 V	2 500

1.6.4　电源线布放

1.6.4.1　基本要求

① 在电源箱、柜与外部接线进行压接时,应对电源箱、柜安装位置、线缆位置进行调整,尽量减少压接所带来的应力。无法消除的,应采取措施,电源箱、柜内部的电气设备及装置不得受到额外应力,避免电气设备及装置因长期受应力作用而导致损坏。机房内的设备一般都是不中断供电的设备,应避免线路中断给设备和系统带来的意外损害。保证接线端子与导线之间的接触可靠,是非常重要的关键环节之一。

② 上锡或镀银主要是为了增加接线端子与导线的接触面,减小接触电阻,同时也有固定多芯线头的目的。一般场合都使用上锡,重要场合可使用镀银工艺。

③ 电源线的捆扎固定,既要考虑电源线的散热和自重问题,也要考虑对电源箱、柜内部的电气设备及装置带来的额外应力问题,还要考虑便于事后的维护。

④ 为了不便隔断墙面和安装在隔断墙上的设备、设施受力损坏,应在墙体结构上设置专用的框架,用以安装设备、设施。为了电缆散热,确保运行的安全,规定了动力电缆穿管要与隔断墙板留有 10 mm 间隙。

⑤ 当电缆桥架、线槽的敷设采用上走线方式时,线槽的深度不应大于 150 mm,敷设路线应避免位于空调出风口、灯具、探测器等设备的正下方。当电缆桥架、线槽敷设在地板下时,桥架、线槽底部与地面保持一定距离,可以防水防潮,同时应尽量远离空调出风口,无法远离的,应顺着风向,避免重叠敷设。

1.6.4.2　照明装置

嵌入式灯具用吊杆单独吊装是为了不便吊顶龙骨受到灯具载荷而造成吊顶的变形。机房专用灯具主要包括:应急照明灯、疏散标志灯和消防指示灯。

1.6.5　防雷与接地系统

1.6.5.1　基本要求

系统机房应进行防雷与接地装置和接地线的安装及验收。

系统机房防雷与接地系统施工及验收除应执行规范外,尚应符合现行国家标准《建筑物电子信息系统防雷技术规范》(GB 50343—2012)和《建筑电气工程施工质量验收规范》(GB 50303—2015)的有关规定。

1.6.5.2 防雷与接地装置

① 浪涌保护器安装应牢固,接线应可靠。安装多个浪涌保护器时,安装位置、顺序应符合设计和产品说明书的要求。

② 正常状态下外露的不带电的金属物必须与建筑物等电位网连接。

③ 接地装置焊接应牢固,应采取防腐措施。接地体埋设位置和深度应符合设计要求。引下线应固定。

④ 接地电阻值无法满足设计要求时,应采取物理或化学降阻措施。

⑤ 等电位连接金属带可采用焊接、熔接或压接。金属带表面应无毛刺、明显伤痕,安装应平整、连接牢固,焊接处应进行防腐处理。

⑥ 浪涌保护器有火花间隙型保护器(B级)和基于压敏电阻类型的保护器(C、D级)等几种,它们的性能各不相同,所以安装时一般都是多级并联配合使用的,B级在前,C、D级在后。当由雷电形成一个浪涌过电压时,浪涌保护器(B级)会首先响应,将大部分高能量的电流通过接地线泻入大地,以避免由于过载而使其后的C、D级浪涌保护器失效,造成机房内的设备损坏。以不同方式工作的保护器之间的线缆长度小于某个数值时,要在两级之间加装退耦补偿装置。两级之间的线缆长度具体是多少,应参考产品说明书或设计图纸,但一般不应少于5 m。

⑦ 在正常状态下外露的不带电的金属物是指吊顶的金属结构、隔断墙的金属框架、金属活动地板、金属门窗、设备设施金属外壳等。与建筑的等电位网连接,可将产生的静电和外壳的漏电立即引入地下,防止人员触电和静电的伤害,保证设备的安全。

⑧ 接地装置的形式包括:单接地体、接地网、接地环、特殊接地体等几种。接地环就是把金属导体沿水平挖开的地沟敷设,它适用于对接地要求不高且地域开阔处。特殊接地体是针对某些特殊地理环境,用常规方法很难达到接地电阻阻值要求或普通金属很容易腐蚀的区域。特殊接地体采用化学方法通常是添加降阻剂;物理方法是采用增加接地体根数或增加接地体埋设深度来降低土壤的电阻率。

⑨ 等电位的连接通常采用焊接,当使用铜或其他有色金属焊接困难或无法焊接时,可以采用熔接或压接。

1.6.5.3 接地线

① 接地线不得有机械损伤;穿越墙壁、楼板时应加装保护套管;在有化学腐蚀的位置应采取防腐措施;在跨越建筑物伸缩缝、沉降缝处,应弯成弧状,弧长应为缝宽的1.5倍。

② 接地端子应做明显标记,接地线应沿长度方向用油漆刷成黄绿相间的条纹进行标记。

③ 接地线的敷设应平直、整齐。转弯时,弯曲半径应符合表1-4的要求。

④ 接地线的连接应采用焊接,焊接应牢固、无虚焊,并应进行防腐处理。

⑤ 接地线通常采用焊接方式连接,但有些情况下可以采用螺栓连接,如有色金属接地线不能采用焊接和接至电气设备上不允许焊接等情况。

⑥ 连接处的接触面应按现行国家标准《建筑电气工程施工质量验收规范》(GB 50303—2015)的规定处理。

1.6.5.4 施工验收

验收检测应包括下列内容:

① 检查接地装置的结构、材质、连接方法、安装位置、埋设间距、深度及安装方法应符合设计要求。

② 对接地装置的外露接点应进行外观检查,已封闭的应检查施工记录。

③ 验证浪涌保护器的规格、型号应符合设计要求,检查浪涌保护器安装位置、安装方式应符合设计要求或产品安装说明书的要求。

④ 检查接地线的规格、敷设方法及其与等电位金属带的连接方法应符合设计要求。

⑤ 检查等电位加接金属带的规格、敷设方法应符合设计要求。

⑥ 检查接地装置的接地电阻值应符合设计要求。

⑦ 进行施工交接验收时,应按填写《防雷与接地装置验收记录表》。

⑧ 施工交接验收时,施工单位提供的文件应符合分部分项工程施工验收基本要求的规定。

1.6.6　空气调节系统

1.6.6.1　基本要求

① 系统机房的空气调节系统应包括分体式空气调节系统设备与设施的安装、风管与部件制作及安装、系统调试及施工验收。

② 系统机房其他空气调节系统的施工及验收,应按现行国家标准《通风与空调工程施工质量验收规范》(GB 50243—2002)的有关规定执行。

③ 空调设备是指两种分体式空调机组的情况:一是机房专用精密风冷式空调(如用于A、B类机房的空调);一是商用舒适性空调(主要用于C类机房)。室内机组需要制作安装基座的空调,主要指运转时有较大振动的落地式空调,如机房专用精密风冷式空调,或制冷量大于 8 kW 的分体式空调,其他小型落地式空调、吸顶式空调、壁挂空调均不适用,室外机组情况与上述类似

1.6.6.2　空调设备安装

① 分体式空调机组基座或基础的制作应符合设计要求,并应在空调机组安装前完成。

② 室内机组安装时,在室内机组与基座之间应垫牢靠固定的隔震材料。

③ 气循环空间的要求。

④ 室外空调冷风机组安装在地面时,应设置安全防护网。

⑤ 连接室内机组与室外机组的气管和液管,应按设备技术档案要求进行安装。气管与液管为硬紫铜管时,应按设计位置安装存油弯和防震管。

⑥ 空气设备管道安装完成后,应进行检漏和压力测试,并应做记录;合格后应进行清洗。

⑦ 管道应按设计要求进行保温。当设计对保温材料无规定时,可采用耐热聚乙烯、保温泡沫塑料或玻璃纤维等材料。

⑧ 室内机组安装于基座上时,在室内机组与基座之间垫一层隔震材料,其目的是为了衰减室内机组的振动。隔震材料可以选用橡胶板,其厚度与弹性应根据室内机组的重量与振动特性选定。

⑨ 室外机组安装时,距离墙面的距离应根据室外机对空气循环空间的要求及室外机维修空间的需要而定。

⑩ 当室外机安装高度高于室内机组时(压缩机在室内机组),为了防止压缩机停机时机

油经排气管道返回压缩机,避免压缩机再次发动时发生油液冲缸事故,要求设置存油弯。同样,液体管道设反向存油弯以防止停机时制冷剂倒流。存油弯安装的数量与距离在产品说明书中都有规定。若设计及产品说明书无规定时,应在室外机出口处的液体管道上设一个反向存油弯,在竖向气体管道上每隔一定距离设一个存油弯,参见《通风与空调工程施工质量验收规范》(GB 50243—2002)和设计图纸的要求。

⑪ 空调设备液管与气管安装完成后,应对管道进行检漏,确认无泄漏后再对管道内的水分、灰尘和杂质进行清除,一般采用压力为 0.6 MPa 干燥压缩空气或氮气对管路系统吹扫排污,其目的是控制管内的流速不致过大,并能满足管路清洁要求。

⑫ 由于新风系统的设计随机房规模的大小而变化,因此设计文件是新风系统安装的主要依据。为了保证设计新风量,新风系统运行一定时间后,要清洗或更换空气过滤装置。因此新风系统安装位置应便于空气过滤装置盖板打开。

⑬ 管道防火阀、排烟防火阀属于消防产品,符合消防产品的相关技术标准并具有消防检测中心的性能检测报告及消防管理部门颁发的产品生产许可证是保证达到消防产品技术标准的可靠依据。安装的牢固可靠、启闭灵活、关闭严密及联动控制的准确有效保证了发生火灾后,减少对人员和机房设施的伤害,必须强制执行。

1.6.6.3 其他空调设施的安装

① 空气调节系统其他设施应包括新风系统、管道防火阀、排烟防火阀、空调系统及排风系统的风口。

② 新风系统设备与管道应按设计要求进行安装,安装应便于空气过滤装置的更换,并应牢固可靠。

③ 管道防火阀和排烟防火阀应符合国家现行有关消防产品标准的规定。

④ 管道防火阀和排烟防火阀必须具有产品合格证及国家主管部门认定的检测机构出具的性能检测报告。

⑤ 管道防火阀和排烟防火阀的安装应牢固可靠、启闭灵活、关闭严密;阀门的驱动装置动作应正确、可靠。

⑥ 手动单叶片和多叶片调节阀的安装应牢固可靠、启闭灵活、调节方便。

1.6.6.4 风管、部件制作与安装

① 用镀锌钢板制作风管时应符合下列规定:

a. 表面应平整,不应有氧化、腐蚀等现象;加工风管时,镀锌层损坏处应涂两遍防锈漆。

b. 刷油漆时,明装部分的最后一遍应为色漆,应在安装完毕后进行。

c. 风管接缝应采用咬口方式。板材拼接咬口缝应错开,不得有十字拼接缝。

d. 风管内表面应平整光滑,安装前应除去内表面的油污和灰尘。

e. 风管法兰制作应符合设计要求,并应按现行国家标准《通风与空调工程施工质量验收规范》(GB 50243—2002)的有关规定执行;法兰应涂刷两遍防锈漆。

f. 风管与法兰的连接应严密,法兰密封垫应选用不透气、不起尘、具有一定弹性的材料;紧固法兰时不得损坏密封垫。

② 用普通薄钢板制作风管前应除去油污和锈斑,并应预涂一遍防锈漆,同时应符合《通风与空调工程施工质量验收规范》(GB 50243—2002)第 5.4.1 条的规定。

③ 下列情况的矩形风管应采取加固措施:

　　a. 无保温层的边长大于 630 mm。

　　b. 有保温层的边长大于 800 mm。

　　c. 风管的单面面积大于 1.2 m²。

　　④ 金属法兰的焊缝应严密、熔合良好、无虚焊；法兰平面度的允许偏差应为±2 mm,孔距应一致,并应具有互换性。

　　⑤ 风管与法兰的铆接应牢固,不得脱铆和漏铆;管道翻边应平整、紧贴法兰,其宽度应一致,且不应小于 6 mm;法兰四角处的咬缝不得开裂和有孔洞。

　　⑥ 风管支架、吊架的防腐处理应与普通薄钢板的防腐处理相一致,其明装部分应增涂一遍面漆。

　　⑦ 风管及相关部件安装应牢固可靠,并应在验收后进行管道保温及涂漆。

　　⑧ 由于系统机房对空气含尘浓度有限制,因此要求空调风管表面耐腐蚀、不生锈、不起尘;镀锌钢板具有这种特性,在设计无明确规定时应选用镀锌钢板制作空调风管。

　　a. 风管加工过程中有时镀锌层遭到损坏,有可能产生锈蚀,因此应在损坏处涂两遍防锈漆,目前用得较多的有锌黄环氧底漆。

　　b. 镀锌风管及风管法兰的制作按现行国家标准《通风与空调工程施工质量验收规范》(GB 50243—2002)执行。

　　⑨ 用普通薄钢板制作风管前必须做防腐处理,其目的是预防风管内部生锈,加工完成后再作防腐处理。

　　⑩ 采取加固措施的风管尺寸;对大口径风管进行加固,可以减小送、回风引起风管的震动和产生的噪声。

　　⑪ 法兰焊接制作要求及风管与法兰铆接时符合技术要求。

　　⑫ 风管安装应牢固可靠;通常情况下,风管支、吊架的安装应按设计图纸标注的尺寸进行;在设计图纸无标注安装尺寸的情况下,对于水平安装,在直径或边长尺寸不大于 400 mm 时,支架、吊架的间距应小于 4 m;直径或边长尺寸大于 400 mm 时,应小于 3 m;对于风管垂直安装,间距不应大于 4 m,其他应按现行国家标准《通风与空调工程施工质量验收规范》(GB 50243—2002)的相关规定执行。

1.6.6.5　空气调节系统调试

　　① 空气调节系统进行调试时,应有建设单位代表在场。

　　② 空调设备安装完毕后,应首先对系统进行检漏及保压试验,其技术指标应符合设计要求;设计无明确要求时,应按设备技术档案执行。

　　③ 空调设备、新风设备应在保压试验合格后进行开机试运行。

　　④ 空调系统的调试应在空调设备、新风设备试运行稳定后进行;空调系统调试应做记录;空调系统验收前应该填写《空调系统测试记录表》。

　　⑤ 空调系统调试前应先对系统进行渗漏检查,常规的做法是对系统进行保压,其保压参数及允许压力变化率应按空调设备产品说明书的要求进行。

　　⑥ 经过系统检查无渗漏时,对空调设备和新风设备分别开机试运行;空调设备运行的调试,压缩机的液体参数、气体参数、压缩机运转时的电流参数等应符合空调设备的要求;空调风机应运行正常,其参数符合设计要求;当空调设备的参数调试完成后进行空调设备的试运行。

　　⑦ 新风系统的调试,主要包括新风机的试运行、风管及连接部件的密封性、空气过滤器

四周的密封性检查及各种阀门的动作检查;上述工作完成后,对空调系统进行系统试运行。

⑧ 空调系统试运行前,应对机房灰尘、杂物进行清除;空调系统稳定性试运行,其运行时间随系统的规模不同而不同,C类机房的空调系统一般试运行小于 8 h,A、B 类机房的空调系统试运行时间应长于 24 h;空调系统运转稳定后进行系统综合调试,调试内容包括温度、相对湿度、风量、风压、各类阀门的调试,以满足设计文件要求。

⑨ 空调试运行时,应注意设备的稳定性和对设备周围环境的影响,注意检查配电设备的状态是否正常。

1.6.6.6 施工验收

① 空气调节系统施工验收内容及方法应按现行国家标准《通风与空调工程施工质量验收规范》(GB 50243—2002)的有关规定执行。

② 施工交接验收时,施工单位提供的文件除应符合规范分部分项工程施工验收基本要求的规定外,尚应按附录 C 提交《空调系统测试记录表》。

③ 一般规定本节内容仅适用于系统机房中的空气调节系统施工和验收。

④ 由于系统机房的规模相差甚远,大的机房有几万平方米,小的还不到十平方米,空调系统的设计也大不相同;本章不可能涵盖所有的机房空气调节系统,只能对机房常用的空调系统的施工质量验收提出相应的规定;因此,其他空气调节系统如组合式空调机组的集中空调系统的施工及验收,应执行《通风与空调工程施工质量验收规范》(GB 50243—2002)的相关规定。

1.6.7 给水排水系统

1.6.7.1 基本要求

① 给水排水系统应包括系统机房内的给水和排水管道系统的施工及验收。

② 系统机房给水与排水的施工及验收,除应执行规范外,尚应符合现行国家标准《建筑给水排水及采暖工程施工质量验收规范》(GB 50242—2002)的有关规定。

1.6.7.2 管道安装

① 管径不大于 100 mm 的镀锌管道应采用螺纹连接,螺纹的外露部分应做防腐处理;管径大于 100 mm 的镀锌管道应采用焊接或法兰连接。

② 需弯制钢管时,弯曲半径应符合现行国家标准《建筑给水排水及采暖工程施工质量验收规范》(GB 50242—2002)的有关规定。

③ 管道支架、吊架、托架的安装,应符合下列规定:固定支架与管道接触应紧密,安装应牢固、稳定;在建筑结构上安装管道支架、吊架,不得破坏建筑结构及超过其荷载。

④ 水平排水管道应有 3.5‰~5‰ 的坡度,并应坡向排泄方向。

⑤ 机房内的冷热水管道安装后应首先进行检漏和压力试验,然后进行保温施工。

⑥ 保温应采用难燃材料,保温层应平整、密实,不得有裂缝、空隙;防潮层应紧贴在保温层上,并应封闭良好;表面层应光滑平整、不起尘。

⑦ 机房内的地面应坡向地漏处,坡度应不小于 3‰;地漏顶面应低于地面 5 mm。

⑧ 机房内的空调器冷凝水排水管应设有存水弯。

⑨ 在进行管道安装时,应注意按照《建筑给水排水及采暖工程质量验收规范》(GB 50242—2002)规定执行。

⑩ 系统机房内吊顶上、地板下铺设各种电器管线,安装各类接线盒及插座箱等,为避免

冷热水管道对电器管线、装置和设备可能造成的故障和损害,必须对冷、热水管道进行压力试验和检漏,保证管道不渗、不漏水。

⑪ 系统机房专用空调器内部处于负压状态,为了使冷凝器下部积存的冷凝水顺利排除,防止空气通过冷凝水排水管倒流。

1.6.7.3 施工验收

① 给水管道应做压力试验,试验压力应为设计压力的 1.5 倍,且不得小于 0.6 MPa;空调加湿给水管应只做通水试验,应开启阀门、检查各连接处及管道,不得渗漏。

② 排水管应只做通水试验,流水应畅通,不得渗漏。

③ 施工交接验收时,施工单位提供的文件除应符合规范分部分项工程施工验收基本要求的规定外,还应提交管道压力试验报告和检漏报告。

④ 空调给水管的水压试验、空调加湿管的通水试验及排水管的灌水试验是保证水管不渗、不漏、流水通畅的必要步骤。其试验方法及判定准则均按现行国家标准《通风与空调工程施工质量验收规范》(GB 50243—2002)的规定执行。

1.6.8 综合布线

1.6.8.1 基本要求

① 综合布线应包括系统机房内的线缆敷设、配线设备和接插件的安装与验收。

② 综合布线施工及验收除应执行规范外,尚应符合现行国家标准。

③ 符合《综合布线工程验收规范》(GB/T 50312—2016)的有关规定。

④ 保密网布线的施工单位与人员的资质应符合国家有关保密的规定。

1.6.8.2 线缆敷设

(1) 线缆的敷设应符合下列规定:

① 线缆敷设前应对线缆进行外观检查。

② 线缆的布放应自然平直,不得扭绞,不应交叉,标签应清晰;弯曲半径应符合表 1-7 规定。

表 1-7　　　　　　　　　　　　　　　　线缆弯曲半径

线缆种类	弯曲半径与电缆外径之比
非屏蔽 4 对对绞电缆	≥4
屏蔽 4 对对绞电缆	6～10
主干对绞电缆	≥10
光缆	≥15

③ 在终接处线缆应留有余量,余量长度应符合表 1-8 的规定。

表 1-8　　　　　　　　　　　　　　线缆终接余量长度　　　　　　　　　　　　　　　　mm

线缆种类	配线设备端	工作端
对绞电缆	500～1 000	10～30
光缆	3 000～5 000	

④ 设备跳线应插接,并应采用专用跳线。

⑤ 从配线架至设备间的线缆不得有接头。

⑥ 线缆敷设后应进行导通测试。

(2)当采用屏蔽布线系统时,屏蔽线缆与端头、端头与设备之间的连接应符合下列要求:

① 对绞线缆的屏蔽层应与接插件屏蔽罩完整可靠接触。

② 屏蔽层应保持连续,端接时应减少屏蔽层的剥开长度,与端头间的裸露长度不应大于 5 mm。

③ 端头处应可靠接地,接地导线和接地电阻值应符合设计要求。

(3)信号网络线缆与电源线缆及其他管线之间的距离应符合设计要求,并应符合表 1-9 的规定。

表 1-9 　　　　　　　　　　　对绞电缆与电力线最小净距　　　　　　　　　　　　mm

条件	范围		
	380 V,<2 kV·A	380 V,2.5~5 kV·A	380 V,>5 kV·A
对绞电缆与电力电缆平行敷设	130	300	600
有一方在接地的金属槽道或钢管中	70	150	300
对绞电缆与电力线均在接地的金属槽道或钢管中	*	80	150

注:表中的"﹡"表示当对绞电缆与电力线均在接地的金属槽道或钢管中,且平行长度小于 10 m 时,最小间距可为 10 mm;对绞电缆如采用屏蔽电缆时,最小净距可适当减少,并应符合设计和表 1-10 要求。

表 1-10 　　　　　　　　　电缆、光缆暗管敷设与其他管线最小净距　　　　　　　　mm

管线种类	平行净距	垂直交叉净距
避雷引下线	1 000	300
保护底线	50	20
热力管(不包封)	500	500
热力管(包封)	300	300
给水管	150	20
煤气管	300	20
压缩空气管	150	20

(4)在插座面板上应用颜色、图形、文字按所接终端设备类型进行标识。

(5)对绞线在与8位模块式通用插座相连时,应按色标和线对顺序进行卡接。插座类型、色标和编号应符合表 1-11 的规定,接线标号顺序应符合图 1-22 的规定。两种双绞线线序在同一布线工程中不得混合使用。

表 1-11 　　　　　　　　　　　　插座类型、色标和编号

T568A 线序	1	2	3	4	5	6	7	8
	绿白	绿	橙白	蓝	蓝白	橙	棕白	棕
T568B 线序	1	2	3	4	5	6	7	8
	橙白	橙	绿白	蓝	蓝白	绿	棕白	棕

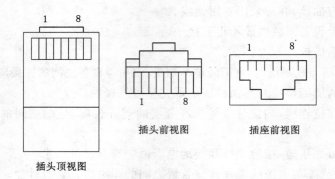

图 1-22 信息插座插头接线

（6）控制箱（柜）、台内应采取通风散热措施，内部接插件与设备的连接。

（7）走线架、线槽和护管的弯曲半径不应小于线缆最小允许弯曲半径，敷设应符合现行国家标准《建筑电气工程施工质量验收规范》（GB 50303—2015）的有关规定。对于上走线方式，走线架的敷设除应符合现行国家标准《建筑电气工程施工质量验收规范》（GB 50303—2015）的有关规定和设计要求外，还应符合下列规定：

① 走线架内敷设光缆时，对尾纤应用阻燃塑料设置专用槽道，尾纤槽道转角处应平滑、呈弧形；尾纤槽两侧壁应设置下线口，下线口应做平滑处理。

② 光缆的尾纤部分应用棉线绑扎。

③ 走线架吊架应垂直、整齐、牢固。

对绞电缆、光缆及其他信号电缆应根据线缆的类别、数量、缆径、线缆芯数分束绑扎。绑扎间距不应大于 1.5 m，间距应均匀，松紧应适度。垂直布放线缆应在线缆支架上每隔 1.5 m 固定。

（8）在水平、垂直桥架和垂直线槽中敷设线缆时，应对线缆进行绑扎。

（9）配线机柜、机架安装应符合设计要求，并应牢固可靠，同时应用色标表示用途。

（10）本条规定了线缆敷设应满足的技术要求：

① 线缆外观检查包括：检查线缆型式、规格应符合设计要求；线缆所附标志、标签内容应齐全、清晰；外护套应完整无损，应有出厂质量检验合格证。

② 屏蔽对绞电缆有总屏蔽和线对屏蔽加上总屏蔽两种方式，为此在屏蔽电缆敷设时的弯曲半径应根据屏蔽方式的不同，在 6～10 倍于电缆外径中选用。

③ 本款规定是对线缆终接余量的一般要求，如有特殊要求的应按设计要求预留长度。

④ 设备跳线经常作插拔等机械动作，对线缆、模块之间的连接强度及其传输性能要求较高，应采用综合布线专用的插接跳线，各类跳线长度应符合设计要求。

（11）采用屏蔽布线系统时，对绞线缆的屏蔽层与接插件屏蔽罩连接的具体要求：

① 对绞线缆的屏蔽层与端接设备接插件的屏蔽罩 360°的圆周面应全部可靠接触，这是达到良好的端接、满足屏蔽要求的必要措施。

② 当采用屏蔽布线系统时，线缆、配线架、模块和跳线等，均为屏蔽产品；为了保证屏蔽效果，端接处的接地导线截面和接地电阻值应符合有关标准。

（12）机房内计算机设备、网络设备数量多，模块式信息插座排列密集，以不应脱落和磨损的标识表述不同的信息插座,便于施工和以后的维护工作。

（13）线槽和护管截面利用率的要求在《综合布线工程验收规范》（GB/T 50312—2016）中有明确的规定,可以直接引用。

（14）机柜、机架不应直接安装在活动地板上,应制作底座。机柜、机架固定在底座上,底座直接固定在地面。

1.6.8.3　施工验收

（1）验收应包括下列内容:

① 配线柜的安装及配线架的压接。

② 走线架、槽的安装。

③ 线缆的敷设。

④ 线缆的标识。

⑤ 系统测试。

（2）系统检测,应包括下列内容:

① 检查配线柜的安装及配线架的压接。

② 检查走线架、槽的规格,型号和安装方式。

③ 检查线缆的规格、型号、敷设方式及标识。

④ 进行电缆系统电气性能测试和光绳系统性能测试,各项测试应做详细记录,并填写《电缆及光缆综合布线系统工程电气性能测试记录表》。

施工交接验收时,施工单位提供的文件除应符合规范分部分项工程施工验收基本要求的规定外,尚应按上表提交《电缆及光绳综合布线系统工程电气性能测试记录表》。

（3）上表测试记录表中电缆系统的测试项目是规定的基本测试项目。其他的项目可根据工程具体情况和用户的要求及现场测试仪器的功能选择测试。上表测试记录表主要强调的是测试项目,如建设单位要求或者同意,可采用专业电缆测试设备,也可用专业测试软件直接打印的表格来代替。

1.6.9　监控与安全防范

1.6.9.1　基本要求

① 系统机房内的监控与安全防范应包括环境监控系统、场地设备监控系统、安全防范系统的安装与验收。

② 环境监控系统应包括对机房正压、温度、湿度、漏水报警等环境的监视与测量。

③ 场地设备监控系统应包括对机房不间断电源、精密空调、柴油发电机、配电箱（柜）等场地设备的监视、控制与测量。

④ 安全防范系统应包括视频监控系统、入侵报警系统和出入口控制系统。

⑤ 监控与安全防范系统工程施工及验收除应执行规范外,尚应符合现行国家标准《建筑电气安装工程施工质量验收规范》（GB 50303—2015）和《安全防范工程技术规范》（GB 50348—2004）的有关规定。

1.6.9.2　设备与设施安装

① 所有设备在安装前应进行技术复核。

② 设备与设施的安装应按设计确定的位置进行,并应符合下列规定:

a. 应留有操作和维修空间。

b. 环境参数采集设备应安装在能代表被采集对象实际状况的位置上。

③ 读卡器、开门按钮等设施的安装位置应远离电磁干扰源。

④ 信号传输设备和信号接收设备之间的路径和距离应符合设计要求,设计无规定时应满足设备技术档案的要求。

⑤ 摄像机的安装应符合下列规定:

a. 应对摄像机逐个通电、检测和粗调,并应在一切正常后安装。

b. 应检查云台的水平与垂直转动角度,并应根据设计要求确定云台转动起始点。

c. 摄像机与云台的连接线缆的长度应满足摄像机转动的要求。

d. 对摄像机初步安装后,应进行通电调试,并应检查功能、图像质量、监视区范围,应在符合要求后固定。

e. 摄像机安装应牢固、可靠。

⑥ 监视器的安装位置应符合设计要求,并应符合下列规定:

a. 监视器安装在机柜内时,应采取通风散热措施。

b. 监视器的屏幕不得受外来光线直射。

c. 监视器的外部调节部分,应便于操作。

⑦ 控制箱(柜)、台及设备的安装应符合下列规定:

a. 控制箱(柜)、台安装位置应符合设计要求,安装应平稳、牢固,并应便于操作和维护。

b. 应牢固可靠。

c. 所有控制、显示、记录等终端设备的安装应平稳,并应便于操作。

⑧ 设备接地应符合设计要求。设计无明确要求时,应按产品技术文件要求进行接地。

1.6.9.3 配线与敷设

① 同轴电缆的敷设应符合现行国家标准《民用闭路监视电视系统工程技术规范》(GB 50198—2011)的有关规定。

② 电力电缆、走线架(槽)和护管的敷设应符合现行国家标准《建筑电气安装工程施工质量验收规范》(GB 50303—2015)的有关规定。

③ 传感器、探测器的导线连接应牢固可靠,并应留有适当余量,线芯不得外露。

④ 电力电缆应与信号线缆、控制线缆分开敷设,无法避免时,对信号线缆、控制线缆应进行屏蔽。

1.6.9.4 系统调试

① 系统调试应由专业技术人员根据设计要求和产品技术文件进行。

② 系统调试前应做好下列准备:

a. 应按规范要求检查工程的施工质量。

b. 应按设计要求查验已安装设备的规格、型号、数量。

c. 通电前应检查供电电源的电压、极性、相序。

d. 对有源设备应逐个进行通电检查。

③ 环境监控系统功能检测及调试应包括下列内容:

a. 机房正压、温度、湿度测量。

b. 查验监控数据准确性。

c. 检测漏水报警的准确性。

④ 场地设备监控系统功能检测及调试应包括下列内容：

a. 检测采集参数的正确性。

b. 检测控制的稳定性和控制效果、调试响应时间。

c. 检测设备连锁控制和故障报警的正确性。

⑤ 安全防范系统调试应包括下列内容：

a. 机房出入口控制系统调试应包括下列内容：

Ⅰ. 调试卡片阅读机、控制器等系统设备，应能正常工作。

Ⅱ. 调试卡片阅读机的开门、关门、提示、记忆、统计、打印等判别与处理。

Ⅲ. 调试出入口控制系统与报警等系统间的联动。

b. 视频监控系统调试应包括下列内容：

Ⅰ. 检查、调试摄像机的监控范围，聚焦，图像清晰度，灰度及环境照度与抗逆光效果。

Ⅱ. 检查、调试云台及镜头的遥控延迟，排除机械冲击。

Ⅲ. 检查、调试视频切换控制主机的操作程序，图像切换，字符叠加。

Ⅳ. 调试监视器、录像机、打印机、图像处理器、同步器、编码器、译码器等设备。

Ⅴ. 对于具有报警联动功能的系统，应检查与调试自动开启摄像机电源、自动切换音视频到指定监视器及自动实时录像，检查与调试系统叠加摄像时间、摄像机位置的标识符和显示稳定性及打开联动灯光后的图像质量。

Ⅵ. 检查与调试监视图像与回放图像的质量，在正常工作照明环境条件下，应能辨别人的面部特征。

Ⅶ. 入侵报警系统调试应包括下列内容：

c. 检测与调试探测器的探测范围、灵敏度、误报警、漏报警、报警状态后的恢复及防拆保护等功能与指标。

d. 检查控制器的本地与异地报警、防破坏报警、布防与撤防等功能。

⑥ 系统调试应做记录，并应出具调试报告，同时应由调试人员和建设单位代表确认签字。

1.6.9.5 施工验收

① 验收应包括下列内容：

a. 设备、装置及配件的安装。

b. 环境监控系统和场地设备监控系统的数据采集、传送、转换、控制功能。

c. 入侵报警系统的入侵报警功能、防破坏和故障报警功能、记录显示功能和系统自检功能。

d. 视频监控系统的控制功能、监视功能、显示功能、记录功能和报警联动功能。

e. 出入口控制系统的出入目标识读功能、信息处理和控制功能、执行机构功能。

② 系统检测应填写《监控与安全防范系统功能检测记录表》。

③ 施工交接验收时，施工单位提供的文件除应符合规范分部分项工程施工验收基本要求的规定外，应提交《监控与安全防范系统功能检测记录表》。

1.6.10 设备监控

设备监控是指对场地设备的运行参数进行采集和控制，包括不间断电源（UPS）、精密空调、柴油发电机、配电箱（柜）等，不包括对信息系统设备如网络设备等的监控。

1.6.10.1 设备与设施安装

① 本条所讲的技术复核主要指外观检查,产品无损伤、无瑕疵,品种、数量、产地符合设计要求;设备的安全性、可靠性等项目可参考生产厂家出具的产品合格证和检测报告。

② 设备密集区附近,环境会与其他区域有很大不同;靠近设备密集区更能准确反映被测对象监控数据。

③ 报警探测器的安装,应根据所选产品的性能、环境影响及警戒范围要求等确定安装位置。

④ 感应式读卡器灵敏度受外界磁场的影响大,所以安装位置不得靠近高频磁场和强磁场。

⑤ 传输设备和接收设备之间的距离是否合适,主要是看信号的衰减程度和信号接收的效果。例如温湿度探测、得到的信号质量,与设备的选择、设备的匹配、线缆的匹配、布线的结构、设备接入的数量等多种因素有关。因此安装应按设计或设备的技术文件要求进行。

1.6.10.2 配线与敷设

电力电缆通电时会产生感应磁场,对通信讯号和控制指令造成干扰,影响监控效果。因此,电力线缆不能与信号、控制线缆敷设在同一桥架或线槽内,也不得交叉。否则,应采取屏蔽措施。

1.6.10.3 系统调试

安全防范和自控系统调试工作是专业技术非常强的工作,国内外不同厂家的产品不仅型号不同,外观各异,而且系统组成也不同。软件技术的应用,特别是现场的编程只有熟悉系统的专门人员才能胜任。所以本条明确规定了调试负责人必须由有资格的专业技术人员担任。一般应由厂家的工程师(或厂家委托的经过训练的人员)担任。

1.6.11 消防系统

① 火灾自动报警与消防联动控制系统施工及验收应符合现行国家标准《火灾自动报警系统施工及验收规范》(GB 50166—2007)的有关规定。

② 气体灭火系统施工及验收应符合现行国家标准《气体灭火系统施工及验收规范》(GB 50263—2007)的有关规定。

③ 自动喷水灭火系统施工及验收应符合现行国家标准《自动喷水灭火系统施工及验收规范》(GB 50261—2005)的有关规定。

1.6.12 室内装饰装修

1.6.12.1 基本要求

① 系统机房室内装饰装修应包括吊顶、隔断、地面处理、活动地板、内墙和顶棚及柱面处理、门窗制作安装及其他作业的施工及验收。

② 室内装饰装修施工应按由上而下、从里到外的顺序进行。

③ 室内环境污染的控制及装饰装修材料的选择应按现行国家标准。

④《民用建筑工程室内环境污染控制规范》(GB 50325—2010)的有关规定执行。

⑤ 各工种的施工环境条件应符合施工材料说明书的要求。

1.6.12.2 吊顶

① 吊点固定件位置应按设计标高及安装位置确定。

② 吊顶吊杆和龙骨的材质、规格、安装间隙与连接方式应符合设计要求；预埋吊杆或预设钢板，应在吊顶施工前完成；未做防锈处理的金属吊挂件应进行涂漆。

③ 吊顶上空间作为回风静压箱时，其内表面应按设计做防尘处理，不得起皮和龟裂。

④ 吊顶板上铺设的防火、保温、吸音材料应包封严密，板块间应无缝隙，并应固定牢靠。

⑤ 龙骨与饰面板的安装施工应按现行国家标准《住宅装饰装修工程施工规范》（GB 50327—2001）的有关规定执行，并应符合产品说明书的要求。

⑥ 吊预装饰面板表面应平整、边缘整齐、颜色一致，板面不得变色、翘曲、缺损、裂缝和腐蚀。

⑦ 吊顶与墙面、柱面、窗帘盒的交接应符合设计要求，并应严密美观。

⑧ 安装吊预装饰面板前应完成吊顶上各类隐蔽工程的施工及验收。

⑨ 对于新建机房，吊顶的吊点预埋位置的设计应与建筑施工设计同步进行，预埋吊点由土建施工单位完成；为保证吊点、吊杆的强度，防止锈蚀，对金属件应进行必要的除锈、防腐处理。

⑩ 机房内的气流组织形式一般采取地板下送风，吊顶上回风的循环方式，因此为了保证循环风的清洁，保证机房内的洁净度，延长专用空调设备的使用寿命，应保持吊顶上空间的清洁，防止积尘或产尘。

⑪ 吊顶内的防火、保温、吸音材料，大多数是岩棉或玻璃纤维，其材质松散、易脱落；散落的颗粒既对人员造成伤害，也会影响机房的空气洁净度；所以对其包封要严密，板块之间无缝隙。

⑫ 吊顶内的所有施工皆为隐蔽工程，应在安装吊顶板前完成并进行交接验收，以免工程返工或在竣工验收时拆装吊顶；不管由何种原因引起反复拆装吊顶板面，都会造成顶板材料的损害，也对吊顶整体的平整度产生不良影响。

1.6.12.3 隔断墙

① 隔断墙应包括金属饰面板隔断、骨架隔断和玻璃隔断等非承重轻质隔断及实墙的工程施工。

② 隔断墙施工前应按设计划线定位。

③ 隔断墙主要材料质量应符合下列要求：

a. 饰面板表面应平整、边缘整齐，不应有污垢、缺角、翘曲、起皮、裂纹、开胶、划痕、变色和明显色差等缺陷。

b. 隔断玻璃表面应光滑，无波纹和气泡，边缘应平直、无缺角和裂纹。

④ 轻钢龙骨架的隔断安装应符合下列要求：

a. 隔断墙的沿地、沿顶及沿墙龙骨位置应准确，固定应牢靠。

b. 竖龙骨及横向贯通龙骨的安装应符合设计及产品说明书的要求。

c. 有耐火极限要求的隔断墙板安装应符合下列规定：竖龙骨的长度应小于隔断墙的高度 30 mm，上下应形成 15 mm 的膨胀缝；隔断墙板应与竖龙骨平行铺设，不得沿地、沿顶龙骨固定；隔断墙两面墙板接缝不得在同一根龙骨上，安装双层墙板时，面层与基层的接缝亦不得在同一根龙骨上。

d. 隔断墙内填充的材料应符合设计要求，应充满、密实、均匀。

⑤ 装饰面板的非阻燃材料衬层内表面应涂覆两遍防火涂料。黏结剂应根据装饰面板

性能或产品说明书要求确定。黏结剂应满涂、均匀,粘接应牢固。饰面板对缝图案应符合设计规定。

⑥ 金属饰面板隔断安装应符合下列要求:

a. 金属饰面板表面应无压痕、划痕、污染、变色、锈迹,界面端头应无变形。

b. 隔断不到顶棚时,上端龙骨应按设计与顶棚或梁、柱固定。

c. 板面应平直,接缝宽度应均匀、一致。

⑦ 玻璃隔断的安装应符合下列要求:

a. 玻璃支撑材料品种、型号、规格、材质应符合设计要求,表面应光滑、无污垢和划痕,不得有机械损伤。

b. 隔断不到顶棚时,上端龙骨应按设计与顶棚或梁、柱固定。

c. 安装玻璃的槽口应清洁,下槽口应衬垫软性材料。玻璃之间或玻璃与扣条之间嵌缝灌注的密封胶应饱满、均匀、美观;如填塞弹性密封胶条,应牢固、严密,不得起鼓和缺漏。

d. 应在工程竣工验收前揭去骨架材料面层保护膜。

e. 竣工验收前在玻璃上应粘贴明显标志。

⑧ 防火玻璃隔断应符合设计图纸及产品说明书的要求。

⑨ 隔断墙与其他墙体、柱体的交接处应填充密封防裂材料。

⑩ 实体隔断墙的砌砖应符合现行国家标准《砌体工程施工质量验收规范》(GB 50203—2011)的有关规定,抹灰及饰面应符合现行国家标准《住宅装饰装修工程施工规范》(GB 50327—2001)的有关规定。

⑪ 目前机房内根据需要和功能不同常用金属板材隔断、骨架隔断和玻璃隔断等非承重轻质隔断;同时为了防火、防爆、防噪声的需要新建砌砖墙体。

⑫ 本条对轻钢龙骨架的隔断墙安装提出了具体的要求。

⑬ 隔断墙沿地、沿顶及沿墙龙骨的位置准确牢固和竖向龙骨的垂直固定是保证隔断墙平整和垂直度的关键,一旦固定就难以调整。

⑭ 根据国内多年施工经验,为防止发生火灾后的火势蔓延,必须符合《建筑内部装修防火施工及验收规范》(GB 50354—2005)的规定提出的防火要求。

⑮ 玻璃隔断的安装具体的施工要求:

a. 骨架材料如不锈钢板、铝合金或塑钢型材表面均贴有保护膜。为了预防在运输,储存、加工、安装时对其表面造成损害,只能在竣工验收前揭下保护膜。

b. 施工经验证明,未加明显标识的清洁剔透的玻璃隔断,极易发生碰破玻璃伤人事故,故提出要求。

⑯ 实体墙的砌砖,抹灰与饰面施工分别在现行国家标准《砌体工程施工质量验收规范》(GB 50203—2011)和现行国家标准《住宅装饰装修工程施工规范》(GB 50327—2001)中已有详尽的规定,这里不作重复。

⑰ 按设计要求涂覆在水泥地面特殊材料的性能不尽相同,其成分、用途、特点、施工环境和方法也有差异,因此规定要按照具体产品说明书的要求施工。

1.6.12.4 地面处理

① 地面处理应包括原建筑地面处理及不安装活动地板房间的地面砖、石材、地毯等地面面层材料的铺设。

② 地面铺设应在隐蔽工程、吊顶工程、墙面与柱面的抹灰工程完成后进行。

③ 潮湿地区应按设计要求铺设防潮层，并应做到均匀、平整、牢固、无缝隙。

④ 地面砖、石材、地毯铺设应符合现行国家标准《住宅装饰装修工程施工规范》(GB 50327—2001)的有关规定。

⑤ 在水泥地面上涂覆特殊材料时，施工环境和施工方法应符合产品技术文件的要求。

⑥ 机房施工是一个多专业、多工种复杂的系统工程；室内装修施工只有解决好与空调送回风管道、消防管道、供配电桥架、等电位接地、综合布线等隐蔽工程的交叉和施工作业顺序，才能保证施工质量，提高施工效率。

⑦ 为了防止施工后对室内的环境污染，避免对人员的伤害，应采用无毒或低毒的装饰材料；根据用户的要求，可按现行国家标准《民用建筑工程室内环境污染控制规范》(GB 50325—2010)的要求对室内环境污染物进行检测。

1.6.12.5 活动地板

① 活动地板的铺设应在机房内其他施工及设备基座安装完成后进行。

② 铺设前应对建筑地面进行清洁处理，建筑地面应干燥、坚硬、平整、不起尘。

③ 活动地板下空间作为送风静压箱时，应对原建筑表面进行防尘涂覆，涂覆面不得起皮和龟裂。

④ 活动地板铺设前，应按设计标高及地板布置准确放线；沿墙单块地板的最小宽度不应小于整块地板边长的 1/4。

⑤ 活动地板铺设时应随时调整水平；遇到障碍物或不规则墙面、柱面时应按实际尺寸切割，并应相应增加支撑部件。

⑥ 铺设风口地板和开口地板时，需现场切割的地板，切割面应光滑、无毛刺，并应进行防火、防尘处理。

⑦ 在原建筑地面铺设的保温材料应严密、平整，接缝处应黏结牢固。

⑧ 在搬运、储藏、安装活动地板过程中，应注意装饰面的保护，并应保持清洁。

⑨ 在活动地板上安装设备时，应对地板面进行防护。

⑩ 机房内活动地板下要铺设保温材料，安装供配电管线、桥架、插座箱等，进行网络、安防及自控的布线，铺设接地金属带和静电泄漏地网，进行室内固定设备的基座和设备安装；在以上各类施工完成交接验收并清理地面后再安装活动地板，是为了防止反复拆装地板而影响活动地板整体的稳定和平整。

⑪ 机房空调气流组织多为地板下送风、吊顶上回风的循环方式；为保证机房内的洁净度，延长空调设备的使用寿命，常采用涂覆的方法达到地板下的空间清洁、不起尘、不积尘的效果。

⑫ 本条考虑到机房活动地板的整体牢固和美观，同时兼顾活动地板的损耗特作该规定。

⑬ 经验证明，因疏于对活动地板饰面在搬运、堆放及安装完成后的保护，往往造成板面的污染、划伤、破边、掉角等损伤，从而影响了交接验收，因此强调应有保护措施。

1.6.12.6 内墙、顶棚及柱面的处理

① 内墙、顶棚及柱面的处理应包括表面涂覆、壁纸及织物粘贴、装饰板材安装、墙面砖或石材等材料的铺贴。

② 新建或改建工程中的抹灰施工应符合现行国家标准《住宅装饰装修工程施工规范》（GB 50327—2001）的有关规定。

③ 表面涂覆、壁纸或织物粘贴、墙面砖或石材等材料的铺贴应在墙面隐蔽工程完成后和在吊顶板安装及活动地板铺设之前进行；表面涂覆、壁纸或织物粘贴应符合现行国家标准《住宅装饰装修工程施工规范》（GB 50327—2001）的有关规定；施工质量应符合现行国家标准《建筑装饰装修工程质量验收规范》（GB 50210—2001）的有关规定。

④ 金属饰面板安装应牢固、垂直、稳定，与墙面、柱面应保留 50 mm 以上的距离。

⑤ 其他饰面板的安装应符合现行国家标准《建筑装饰装修工程质量验收规范》（GB 50210—2001）的有关规定。

⑥ 不同材料的施工方法不同，本节列出的材料是目前常用的材料类型和机房内墙、顶棚及柱面的装饰装修施工内容，以后将会出现新材料和新工艺，对机房的装饰装修也会提出新的要求。

⑦ 墙面、顶棚及柱面的涂覆、壁纸或织物粘贴、各种饰面板的施工及墙面砖或石材等材料铺贴的施工方法及验收标准，分别在《住宅装饰装修工程施工规范》（GB 50327—2001）和《建筑装饰装修工程质量验收规范》（GB 50210—2001）中有详尽的规定，完全可以直接使用。

⑧ 建筑物内墙面或柱面的平整度常有偏差，金属饰面板等成品板材紧贴墙面、柱面安装，无法保证板面的垂直度，也增加了安装和调整的难度。与墙面和柱面保留 50 mm 以上的距离这是多家施工单位的经验数据。

1.6.12.7 门窗及其他

① 门窗及其他施工应包括门窗、门窗套、窗帘盒、暖气罩、踢脚板等制作与安装。

② 安装门窗前应进行下列各项检查：

a. 门窗的品种、规格、功能、尺寸、开启方向、平整度、外观质量应符合设计要求，附件应齐全。

b. 门窗洞口位置、尺寸及安装面结构应符合设计要求。

③ 门窗的运输、存放、安装应符合下列规定：

a. 木门窗应采取防潮措施，不得碰伤、玷污和暴晒。

b. 塑钢门窗安装、存放环境温度应低于 50 ℃；存放处应远离热源；环境温度低于 0 ℃时，安装前应在室温下放置 24 h。

c. 铝合金、塑钢、不锈钢门窗的保护贴膜在验收前不得损坏；在运输或存放铝合金、塑钢、不锈钢门窗时应竖直、稳定排放，并应用软质材料相隔。

d. 钢质防火门安装前不应拆除包装，并应存放在清洁、干燥的场所，不得磨损和锈蚀。

④ 门窗安装应平整、牢固、开闭自如、推拉灵活、接缝严密。

⑤ 玻璃安装应符合规范。

⑥ 门窗框与洞口的间隙应填充弹性材料，并应用密封胶密封。

⑦ 门窗安装除应执行规范外，尚应符合现行国家标准《建筑装饰装修工程质量验收规范》（GB 50210—2001）的有关规定。

⑧ 门窗套、窗帘盒、暖气罩、踢脚板等制作与安装应符合现行国家标准《建筑装饰装修工程质量验收规范》（GB 50210—2001）的有关规定；其表面应光洁、平整、色泽一致、线条顺

直、接缝严密,不得有裂缝、翘曲和损坏。

⑨ 这两条是对各类门窗在安装前普遍要遵循的统一规定,是确保各类门窗内在和外观质量,避免在储运、安装中造成损伤,实现安装、施工质量标准的必要措施。

⑩ 各类门窗安装及机房其他细部工程的施工方法及验收标准,在《建筑装饰装修工程质量验收规范》(GB 50210—2001)中有详尽的规定。

1.6.12.8　施工验收

① 在吊顶、隔断墙、地面处理、活动地板、墙面和顶棚及柱面处理、门窗及其他施工的各工序完成了自检和转序检验的基础上,对机房室内装饰装修分部工程进行整体验收;而备份项工程的施工质量标准和检验方法在《建筑装饰装修工程质量验收规范》(GB 50210—2001)中有详尽的规定,可以直接使用规范。

② 吊顶、隔断墙、内墙和顶棚及柱面、门窗以及窗帘盒、暖气罩、踢脚板等施工的验收内容和方法,应符合现行国家标准《建筑装饰装修工程质量验收规范》(GB 50210—2001)的有关规定。

③ 地面处理施工的验收内容和方法应符合现行国家标准《建筑地面工程施工质量验收规范》(GB 50209—2010)的有关规定;防静电活动地板的验收内容和方法,应符合国家现行标准《防静电地面施工及验收规范》(SJ/T 31469—2002)的有关规定。

④ 施工交接验收时,施工单位提供的文件应符合规范分部分项工程施工验收基本要求的规定。

1.6.13　电磁屏蔽

1.6.13.1　基本要求

① 系统机房电磁屏蔽工程的施工及验收应包括屏蔽壳体、屏蔽门、各类滤波器、截止通风波导窗、屏蔽玻璃窗、信号接口板、室内电气、室内装饰等工程的施工和屏蔽效能的检测。

② 安装电磁屏蔽室的建筑墙地面应坚硬、平整,并应保持干燥。

③ 屏蔽壳体安装前,围护结构内的预埋件、管道施工及预留孔洞应完成。

④ 施工中所有焊接应牢固、可靠;焊缝应光滑、致密,不得有熔渣、裂纹、气泡、气孔和虚焊;焊接后应对全部焊缝进行除锈防腐处理。

⑤ 安装电磁屏蔽室时不应与其他专业交叉施工。

1.6.13.2　壳体安装

① 壳体安装应包括可拆卸式电磁屏蔽室、自撑式电磁屏蔽室和直贴式电磁屏蔽室壳体的安装。

② 可拆卸式电磁屏蔽室壳体的安装应符合下列规定:

a. 应按设计核对壁板的规格、尺寸和数量。

b. 在建筑地面上应铺设防潮层、绝缘层。

c. 对壁板的连接面应进行导电清洁处理。

d. 壁板拼装应按设计或产品技术文件的顺序进行。

e. 安装中应保证导电衬垫接触良好,接缝应密闭可靠。

③ 自撑式电磁屏蔽室壳体的安装应符合下列规定:

a. 焊接前应对焊接点清洁处理。

b. 应按设计位置进行地梁、侧梁、顶梁的拼装焊接,并应随时校核尺寸;焊接应为电焊,梁体不得有明显的变形,平面度不应大于 $3/1\,000^2$。

c. 壁板之间的连接应为连续焊接。

d. 安装电磁屏蔽室装饰结构件时应进行点焊,不得将板体焊穿。

④ 直贴式电磁屏蔽室壳体的安装应符合下列规定:

a. 应在建筑墙面和顶面上安装龙骨,安装应牢固、可靠。

b. 应按设计将壁板固定在龙骨上。

c. 壁板在安装前应先对其焊接边进行导电清洁处理。

d. 壁板的焊缝应为连续焊接。

1.6.13.3 屏蔽门安装

① 铰链屏蔽门安装应符合下列规定:

a. 在焊接或拼装门框时,不得使门框变形,门框平面度不应大于 $2/1\,000^2$。

b. 门框安装后应进行操作机构的调试和试运行,并应在无误后进行门扇安装。

c. 安装门扇时,门扇上的刀口与门框上的簧片接触应均匀一致。

② 平移屏蔽门的安装应符合下列规定:

a. 焊接后的变形量及间距应符合设计要求。门扇、门框平面度不应大于 $1.5/1\,000^2$,门扇对中位移不应大于 1.5 mm。

b. 在安装气密屏蔽门扇时,应保证内外气囊压力均匀一致,充气压力不应小于 0.15 MPa,气管连接处不应漏气。

1.6.13.4 滤波器、截止波导通风窗及屏蔽玻璃的安装

① 滤波器安装应符合下列规定:

a. 在安装滤波器时,应将壁板和滤波器接触面的油漆清除干净,滤波器接触面的导电性应保持良好;应按设计要求在滤波器接触面放置导电衬垫,并应用螺栓固定、压紧,接触面应严密。

b. 滤波器应按设计位置安装;不同型号和参数的滤波器不得混用。

c. 滤波器的支架安装应牢固可靠,并应与壁板有良好的电气连接。

② 截止波导通风窗安装应符合下列规定:

a. 波导芯、波导围框表面油脂污垢应清除,并应用锡钎焊将波导芯、波导围框焊成一体;焊接应可靠、无松动,不得使波导芯焊缝开裂。

b. 截止波导通风窗与壁板的连接应牢固、可靠、导电密封;采用焊接时,截止波导通风窗焊缝不得开裂。

c. 严禁在截止波导通风窗上打孔。

d. 风管连接应采用非金属软连接,连接孔应在围框的上端。

③ 屏蔽玻璃安装应符合下列规定:

a. 屏蔽玻璃四周外延的金属网应平整无破损。

b. 屏蔽玻璃四周的金属网和屏蔽玻璃框连接处应进行去锈除污处理,并应采用压接方式将两者连接成一体。连接应可靠、无松动,导电密封应良好。

c. 安装屏蔽玻璃时用力应适度,屏蔽玻璃与壳体的连接处不得破碎。

1.6.13.5 屏蔽效能自检

① 电磁屏蔽室安装完成后应用电磁屏蔽检漏仪对所有接缝、屏蔽门、截止波导通风窗、

滤波器等屏蔽接口件进行连续检漏,不得漏检,不合格处应修补。

② 电磁屏蔽室的全频段检测应符合下列规定:

a. 电磁屏蔽室的全频段检测应在屏蔽壳体完成后且在室内装饰前进行。

b. 在自检中应分别对屏蔽门、壳体接缝、波导窗、滤波器等所有接口点进行屏蔽效能检测,检测指标均应满足设计要求。

1.6.13.6 其他施工要求

① 电磁屏蔽室内的供配电、空气调节、给排水、综合布线、监控及安全防范系统、消防系统、室内装饰装修等专业施工应在屏蔽壳体检测合格后进行,施工时严禁破坏屏蔽层。

② 所有出入屏蔽室的信号线缆必须进行屏蔽滤波处理。

③ 所有出入屏蔽室的气管和液管必须通过屏蔽波导。

④ 屏蔽壳体应按设计进行良好接地,接地电阻应符合设计要求。

1.6.13.7 施工验收

① 验收应由建设单位组织监理单位、设计单位、测试单位、施工单位共同进行。

② 验收应按附录 G 的内容进行,并应按附录 G 填写《电磁屏蔽室工程验收表》。

③ 电磁屏蔽室屏蔽效能的检测应由国家认可的机构进行;检测的方法和技术指标应符合现行国家标准《电磁屏蔽室屏蔽效能测量方法》(GB/T 12190—2006)的有关规定或国家相关部门制定的检测标准。

④ 检测后应按附录 F 填写《电磁屏蔽室屏蔽效能测试记录表》。

⑤ 电磁屏蔽室内的其他各专业施工的验收均应按规范中有关施工验收的规定进行。

⑥ 施工交接验收时,施工单位提供的文件除应符合规范分部分项工程施工验收基本要求的规定外,还应按附录 F 和附录 G 提交《电磁屏蔽室屏蔽效能测试记录表》和《电磁屏蔽室工程验收表》。

1.6.14 电磁屏蔽的技术要求

1.6.14.1 基本要求

① 安装电磁屏蔽室前,要求建筑室内的顶棚和墙壁一般要刷好白乳胶漆;地面一般为水泥砂浆地坪;表面作防尘处理;地面应平整,无凹凸现象。

② 电磁屏蔽室的屏蔽效能主要靠金属壳体、屏蔽门、截止通风波导窗、屏蔽玻璃及滤波器的安装质量来保证。焊接是安装的主要手段,焊缝的质量和防腐是直接决定着屏蔽室有无电磁波泄漏的关键。因此对焊接焊缝的质量必须提出严格的要求。

③ 在进行屏蔽室壳体安装时,为保证其施工质量及产品的性能指标,要尽量减少土建、水电等专业的交叉施工。

1.6.14.2 壳体安装

① 可拆卸式电磁屏蔽室的安装要求和安装顺序一般为:

a. 安装地板时量好对角线,将紧固件拧紧。

b. 安装两侧的墙板,同时安装与墙板相连的顶板。

c. 最后安装对角的两块墙板。

② 自撑式电磁屏蔽室的安装要求:安装室内其他结构件时也采用焊接,一般用点焊。应特别控制焊接电流的大小,严防焊穿壳体。如有漏点,必须用相同材质的金属板补漏。

1.6.14.3　屏蔽门安装

① 本条提出了铰链屏蔽门的安装要求。

② 门框平面度超过 $2/1\ 000^2$ 后,门框的变形将直接影响门与门框的合装精度,导致屏蔽门的屏蔽指标下降。

③ 门扇上的刀口与门框上的簧片接触压力如果不均匀,长时间使用会造成个别触点断开,产生电磁波的泄漏。

④ 本条提出了平移屏蔽门的安装要求。

⑤ 门框平面度超过 $1.5/1\ 000^2$,门扇对中位移超过 1.5 mm,将直接影响门与门框的合装精度,导致屏蔽门的屏蔽指标下降。

⑥ 平移屏蔽门框簧片内气囊电动充气后,门框内外簧片顶至门扇内外面,至一定压力后,气囊停止充气,使簧片和门扇紧密接触,达到电磁屏蔽作用。为了保持设定的压力,要求各连接管道不得漏气。

1.6.14.4　滤波器、截止波导通风窗及屏蔽玻璃的安装

① 滤波器安装的要求:如果滤波器与壁板的固定处导电密封不良,电磁波会从滤波器的螺杆与壁板孔的间隙处泄漏,从而直接影响屏蔽室的屏蔽性能。

② 安装截止波导通风窗是基于电磁场中的波导原理:当电磁波通过一定口径、一定深度的金属密封管会使其电磁波的能量会大大衰减。

③ 玻璃窗的屏蔽功能是靠玻璃中的金属网来实现的。金属网通过玻璃框与屏蔽壳体连接,因此金属网与玻璃框的压接质量及金属框与金属壳体的焊接质量是决定屏蔽玻璃窗安装是否造成电磁波泄漏的关键。

1.6.14.5　屏蔽效能自检

任何一处焊穿的孔洞及漏焊点都会造成电磁泄漏。因此在屏蔽效能的检测过程中应及时对影响其屏蔽效能的薄弱处和焊接缺陷进行重点检漏和补漏。

1.6.14.6　其他施工要求

① 对引入电磁屏蔽室的信号电缆和进出管线不经过屏蔽滤波处理,就会使电磁屏蔽室内部电磁信号泄漏,使外部无用电磁场干扰电磁屏蔽室内部信号,所以必须进行屏蔽滤波处理。如引入电磁屏蔽室的信号电缆和进出管线不经过屏蔽滤波处理,则电磁屏蔽室的屏蔽效能就以该进出点的性能指标为准。

② 进出屏蔽室的金属管道,例如空调的给、排水管和气管及液管必须经过波导管,否则电磁波将会从穿孔出处泄漏。

1.6.14.7　施工验收

屏蔽性能指标是电磁屏蔽室最关键的性能指标,用不同的检测仪器和检测方法,其检测结果大不相同。所以为保证其检测的正确性和公正性,必须由国家认定的权威机构进行检测,该条款必须强制执行。

1.6.15　综合测试

1.6.15.1　基本要求

(1) 系统机房综合测试条件应符合下列要求:

① 测试区域所含分部、分项工程的质量均应验收合格。

② 测试前应对整个机房和空调系统进行清洁处理,空调系统运行不应少于 48 h。

③ 系统机房竣工后信息系统设备应未安装。

（2）测试项目和测试方法应符合现行国家标准《电子计算机场地通用规范》（GB/T 2887—2011）和相关规范的有关规定。

（3）测试仪器、仪表应符合下列要求：

① 测试仪器、仪表应符合现行国家标准《电子计算机场地通用规范》（GB/T 2887—2011）和相关规范的有关规定。

② 测试仪器、仪表应通过国家认定的计量机构鉴定，并应在有效期内使用。

（4）系统机房综合测试应由建设单位主持，并应会同施工、监理等单位或部门进行。

（5）系统机房综合测试后应按附录 H 填写《系统机房综合测试记录表》，参加测试人员应确认签字。

（6）对机房的综合测试条件明确规定：

① 机房和空调系统内的清洁是保证机房洁净度的前提。实践证明，空调系统运行 48 h 后，才能使室内环境达到动态稳定，测试的数据才会真实、可靠。

② 通常在工程承包合同中明确这一条款。这样可以避免建设单位的电子信息设备安装和调试迟迟未能完成而影响系统机房工程竣工验收与交接。

1.6.15.2　温度、湿度测试

（1）温度测试仪表的分辨率应为 0.5 ℃。

（2）相对湿度测试仪表的分辨率应为 3%。

（3）测点布置的面积不大于 50 m² 时，应对角线 5 点布置，并应符合图 1-23 规定。每增加 20～50 m² 应增加 3～5 个测点。测点距地面应为 0.8 m，距墙不应小于 1 m，并应避开送回风口处。测试点位置参见图 1-23。

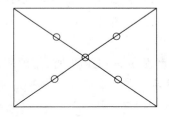

图 1-23　温度、湿度测试点位置

1.6.15.3　空气含尘浓度

（1）测试仪器应为尘埃粒子计数器，流量在 0.1 ctm 时，分辨率应为 1 粒子。

（2）测点布置应符合下面的规定：

① 可拆卸式电磁屏蔽室壳体的安装应符合相关规定。

② 应按设计核对壁板的规格、尺寸和数量。

③ 在建筑地面上应铺设防潮、绝缘层。

④ 对壁板的连接面应进行导电清洁处理。

⑤ 壁板拼装应按设计或产品技术文件的顺序进行。

（3）安装中应保证导电衬垫接触良好，接缝应密闭可靠。

1.6.15.4 照度

(1) 测试仪器应为照度计,量程在 20/200/2 000 lx 时,分辨率应为 1 lx。

(2) 在工作区内应按 2～4 m 的间距布置测点。测点距墙面应为 1 m,距地面应为 0.8 m。

1.6.15.5 噪声

(1) 测试仪器应为声级计,量程在 30～130 dB 时,分辨率应为 0.1 dB。

(2) 测点布置,在主要操作员的位置上距地面应为 1.2～1.5 m。

1.6.15.6 电磁屏蔽

屏蔽效能的检测方法应按现行国家标准《屏蔽室屏蔽效能测量方法》(GB/T 12190—2006)或建设单位所指定国家相关部门制定的检测方法执行。

1.6.15.7 接地电阻

(1) 测试仪表应为接地电阻测试仪,量程在 0.001～100 Ω 时,精度应为 ±2%。

(2) 测试前应将设备电源的接地引线断开。

1.6.15.8 供电电源电压、频率和波形畸变率

测试仪器应符合下列要求:

(1) 电压测试仪表精度应为 ±0.1 V。

(2) 频率测试仪表精度应为 ±0.15 Hz。

(3) 波形畸变率测试使用失真度测量仪,精度应为 ±3%～±5%(满刻度)。

(4) 电压、频率和波形畸变率应在计算机专用配电箱(柜)的输出端测量。

1.6.15.9 风量

(1) 测试仪器应为风速仪,量程在 0～30 m/s 时,精度应为 ±0.3%。

(2) 系统机房总送风量、总回风量、新风量的测试,应按现行国家标准《通风与空调工程施工及验收规范》(GB 50243—2002)的方法进行。

1.6.15.10 正压

(1) 测试仪器应为微压计,量程在 0～1 kPa 时,精度应为 ±5%。

(2) 测试方法应符合下列要求:

① 测试时应关闭室内所有门窗。

② 微压计的界面不应迎着气流方向。

③ 测点位置应在室内气流扰动较小的地方。

测试项目、测试仪器仪表和测试方法的依据是现行国家标准《电子计算机场地通用规范》(GB/T 2887—2011)。测试仪器仪表的精度是根据多年来的实践经验和机房性能指标的要求,并参考国家电子计算机质量监督检验中心机房测试的实际情况提出来的。

1.6.16 工程竣工验收与交接

1.6.16.1 基本要求

(1) 各项施工内容全部完成并已自检合格后,施工单位应向建设单位提出工程竣工验收申请报告。

(2) 工程竣工验收应由建设单位组织设计单位、施工单位、监理单位、消防及安全等部门进行。

(3) 系统机房工程竣工验收,应按现行国家标准《建筑工程施工质量验收统一标准》

(GB 50300—2013)划分分部工程、分项工程和检验批,并应按检验批、分项工程、分部工程顺序依次进行。

(4)系统机房工程文件的整理归档和工程档案的验收与移交,应符合现行国家标准《建设工程文件归档整理规范》(GB/T 50328—2014)的有关规定。

(5)工程项目质量的评定与验收,是工程项目施工管理的重要内容。结合工程项目的内容对项目组成部分进行合理的划分是及时发现并纠正施工过程中可能出现的质量问题和确保工程整体质量重要环节之一。

1.6.16.2 竣工验收的程序与内容

(1)竣工验收应进行综合测试,并应按规范附录 H 填写《电子信息系统机房综合测试记录表》。

(2)施工单位应提交需审核的竣工资料。竣工资料应包括下列内容:

① 工程承包合同。

② 施工图、竣工图、设计变更文件。

③ 规范及相关专业的施工验收规范和质量验收标准。

④ 场地设备移交清单。

⑤ 场地设备、主要材料的技术文件和合格证。

⑥ 隐蔽工程记录及施工自检记录。

⑦ 工程施工质量控制数据。

⑧ 消防工程、电磁屏蔽工程等特殊工程的验收报告。

⑨ 系统机房综合测试报告。

(3)现场验收应按规范附录 J 的内容进行,并应符合现行国家标准。

(4)《建筑工程施工质量验收统一标准》(GB 50300—2013)的有关规定。参加验收的单位在检查各种记录、资料和检验系统机房工程的基础上对工程质量应给出结论,并应按附录 J 填写《工程质量竣工验收表》。

(5)参与竣工验收各单位代表应签署竣工验收文件,建设单位项目负责人与施工单位项目负责人应办理工程交接手续。

(6)综合测试可在竣工验收前进行,由建设单位与施工单位协商确定。在竣工验收前进行综合测试,可对不合格项分析原因及时整改,使工程质量验收与交接顺利进行。

(7)对本条所列出验收时需审核的资料,可根据建设单位和施工单位商定增项或减项。

1.7 单位工程竣工验收

数据中心配套建设工程中,组成的单位工程较多,各个单位工程采取单独验收,形成相对独立的单位工程验收资料,最后由建设单位组织对数据中心配套建设工程项目统一验收。验收过程为:在施工单位的申请下,由总监理工程师组织进行分部工程的验收,验收合格后组织进行单位工程的预验收,签署预验收文件;预验收合格后,将质量合格的工程资料、工程质量评估报告提交给建设单位,再由建设单位组织进行单位工程的验收。

1.7.1 单位竣工验收流程

(1)施工承包单位自检合格;(2)填写《工程竣工报验单》报项目监理部;(3)总监理工

程师组织专业监理工程师对工程质量等进行预验收;(4)对发现的问题应及时通知施工单位整改,对涉及安全质量的问题应使用监理通知单书面要求施工单位整改;(5)项目监理部组织复检,复检合格后总监理工程师签认《工程竣工报验单》;(6)项目监理机构组织编写《工程质量评估报告》由总监理工程师、监理单位技术负责人分别签认后报建设单位;(7)建设单位组织竣工初步验收;(8)参加人员包括建设单位、设计单位、监理单位、施工单位、其他相关联单位等;(9)对验收中发现的问题,监理应要求施工单位及时整改;(10)验收合格后,试运行;(11)建设单位组织竣工验收,对验收中发现的问题,监理应要求施工单位及时整改;(12)验收合格后,总监理工程师在竣工报验单上签署验收意见。

项目监理机构组织编写《监理工作总结》,监理资料成册提交建设单位。数据中心机房及配套工程中的单位工程较多,实际工作中应分别组织预验收,对于关联性较强的单位工程应在分部工程、分项工程结束后及时组织预验收,保证工程的质量和安全。根据《建设工程监理规范》(GB/T 50319—2013)的要求,单位工程竣工验收的流程参见图1-24。

1.7.2 施工过程验收

施工过程验收在工程实施过程中进行。验收过程中不合格情况处理原则:上道工序不合格不准进入下道工序施工;不合格的材料、构配件、半成品不准进入施工现场且不允许使用,已经进场的不合格品应及时做出标识、记录,指定专人看管,避免用错,并要求施工单位限期清除出现场;不合格的工序或工程产品不予计量。工序质量验收不合格,要求施工单位整改,并记录整改过程,工程项目不合格按照国家规定的程序控制。

1.7.3 单位工程预验收

在施工单位自检合格的基础上,施工单位提供验收申请、质量合格的证明材料,报请项目监理部,由总监理工程师组织进行预验收。

(1)审查施工承包单位提交的工程竣工相关文件资料,包括各种质量控制资料、试验报告以及各种有关的技术性文件等。

(2)审核承包单位提交的竣工图,并与已完工程、有关的技术文件对照进行核查。

(3)现场进行检查。

(4)预验收合格→总监理工程师签认《工程竣工报验单》,并上报建设单位→提出《工程质量评估报告》→项目总监理工程师和监理单位技术负责人签署。

(5)参加由建设单位组织的竣工验收。

1.7.4 工程竣工验收

建设单位收到工程预验收、初步验收、竣工验收以及总监理工程师签认的相关报告后,28 d内应组织施工单位(含分包单位)、设计单位、监理单位等项目负责人进行单位工程验收。

单位工程由分包单位施工时,分包工程完成后,应将工程有关资料交总包单位,并对所承包的工程项目按规定的程序检查评定,总包单位应派人参加。

工程竣工验收的条件:

(1)完成建设工程设计和合同约定的各项内容;(2)有完整的技术档案和施工管理资料;(3)有工程使用的主要建筑材料、建筑构配件和设备的进场试验报告;(4)有勘察、设计、施工、工程监理等单位分别签署的质量合格文件;(5)有施工单位签署的工程保修书。

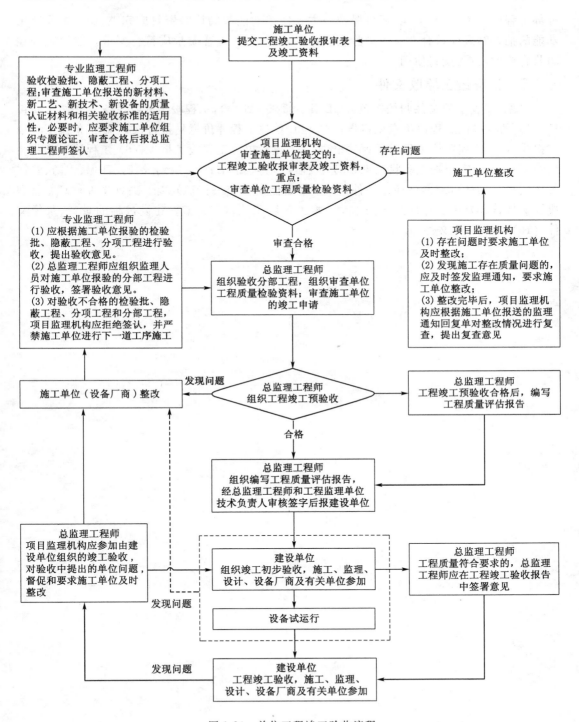

图 1-24　单位工程竣工验收流程

工程质量合格的条件：

（1）所含分部（子分部）工程的质量均应验收合格；（2）质量控制资料应完整；（3）所含

分部工程中有关安全、节能、环境保护和主要使用功能等的检验资料应完整；（4）主要使用功能的抽查结果应符合专业质量验收规范的规定；（5）观感质量应符合要求。建设工程经验收合格的，方可交付使用。

1.7.5 工程竣工验收文件

参见《建设工程文件归档规范》（GB/T 50328—2014），工程竣工验收及备案文件主要包括：（1）勘察单位工程评价意见报告；（2）设计单位工程评价意见报告；（3）施工单位工程竣工报告；（4）监理单位工程质量评估报告；（5）建设单位工程竣工报告；（6）工程竣工验收会议纪要；（7）专家组竣工验收意见；（8）工程竣工验收证书；（9）规划、消防、环保、人防、防雷等部门出具的认可或准许使用文件；（10）城建档案移交书；（11）竣工决算文件；（12）监理决算文件；（13）开工前原貌、施工阶段、竣工新貌照片；（14）工程建设过程的录音、录像文件；（15）其他工程文件等。

2 数据中心配套建设工程监理方案

2.1 监理工作范围

监理工作范围指合同中包括的监理工作范围、内容。《建设工程监理合同》中包括：监理工作范围和内容、监理与相关服务依据、工程监理单位的义务和责任、建设单位的义务和责任等。

工程监理的职责范围从法律的角度明确定位，包括："工程监理单位应当在其资质等级许可的监理范围内，承担工程监理业务。"（《建筑法》第三十四条）

在数据中心机房配套工程建设中，监理单位所承担的监理任务，可能是全部工程项目，也可能是某专业单位工程，也可能是某专业工程。监理工作范围虽然已在建设工程监理合同中明确，但需要在监理规划中列明并作进一步说明，包括监理工作的职责范围。

2.2 监理工作内容

数据中心机房配套工程监理基本工作内容包括：工程质量、造价、进度三大目标控制；合同管理和信息管理；组织协调；履行建设工程安全生产监督管理法定职责。这些内容需要在《监理规划》、《监理实施细则》中根据监理合同约定进一步细化。

在实际监理工作中，监理不应超出合同的范围，如果因需要或者建设单位要求监理超越监理的工作范围、增加相关服务内容，应主动与建设单位协调并说明理由，防止出现因监理的工作范围扩大而造成成本和风险增加。

工作开始之前，监理应详细阅读监理合同的内容，便于顺利实施监理工作。

2.2.1 工程质量控制

（1）总监理工程师应组织专业监理工程师审查施工单位报审的施工组织设计（施工方案），符合要求后予以签认，施工方案审查的重点内容：

① 编审程序应符合相关规定。

② 工程质量保证措施应符合有关标准。

（2）分包工程开工前，项目监理机构应审核施工单位报送的分包单位资格报审材料，专业监理工程师提出审核意见后，由总监理工程师签发。分包单位资格审核的基本内容：

① 营业执照、企业资质等级证书。

② 安全生产许可文件。

③ 类似工程业绩。

④ 专职管理人员和特种作业人员的资格证书。

（3）专业监理工程师应审查施工单位报送的新材料、新工艺、新技术、新设备的质量认证材料和相关验收标准的适用性，必要时，应要求施工单位组织专题论证，审查合格后报总监理工程师签认。

（4）专业监理工程师应检查、复核施工单位报送的施工控制测量成果及保护措施，签署意见。检查、复核的内容：

① 施工单位测量人员的资格证书及测量设备检定证书。

② 施工平面控制网、高程控制网和临时水准点的测量成果及控制桩的保护措施。

③ 专业监理工程师对施工单位在施工过程中报送的施工测量放线成果进行查验。

（5）专业监理工程师应检查施工单位的试验室，检查的内容包括：

① 试验室的资质等级及试验范围。

② 法定计量部门对试验设备出具的计量检定证明。

③ 试验室管理制度。

④ 试验人员资格证书。

（6）项目监理机构应审查施工单位报送的用于工程的材料、设备、构配件的质量证明文件，并按照有关规定或建设工程监理合同约定，对用于工程的材料进行见证取样、平行检验。对已进场经检验不合格的工程材料、设备、构配件，项目监理机构应要求施工单位限期将其撤出施工现场。

（7）专业监理工程师应要求施工单位定期提交影响工程质量的计量设备的检查和检定报告。

（8）监理人员应对施工过程进行巡视，并对关键部位和关键工序的施工过程进行旁站，填写旁站记录。

（9）专业监理工程师应根据施工单位报验的检验批、隐蔽工程、分项工程进行验收，提出验收意见。总监理工程师应组织监理人员对施工单位报验的分部工程进行验收，签署验收意见。对验收不合格的检验批、隐蔽工程、分项工程和分部工程，项目监理机构应拒绝签认，并严禁施工单位进行下一道工序施工。

（10）项目监理机构发现施工存在质量问题的，应及时签发监理通知，要求施工单位整改。整改完毕后，项目监理机构应根据施工单位报送的监理通知回复单对整改情况进行复查，提出复查意见。

（11）项目监理机构发现下列情形之一的，总监理工程师应及时签发工程暂停令，要求施工单位停工整改：

① 施工单位未经批准擅自施工的。

② 施工单位未按审查通过的工程设计文件施工的。

③ 施工单位未按批准的施工组织设计施工或违反工程建设强制性标准的。

④ 施工存在重大质量事故隐患或发生质量事故的。

（12）项目监理机构应对施工单位的整改过程、结果进行检查和验收，符合要求的，总监理工程师应及时签发工程复工令。

（13）对需要返工处理或加固补强的质量事故，项目监理机构要求施工单位报送质量事故调查报告和经设计等相关单位认可的处理方案，并对质量事故的处理过程进行跟踪检查，对处理结果进行验收。项目监理机构应及时向建设单位提交质量事故书面报告，并应将完整的质量事故处理记录整理归档。

（14）项目监理机构应审查施工单位提交的单位工程竣工验收报审表及竣工资料，组织工程竣工预验收。存在问题的，应要求施工单位及时整改；合格的，总监理工程师应签发单位工程竣工验收报审表。

（15）工程竣工预验收合格后，项目监理机构应编写工程质量评估报告，经总监理工程师和工程监理单位技术负责人审核签字后报建设单位。

（16）项目监理机构应参加由建设单位组织的竣工验收，对验收中提出的整改问题，督促施工单位及时整改。工程质量符合要求的，总监理工程师应在工程竣工验收报告中签署意见。

2.2.2 工程造价控制

（1）项目监理机构应按下列程序进行工程计量和付款签证：

① 专业监理工程师审查施工单位提交的工程款支付申请。

② 专业监理工程师进行工程计量，对工程款支付申请提出审查意见。

③ 总监理工程师签发工程款支付证书，并报建设单位。

④ 验收不合格或不符合施工合同约定的工程部位，项目监理机构不进行工程计量。

（2）项目监理机构应对实际完成量与计划完成量进行比较分析，发现偏差的，提出调整建议，并向建设单位报告。

（3）项目监理机构应按下列程序进行竣工结算审核：

① 专业监理工程师审查施工单位提交的竣工结算申请，提出审查意见。

② 总监理工程师对专业监理工程师的审查意见进行审核，并与建设单位、施工单位协商，达成一致意见的，签发竣工结算文件和最终的工程款支付证书，报建设单位；不能达成一致意见的，应按施工合同约定处理。

2.2.3 工程进度控制

（1）项目监理机构应审查施工单位报审的施工总进度计划和阶段性施工进度计划，提出审查意见，由总监理工程师审核后报建设单位。施工进度计划审查的基本内容：

① 施工进度计划应符合施工合同中工期的约定。

② 施工进度计划中主要工程项目无遗漏，应满足分批动用或配套动用的需要，阶段性施工进度计划应满足总进度控制目标的要求。

③ 施工顺序的安排应符合施工工艺要求。

④ 施工人员、工程材料、施工机械等资源供应计划应满足施工进度计划的需要。

⑤ 施工进度计划应满足建设单位提供的施工条件（资金、施工图纸、施工场地、物资等）。

（2）专业监理工程师在检查进度计划实施情况时应做好记录，如发现实际进度与计划进度不符时，应签发监理通知，要求施工单位采取调整措施，确保进度计划的实施。

（3）由于施工单位原因导致实际进度严重滞后于计划进度时，总监理工程师应签发监理通知，要求施工单位采取补救措施，调整进度计划，并向建设单位报告工期延误风险。

2.2.4 工程变更、索赔及施工合同争议的处理

2.2.4.1 工程变更的处理

项目监理机构应依据合同的约定进行施工合同管理,处理工程变更、索赔及施工合同争议等事宜。施工合同终止时,项目监理机构应协助建设单位按施工合同约定处理施工合同终止的有关事宜。

(1)项目监理机构应按下列程序处理施工单位提出的工程变更:

① 总监理工程师组织专业监理工程师审查施工单位提出的工程变更申请,提出审查意见。对涉及工程设计文件修改的工程变更,应由建设单位转交原设计单位修改工程设计文件。必要时,项目监理机构应组织建设、设计、施工等单位召开专题会议,论证工程设计文件的修改方案。

② 总监理工程师根据实际情况、工程变更文件和其他有关资料,在专业监理工程师对下列内容进行分析的基础上,对工程变更费用及工期影响做出评估:

a. 工程变更引起的增减工程量。

b. 工程变更引起的费用变化。

c. 工程变更对工期的影响。

d. 总监理工程师组织建设单位、施工单位等共同协商确定工程变更费用及工期变化,会签工程变更单。

e. 项目监理机构根据批准的工程变更文件监督施工单位实施工程变更。

(2)项目监理机构应在工程变更实施前与建设单位、施工单位等协商确定工程变更的计价原则、计价方法或价款。

(3)项目监理机构处理工程变更应符合下列要求:

① 项目监理机构处理工程变更应取得建设单位授权。

② 建设单位与施工单位未能就工程变更费用达成协议时,项目监理机构应提出一个暂定价格并经建设单位同意,作为临时支付工程款的依据。工程变更款项最终结算时,应以建设单位与施工单位达成的协议为依据。

(4)项目监理机构应督促施工单位按照会签后的工程变更单组织施工。

(5)项目监理机构应对建设单位要求的工程变更提出评估意见。

2.2.4.2 费用索赔的处理

(1)项目监理机构应及时收集、整理有关工程费用的原始资料,为处理费用索赔提供证据。

(2)项目监理机构处理费用索赔主要依据:

① 法律法规。

② 勘察设计文件、施工合同文件。

③ 工程建设标准。

④ 索赔事件的证据。

(3)项目监理机构处理施工单位费用索赔程序:

① 受理施工单位在施工合同约定的期限内提交的费用索赔意向通知书。

② 收集与索赔有关的资料。

③ 受理施工单位在施工合同约定的期限内提交的费用索赔报审表。

④ 审查费用索赔报审表。需要施工单位进一步提交详细资料的,应在施工合同约定的期限内发出通知。

⑤ 与建设单位和施工单位协商一致后,在施工合同约定的期限内签发费用索赔报审表,并报建设单位。

(4) 项目监理机构批准施工单位费用索赔应同时满足下列三个条件:

① 施工单位在施工合同约定的期限内提出费用索赔。

② 索赔事件是因非施工单位原因造成,不可抗力除外。

③ 索赔事件造成施工单位直接经济损失。

(5) 当施工单位的费用索赔要求与工程延期要求相关联时,项目监理机构应提出费用索赔和工程延期的综合处理意见,并与建设单位和施工单位协商。

(6) 因施工单位原因造成建设单位损失,建设单位提出索赔的,项目监理机构应与建设单位和施工单位协商处理。

2.2.4.3　工程延期及工期延误的处理

(1) 施工单位提出工程延期要求符合施工合同约定的,项目监理机构应予以受理。

(2) 当影响工期事件具有持续性时,项目监理机构应对施工单位提交的阶段性工程临时延期报审表进行审查,签署工程临时延期审核意见后报建设单位。

① 当影响工期事件结束后,项目监理机构应对施工单位提交的工程最终延期报审表进行审查,签署工程最终延期审核意见后报建设单位。

② 监理机构在做出工程临时延期批准和工程最终延期批准之前,均应与建设单位和施工单位协商。

(3) 项目监理机构批准工程延期应同时满足下列三个条件:

① 施工单位在施工合同约定的期限内提出工程延期。

② 因非施工单位原因造成施工进度滞后。

③ 施工进度滞后影响到施工合同约定的工期。

(4) 施工单位因工程延期提出费用索赔时,项目监理机构应按施工合同约定进行处理。

(5) 发生工期延误时,项目监理机构应按施工合同约定进行处理。

2.2.4.4　施工合同争议的处理

(1) 项目监理机构接到处理施工合同争议要求后应进行以下工作:

① 了解合同争议情况。

② 及时与合同争议双方进行磋商。

③ 提出处理方案后,由总监理工程师进行协调。

④ 当双方未能达成一致时,总监理工程师应提出处理合同争议的意见。

(2) 项目监理机构在施工合同争议处理过程中,对未达到施工合同约定的暂停履行合同条件的,应要求施工合同双方继续履行合同。

(3) 在施工合同争议的仲裁或诉讼过程中,项目监理机构可按仲裁机关或法院要求提供与争议有关的证据。

2.2.5　相关服务

实施监理的建设工程,由同一工程监理单位根据建设工程监理合同在工程勘察、设计、保修等阶段为建设单位提供的工程管理专业化服务均属于相关服务。工程监理单位应根据建设工程监理合同约定的相关服务范围,开展相关服务工作,编制相关服务工作计划。工程监理单位应按规定汇总整理、分类归档相关服务工作的文件资料。

2.2.5.1 工程勘察设计阶段服务内容

① 协助建设单位编制工程勘察设计任务书,选择工程勘察设计单位,并协助签订工程勘察设计合同。

② 检查勘察设计进度计划执行情况,督促勘察设计单位完成勘察设计合同约定的工作内容,审核勘察设计单位提交的勘察设计费用支付申请表,签发勘察设计费用支付证书,并报建设单位。

③ 根据勘察设计合同,协调处理勘察设计延期、费用索赔等。

④ 协调工程勘察设计与施工单位之间的关系,保障工程正常进行。

⑤ 审查勘察单位提交的勘察方案,提出审查意见,并报建设单位;如变更勘察方案,应按以上程序重新审查。

⑥ 检查勘察现场及室内试验主要岗位操作人员的上岗证、所使用设备、仪器计量的检定情况。

⑦ 检查勘察单位执行勘察方案的情况,对重要点位的勘探与测试应进行现场检查。

⑧ 审查勘察单位提交的勘察成果报告,向建设单位提交勘察成果评估报告,并参与勘察成果验收。

⑨ 依据设计合同及项目总体计划要求审查设计各专业、各阶段进度计划。

⑩ 工程监理单位应审查设计单位提交的设计成果,并提出评估报告。

⑪ 工程监理单位审查设计单位提出的新材料、新工艺、新技术、新设备,应通过相关部门评审备案;必要时应协助建设单位组织专家评审。

⑫ 工程监理单位应审查设计单位提出的设计概算和施工图预算,提出审查意见并报建设单位。

⑬ 工程监理单位应分析可能发生索赔的原因,制定防范对策,减少索赔事件的发生。

⑭ 工程监理单位应协助建设单位组织专家对设计成果进行评审。

⑮ 工程监理单位可协助建设单位向政府有关部门报审有关工程设计文件,并根据审批意见,督促设计单位予以完善。

2.2.5.2 工程保修阶段服务

① 承担工程保修阶段的服务工作时,工程监理单位应定期回访。

② 对建设单位或使用单位提出的工程质量缺陷,工程监理单位应安排监理人员进行检查和记录,要求施工单位予以修复,并监督实施,合格后予以签认。

③ 工程监理单位应对工程质量缺陷原因进行调查,分析并确定责任归属。对非施工单位原因造成的工程质量缺陷,应核实修复工程费用,签发工程款支付证书,并报建设单位。

2.3 监理工作目标

项目监理机构根据建设工程监理合同约定的工程质量、造价、进度控制任务,确定控制目标,并对控制目标进行分解,制定相应的措施实施控制。

监理工作目标是指工程监理单位预期达到的工作目标。通常以建设工程质量、造价、进度三大目标的控制值来表示。在建设工程监理实际工作中,应进行工程质量、造价、进度目标的分解,运用动态控制原理对分解的目标进行跟踪检查,对实际值与计划值进行比较、分析和预测,发现问题时,及时采取组织、技术、经济和合同等措施进行纠偏和调整,以确保工程质量、造价、进度目标的实现。其中:

① 质量控制目标:工程的安全使用功能符合设计图纸和标准规范要求。

② 进度控制目标:符合委托监理合同约定的工期要求。

③ 造价控制目标:符合设计文件要求的投资目标。

④ 安全生产监督管理的目标:履行法律法规赋予工程监理单位的法定职责,尽可能防止和避免施工安全事故的发生。

项目监理机构应根据法律法规、工程建设强制性标准,履行建设工程安全生产管理的监理职责。项目监理机构应根据工程项目的实际情况,加强对施工组织设计中涉及安全技术措施的审核,加强对专项施工方案的审查和监督,加强对现场安全事故隐患的检查,发现问题及时处理,防止和避免安全事故的发生。

2.4 监理工作依据

2.4.1 法律法规及建设工程相关标准

参见本书第 1 章第 1.4 节中表 1-3、《建设工程监理规范》(GB/T 50319—2013)。

2.4.2 建设工程勘察设计文件

① 设计图纸。

② 图纸会审会议纪要。

③ 设计交底、设计资料和变更文件资料。

2.4.3 建设工程监理合同

① 委托合同。

② 建设单位与其他相关单位签订的合同(如勘察设计合同;与施工单位签订的施工合同及分包合同;与材料设备供应单位签订的材料设备采购合同等)。

2.4.4 建设单位有关管理规定和标准

① 建设单位、政府有关数据中心机房施工管理规定。

② 招标单位提供的工程监理招标文件及招标答疑资料。

③ 本工程监理将采用的主要技术规范及规程。

④ 建设单位安全生产管理文件、指示、通知。

⑤ 建设单位关于安全生产的紧急通知。

⑥ 公司安全生产管理的相关文件指示。

2.4.5 工程监理部工作支持文件

① 项目监理工作管理规定。

② 监理人员守则。

③ 项目监理文档报表管理办法。

④ 本工程监理规划。

⑤ 分部(子分部)分项工程监理实施细则。

⑥ 监理服务的贯标文件,如质量手册、程序文件及相关表格。

2.4.6 施工前期及施工过程中发生文件

① 建设单位提供的施工前期审批文件。

② 专题例会会议纪要。

③ 建设单位组织召开有网络运行处、数据中心机房网管、动力和消防维护单位、物业单位、小区或园区楼宇管理人员参加的各类专题例会并有各类人员会签的会议纪要等资料。

④ 工程进行中相关人员留下的书面材料(如承诺书、保证书、票据等)。

2.5 监理工作方式

（1）旁站

监理人员在施工现场对工程实体关键部位或关键工序的施工质量进行的监督检查活动。旁站是项目监理机构对关键部位和工序的工程质量实施监理的主要方式之一。

（2）巡视

监理人员在施工现场进行的定期或不定期的监督检查活动。巡视是项目监理机构对工程实施监理的主要方式之一。

（3）平行检验

在施工单位对工程质量自检的基础上,项目监理机构按照有关规定或建设工程监理合同约定独立进行的检测试验活动。

依据建设工程监理合同约定,项目监理机构对材料、构配件和设备进行"平行检验",同时要加强对建设工程的工序、检验批、分项工程、隐蔽工程的"平行检验",在"平行检验"过程中,监理人员应该留下具体的记录(包括填表格、写小结、拍照片等),形成系统、完整、真实的平行检验资料。

（4）见证取样

项目监理机构对施工单位进行的涉及结构安全的试块、试件及工程材料现场取样、封样、送检工作的监督活动。施工单位需要在项目监理机构监督下,对涉及结构安全的试块、试件及工程材料,按规定进行现场取样、封样,并送至具备相应资质的检测单位进行检测。

2.6 监理工作流程

2.6.1 项目监理机构的工作流程

参见图 2-1。

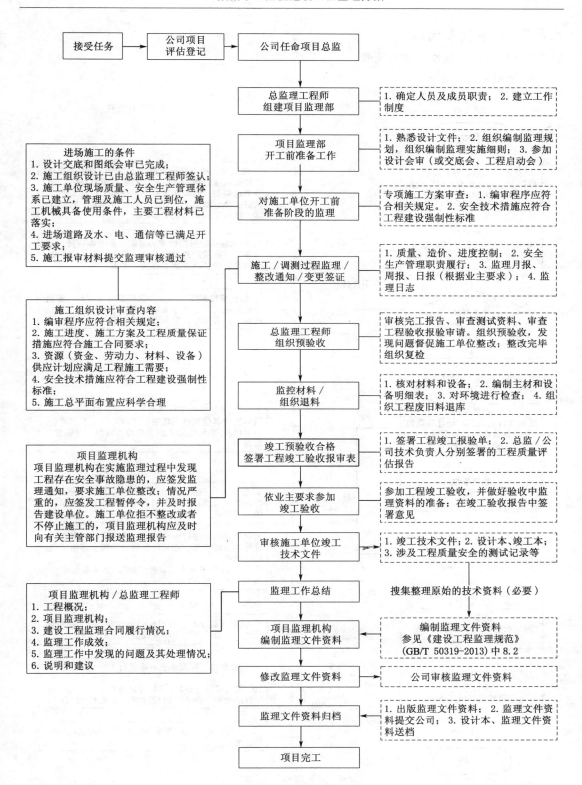

图 2-1 项目监理机构工作流程

2.6.2 质量控制流程

2.6.2.1 隐蔽工程监理控制流程

参见图2-2。

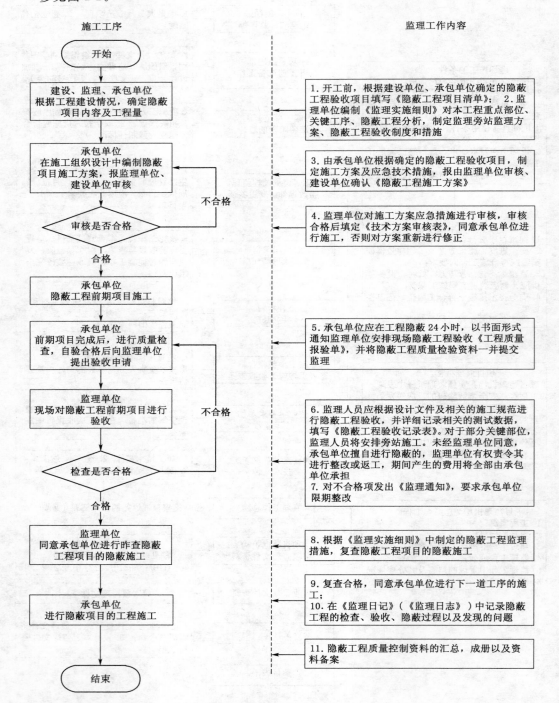

图2-2 隐蔽工程监理控制流程

2.6.2.2 质量控制流程

参见图 2-3。

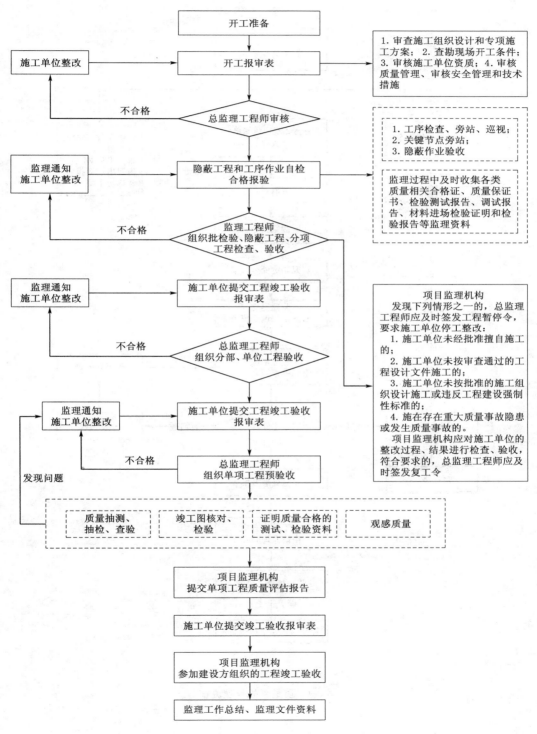

图 2-3 质量控制流程

2.6.2.3 质量事故处理流程

参见图 2-4。

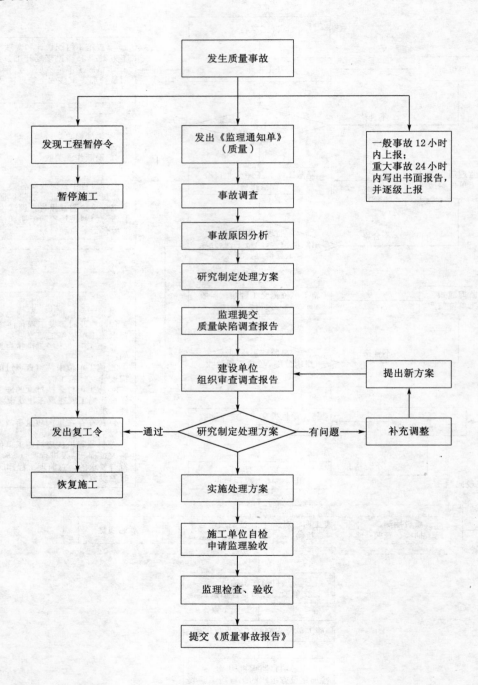

图 2-4 质量事故处理流程

2.6.3 进度控制流程

参见图 2-5。

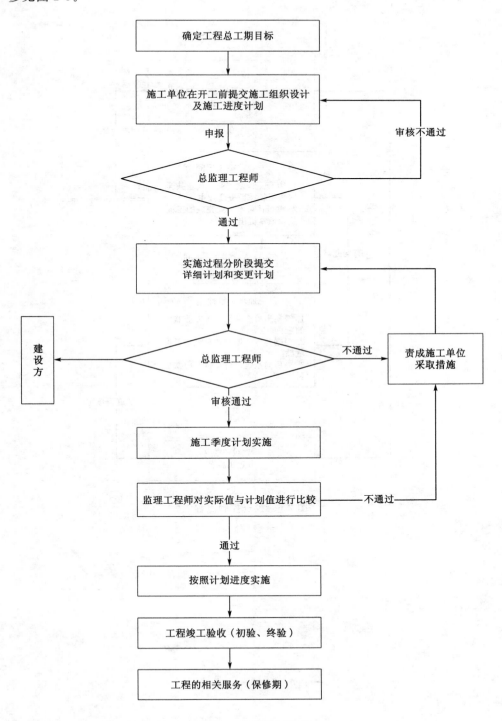

图 2-5 进度控制流程

2.6.4 投资控制流程

参见图 2-6。

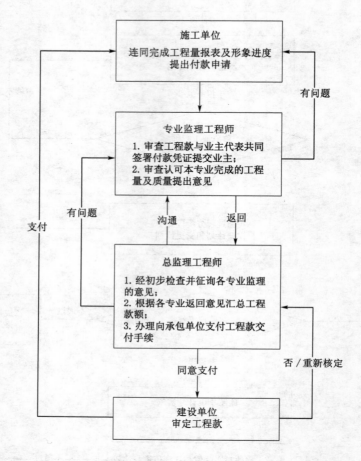

图 2-6 投资控制流程

2.6.5　设计变更管理流程

参见图 2-7。

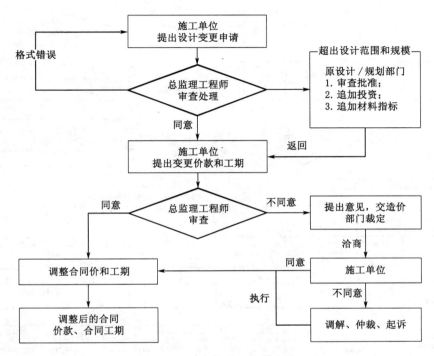

图 2-7　设计变更管理流程

2.6.6　信息管理流程

参见图 2-8。

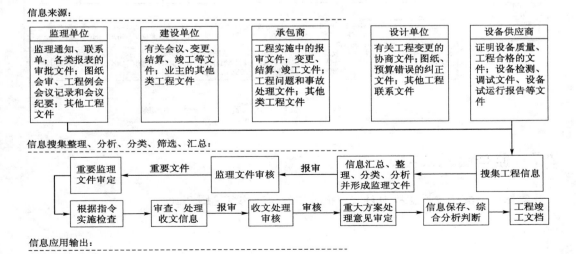

图 2-8　信息管理流程

2.6.7 监理协调流程

参见图 2-9。

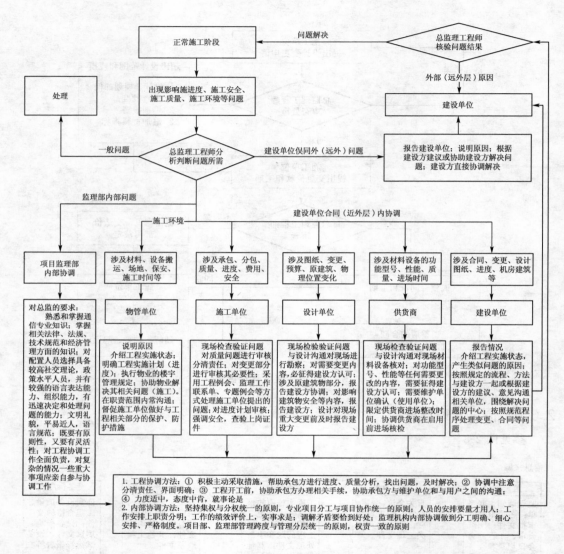

图 2-9 监理协调流程

2.7 监理组织架构

数据中心配套建设工程项目监理机构的组织架构参见图 2-10。

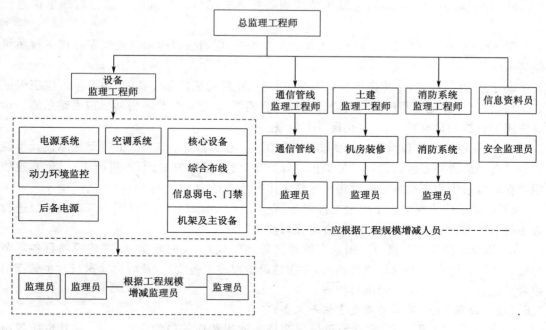

图 2-10 施工阶段项目监理机构的组织架构

2.8 质量控制措施

能否实现工程建设的使用功能和满足设计要求,质量验收合格是前提,也是工程建设最基本的要求。项目监理部在工程质量的关键部位、关键工序、隐蔽工程、过程验收中应有针对性地落实监理措施,这是监理按照国家、行业标准以及省市相关工程建设规定实施质量控制的关键所在。

2.8.1 各参建单位质量控制的法定责任和义务

2.8.1.1 建设单位的质量责任和义务

① 建设单位应当将工程发包给具有相应资质等级的单位,不得将建设工程肢解发包。

② 建设单位应当依法对工程建设项目的勘察、设计、施工、监理以及与工程建设有关的重要设备、材料等的采购进行招标。

③ 建设单位必须向有关的勘察、设计、施工、工程监理等单位提供与建设工程有关的原始资料;原始资料必须真实、准确、齐全。

④ 建设工程发包单位不得迫使承包方以低于成本的价格竞标,不得任意压缩合理工期;不得明示或者暗示设计单位或者施工单位违反工程建设强制性标准,降低建设工程质量。

⑤ 建设单位应当将施工图设计文件报县级以上人民政府建设行政主管部门或者其他有关部门审查;施工图设计文件未经审查批准的,不得使用。

⑥ 实行监理的建设工程,建设单位应当委托具有相应资质等级的工程监理单位进行监理。

⑦ 建设单位在领取施工许可证或者开工报告前,应当按照国家有关规定办理工程质量监督手续。

⑧ 按照合同约定,由建设单位采购建筑材料、建筑构配件和设备的,建设单位应当保证建筑材料、建筑构配件和设备符合设计文件和合同要求;建设单位不得明示或者暗示施工单位使用不合格的建筑材料、建筑构配件和设备。

⑨ 涉及建筑主体和承重结构变动的装修工程,建设单位应当在施工前委托原设计单位或者具有相应资质等级的设计单位提出设计方案;没有设计方案的,不得施工;房屋建筑使用者在装修过程中不得擅自变动房屋建筑主体和承重结构。

⑩ 建设单位收到建设工程竣工报告后,应当组织设计、施工、工程监理等有关单位进行竣工验收;建设工程经验收合格的,方可交付使用。

⑪ 建设单位应当严格按照国家有关档案管理的规定,及时收集、整理建设项目各环节的文件资料,建立、健全建设项目档案,并在建设工程竣工验收后,及时向建设行政主管部门或者其他有关部门移交建设项目档案。

2.8.1.2 勘察、设计单位的质量责任和义务

① 从事建设工程勘察、设计的单位应当依法取得相应等级的资质证书,在其资质等级许可的范围内承揽工程,并不得转包或者违法分包所承揽的工程。

② 勘察、设计单位必须按照工程建设强制性标准进行勘察、设计,并对其勘察、设计的质量负责;注册建筑师、注册结构工程师等注册执业人员应当在设计文件上签字,对设计文件负责。

③ 勘察单位提供的地质、测量、水文等勘察成果必须真实、准确。

④ 设计单位应当根据勘察成果文件进行建设工程设计;设计文件应当符合国家规定的设计深度要求,注明工程合理使用年限。

⑤ 设计单位在设计文件中选用的建筑材料、建筑构配件和设备,应当注明规格、型号、性能等技术指标,其质量要求必须符合国家规定的标准;除有特殊要求的建筑材料、专用设备、工艺生产线等外,设计单位不得指定生产、供应商。

⑥ 设计单位应当就审查合格的施工图设计文件向施工单位作详细说明。

⑦ 设计单位应当参与建设工程质量事故分析,并对因设计造成的质量事故提出相应的技术处理方案。

2.8.1.3 施工单位的质量责任和义务

① 施工单位应当依法取得相应等级的资质证书,在其资质等级许可的范围内承揽工程,并不得转包或者违法分包工程。

② 施工单位对建设工程的施工质量负责;施工单位应当建立质量责任制,确定工程项目的项目经理、技术负责人和施工管理负责人;建设工程实行总承包的,总承包单位应当对全部建设工程质量负责;建设工程勘察、设计、施工、设备采购的一项或者多项实行总承包的,总承包单位应当对其承包的建设工程或者采购的设备的质量负责。

③ 总承包单位依法将建设工程分包给其他单位的,分包单位应当按照分包合同的约定对其分包工程的质量向总承包单位负责,总承包单位与分包单位对分包工程的质量承担连

带责任。

④ 施工单位必须按照工程设计图纸和施工技术标准施工,不得擅自修改工程设计,不得偷工减料;施工单位在施工过程中发现设计文件和图纸有差错的,应当及时提出意见和建议。

⑤ 施工单位必须按照工程设计要求、施工技术标准和合同约定,对建筑材料、建筑构配件、设备和商品混凝土进行检验,检验应当有书面记录和专人签字;未经检验或者检验不合格的,不得使用。

⑥ 施工单位必须建立、健全施工质量的检验制度,严格工序管理,做好隐蔽工程的质量检查和记录;隐蔽工程在隐蔽前,施工单位应当通知建设单位和建设工程质量监督机构。

⑦ 施工人员对涉及结构安全的试块、试件以及有关材料,应当在建设单位或者工程监理单位监督下现场取样,并送具有相应资质等级的质量检测单位检测。

⑧ 施工单位对施工中出现质量问题的建设工程或者竣工验收不合格的建设工程,应当负责返修。

⑨ 施工单位应当建立、健全教育培训制度,加强对职工的教育培训;未经教育培训或者考核不合格的人员,不得上岗作业。

2.8.1.4 工程监理单位的质量责任和义务

① 工程监理单位应当依法取得相应等级的资质证书,在其资质等级许可的范围内承担工程监理业务,并不得转让工程监理业务。

② 工程监理单位与被监理工程的施工承包单位以及建筑材料、建筑构配件和设备供应单位有隶属关系或者其他利害关系的,不得承担该项建设工程的监理业务。

③ 工程监理单位应当依照法律、法规以及有关技术标准、设计文件和建设工程承包合同,代表建设单位对施工质量实施监理,并对施工质量承担监理责任。

④ 工程监理单位应当选派具备相应资格的总监理工程师和监理工程师进驻施工现场;未经监理工程师签字,建筑材料、建筑构配件和设备不得在工程上使用或者安装,施工单位不得进行下一道工序的施工;未经总监理工程师签字,建设单位不拨付工程款,不进行竣工验收。

⑤ 监理工程师应当按照工程监理规范的要求,采取旁站、巡视和平行检验等形式,对建设工程实施监理。

《建设工程质量管理条例》第三十七条规定:"工程监理单位应当选派具备相应资格的总监理工程师和监理工程师进驻施工现场。""未经监理工程师签字,建筑材料、建筑构配件和设备不得在工程上使用或者安装,施工单位不得进行下一道工序的施工。未经总监理工程师签字,建设单位不拨付工程款,不进行竣工验收。"

《建筑法》第三十二条规定:"工程监理人员认为工程施工不符合工程设计要求、施工技术标准和合同约定的,有权要求建筑施工企业改正。""工程监理人员发现工程设计不符合建筑工程质量标准或者合同约定的质量要求的,应当报告建设单位要求设计单位改正。"

《建设工程质量管理条例》第三十八条规定:"监理工程师应当按照工程监理规范的要求,采取旁站、巡视和平行检验等形式,对建设工程实施监理。"

2.8.2 质量控制的内容和流程

① 工程开工前,项目监理机构应审查施工单位现场的质量管理组织机构、管理制度及专职管理人员和特种作业人员的资格。

② 总监理工程师应组织专业监理工程师审查施工单位报审的施工方案,符合要求后应予以签认。施工方案审查应包括下列基本内容:

a. 编审程序应符合相关规定。

b. 工程质量保证措施应符合有关标准。

③ 专业监理工程师应审查施工单位报送的新材料、新工艺、新技术、新设备的质量认证材料和相关验收标准的适用性,必要时,应要求施工单位组织专题论证,审查合格后报总监理工程师签认。

④ 专业监理工程师应检查、复核施工单位报送的施工成品及保护措施,签署意见。专业监理工程师应对施工单位在施工过程中报送的施工成品进行查验。

⑤ 项目监理机构应审查施工单位报送的用于工程的材料、构配件、设备的质量证明文件,并应按有关规定、建设工程监理合同约定,对用于工程的材料进行见证取样、平行检验。

⑥ 项目监理机构对已进场经检验不合格的工程材料、构配件、设备,应要求施工单位限期将其撤出施工现场。

⑦ 专业监理工程师应审查施工单位定期提交影响工程质量的计量设备的检查和签定报告。

⑧ 项目监理机构应根据工程特点和施工单位报送的施工组织设计,确定旁站的关键部位、关键工序,安排监理人员进行旁站,并应及时记录旁站情况。

⑨ 项目监理机构应安排监理人员对工程施工质量进行巡视。巡视应包括下列主要内容:a. 施工单位是否按工程设计文件、工程建设标准和批准的施工组织设计、(专项)施工方案施工;b. 使用的工程材料、构配件和设备是否合格;c. 施工现场管理人员,特别是施工质量管理人员是否到位;d. 特种作业人员是否持证上岗。

⑩ 项目监理机构应根据工程特点、专业要求,以及建设工程监理合同约定,对工程材料、施工质量进行平行检验。

⑪ 项目监理机构应对施工单位报验的隐蔽工程、检验批、分项工程和分部工程进行验收,对验收合格的应给予签认;对验收不合格的应拒绝签认,同时要求施工单位在指定的时间内整改并重新报验。对已同意覆盖的工程隐蔽部位质量有疑问的,或发现施工单位私自覆盖工程隐蔽部位的,项目监理机构应要求施工单位对该隐蔽部位采取钻孔探测、剥离或其他方法进行重新检验。

⑫ 项目监理机构发现施工存在质量问题的,或施工单位采用不适当的施工工艺,或施工不当,造成工程质量不合格的,应及时签发监理通知单,要求施工单位整改。整改完毕后,项目监理机构应根据施工单位报送的监理通知回复单对整改情况进行复查,提出复查意见。

⑬ 对需要返工处理或加固补强的质量缺陷,项目监理机构应要求施工单位报送经设计等相关单位认可的处理方案,并应对质量缺陷的处理过程进行跟踪检查,同时应对处理结果进行验收。对需要返工处理或加固补强的质量事故,项目监理机构应要求施工单位报送质

量事故调查报告和经设计等相关单位认可的处理方案,并应对质量事故的处理过程进行跟踪检查,同时应对处理结果进行验收。项目监理机构应及时向建设单位提交质量事故书面报告,并应将完整的质量事故处理记录整理归档。

⑭ 项目监理机构应审查施工单位提交的单位工程竣工验收报审表及竣工资料,组织工程竣工预验收。存在问题的,应要求施工单位及时整改;合格的,总监理工程师应签认单位工程竣工验收报审表。

⑮ 工程竣工预验收合格后,项目监理机构应编写工程质量评估报告,并应经总监理工程师和工程监理单位技术负责人审核签字后报建设单位。

⑯ 项目监理机构应参加由建设单位组织的竣工验收,对验收中提出的整改问题,应督促施工单位及时整改。工程质量符合要求的,总监理工程师应在工程竣工验收报告中签署意见。

2.8.3 机房装修质量控制要点

2.8.3.1 装修质量控制原则

① 装修材料应为阻燃或难燃材料,且不易产生灰尘。

② 数据中心机房内各类装修材料具有表面静电耗散性能,严禁使用未经表面改性处理的高分子绝缘材料,不使用强吸湿性材料。

③ 饰面应平整简洁,不复杂,对有防磁屏蔽要求的机房,机房内表面应根据防磁屏蔽等级采用钢板、钢丝网、铝箔复合板材料进行表面屏蔽处理,注意屏蔽接地。

④ 数据中心机房墙面使用不起尘的可用水擦洗的墙面漆。

⑤ 主机房铺设防静电活动地板,活动地板下的地面和四壁装饰,可采用水泥砂浆抹灰及防水防潮处理。地面材料应平整、耐磨。当活动地板下的空间为静压箱时,四壁及地面均应选用不起尘、不易积灰、易于清洁的饰面材料。地面垫层配筋,潮湿地区垫层应做防潮构造。

⑥ 采用活动地板下送风时,活动地板下的楼板或地面应采取保温措施,围护结构采取防结露措施。

⑦ 数据中心机房门应采用防火密闭门,留有足够防火玻璃的观察口。

⑧ 门窗、墙壁、顶棚、地(楼)面的构造和施工缝隙,均应采取可靠的密闭节能措施。

⑨ 采用下送风方式的机房,楼板地面及其他接触空调冷风的机房墙面应采用保温隔热措施,保温材料采用带铝箔的发泡橡塑保温材料,其燃烧性能符合现行国家标准《建筑材料及制品燃烧性能分级》(GB 8624—2012)中不低于 B 级的要求;保温材料厚度依据国家标准《公共建筑节能设计标准》(GB 50189—2015)计算。保温材料的导热系数不应大于 0.034 W/(m·K)。

2.8.3.2 装修工程重点控制环节

数据中心机房装修是控制节点最多的单位工程项目。重点控制环节有:

① 空调机房地面的防水处理。如果设计不明确应设计沟通,设计不明确的报告建设单位,建议变更处理,特别是地漏的问题,大部分设计并没有在图纸中表现出来。

② 机房墙面、地面等内部保温。不仅仅是保温,根据上述原则,墙面、地面涉及机房的防火问题,应严格检验、检查、控制机房墙面使用防火板材料,以及地面使用防火棉材料,必须符合设计要求。

③ 机房的照明。机房照明电气安装部分,直接影响后面各个施工单位的施工,对设备的安装、调试的环境有很大的影响,应保证在设备开始加电前,所有的照明电气安装工程全部结束,设备加电后,设备上方已经不允许再进行照明电气的任何施工。

④ 机房墙面、地面有裂纹的问题。数据中心机房的建设是有很严格的环境要求,包括机房本身的承重。有时一些老的建筑和机房(改建)时,由于设计的疏忽,对机房的承重并没有严格的测试、检测。当发现诸类现象时,应引起高度的重视。

⑤ 控制方法:发现问题→暂停施工→报告总监→报告建设单位→组织现场专题例会→对设计方案进行审核→形成会议纪要并会签→在会议明确的时间内变更或继续施工。

⑥ 动力机房地面的抗静电防护问题。控制原则:任何细微的金属导线、金属物体、地面灰尘(特别是做过的炭精粉抗静电层的粉末)都将对即将加电调试的设备有着致命的伤害。

⑦ 控制方法:在做地面抗静电保护层施工前,必须将所有设备进行再次遮盖,确保设备上端、侧面在有扬尘出现时,对设备没有影响;抗静电保护层施工完毕,在清理环境垃圾、地面等全部完成后,停留一定的时间,然后再揭开设备的遮盖物,方可以进行下道工序。

⑧ 机房设备间距问题,特别是装修产生的大量灰尘问题和装修进度对整个数据中心项目建设的影响问题等,都与机房的装修有着直接的联系。

2.8.4 设备采购质量控制要点

质量控制是监理人的看家本领,数据中心机房建设项目的质量涉及专业非常多,而各个方面的质量都必须符合规范、标准和设计的要求,因此质量控制是数据中心配套建设工程项目实施中非常不容急慢的工作。数据中心机房配套项目中,设备、材料很多,特别是设备,在核心机房设备或用户设备还没有进场安装之前,配套设备的质量将直接影响后续设备的运行状态,因此数据中心项目的监理必须掌握设备安装质量的控制方法。

2.8.4.1 设备采购质量控制原则

① 向有良好信誉、供货质量稳定合格的供货商采购。

② 所采购设备的质量是可靠的,满足设计文件所确定的各项技术要求,能保证整个项目验收合格后生产或运行的稳定性。

③ 所采购设备和配件的价格是合理的,技术相对先进,交货及时,维修和保养能得到充分保障。

④ 符合国家对特定设备采购的政策法规。

2.8.4.2 采购设备的质量控制要点

① 为使采购的设备满足要求,负责设备采购质量控制的监理工程师应熟悉和掌握设计文件中设备的各项要求、技术说明和规范标准。

② 总承包单位或设备安装单位负责设备采购的人员应有设备的专业知识,了解设备的技术要求,市场供货情况,熟悉合同条件及采购程序。

③ 由总包单位或安装单位采购的设备,采购前要向监理工程师提交设备采购方案,经审查同意后方可实施。对设备采购方案的审查,重点应包括以下内容:采购的基本原则、保证设备质量的具体措施、依据的图纸、规范和标准、质量标准、检查及验收程序、质量文件要求等。

2.8.4.3 合格供货厂商的评审

对供货厂商进行评审的内容可包括以下几项：① 供货厂商的资质。② 设备供货能力。③ 近几年供应、生产、制造类似设备的情况。目前正在生产的设备情况、生产制造设备情况、产品质量状况。④ 过去若干年的资金平衡表和负债表。下一年度财务预测报告。⑤ 要另行分包采购的原材料、配套零部件及元器件的情况。⑥ 各种检验检测手段及试验室资质；企业的各项生产、质量、技术、管理制度的执行情况。

2.8.5 设备进场质量控制要点

数据中心机房涉及的成套设备，主要在空调水冷系统、柴油发电机设备以及大型数据中心机房的供配电系统中较为常见。

2.8.5.1 选择合适的设备供应单位

选择合适的设备供应单位是控制设备质量的重要环节。在设备招标采购阶段，监理单位应该当好建设单位的参谋和帮手，把好设备订货合同中技术标准、质量标准的审查关。

数据中心机房建设中，设备在选择厂商（订货）以后，监理会根据建设单位的要求跟随到设备的生产厂，现场检查（并非设备监造），监理应把握这样的机会，对设备生产中所发现的问题以及对后续施工将会造成的影响，提前与建设单位沟通，将现场设备安装的问题留在设备生产厂，并及时在生产厂家解决。

2.8.5.2 质量记录资料的监控

质量记录资料是设备制造过程质量状况的记录，它不但是设备出厂验收的内容，对今后的设备使用及维修也有意义。质量记录资料包括质量管理资料；设备制造依据；制造过程的检查、验收资料；设备制造原材料、构配件的质量资料。

2.8.5.3 设备检验程序

承包单位采购的设备进场前，承包单位或安装单位应向项目监理机构提交的资料：①《工程材料/构配件/设备报审表》；② 附有设备出厂合格证；③ 技术说明书；④ 质量检验证明；⑤ 有关图纸；⑥ 技术资料。上述资料经监理工程师审查，如符合要求，则予以签认，设备方可进入安装现场。

设备进场后，监理工程师组织设备安装单位检查，供货方或设备制造单位应派人参加，检查确认合格，验收人员签署验收单。并注意检查：① 供货方质量控制资料是否错误；② 实物与清单是否相符；③ 对质量文件资料的正确是否怀疑；④ 按照设计文件和验收规程规定必须复验，合格后才可安装。

由于数据中心配套建设工程中涉及各专业设备较多，建设单位采购的设备进场时，由项目监理机构与施工单位共同验收，监理单位负责检查验收并整理资料。设备由施工单位对进场设备保管，一般情况下是由施工单位根据图纸指定放置位置（或安装位置）。由于设备进场后对现场的影响较大，特别是施工空间的变化，设备的安全应由参与施工的各家单位共同负责，发现问题，应追究责任单位。

2.8.5.4 检验不符合时的处理方法

当设备检验不符合要求时，监理工程师拒绝签认，由供货方或制造单位予以更换或进行处理，合格后再进行检查验收；建设单位购买的设备发现不合格问题时，监理机构应及时主动将问题反馈至建设单位，并配合建设单位做好设备问题的整改。

工地交货的大型设备（油机），一般由厂方运至工地后组装、调整和试验，经自检合格后再由监理工程师组织复核，复验合格后才予以验收。进口设备的检查验收，应会同国家商检部门进行，但监理应搜集国家商检部门的检验报告（复印件）。

（1）大型或专用设备

检验及鉴定其是否合格均有相应的规定，一般要经过试运转及一定时间的运行方能进行判断，有的则需要进行设备监造。

（2）一般通用或小型设备

出厂前装配不合格的设备，不得进行整机检验，应拆卸后找出原因，制定相应的方案后再行装配；整机检验不合格的设备不能出厂。由制造单位的相关部门进行分析研究，找出原因和提出处理方案，如果是零部件原因，则应进行拆换，如果是装配原因，则重新进行装配；进场验收不合格的设备不得安装，由供货单位或制造单位返修处理；试车不合格的设备不得投入使用，并由建设单位组织相关部门进行研究处理。

2.8.5.5　设备检验方法

设备出厂时，一般都要进行包装，运到安装现场后，再将包装箱打开予以检查。设备开箱检查，建设单位和设计单位应派代表参加。设备开箱应按下列项目进行检查并做好记录：① 箱号、箱数以及包装情况；② 设备的名称、型号和规格；③ 装箱清单、设备的技术文件、资料及专用工具；④ 设备有无缺损件，表面有无损坏和锈蚀等；⑤ 其他需要记录的情况。

在设备开箱检查中，设备及其零部件和专用工具，均应妥善保管，不得使其变形、损坏、锈蚀、错乱和丢失。

2.8.5.6　设备的专业检查

设备的开箱检查，主要是检查外表，初步了解设备的完整程度，零部件、备品是否齐全；而对设备的性能、参数、运转情况的全面检验，则应根据设备类型的不同进行专项的检验和测试，如承压设备的水压试验、气压试验、气密性试验。

2.8.6　设备安装质量控制要点

2.8.6.1　设备安装准备阶段的质量控制

① 审查安装单位提交的设备安装施工组织设计和安装施工方案。

② 检查作业条件：如设备运输道路、水、电、气、照明及消防设施；主要材料、机具及劳动力是否落实，土建施工是否已满足设备安装要求。安装工序中有恒温、恒湿、防震、防尘、防辐射要求时是否有相应的保证措施。当气象条件不利时是否有相应的防护（或保护）措施。

③ 采用建筑结构作为起吊、搬运设备的承力点时是否对结构的承载力进行了核算，是否征得设计单位的同意。

④ 设备安装中采用的各种计量和检测器具、仪器、仪表和设备是否符合计量规定（精度等级不得低于被检对象的精度等级）。

⑤ 检查安装单位的质量管理体系是否建立及健全，督促其不断完善。

2.8.6.2　设备安装过程的质量控制

设备安装过程的质量控制主要包括：① 设备基础检验；② 设备就位；③ 调平与找正；④ 其他不同工序的质量控制等。数据中心配套建设工程项目的设备较多，如电源设备、空调设备(内、外机)、机房主设备机柜,照明电气、消防设备(管道、气瓶),水冷空调机组、柴油发电机组、高低压配电设备、变压器等。这些设备的安装质量控制要求很高,监理必须掌握这些设备安装的过程和流程,才能更好地实施监理。

2.8.6.3 质量控制要点

① 安装过程中的隐蔽工程,隐蔽前必须进行检查验收,合格后方可进入下道工序。

② 设备安装中要坚持施工人员自检、下道工序的交检、安装单位专职质检人员的专检及监理工程师的复检(和抽检),并对每道工序进行检查和记录。

③ 安装过程使用的材料,如各种清洗剂、油脂、润滑剂、紧固件等,必须符合设计和产品标准的规定,有出厂合格证明及安装单位自检结果。

④ 设备安装质量记录资料的控制。

2.8.6.4 工程质量问题及处理

① 质量不合格:凡工程产品质量没有满足某个规定的要求,就称之为质量不合格。

② 质量问题:凡是工程质量不合格,必须进行返修、加固或报废处理,由此造成直接经济损失低于5 000元的称为质量问题。

③ 质量事故:直接经济损失在5 000元(含5 000元)以上的称为工程质量事故。

数据中心配套建设工程项目的监理,应积极区分工程质量不合格、质量问题和质量事故。准确判定工程质量不合格,正确处理工程质量不合格和工程质量问题的基本方法和程序。了解工程质量事故处理的程序,在工程质量事故处理过程中如何正确对待有关各方,并应掌握工程质量事故处理方案确定基本方法和处理结果的鉴定验收程序。

2.8.6.5 质量问题的处理方式

① 当施工而引起的质量问题处在萌芽状态时,应及时制止。要求施工单位立即更换不合格材料、设备或不称职人员,或要求施工单位立即改变不正确的施工方法和操作工艺。

② 当因施工而引起的质量问题已出现时,应立即向施工单位发出《监理通知》要求其对质量问题进行补救处理,并采取足以保证施工质量的有效措施后,填报《监理通知回复单》报监理单位。

③ 当某道工序或分项工程完工以后,出现不合格项时:a. 监理工程师应填写《不合格项处置记录》,要求施工单位及时采取措施予以整改。b. 监理工程师应对其补救方案进行确认,跟踪处理过程,对处理结果进行验收,否则不允许进行下道工序或分项的施工。

④ 在交工使用后的保修期内发现的施工质量问题时:监理工程师应及时签发《监理通知》,指令施工单位进行修补、返工处理或加固补强。

2.8.6.6 质量问题处理的原则

质量问题处理方案应以原因分析为基础,并注意如果某些问题一时认识不清,且一时不致产生严重恶化,可以继续进行调查、观测,以便掌握更充分的资料和数据,进一步分析,找出起源点,方可确认处理方案,避免急于求成造成反复处理的不良后果。

监理审核确认处理方案应牢记:安全可靠,不留隐患,满足工程项目设计功能和使用要求,技术可行,经济合理原则。针对确认不需专门处理的质量问题,应能保证它不构成对工程安全的危害,且满足安全和使用要求,并必须征得设计单位和建设单位的书面同意。

2.8.7 机房配套设备运行状态和使用年限

参见表 2-1。

表 2-1   正常使用及维护条件下设备有效使用年限

设备名称	运行条件	正常工作年限/年	注释
发电机组	累计运行小时数不超过大修时限或使用15年	15	
防酸隔爆式铅酸蓄电池	全浮充供电方式或使用10年或容量不低于80%额定容量的	10	
直流供电系统	全浮充供电方式的2V阀控式密封蓄电池,使用8年或容量不低于80%额定容量	8	
	6V以上电池使用5年或容量不低于80%额定容量	5	
	UPS供电系统中全浮充供电方式的阀控式密封蓄电池,使用5年或容量不低于80%额定容量	5	
高频开关整流变换设备	正常工作条件下(含－48 V、240 V)	10	
交、直流配电设备	正常工作条件下	10	
UPS主机	正常工作条件下	8	含模块化 UPS
太阳能光伏组件	正常工作条件下	15	
高压配电设备	正常工作条件下20年或按供电部门的规定	20	含电缆
中央空调主机	正常工作条件下	15	
机房专用精密空调	正常工作条件下	8	
普通空调	正常工作条件下(包括:分体空调、窗式空调、新风空调等)	5	
监控系统监控主机、前端采集设备	正常工作条件下	6	

注:1. 对于存在设计等先天缺陷、正常使用故障率高等原因造成运行成本过高的设备,经维护主管部门审批,可提前报废;
     2. 对于已超过有效使用年限的蓄电池应退出 A、B 类机房;
     3. 对于已超过有效使用年限的设备,经过检测评估,性能仍然良好者并满足运行质量要求,具有使用价值的,经过主管部门的批准,可继续使用;
     4. 性能指标达不到要求的设备,应报废和退网;
     5. 本表以电信机房的等级不同有时会有差别,应依据电信的相关文件为准。

2.8.8 工程质量事故处理的程序

工程质量事故发生后,总监理工程师应签发《工程暂停令》,并要求停止进行质量缺陷部位和与其有关联部位及下道工序施工,应要求施工单位采取必要的措施,防止事故扩大并保护好现场。同时,要求质量事故发生单位迅速按类别和等级向相应的主管部门上报,并于24 h(小时)内写出书面报告。

监理工程师在事故调查组展开工作后,应积极协助,客观地提供相应证据。若监理方无责任,监理工程师可应邀参加调查组,参与事故调查;若监理方有责任,则应予以回避,但应配合调查组工作。

项目监理机构向建设单位提交的质量事故书面报告应包括下列主要内容：

① 工程及各参建单位名称。

② 质量事故发生的时间、地点、工程部位。

③ 事故发生的简要经过、造成工程损伤状况、伤亡人数和直接经济损失的初步估计。

④ 事故发生原因的初步判断。

⑤ 事故发生后采取的措施及处理方案。

⑥ 事故处理的过程及结果。

2.9　造价控制措施

数据中心工程建设中，涉及造价控制的主要方面是返工造成的浪费，工程变更在给工程进度造成影响的同时将产生的费用索赔问题。

项目监理部主要做好以下几个方面的工作：① 甲供（建设单位）材料的现场检查记录，督促施工单位保管材料、设备的措施；乙供（承包单位）材料、设备的核查、检验，质量保证书、产品合格证明材料、检验检测报告的索取、整理、保管，防止以次充好，用前调包现象存在。② 工程工余料入库、废料退库的掌控。③ 线材用前的量裁，通过本道现场量裁可以节省大量的线材投资，有的为建设单位节约材料费用几万，甚至几十万元。④ 工程计量，特别是装修工程、隐蔽工程。保持甲供设备进场时的检查，将厂方有问题的设备控制在进场之前，可以为建设单位省下很多合同中应该支付的技术服务费用。

数据中心配套建设工程项目实施中，施工单位多，人员素质参差不齐，施工中会造成各种工程量的变更问题，特别是机房装修工程。因此除了做好现场的检查并符合要求以外，在施工单位造价控制过程中，还应注意：截至本次付款期末已实施工程的合同价款；增加和扣减的变更金额；有无增加和扣减的索赔金额；支付的预付款和扣减的返还预付款；扣减的质量保证金；根据合同应增加和扣减的其他金额。

项目监理部应编制月完成工程量统计表，对实际完成量与计划完成量进行比较分析，发现偏差的，应提出调整建议，并应在监理月报中向建设单位报告。实际工作中，应按下列程序进行竣工结算款审核：① 专业监理工程师审查施工单位提交的工程结算款支付申请，提出审查意见；② 总监理工程师对专业监理工程师的审查意见进行审核，签认后报建设单位审批，同时抄送施工单位，并就工程竣工结算与建设单位、施工单位协商。达成一致意见的，根据建设单位审批意见向施工单位签发竣工结算款支付证书；不能达成一致意见的，应按施工合同约定处理。

2.10　进度控制措施

进度控制是保障工程项目在统一时间节点内完成建设单位要求的工程所有建设内容。进度控制目标能否实现对整个工程项目工期影响很大。同时，各单位工程的进度计划能否实现，与施工总进度计划、监理进度控制计划本身是否科学合理有着直接联系。项目监理部应在充分认识进度控制对整个数据中心工程建设工期影响的基础上，认真分析影响进度实现的因素，保证监理进度控制计划和措施具有针对性。

2.10.1 配套工程进度控制原则

监理应建立机房配套工程项目的总进度控制计划。这个进度控制计划应从整体上把握本项目的进度，做好进度控制的前期准备工作。将建设单位要求的工期、合同工期、实际进行的进度控制结合起来，保证进度控制计划的落实，任何单位不得超越，严格执行。如果进度控制总计划有局部的偏离，必须采取控制措施纠偏。

机房配套工程项目实际开展以后，进度控制的方法主要有：定期召开工程例会；根据局部出现的问题或新情况，不定期召开专题会议；现场监理发现进度有偏差的及时提醒、要求；工作联系单形式提出要求；控制各个施工单位之间的工序链接；事前控制工作要细心、细致、注意观察；关键时间节点必须统一、协调，等等。

数据中心配套建设工程展开以后，进度控制是监理工作的重点，也是难点工作，进度控工作做得好与不好，对整个数据中工程的进度将产生较大影响，甚至造成工程的暂停，因此必须引起监理的充分重视。

2.10.2 配套工程进度控制措施

（1）项目监理机构应审查施工单位报审的施工总进度计划和阶段性施工进度计划，提出审查意见，并应由总监理工程师审核后报建设单位。施工进度计划审查应包括下列基本内容：

① 施工进度计划应符合施工合同中工期的约定。

② 施工进度计划中主要工程项目无遗漏，应满足分批投入试运、分批动用的需要，阶段性施工进度计划应满足总进度控制目标的要求。

③ 施工顺序的安排应符合施工工艺要求。

④ 施工人员、工程材料、施工机械等资源供应计划应满足施工进度计划的需要。

⑤ 施工进度计划应符合建设单位提供的资金、施工图纸、施工场地、物资等施工条件。

（2）项目监理机构应检查施工进度计划的实施情况，发现实际进度严重滞后于计划进度且影响合同工期时，应签发监理通知单，要求施工单位采取调整措施加快施工进度。总监理工程师应向建设单位报告工期延误风险。

在施工进度计划实施过程中，项目监理机构应检查和记录实际进度情况。发生施工进度计划调整的，应报项目监理机构审查，并经建设单位同意后实施。发现实际进度严重滞后于计划进度且影响合同工期时，项目监理机构应签发监理通知单、召开专题会议，督促施工单位按批准的施工进度计划实施

（3）项目监理机构应比较分析工程施工实际进度与计划进度，预测实际进度对工程总工期的影响，并应在监理月报中向建设单位报告工程实际进展情况。

由于各种因素的影响，实际施工进度很难完全与计划进度一致，项目监理机构应比较工程施工实际进度与计划进度的偏差，分析造成进度偏差的原因，预测实际进度对工程总工期的影响，督促相关各方采取相应措施调整进度计划，力求总工期目标的实现。项目监理机构每周或每月须向建设单位报送监理月报，监理月报要反映工程的实际进展情况，这点是非常有意义的。

针对数据中心配套建设工程这种综合类工程，建设单位要求的工期往往很紧，有时数据中心机房配套工程还没有竣工验收就已经有用户进入了，造成监理进度协调的工作量增加、

进度协调任务艰巨。比如各个施工单位施工之间的衔接问题。

2.10.3 装修工程的进度控制

① 机房装修是机房设备安装的基础,其进度直接影响后续各个项目的施工。

② 机房装修过程对其他工程的影响。

③ 装修环境影响。

④ 装修材料的放置、垃圾处理、预料堆放。

⑤ 施工环境的控制。

这些因素都是机房装修时对其他施工单位施工环境影响的重要因素,如果装修工程不能按照进度完成,因装修产生的垃圾、灰尘等会造成后续施工无法继续,影响工程的总进度。

监理应注意阅读设计图纸,找出机房建设中有关的电缆走线孔、空调管道孔、地漏位置等与土建装修相关的部分,及时将这些部分处理掉,防止后期因遗漏而重新开孔给机房设备安装的环境造成影响。

2.10.4 电源设备安装测试的进度控制

机房设备安装的进度直接影响工程项目的总进度。设备安装工程中的设备调试的进度,将对设备能否达到设计指标,能否及时验收、运行都起到很大的影响。特别是电源设备,是后期设备运行调试的基本条件;动力设备安装进度是后续机房主设备机柜安装、机柜加电调试运行的前提。动力设备安装进度控制的重点在于:

① 设备进场时间的控制和掌握。

② 设备安装的时间节点掌控。

③ 设备安装与机房装修的时间节点,与机房内的消防等之间时间节点的掌控。

④ 设备安装前期现场环境的掌控。

⑤ 设备安装后,厂方的静态检查测试、加电调试的时间节点掌控。

设备安装完成以后的进度控制工作重点主要包括:机房配套设备的静态(无电状态)检查调试、机房配套设备的动态(运行状态)检查调试两种检查测试方式。

设备配套工程项目中的静态检查、测试内容主要有:设备的机械状态,设备各类连接线缆,设备各类开关,设备的接地线,设备各类指示器件的机械性能等加电后无法检测的部分。

设备配套工程项目中的运行状态动态检查、测试内容主要有:设备加电以后性能指标的检测,能达到设备出厂性能指标和设计图纸要求的性能指标的调整合测试。

在实际工程的监理过程中,现场监理应注意把控设备检查调试的时间,及早要求设备厂方工程师进场对设备进行静态检查调整,为设备的加电做准备。

对于工程涉及的在用设备或较老设备的利旧问题,可以参考以下年限,如果监理过程发现问题,及时建议建设单位进行更新,防止发生安全和质量事故。

2.10.5 服务器等核心设备安装进度控制

主设备安装时间节点(进度控制)把控重点:机房内的其他专业部分施工全部结束(包括:所有配套电源、空调、消防系统、门禁、孔洞封堵全部结束,机房环境卫生清理干净,各个单位工程均竣工验收完毕、电源、空调设备处于运行状态、消防系统处于正常工作状态)。进场待安装设备,包括用户自备设备、机房配备核心设备等均应在无尘条件下操作。

2.10.6 用户设备进场前的进度控制

用户设备进场前,必须掌握目前具备的条件,掌握用户设备进场的时机,否则用户设备一旦进场安装,就必须具备:装修部分全部验收合格;空调设备具备使环境温度控制在 22~24 ℃的正常范围;动力环境具备用户设备运行所需要、监控设备、高精设备具备正常工作的条件;消防设备通过消防部门的测试和验收,具备机房防火气消的正常防护功能等。

用户一旦进场,或者设备一旦运行或启用,再停电整改的可能性很小,不仅影响用户设备的运行,还会造成对建设单位的意见,这种意见最终将转化为建设单位对我们工作的不良评价。

2.10.7 进度控制实例

某电信学院新数据中心机房在某地建设,该项目项背景参见表 2-2。

表 2-2   **某电信学院新建数据中心机房安装项目列表**

序号	安装项目名称	数量	单位
1	380V/400 kVA UPS 主机	4	台
2	380V/1 600A UPS 输入配电屏	8	台
3	380V/1 600A UPS 一级输出配电屏	4	台
4	380 V/630 A UPS 二级输出配电屏	4	台
5	380 V/630 A 空调配电屏	4	台
6	400 V/1 600 A 低压配电柜	4	台
7	384 V/200 Ah UPS 后备蓄电池组	8	组
8	480 V/200 Ah UPS 后备蓄电池组	6	组
9	UPS 电池开关柜	4	台
10	380 V/400 A 交流配电屏	1	台
11	1 500 A 整流机架	1	台
12	100 A 整流模块	15	个
13	−48 V/2 500 A 直流配电屏	1	台
14	48 V/1 500 Ah 直流系统后备蓄电池组	2	组
15	−48 V/32 A 直流电源配电箱	2	只
16	动力环境监控系统	1	套
17	专用空调(下送风)	10	套
18	专用空调(上送风)	4	套
19	空调自适应节能系统	1	套
20	空调精确送风管	1	套
21	接地铜条、铜排	若干	
22	相关走线架	若干	
23	布放相关线缆	各种规格	
24	新增 IG-541 气体灭火系统	1	套
25	土建装修	装饰	

序号	安装项目名称	数量	单位
26	土建装修	给排水	
27	土建装修	建筑电气	
28	1 600 kW 柴油发电机组	1	台
29	油机房降噪	满足需要	
30	储油罐	1	套

根据建设单位的要求,项目工期为 4 个月,按照 120 天计算。在该项目总进度计划下,监理编制了如图 2-11 所示的网络计划,按计划实施进度控制,完成该项目耗时 115 天与计划工期基本一致。图 2-11 中,网络图的起点节点在以下条件满足后开始:

① 施工图纸、施工单位、监理单位、设备厂商均已确定。
② 机房建筑、油机基础、油机电缆管道均已经完成。
③ 设备运至现场指定位置的时间节点均已确定。
④ 建设单位有总进度计划。
⑤ 施工组织设计(含施工进度计划)、监理规划、设备进场计划均已经被批准。
⑥ 第一次工地例会召开,并要求各单位按照进度计划实施。

2.11　合同管理措施

合同管理的目的是按合同约定约束工程建设各方认真履行合同中义务、承担合同约定的违约或违法责任。在数据中心配套建设工程中,涉及合同主要有:建设工程设计合同、建设工程施工合同、建设工程设备采购合同、建设工程监理合同。在数据中心建设中,一般将空调、电源、消防、机房装修、机房主设备安装、动力环境监控、综合布线等单位工程由建设单位直接与具有相应资质的施工单位签订合同完成相应的专业工程。另外涉及新技术、新工艺的部分工程还将单独与具有相应资质的专业分包单位签订合同,比如柴油发电机组的接地工程等。

合同的管理应注意做好以下工作:① 严格履行监理人的义务,不断与施工单位沟通,约束施工单位不合理、不合法的行为;② 督促施工单位严格按照合同约定的内容和条款组织施工;③ 在控制工程变更、涉及工程索赔、工程计量上严格标准,严格把关,在维护建设单位利益的同时,不损害施工单位的合法权益,守法、诚信、公平、独立地开展工作。

2.12　监理工作制度

履行建设工程监理合同过程中,制度保障将起到至关重要的作用。监理工作中,为了更好地实施监理,做好"三控两管一协调一履行"工作,制定相应的工作制度来保障,主要包括:① 内部管理制度;② 参与图纸会审、设计交底制度;③ 监理例会制度;④ 施工组织设计审核制度;⑤ 开工报告审核制度;⑥ 原材料、构配件及设备进场检查验收制度;⑦ 隐蔽工程检查验收制度;⑧ 旁站、巡视和平行检验制度;⑨ 分项、分部工程检查验收制度;⑩ 单位工程

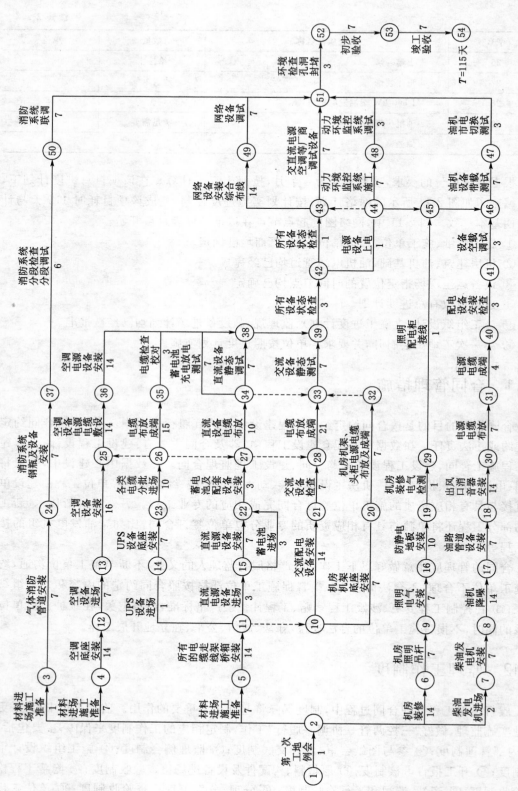

图 2-11 某电信学院新建数据中心机房网络计划

竣工预验收制度;⑪ 变更设计管理、审核制度;⑫ 监理文件资料管理制度;⑬ 工程质量事故报告制度;⑭ 工程计量制度;⑮ 监理自律制度;⑯ 相关服务监理制度;⑰ 安全生产监督管理现场检查制度;⑱ 服务回访制度等。

2.13　监理工作设施

数据中心工程施工中,监理用于质量检查验收的常用仪器仪表参见表 2-3,表中不包含信息管理设备。

表 2-3　　　　　　　　　　　　数据中心监理工作中的常用检测工具

序号	主要仪器名称	主要用途
1	钢卷尺	设备机架间距等检测
2	线锤	设备、机柜垂直度检测
3	数字兆欧表	设备、线缆绝缘测试
4	数字万用表	常规电压、电流、电阻等检查
5	交直流钳型表	电流等检测
6	电阻测试仪	地线、接地测量
7	纤维卷尺	测量位置、尺寸等检查
8	数码相机	施工现场质量记录
9	电缆故障测试仪	查询混线、断线故障
10	水平尺	设备、机柜安装等多种场合
11	不锈钢游标卡尺	线缆、铜管、螺丝等直径检测
12	手持式测温仪	带电铜排及其固定螺丝温度检测

3 数据中心配套建设工程监理文件资料管理

3.1 监理资料建立

数据中心配套建设工程中包含很多单位工程,涉及专业多,施工单位多,各类资料收集会占用大量的时间,负责项目的监理(或项目负责人)不能把这项工作草率地交给现场监理员,必须认真细致,亲自动手。监理资料是工程项目竣工验收的基本资料,部分资料是工程实体质量的证明文件,因此项目负责人在监理资料整理上要重视。监理除了解影响数据中心配套建设工程建设的因素以外,还应对以下资料或信息进行分析、整理。实际工作中,需要搜集整理的信息资料主要包括:① 工程施工现场的地质、水文、测量、气象等数据;地上、地下管线,地下洞室,地上既有建筑物、构筑物及树木、道路,建筑红线,水、电、气管道的引入标志;地质勘查报告、地形测量图及标桩等环境信息,这点在新建数据中心机房的建筑工程中非常重要。② 施工单位的管理机构,分包单位资格信息,施工机构组成及进场人员资格审核资料。③ 施工组织设计(专项施工方案)、施工进度计划报审资料;施工现场质量及安全生产保证体系。④ 施工单位内部工程质量、成本、进度控制及安全生产管理的措施及实施效果,包括工序交接制度,事故处理程序,应急预案等信息。⑤ 施工中需要执行的国家、行业或地方工程建设标准;施工合同履行情况,工程索赔相关信息,如索赔处理依据、索赔证据等。⑥ 施工过程中发生的工程数据,如机房地基验槽及处理记录,设备基础检验资料。⑦ 工序交接检查记录,隐蔽工程检查验收记录,分部分项工程检查验收记录,设备安装中检验检测、调试报告,设备加电检查记录(旁站记录)。⑧ 工程材料、构配件、设备质量证明资料及现场测试报告;各类设备的调测报告、网络设备安装调测报告、通信通道的建立数据等。⑨ 设备安装试运行及测试信息,如电气接地电阻、绝缘电阻测试,管道通水、通风试验数据;电梯施工试验数据;消防报警、自动喷淋系统联动试验数据。

监理需要搜集整理的信息很多,大部分将作为后期提交建设单位监理资料的一部分。从工程实施过程来说,监理资料包括:

① 勘察设计文件、建设工程监理合同及其他合同文件。② 第一次工地会议、监理例会、专题会议等会议纪要。③ 监理规划、监理实施细则。④ 设计交底和图纸会审会议纪要。⑤ 施工组织设计、(专项)施工方案、施工进度计划报审文件资料;分包单位资格报审文件资料。⑥ 施工控制测量成果报验文件资料。⑦ 总监理工程师任命书、工程开工令、工程暂停令、工程复工令,工程开工或复工报审文件资料。⑧ 进场设备的规格型号、保修记录;工程材料、构配件、设备的进场、保管以及材料、构配件、设备报验文件资料。⑨ 见证取样和平行检验文件资料。⑩ 质量检查报验资料及工序验收资料。⑪ 变更、费用索赔及工程延期文件资料;⑫ 工程计量、工程款支付文件资料;⑬ 监理通知单、工作联系单与监理报告。

⑭监理月报、监理日志、旁站记录。⑮质量或生产安全事故处理文件资料。⑯质量评估报告及竣工验收监理文件资料。⑰监理工作总结等。

由于数据中心配套建设工程中涉及的单位较多,包括建设单位、施工单位、材料供应单位、监理单位、设计单位、设备运行维护单位等,任何一个环节的信息资料必须充分体现工程的实际,真实有效,并保持这些信息数据之间的关联,以反映这些环节信息的严密、统一、唯一性,避免信息使用、输入或输出时造成混乱的现象。必须注意签字、填写、信息资料收发人员的权限,做到及时、准确地发送和接受与建设方等之间的文件资料信息,落实文件资料收发登记制度。

监理人员必须严格标准,用表统一、规范、认真、及时、准确地填写和报送每一张表格,书写每一份监理日志、监理月报,以达到符合建设单位要求、工程建设标准和程序为目的。

3.2　监理资料积累和日常管理

监理文件资料包含在信息管理内,是信息管理的重要组成部分,文件资料是信息管理的具体体现形式,是记录传递信息的载体。这些被记录的有用信息载体、媒介就是文件资料,当然还包括信息工具所记载的大量有用技术信息。数据中心监理文件资料的积累和日常管理,应注意以下几个方面:

数据中心监理资料管理的基本要求是"及时整理、真实齐全、分类有序"。大量的有用资料在施工的过程中,比如设备进场、设备调试、材料进场检验、材料检测及核验时,可以证明材料设备数量、质量的证明文件。

项目总监理工程师为总负责人,要指定专职或兼职资料员具体管理,注意平时工作中的收集整理;各专业监理工程师负责审核、整理本专业的监理资料,不得接受经涂改的报验资料,按时交与资料管理员,资料管理员依据本规定的基本内容进行分类、编目、登记与保管工作;在监理过程中,监理资料应按单位工程(专业工程)建立案卷(夹),分专业存放保管,并编目,以便于跟踪检索,并随着工程的进展,依据资料形成的时间顺序不断累积并及时整理跟踪,不得拖延和后补。监理资料应在各阶段监理工作结束后及时整理归档;监理资料的收发、借阅必须通过资料管理人员履行手续,填写文档收发登记表;在工程验收合格后28天内,由总监理工程师组织项目监理人员对监理工作进行认真总结,并对监理资料进行检查、审核和装订,分别报送监理公司技术负责人、建设单位办理归档手续。

更多的监理资料表格,参见第10章数据中心配套建设工程检查验收资料(表)。

3.3　监理归档资料归档

3.3.1　监理资料归档内容及要求

参见表3-1。

表 3-1   工程监理资料归档内容要求

序号	文档名称	建设单位	监理单位	城市档案管理部门
	监理规划			
1	监理规划	长期	短期	
2	监理细则	长期	短期	
3	监理部总控制计划	长期	短期	
4	监理月报—有关质量问题	长期	长期	保存
5	监理会议纪要	长期	长期	保存
	进度控制			
6	开工/复审批表	长期	长期	保存
7	开/复工暂停令	长期	长期	保存
	质量控制			
8	不合格项目通知	长期	长期	保存
9	质量事故报告和处理意见	长期	长期	保存
	造价控制			
10	预付款报审与支付	短期		
11	月付款报审与支付	短期		
12	设计变更、洽商费用报审与签认	长期		
13	工程竣工决算审核意见书	长期		保存
	分包资质			
14	分包单位资质材料	长期		
15	供货单位资质材料	长期		
16	试验单位资质材料	长期		
	监理通知			
17	有关进度控制的监理通知	长期	长期	
18	有关质量控制的监理通知	长期	长期	
19	有关造价控制的监理通知	长期	长期	
	合同与其他事项管理			
20	工程延期报告及审批	永久	长期	保存
21	费用索赔报告及审批	长期	长期	
22	合同争议、违约报告及处理意见	永久	长期	保存
23	合同变更材料	长期	长期	保存
	监理工作总结			
24	专题总结	长期	短期	
25	月报总结	长期	短期	
26	工程竣工总结	长期	长期	保存
27	质量评估报告	长期	长期	保存

3.3.2 合同管理资料

参见表 3-2。

表 3-2　　　　　　　　　　　**本工程合同管理资料的主要内容**

编号	档案资料	资料类别
1	监理合同	合同
2	施工投标申请书和中标通知书	合同
3	施工承包合同	合同
4	建设单位授权监理工程师通知	合同
5	总监理工程师授权通知	A
6	分包申请书	B
7	分包单位资质认定书	A
8	分包合同书	合同
9	材料、设备、构件供销合同	合同
10	施工组织设计审核签认（附施工组织设计）	A
11	工程变更	A
12	工程索赔申请书	B
13	工程索赔批复意见书	A
14	合同外工程协议	合同
15	开工批准文件	A
16	工程报验单	B
17	工程竣工移交证书	A
18	工程保修期解除证书	A
19	最终证书	A

注：A 类为监理工程师编写（签认、签发），B 类为承包商向监理工程师申报单。

3.3.3 进度控制资料

参见表 3-3。

表 3-3　　　　　　　　　　　**本工程进度控制资料的主要内容**

编号	档案资料	资料类别
1	进度控制实施细则	A
2	开工申请	B
3	开工令	A
4	施工进度计划审批（月）（附施工进度计划）	A
5	施工进度计划内与实际完成偏差分析报告	A
6	施工计划变更申请	B
7	施工计划变更审批	A

编号	档案资料	资料类别
8	延长工期申请	B
9	延长工期批复	A
10	工程暂停令	A
11	工程复工申请	B
12	工程复工令	A
13	材料、设备、构件进场计划	B
14	材料、设备、构件进场计划审批	A
15	每月进度报表	B
16	每月进度报表审核	A
17	施工人员、机械(日)进场记录复核	A

注:A 类为监理工程师编写(签认、签发),B 类为承包商向监理工程师申报单。

3.3.4　质量控制资料

参见表 3-4。

表 3-4　　　　　　　　　本工程质量控制资料的主要内容

编号	档案资料	资料类别
1	质量控制实施细则	A
2	施工方案和施工措施审批	A
3	工程质量问题报告	A
4	隐蔽工程检查记录	A
5	原材料抽检记录	A
6	进场设备、构件抽检记录	A
7	工程质量抽检记录	A
8	不合格工程通知	A
9	不合格材料构件、设备通知	A
10	工程暂停指令与工程复工令	A
11	工程质量事故评估报告	A
12	工程质量事故处理核查意见书	A
13	新工艺、新技术、新材料、机关报结构技术鉴定审核意见书(附鉴定书)	A
14	检测部门质量信息反馈处理记录	A
15	分项、分部工程报验单	B
16	分项、分部工程验收记录	A
17	单位工程质量综合评定表	A
18	技术资料汇总表(复印件)	C
19	单位工程(单位工程名称)质量保证资料检查表(复印件)	C
20	分部工程(单位工程名称)质量保证资料检查表(复印件)	C

注:A 类为监理工程师编写(签认、签发),B 类为承包商向监理工程师申报单,C 类资料取自交工技术档案。

3.3.5 投资控制资料

参见表 3-5。

表 3-5 本工程投资控制资料的主要内容

编号	档案资料	资料类别
1	投资控制实施细则	A
2	计量清单(或工程预算书)	A
3	月资金使用计划申报表	B
4	月资金使用计划批复	A
5	工程变更预算审核	A
6	工程索赔付款审核	A
7	计日工单价审定认证证书	A
8	投资动态情况报告	A
9	工程( )月结算申报	B
10	工程( )月结算审核	A
11	工程( )月付款申请	B
12	工程( )月付款凭证	A
13	工程竣工结算申报	B
14	工程竣工结算审核	A
15	工程付款汇总表	A
16	合同外工程预算审核	A

注:A 类为监理工程师编写(签认、签发),B 类为承包商向监理工程师申报单。

3.3.6 用于工程费用索赔有关的监理资料

参见表 3-6。

表 3-6 涉及工程费用索赔的有关施工和监理文件资料

编号	档案资料	资料类别
1	施工合同	B
2	采购合同	A
3	工程变更单	B
4	施工组织设计	B
5	专项施工方案	B
6	施工进度计划	B
7	建设单位和施工单位的有关文件	A
8	会议纪要	A
9	监理记录	A
10	监理工作联系单	A

续表 3-6

编号	档案资料	资料类别
11	监理通知	A
12	监理月报	A
13	相关监理文件资料	A、B

注：A 类为监理工程师编写（搜集、签认、签发），B 类为承包商向监理工程师申报、提交。

4 数据中心配套建设工程监理协调工作原则和重点

项目监理部应制订协调方案,针对数据中心配套建设工程特点配置人员,分别给予岗位职责,并明确协调目的、协调原则、协调内容、协调方法、协调重点、协调权限及注意问题。

数据中心机房配套工程项目的特点是工程投资较大,涉及市电接入及机房高低压配电、机房电源、空调系统、消防系统、主设备机架和主设备安装等多个专业,工程实施中涉及不同的施工单位,不同的工程材料、工程车辆进场作业等较多因素,工程涉及各类不同人员,如建设单位、施工单位、监理单位、设备厂商、材料供应商和其他单位或部门(如维护、物业人员)等。施工中容易出现作业时间相互矛盾、工作空间的相互矛盾、容易造成成品损坏、返工。

数据中心配套建设工程施工中各类安全事故隐患处处存在,进度、质量、施工单位之间的协调工作量很大,特别是材料的进出场及放置的协调等,稍有不慎即容易产生施工单位之间、人员之间产生矛盾,人员窝工,施工现场进度控制混乱,有的直接造成工程浪费,直接影响工程进度、质量、安全目标的实现。

工程施工要顺利进行,没有统一协调的秩序和统一的指挥或现场协调工作不力,将造成施工单位人员窝工,工程总进度直接受影响,施工人员之间、施工人员与设备厂商之间等相互之间矛盾产生,怨声怨气,有的造成工程浪费现象出现。协调工作成效与否将直接影响工程实施的进度和质量。由于工程建设涉及多个方面,组织协调工作做得好,才能确保施工顺利进行,最大限度地调动各方面的积极性,提高工作效率,减少工作差错,实现预定的质量目标和进度目标。

要做到统一、协调、有序,就需要做大量的工作,而这些工作内容就是协调的内容。这些协调工作的完成,由监理部统一安排,统一组织,总结(或总监代表)负责,保证工程顺利进行。为此,数据中心配套建设工程项目负责人、总监理工程师、监理人员的积极配合,及时、有效地对现场质量、进度、安全文明施工、相互配合等进行协调,是项目负责人和现场监理人员协调工作的重点。

要求项目部、监理部以及现场监理人员必须熟悉和掌握与本专业有关的专业知识、相关法律法规、技术规范;利用掌握的知识,采用协调技巧和温和有力的语言表达处理问题;注意迅速分析并决定如何处理问题的敏感性,注意文明礼貌,不要采用肢体、语言等容易造成感情伤害的方式;语言规范,避免口语化。在协调工作中,既要有原则性、又要有灵活性。

4.1 协调的范围

工程协调工作范围包括:① 项目监理部和总监理工程师面向工程实施阶段的施工现场;② 工程现场影响质量、进度的内容;③ 影响安全生产、文明施工并需要监理监管的内容;④ 所有施工单位之间施工场地交互,设备厂商设备进场时间及放置地;⑤ 施工、建设单位、场地、材料供应等影响工程正常施工的内容；⑥ 其他影响工程施工质量安全的内容等，如材料/设备进场之前的协调工作等。监理面向工程施工现场协调分有不同层次、不同范围、不同内容的工作重点，特别是工程实施阶段总监理工程师面向工程实体的协调工作，涉及质量、安全、管理等各个方面。

4.2　协调的方法

监理部与建设单位之间的协调方式主要体现在服从意识上，包括采取积极主动抓落实等方面。项目部与监理部之间的协调方法：工程实施后，由项目部负责人在明确项目目标基础上，确立监理部人员的分工，设置不同层次的权力和责任制度；组织和要求监理部各部门或个人分派任务和各种活动方式、范围、报告程序；协调监理部执行任务的方式；确定监理部中总监理工程师和不同人员的权力、职能、专业和责任关系；坚持集权与分权统一的原则，专业项目分工与项目协作统一的原则，项目部、监理部管理跨度与管理分层统一的原则，权责一致的原则。

工程实施阶段的协调工作，采用以下方式进行：

第一、积极主动采取措施，帮助承包方进行进度、质量分析，找出问题，及时解决。利用《工作联系单》、《监理通知单》或其他书面文件的形式，要求承包商做好其内部的协调管理工作。如施工单位之间出现不利于工程顺利进行的矛盾时，果断处理。个别不顾大局、不问后果、自私自利、本位主义严重的施工单位和个人及时协调承包单位或报告建设单位，并建议承包单位或建设单位给予足够力度的惩罚，包括经济处罚；屡教不改的建议清退出本工程的施工。

第二、协调中注意分清责任、界面明确。一般情况下，监理部的总监理工程师具有丰富经验，有能力督促总承包单位做好施工的管理工作，也正是开展工作的重点之一。

第三、事前控制。工程开工前，协助承包方办理相关手续、协助承包方与维护单位和用户之间的沟通。总监理工程师定能分清工作界面，掌握责任所属，做到心中有数，说话力度适中，态度中肯，就事论事，这样就会产生有效的发言权或发言机会，与工程承包方的沟通是积极主动的。

4.3　协调注意事项

统一指挥、统筹部署。所有工作在建设单位统一部署下展开，在总监理工程师统一协调下开展。如果发现有重大偏差，及时报告并提出有效的实施意见。工程协调是监理部工作中很重要的部分，协调工作跟不上，工程各个方面都直接受到影响。监理的前瞻性沟通、协调、发现解决问题，灵活机动的协调方法和程序，将有力促进监理工作的顺利进行，特别是工程实施阶段、协调和管理中，应注意以下问题：

① 坚持公平、公正原则。严格遵守监理的职业道德，克制自身不违规；其行为举止代表监理公司的形象，协调问题要有理有据，与建设单位、承包商、设计、施工单位等的相关管理人员之间，既要形成良好的工作关系，又要保持一定距离；监理部负责人、总监理工程师和现场监理应站在公正、客观的立场上，依据有关法律、法规、规范和承包合同，以科学分析的方

法,不凭主观想法解决问题,正确调解参建各方的矛盾;不看后台,不讲情面,不论亲疏,公正无私地处理工程建设过程中的人和事,做到一碗水端平,既要维护建设单位的利益,又要充分考虑其他参建各方合理、合法的要求,使当事各方心服口服。

② 知情是做好协调的基础。要了解和熟悉与监理有关各主要管理人员的性格、工作方式、方法等;还要了解和掌握有关各方当事人之间工作关系,做到心中有数;借助信息的发布和接收,及时掌握和跟踪各方人员,应用正确的信息,在有限的时间内有的放矢地协调好内外关系。

③ 总监理工程师和现场监理人员要对重大工程建设活动情况,进行严格监督和科学控制,认真分析各家的情况,搞清来龙去脉,不马虎从事;对出现的问题,要分析原因,对症下药,恰当地协调好各方关系。

④ 科学合理和有针对性。科学合理的工作方法,是做好协调的重要手段。组织协调的方法很多,如协调、对话、谈判、发文、督促、监督、召开各类会议、发布指示、修改计划、进行咨询、提出建议、交流信息等,将根据具体情况选择使用,协调时注意原则性、灵活性、针对性、群众性。

⑤ 协调争议,是做好协调的关键。建设工程项目参建单位多,矛盾多,争议多,关系复杂,障碍多,需要协调的问题多,解决好监理过程中各种争议和矛盾,是搞好协调的关键。有争议是正常的,监理人员可以通过争议的调查、协调暴露矛盾,发现问题,获得信息,通过积极的沟通达到统一,化解矛盾;协调工作要注意效果,当争议不影响大局时,总监理工程师应引导双方回避争议,互相谦让,加强合作,形成利益互补,化解争议;当监理成为争议的对象时,要保持冷静,避免争吵,不要伤害感情,否则会给协调工作带来更大的困难。

⑥ 监理现场工作中,能否以客观、公正、科学的工作准则,能否以严肃和认真的工作作风,以精益求精、一丝不苟的工作精神,保持乐观的积极主动的工作态度来开展工作,对工程实施阶段的协调工作是否顺利和监理作用的发挥将产生直接影响。

4.4　数据中心配套建设工程协调工作重点

4.4.1　数据中心机房配套工程环境协调(内部、外部协调)

重点工作:解决工程项目实施中合同范围内协调与各类外部(外界)因素的协调以及各种因素的影响。主要工作集中在物业、机房值班、维护、网管以及其他人等的协调工作,占据整个数据中心配套建设工程所有协调工作的 40%～50%。

4.4.2　与建设单位的协调

重点工作:解决工程实施中的进度计划落实、工程涉及变更等问题;工程项目实施中出现的新问题和新情况解决等。

4.4.3　与设计单位的协调

重点工作:变更控制,解决设计图纸与实际不相符合的问题,此类问题在数据中心配套建设工程建设中大量存在,问题很多,监理应注意区别。

监理单位与设计单位之间在技术上和业务上有着密切的联系,是业务联系关系,因此监理与设计之间要相互理解和密切配合。监理要主动向设计单位介绍工程进展情况,充分理解建设单位与设计单位的设计意图。如果监理人员发现设计中存在某些不足之处,将通过总监理工程师提出建设性意见或提供有效的解决方案,供建设单位、设计单位参考,同时还应按照监理流程配合建设单位处理设计单位的设计变更审核、审批工作。

设计和监理之间的工作配合、协作关系,在工程实施阶段尤其重要。涉及建设单位的设计思想和意图,监理就工程中所发现的违反这个意图的部分,通过设计来纠正或变更。监理提出的建设性意见和有效解决方案的落实与否,由设计和建设单位确定。

4.4.4 与施工单位的协调

施工单位之间的协调工作,主要表现在工序之间、进度、环境、因施工图纸和场地情况与设计之间的协调,这些协调工作,涉及工程的质量、安全和后期工程使用与维护等关键环节,因此做好这些协调工作,对工程总体进度、质量、投资目标实现有很大的帮助。

重点工作:进度、质量;各个单位之间工序链接,时间控制,上道工序施工对下道工序的影响等。注意一个原则:在一个问题上发生施工上的冲突时,监理应比较返工和进度之间的时间和投入:如果返工投入的人力、物力较少,则返工;如果暂停此局部施工所带来的损失较少,则暂停此局部施工,改做其他工作。

监理单位与施工单位之间是监理与被监理的关系。监理单位依据有关法规及监理合同、施工合同等合同文件中约定的权利和义务,监督施工单位认真履行合同中约定的权利和义务,促使施工合同所约定的目标实现。在涉及施工单位权益时,监理应站在公正的立场上,维护施工单位的正当权益,监理单位在与施工单位各专业技术人员之间,应相互联系,互通信息、互相支持,保持正常的工作关系。

对工程承包方在工程实施阶段的协调、管理主要包括:对参与工程建设的所有施工单位进行协调、监督;对施工作业面平行施工、交叉施工协调管理,排除施工进度计划中的障碍;质量、投资、进度控制和安全监督管理等目标的协调;对施工场地、临时房间的协调管理;对施工用水、用电的协调管理;对施工机械使用的协调管理;对安全及文明施工的协调管理;在工程实施过程中,当出现偏差时能通过有效的工作或措施及时纠偏等,这些工作都是监理协调工作的基础。

4.4.5 与材料供应单位的协调

重点工作:协调设备、材料的进场,与工程进度之间的矛盾;关键部位:进场时间和设备材料的数量协调控制。

4.4.6 项目监理部内部工作协调

(1)承上启下

主要协调工作内容是将工程建设部门或建设单位项目经理部署的任务,能完整顺利落实至各监理部,完成统一的工作安排。例如,统一部署的工作的相互间时间、地点、人员等,达到对所有监理项目的整体控制,起到承上启下的作用。监理部将协助建设单位协调各单位之间与工程相关的由建设单位交给的其他各项任务,任务完成过程中的协调过程,应层次清晰、有条不紊、积极有效。

在安排项目监理部各项任务的同时,应保持与建设单位协调一致,统一指挥,根据工程进度采取积极有效的措施。包括:做好施工现场的监理工作、保质保量完成工程进度计划的措施;协调和督促监理工程师和负责安全的人员对施工现场安全管理工作;协调监理工程师和资料员积极、认真搜集各类工程资料,并加强对工程资料的审核,对工程出现的各种问题积极主动与建设单位沟通,并协调解决问题;积极处理监理部和建设单位之间的关系,严格合同关系,按照规定将工程的相关材料及时、准确地报告建设单位。

(2)现场协调

总监理工程师现场组织协调的内容包括:① 对工程承包方在工程实施阶段的协调、管理;② 协助建设单位做好工程涉及的外部工作关系;③ 协调工程涉及的场地、主管部门并提出有利于工程顺利进展的措施或建议,以及设备厂商、搬运、材料进场的协调;④ 材料设备进场涉及的厂商、搬运的协调;⑤ 监理部内部的组织和协调,与设计单位的沟通协调;⑥ 工程实时发现问题的协调和管理。协调目的:在法律规定的范围内,同与建设单位签订合同并参与工程建设的各单位协作、配合,协助建设单位处理有关问题,并督促总承包单位按合同履行职责和义务,使工程建设处于安全、有序状态。

5 数据中心配套建设工程质量控制细则

5.1 设备安装前对机房建筑和环境条件的确认

设备安装开始以前,必须对机房的建筑和环境进行检查,具备下列条件方可开工:

① 机房建筑应符合工程设计要求,有关建筑工程已完工并验收合格。

② 机房地面、墙壁、顶棚空调专用的预留孔洞位置、尺寸,预留件的规格、数量等均应符合工程设计要求。

③ 机架位置、预留孔、地槽的走向和路由、规格应符合工程设计要求,地槽盖板坚固严密,地槽内不得渗水。

④ 机房的通风、空调等设施已安装完毕,并能提供使用,室内温度、湿度应符合工程设计要求。

⑤ 机房建筑的接地电阻必须符合工程设计的要求,防雷保护接地系统验收合格。

⑥ 机房建筑必须符合有关防火规定,机房内及其附近严禁存放易燃易爆危险物品。机房及通风管道等处,应清扫干净。

⑦ 市电已按要求引入机房,机房照明系统已能正常使用。

⑧ 施工现场必须配备有效的消防器材、烟感告警、地湿告警等装置。

⑨ 在铺设活动地板的机房内,地板板块铺设严密坚固,符合安装条件,地板支柱应接地良好,接地电阻和防静电措施符合设计要求。

5.2 施工前对运到工地的器材进行清点检查

① 设备供货单位应向监理单位提供可靠的运送信息,并要求对已运输到现场的设备和主要器材进行检查,监理工程师应组织供货单位、建设单位和承包单位对已到现场的设备器材进行开箱清点和外观检查,并转交施工单位。

② 对建设单位采购的设备器材应依据供货合同的器材清单逐一开箱检验,检验时应重点核对单据与货物是否相符,型号是否符合设计文件要求,货物是否有外部损伤或受潮生锈。若是进口设备器材,还应有报关检验单。

③ 对承包单位自购的用于工程的设备器材应重点检验出厂合格证书、技术说明书,核对是否符合设计要求。必要时抽样检查其物理化学特性。

④ 承包单位作为接受单位和使用单位应做好记录,收集整理装箱文件及合格证书。并填写工程材料/构配件/设备报审表(A9),报送监理工程师签证。

⑤ 主要设备必须全部到齐,规格型号符合工程设计要求,无受潮和破损现象。

⑥ 主要材料的规格型号应符合工程设计要求,其数量应能满足连续施工的需要。

⑦ 主要器材的电气性能指标应符合进网技术要求。

⑧ 当发现有受潮、受损或变形的设备和器材时应由监理工程师确定是否退还或修整,并签发监理工程师通知单和通知供货单位及时解决。

⑨ 供货单位接到监理工程师通知后,应及时回复解决方法,或将不符合要求的材料运出现场,重新更换,或派人到现场修补缺陷。

⑩ 工程建设中不得使用不合格的设备和器材。当器材型号不符合工程设计要求而需作较大改变时,承包单位必须及时向监理工程师报告,并填写监理工作联系单,由监理工程师通过建设单位与设计单位商讨是否变更设计,否则应作为不合格器材处理。

5.3 数据中心配套建设工程部分运行条件指标

5.3.1 直流电源供电的质量指标

① 直流电源电压变动范围和全程最大允许压降的指标符合表 5-1 要求。

表 5-1　　　　　　　直流电源电压变动范围和全程最大允许压降

标准电压/V	电信设备受电端子加电压变动范围/V	供电回路全程最大允许压降/V
−48	−40～−57	3
240	192～288	12

② 直流供电回路接头压降(直流配电屏以外的接头)应符合下列要求,或温升不超过允许值:1 000 A 以下,每百安培≤5 mV;1 000 A 以上,每百安培≤3 mV。

5.3.2 交流电源供电的质量指标

① 由市电供电时,交流电源供电应符合表 5-2 的要求。

表 5-2　　　　　　　交流电源供电电源要求

标准电压/V	受电端子加电压变动范围/V	频率标称值/Hz	频率变动范围/Hz	功率因数	
				100 kV·A 以下	100 kV·A 以上
220	187～242	50	±2	≥0.85	≥0.90
380	323～418	50	±2	≥0.85	≥0.90

② 由油机供电时,交流电源供电应符合表 5-3 的要求。

表 5-3　　　　　　　采用柴油发电机电源供电时的要求

标称电压/V	受电端子加电压变动范围/V	频率标称值/Hz	频率变动范围/Hz	功率因数
220	209～231	50	±1	0.8
380	361～399	50	±1	0.8

③ 三相供电电压不平衡度不大于 4%。电压波形正弦畸变率不大于 5%。

5.3.3 电器元件和部件的温升指标

电气设备通过额定电流时,各电器元件和部件的温升不得超过表 5-4 的规定。

表 5-4 各电器元件和部件的温升要求

部件		温升/℃
铜母线的接头	接触处无被覆层	50
	接触处搪锡	50
	接触处镀银或镀镍	60
铝母线的接头	接触处超声波搪锡	50
其他金属母线接头		55
熔断器触头	接触处镀锡	50
	接触处镀银或镀镍	60
刀开关触头(紫铜或其合金制品)		50
可能会触及的壳体	金属表面	30
	绝缘表面	40
	塑料绝缘导线表面	20

注:衡量温升的基准温度是室内温度,如果室温超过 28 ℃,按 28 ℃ 计算。

5.3.4 电源设备安全运行最大负载率

① 变压器:长期负载率≤额定功率×90%,且每一相的电流≤每相额定输出电流×90%。

② 谐波对油机设备带载能力的影响,参见表 5-5。

表 5-5 谐波对油机设备带载能力的影响

电流谐波含量	最大长期带载容量	单相最大输出电流
总电流谐波≤10%	80%	≤90%
10%<总电流谐波≤20%	70%	≤90%
20%<总电流谐波≤30%	60%	≤90%

注:总电流谐波含量指低压市电油机切换处测量值,当总电流谐波含量>30%时,应安装滤波器进行谐波治理。

③ 直流电源系统:在蓄电池后备时间满足要求的前提下,长期带载容量≤最大可输出电流(系统总容量)-冗余模块额定输出电流-蓄电池充电电流。

④ UPS 系统:长期带载容量≤额定功率×75%,且每一相的电流≤每相额定输出电流×85%。

⑤ 蓄电池:随着使用时间增长,蓄电池最大通流电流将降低。

5.3.5 数据中心机房环境的一般质量要求

① 房间密封良好,气流组织合理,保持正压和足够的新风量。新风量应保持下列三项中的最大值:室内总送风量的 5%;按工作人员每人 40 m³/h;维持室内正压所需风量。

② 数据中心机房内环境应满足按机房环境分类的温度和湿度要求。

③ 数据中心机房若无空调设施时,应安装有通风排气设施。

④ 在满足设备正常运行的条件下,为节约能源,应科学合理地确定数据中心机房的温湿度范围。若空调制冷时,应尽量靠近温湿度要求的上限;若空调制热时,则应尽量靠近温湿度要求的下限。

5.3.6 通信局站防护等级、接地电阻值及防护要求

各类通信局站防护等级、接地电阻值及防护要求应符合表 5-6 的要求。

表 5-6 通信局站防护等级、接地电阻值及防护要求

通信局站名称	雷暴日数	接地电阻(参考值)	防护要求
国际长途局、汇接局、长途局、关口局、大型综合枢纽局	≥40	≤1 Ω	1. 三级电源防雷、市电油机切换控制板有专门的避雷器保护; 2. 楼顶或者铁塔有非常完善的防直击雷装置; 3. 交换、数据、计算机网络有完善的防雷装置; 4. 市电进局采用套上 20 m 以上铁管的地下电力电缆
	<40	≤1 Ω	至少一级电源防雷
支局、模块局、卫星地球站、微波枢纽站、有重要客户和大客户的接入网	≥40	≤3 Ω	1. 三级电源防雷; 2. 楼顶或者铁塔有较完善的防直击雷装置
	<40	≤3 Ω	至少一级电源防雷
雷害严重地区农村接入网、无线基站	≥40	≤5 Ω	二级或三级电源防雷
	<40	≤5 Ω	至少一级电源防雷
高山微波站、光纤中继站		≤5 Ω(地质恶劣时可放大到 10 Ω)	二级或三级电源防雷
雷害一般地区(包括市区)接入网		≤10 Ω	一级或二级电源防雷
电力电缆与架空电力线接口处防雷接地		1. 电阻率小于 100 Ω·m 时,小于 10 Ω; 2. 电阻率为 101~500 Ω·m 时,小于 15 Ω; 3. 电阻率为 501~1 000 Ω·m 时,小于 20 Ω	

注:对于接地电阻值,可以作为接地情况是否良好的参考数值,定期(每年)测量一次,比较阻值变化情况来判断接地情况是否良好。

5.3.7 机房环境的分类和指标

机房环境的分类主要以机房内的环境温湿度作表征,其分类和指标见表 5-7。

表 5-7 机房环境的分类指标

环境分类	适用局站主要局站类型	温度	湿度
一类环境	A、B 类机房:如集团级、省级枢纽机房、地市级枢纽机房及对应动力机房	10~26 ℃	40%~70%

环境分类	适用局站主要局站类型	温度	湿度
二类环境	C 类机房:如县级、本地市内区域级机房及对应动力机房	10~28 ℃	30%~80%
三类环境	D 类机房:如接入级机房	5~35 ℃	15%~95%

注:冷通道封闭的机房除外。

5.4 交流配电设备安装

5.4.1 施工环境的检查确认

① 设备安装前,必须对施工场所进行勘查。主要包括施工环境、条件,本期涉及机房的状况等项目,为下一步进场施工时应该注意的问题以及应把握的重点提供第一手资料。

② 机房内墙面、屋顶、地面工程等应施工完毕,屋顶防水无渗漏,门窗及玻璃安装完好,地坪抹光工作结束,室外场地平整,设备基础按工艺配制图施工完毕,具备设备安装条件。设备开机后无法进行再施工的工程以及影响运行安全的项目施工完毕。

③ 预埋件、预留孔洞等均已清理并调整至符合设计要求;保护性网门、栏杆等安全设施齐全,通风、消防设置安装完毕。

5.4.2 对进场设备的检查

① 设备的型号规格与设计图一致,电气参数符合图纸要求,设备备件齐全,母线排规格符合设计。设备的外观完整,无破损、碰伤,面板旋钮、开关把柄齐全完整。

② 各个开关的动作灵活性,各个母线排上的螺丝、螺母有没有松动。

③ 设备的总容量是不是符合本期工程所需总容量。

④ 电气检查和机械检查必须重新进行,所有参数均合格,并做好记录。

⑤ 设备上和设备底座上的地线必须与总的接地汇流扁钢接通,检查设备,均应符合规范。涉及高压、低压绝缘瓷件应完整无损伤,无裂纹。

⑥ 设备的附件齐全,用户资料完整。

5.4.3 进场设备器材的质控点及目标

① 设备和器材到达现场后,应及时做下列验收检查:包装和密封应良好。技术资料齐全,并有装箱清单。安装箱清单检查清点,规格型号应符合设计要求,附件、备件应齐全。按规范要求做外观检查,发现器材缺损和外观有问题时,应对有关情况作详细检验记录。

② 对施工的主、辅材料:电力电缆、铜鼻子、铜排等,按产品技术标准进行清点和电气性能的抽查,发现问题及时向建设单位报告。

③ 设备安装位置应符合施工图设计要求,如有变动须征得设计单位及建设单位的同意,并履行工程变更流程。

5.4.4 设备安装的质控点及目标

① 设备排列整齐,垂直度偏差应不超过机架高度的 0.15%。

② 设备间的缝隙上下均匀适度,一般缝隙不大于 3 mm。

③ 设备必须符合设计抗震要求,必须在地面、相邻设备之间进行加固。侧壁间(二点)用 M8 螺栓紧固,配电设备(开关柜等)底脚应采用图纸上规定的规格。如果图纸上没有指明,采用规范要求 M10～M12 膨胀螺栓于地面加固,各种螺丝必须拧紧。

④ 设备电源分配熔丝及总熔丝的容量必须符合施工图设计要求,不得以大代小。

⑤ 电设备的输出端对机壳的绝缘电阻、零线排对机壳的绝缘电阻,N 线和 PE 排的绝缘状态,各个开关对地的绝缘电阻。各个开关的动作灵活性,各个母线排上的螺丝有没有松动。母线排上的螺丝、螺母有没有松动,必须每个重新紧固一遍,并检查没有问题。

⑥ 配电柜、开关柜等设备内部各类开关、按钮进出线上的标签清楚。

⑦ 设备的顶盖上无遗漏的工具、异物,特别是金属物体。

⑧ 设备工作地线要安装牢固,防雷地线与底座保护地线安装应符合工程设计要求。

⑨ 设备的 SPD 的地线、相线引线长度(小于 1 m)、线径(大于 35 m²)要符合要求,地线连接可靠、位置正确。

5.4.5 电力电缆布放控制要点及目标

① 布放电缆的规格、路由、截面和位置应符合施工图的规定,电缆排列整齐,外皮无损伤,电缆布放要有利于今后维护工作的开展。

② 直流电源线、交流电源线、信号线必须分开敷设。避免在同一线束内三种线缆混放,电力电缆的转弯应均匀圆滑,电缆曲率半径符合表 1-4 的要求。

③ 涉及带电作业的部分,应当严格按照相关规范进行,对使用的工具(如扳手、钳子、起子等)应当采取相应的绝缘措施,防止因工具的短路打火而引发设备、人身的安全事故。

④ 走线架上布放的电缆必须绑扎,绑扎后的电缆应相互紧密靠拢,外观平直整齐,不交叉,不歪斜,扎带间距均匀,松紧适度,绑扎线头隐藏而不暴露外侧。

⑤ 电缆的布线,在两端有相同和明显的标志,不得错接、漏接。所有电缆布放完毕,必须校对,做好标签。直流电源电缆的极性、成端位置必须检查确认。各类保险丝连接和安装必须可靠,位置正确。

⑥ 地线的连接严格按照规范和设计文书所规定,在高低配内接入总接地汇流排时,必须焊接,其焊接面积应大于连接体的 10 倍以上,焊接处应作防腐处理。连接完毕必须测试其接地电阻,并填写《接地电阻测试表》。

⑦ 接地线各部件连接方法应符合联合接地设计规定。

⑧ 电源线应采用整段的线料,中间不得有接头。所有电缆在没有成端之前必须进行绝缘电阻的测试,并填写《电气绝缘测试表》。所有电缆的绝缘电阻必须符合规范要求。

⑨ 电力电缆的相序必须正确,并有明显的颜色标志,电源线外护层应用不同颜色区分,A 相—黄色、B 相—绿色、C 相—红色、中性线(零线)—蓝色、保护地线—黑色。若电力线货源为一种颜色时,布放完毕后必须在两端用相应颜色的胶带或热缩套管区分。

⑩ 根据《低压配电设计规范》(GB 50054—2011)的要求,电缆在穿越管道井时,穿管用钢管的内径不应小于电缆外径的 1.5 倍,钢管两端必须接地,接头使用铜带可靠连接。

5.4.6 电缆的成端和保护控制要点及目标值

① 施工队所选择铜鼻子的孔径大小,螺丝、垫片的尺寸是否适合铜鼻子,是否符合接线柱的规格。螺丝太细,紧固螺丝时垫片将下陷,造成接触面变小,接触电阻增加,易产生打

火、发热、烧毁等安全隐患。

② 各类线缆的成端中,电缆的破皮长度是否和接线铜鼻子线孔长度一致。

③ 铜鼻子的选用与所使用线缆的规格是否一致,线缆是否完整,有无被剪断的芯线残余痕迹(有的施工人员为图省事,将芯线剪掉一部分,再放入铜鼻子线孔,这是绝对不允许的)。

④ 对铜鼻子的压制力度是否紧固、牢靠,绝对不允许使用老虎钳等工具压制铜鼻子。铜鼻子的压制要符合规范:电力电缆大于 120 mm² 时,必须压制二道或二道以上。

⑤ 设备接线端的铜鼻子安装要与接线柱垂直,没有偏斜现象。

⑥ 铜鼻子的材质表层与被连接点材质表层成分一致。

⑦ 凡是有铜鼻子的固定点,必需固定正确、牢靠。

⑧ 电缆外皮完好,没有死弯,没有凸出的点,如发现有问题,应促使厂方更换电缆。

5.4.7 接地线的布放和敷设控制要点及目标

机房配套设备的地线包括:设备的工作地线、电源的保护地线、防雷接地线等各类地线,控制要点及目标为:

① 地线接入所使用的材料、规格必须与设计一致,固定牢靠。因为电源的保护地线、防雷地线大部分在设备或电源出现问题和雷雨季节才起作用,因而往往被施工人员忽视,现场监理应及时、适时提出,督促施工队严格按照规范施工布放。

② 测试并做记录。

③ 联合接地点(总接地汇流排)接地可靠,与总的接地汇流排连接可靠,连接点要焊接,焊接面符合要求,焊缝完整、饱满,无气孔、"咬肉"等缺陷。

④ 交流分支柜(交流配电箱)底座上的地线连接牢靠,连接导线符合要求,铜鼻子与含有油漆的钢制底座间要使用毛刺垫片或采取措施,应该焊接的点要焊接牢靠。

⑤ 高低配电室不带电的金属部分应接入防雷保护地线。设备的前后门上的接地线连接可靠。

⑥ 各类地线必须采用带有接地色标的标称电缆。

5.4.8 设备通电的控制要点及目标

(1) 设备加电前的控制要点:

① 应按照程序填写《电源设备加电记录表》、《设备加电质量检验表》;机架保护地线连接可靠,对地绝缘电阻应符合说明书规定。应将输入、输出开关全部关断,并再次确认所有信号线、电源线的连接是否正确,检查设备、部件、布线进行绝缘电阻、绝缘强度符合技术指标要求;布线和接线正确,无碰地、短路、开路、假焊等情况。机内各种插件连接正确、无松动;机架保护地线连接可靠。

② 设备开关动作灵活、无松动和卡阻,其接触表面应无金属碎屑或烧伤痕迹。

③ 设备接触器和闸刀的灭弧装置完好。

④ 设备开关、闸刀转换灵活、松紧适度、熔断器容量和规格应符合设计要求。

⑤ 电压、电流表应进行校验。

⑥ 测试机内布线及设备非电子器件对地绝缘电阻应符合技术指标规定。

⑦ 检查交流配电设备的避雷器件应符合技术指标要求。

（2）加电后的控制要点

各类开关的电气性能正常，各类地线和保护地线连接无误，经确认后，联系运维单位配合施工方，做好送电前的准备工作。在运维部门对本期设备端确认无误后，由施工方配合，方可送电，注意送电前设备厂方工程师、建设单位、施工方技术人员必须到场。

（3）设备（交流配电）空载运行无异常情况，方可进行下一级设备的送电。

① 输入、输出电压，电流测试值应符合要求。

② 事故、过压、欠压、缺相等自动保护电路应能准确动作并能发出告警。

③ 各种硬件设备必须按厂家提供的操作程序，逐级加上电源。

④ 检查无误后，按照加电程序和工序，向负载供电。

⑤ 加电后，必须按照标准程序对已加电设备进行测试，测试完毕，认真填写系统综合测试记录表。

5.4.9　电源割接程序

（1）由于通信电源工程具有较大风险，本工程项目在实施时遵循以下原则：

① 工程割接日期应该避让重大通信保障任务时期、话务高峰日期、灾害性天气等特殊时间。

② 施工中，凡是涉及在电源设备输出或交汇节点上如在总汇流排、与输出总线无明显断开点处以及可能引起全局通信中断的操作，必须在晚间 23:00 以后或根据建设单位要求进行。

③ 工程涉及的较为复杂或者施工不便、操作困难的系统，割接操作应在晚间 23:00 以后或按照建设单位的要求进行。

④ 施工时，不会使通信设备用电受到直接影响，可以在其他时段进行，如布放线缆、敷设走线架等，但施工必须注意安全。

（2）割接前准备工作：

① 配合建设单位组织审核割接方案。

② 组织召开割接工前会、组织割接方案交底。

③ 督促施工单位对割接现场进行清理，对汇流排、电缆、设备外壳等相关金属部分进行保护处理，然后检查专用的割接工具，保持割接工具的绝缘性能良好。

（3）在割接过程中，加强关键时间节点、关键操作的旁站，并坚持以下技术原则：

① 正、负极输入或输出电源线、负载电源线不能断开；在用主、副直流屏连接线不能断开。

② 交、直流电源线不能短路。

③ 两个直流系统并接时，电压差应小于 0.5 V，并不断检查交直流设备的状况，特别情况可以采用望、闻、摸、嗅的方法检查。

（4）在割接操作过程中如果发现以下情况，必须立即停止割接操作，并报告建设单位：

① 人身或设备的安全保护措施缺乏、脱落。

② 施工单位没有按照已经批准的割接方案和割接程序施工。

③ 割接过程中，出现了方案中无法预见的情况。

5.5 直流配电设备安装

5.5.1 监理工作重点和难点

5.5.1.1 质量控制重点

① 设备安装。

② 设备的静态检查。

③ 铜排固定的检查、螺丝孔、垫片、螺丝轴的规格检查。

④ 设备的动态检查。

⑤ 加电前对设备安装规格、开关规格、保险丝规格、电源电缆规格的确认。

⑥ 检查本期工程所有电缆终端连接固定的可靠性等。

5.5.1.2 安全监督管理重点

① 设备加电前的检查。

② 设备扩容、安装的割接。

③ 交直流电源线的连接正确性确认。

④ 电源电缆的极性和颜色。

⑤ 各种保险丝的性能、状态。

⑥ 蓄电池的连接电缆规格、连接终端的质量。

⑦ 蓄电池的极性检查,蓄电池组的检查确认。

⑧ 参见设备安装安全隐患形式和预控措施中相关电源设备安装中的部分。

5.5.1.3 监理工作难点

① 涉及在用机房多。

② 交流电源与直流电源的区别。

③ 由于直流输出电压较低($-48\sim-54$ V),容易引起施工人员的麻痹大意。

④ 直流电源割接时对在用设备的电源铜排的防护措施和保护。

⑤ 应急预案的建立。

⑥ 机房环境有的较小,工作空间较小。

⑦ 施工人员的割接工具的性能和保护措施不到位。

⑧ 由于电压较低,人员操作容易马虎等。

⑨ 监理工作中出现的旁站不到位、巡视时间较少等原因造成事故隐患不能及时发现而造成的安全、质量事故。

5.5.2 监理工作细则

本细则包括直流电源设备(包括-48 V 直流电源设备和 240 V 直流电源设备)。设备应安装在干燥、通风良好、无腐蚀性气体的房间。室内温度应不超过 30 ℃。高频开关型交流电源设备应放置在有空调的机房,机房温度不应超过 28 ℃。

5.5.2.1 交流配电设备

① 输入电压的变化范围应在允许工作电压变动范围之内。工作电流不应超过额定值,各种自动、告警和保护功能均应正常。

② 保持布线整齐,各种开关、熔断器、插接件、接线端子等部位应接触良好、无电蚀;馈电母线、电缆及软连接头等应连接可靠,导线应无老化、刮伤、破损等现象。

③ 电源的保护地线与机壳应有良好的接地。

④ 整流器应保持清洁,定期清洁整流器的表面、进出风口、风扇及过滤网或通风栅格等。

⑤ 整流器风扇应工作正常、通风顺畅、无杂音、输出处无明显的高温;进出风口及过滤网或通风栅格应无堵塞。

5.5.2.2　整流器设备

① 检查均充、浮充工作时的参数设置,设定值与实际值应相符。

② 检查监控性能,包括遥信工作状态、浮充/均充状态、各整流器及监控模块故障等。

③ 测量整流器之间的均流性能,不均流度应小于 5%。

④ 检查各种手动或自动连续可调功能、告警和保护功能,均应正常。

⑤ 检查面板仪表的显示值与实际值的误差应不超过 5%。

⑥ 整流器不应长期工作在 20% 额定负载以下,如系统配置冗余较大,可轮流关闭部分整流器以调整负载比例,作为冷备份的整流器应放置在机架下方。

5.5.2.3　直流配电设备

5.5.2.3.1　设备安装检查和调试

① 直流配电部分应保持清洁。

② 信号指示、告警正常。

③ 注意检测设备加电后直流熔断器的压降或温升,无异常变化。

④ 直流配电部分放电回路电压降和供电回路全程电压降,应无异常变化。

⑤ 检查各种手动或自动连续可调功能、告警和保护功能均应正常。

⑥ 测量各元器件和部件的温升,应无异常变化。

⑦ 检查面板仪表的显示值与实际值的误差应不超过 5%。

5.5.2.3.2　直流配电设备通电测试检验

① 输入、输出电压和电流测试值应符合技术指标要求。

② 应能接入蓄电池,"浮一均"充电转换性能应符合技术指标要求。

③ 配电设备内部电压降应符合指标要求(机柜内放电回路压降不大于 0.5 V)。

④ 有低电压二次切断功能装置的设备,电气性能测试值应符合工程设计或技术指标要求。

⑤ 输出端浪涌吸收装置功能应符合技术指标要求。

⑥ 多台直流配电设备应能并联使用。

⑦ 电压过高、过低,电流过流、欠流,熔断器熔断等自动保护电路应能准确动作,声光告警电路工作正常。

⑧ 本地和远地监控接口性能应正常。

5.5.2.3.3　直流—直流变换设备通电测试检验

① 变换器输入电压、输出电压、电流、稳压精度、限流性能、输出杂音电平应满足技术指标要求。

② 同型号直流变换设备应能多台并联工作,并应有自动均分负载性能,其不平衡度应

不大于5%输出额定电流值。

③ 变换器事故,过、欠压,过、欠流,开、短路,熔断器熔断等自动保护电路动作应准确动作,声光告警电路工作正常。

④ 本地和远地监控接口性能应正常。

5.5.2.3.4 逆变设备通电测试检验

① 输入直流电压、输出交流电压、稳压精度、输出波形、谐波含量、频率精度应符合技术指标要求。

② 市电与逆变器输出的转换时间应符合技术指标要求。

③ 同型号设备能多台并联工作,并应有自动均分负载性能。

④ 输入过压、欠压,输出过压、欠压,过、欠流,逆变设备过载,短路,蓄电池欠压,熔断器熔断等自动保护电路动作应准确动作,声光告警电路工作正常。

⑤ 本地和远地监控接口性能应正常

5.5.2.3.5 不间断电源设备(UPS)通电测试检验

① 输入和输出交流电压、稳压精度、输出波形、谐波含量、频率精度应符合技术指标要求。

② 市电与不间断电源(UPS)输出的转换时间应符合技术指标要求。

③ 不间断电源(UPS)设备过载能力应符合技术指标要求。

④ 输入电压过高、过低,输出过压、欠压,过、欠流,不间断电源UPS设备过载,短路,蓄电池欠压,熔断器熔断等自动保护电路动作应准确动作,声光告警电路工作正常。

⑤ 本地和远地监控接口性能应正常。

5.5.2.3.6 整流设备通电测试检验

① 通电前应将整流模块输入、输出开关和监控电源开关、电池、负载断路器全部关断。检查交流引入线、输出线、信号线、机柜内配线连接应正确。所有螺钉不得松动,输入、输出无短路。检查绝缘电阻应符合要求。

② 接通交流电源,检查三相电压值应符合要求。观察通电后模块显示器信号、指示灯应正常。

检测整流设备以下技术指标:a. 输入交流电压、电流。b. 输出直流电压、电流。c. 输出限流、均流特性,自动稳压及稳压精度。d. 浮充、均充电压值和自动转换。e. 电池充电限流值。f. 输出过流保护值。g. 输出杂音电平。h. 整流设备输出杂音应符合相关规定。

③ 市电或油机发电机组供电时应工作稳定,不振荡。

④ 浮充、均充方式应能自动转换,输出应能自动稳压、稳流。

⑤ 同型号整流设备应能多台并联工作,并具有按比例均分负载性能,其不平衡度不应大于-2 V输出额定电流值。

⑥ 功率因数、效率和设备噪声应满足技术指标要求。

⑦ 按照技术指标要求和技术说明,对监控模块告警门限参数、管理参数进行设置和检验:a. 交流输入过压、欠压、缺相告警。b. 直流输出过压、欠压、输出过流、欠流告警。c. 蓄电池欠压告警。d. 充电过流告警。e. 负载过流告警。f. 输出开、短路告警。g. 模块熔丝告警。h. 自动保护电路动作应准确动作,声光告警电路工作正常。i. 应能提供满足"三遥"性能要求的本地和远地监控功能接口。

5.6　不间断电源(UPS)设备安装

5.6.1　监理工作重点和难点

5.6.1.1　质量控制重点

① 设备进场的清点、核对。设备开箱后附件、证明产品质量的合格证、质保书、检测报告。

② 设备安装过程中的防尘保护措施。

③ 设备电源电缆的接线、开关位置标识。

④ 设备的接地线需要厂方工程师指明。

⑤ 设备首次加电前的检查和灰尘清理:灰尘清理、开关、电源电缆正确性、蓄电池极性、蓄电池开关状态。

⑥ 蓄电池每一根连接线、连接铜排必须一一检查补缺漏。

⑦ 设备首次加电前,必须填写《UPS设备加电记录表》,并有厂方、建设单位(或代表)、施工单位、监理共同签字确认,特别是对环境的确认,厂方必须明确。

⑧ 设备首次加电,由厂方工程师完成,施工单位配合并服从厂方工程师的指令。

⑨ UPS调试过程中的设备状态,注意观察有无异常状态。

⑩ 观察、记录(拍照)UPS调试中各种状态的转换过程、状态,如工作-旁路,旁路-工作,工作-充电,市电停电时转入蓄电池供电的状态,市电恢复转入工作状态,这些是UPS后期运行的根本保障。

⑪ UPS带载测试过程记录。

⑫ 细听UPS运行的声音,有无异常,发现问题立即处理(首先关闭蓄电池输入开关、供UPS运行的交流配电屏上UPS的主输入开关或UPS上的紧急停止开关等)。

⑬ UPS设备试运行后,注意巡视其状态,发现问题及时报告。

⑭ 保持与运行维护人员的联系。

⑮ UPS工程项目调试过程资料,厂方工程师的调试报告(含有结论)等第一手资料必须在手中。

5.6.1.2　安全管理重点

① 设备的安装防震。

② 设备防尘措施。

③ 设备各类电源电缆连接的位置、开关位置选择要正确。

④ 设备首次加电的流程,每一级送电,必须经过测试后才能进行下一级送电。

⑤ 设备调试中的状态。

⑥ 设备对蓄电池充放电过程、假负载的性能状态。

5.6.1.3　监理工作难点

① 由于机房配套工程项目施工时其环境并不理想,灰尘很大,而灰尘是UPS设备正常开机运行的"天敌",因此控制环境卫生,防止灰尘和清理环境垃圾、设备中的灰尘是一大难题。

② UPS设备运行后产生很大的热量,对环境的要求很高,因此UPS设备加电后,其电

力室的空调设备需要首先运行正常,控制空调设备安装调试和 UPS 设备调试之间的时间节点也是一大难点。

③ 与动力施工之间的矛盾,空调、UPS 设备的调试前提是动力部分(典源设备单位)施工必须结束,验收合格,因此控制电源部分的进度应放在首位,这是真个电源配套设备的前提。

④ 监控部分的直流电源进度控制,交流设备工作以后,涉及设备状态的显示,因此直流(−48 V)电源项目必须结束并验收合格。

⑤ UPS 电源项目本身就是一个较为综合的项目,必须在进度、质量、安全上统一协调,才是保障。

5.6.2 UPS 电源设备安装监理细则

5.6.2.1 UPS 电源设备安装质量控制要点

① 设备硬件安装:平面位置、垂直度、整列的直线度。蓄电池安装。

② 线缆布放:规格、线径、路由、成端。

③ 加电前检查:接地、线缆绝缘、有无短路、端接位置、标签、开关是否置于正确位置、断路器整定电流。

④ 设备调测:整流器、逆变器、逆变转旁路市电、输出电压、波形、蓄电池容量试验:试验测试数据。

5.6.2.2 机房环境检查要点

① 机房建筑、装修已完成并符合工程设计要求。

② 机房地面平整,水平误差每米小于 2 mm。地槽、地沟、预留孔、预埋螺栓位置、规格符合工程设计要求。

③ 机房通风、取暖、空调等设施完好。走线架已安装完毕,且符合设备安装要求。

④ 市电已引入机房,照明系统能正常使用。

⑤ 蓄电池室安装位置及要求可满足工程设计要求。

5.6.2.3 设备开箱清点

① 首先对到场的设备包装外观进行检查,是否有碰撞等痕迹,并作记录。

② 按装箱单的内容对到场设备、构配件、零件的规格、数量进行清点。

③ 根据设计文件的要求,核对设备合格证、出厂检测报告等。

④ 对清点结果进行签字确认。

5.6.2.4 输入/输出屏、滤波器等配套设备安装控制要点

① 检查输入/输出屏检测报告,核对断路器电流整定值是否与设计要求相符。

② 核对机架安装平面位置,应与设计图纸相符,如有变动须征得设计单位及建设单位的同意,并履行工程变更流程。

③ 机架安装必须符合设计抗震要求,对地面、墙壁、上梁等处进行加固,各种螺丝必须拧紧。对于输入/输出屏、整流器和滤波器等设备,相邻设备侧壁间(二点)用 M8 螺栓紧固,设备底脚应采用 M10~M12 膨胀螺栓与地面加固。

④ 机架垂直度小于 1‰。并列机架间隙小于 3 mm。列架机面应平直,每米误差不得大于 3 mm,全列偏差不得大于 15 mm。

⑤ 机架内母线排安装应符合生产厂家产品要求。连接牢固,特别要检查母线排与机架

的绝缘处理。

⑥ 架内及架间电缆连接正确,端接可靠,无短接、错接。互感器安装正确。

⑦ 机架接地可靠。

5.6.2.5　线缆布放控制要点

① 布放电缆的规格、路由、截面和位置应符合施工图的规定,电缆排列整齐,外皮无损伤,同时不应妨碍今后的维护工作。

② 直流电源线、交流电源线、信号线应该分开敷设,避免在同一线束内,电缆转弯应均匀圆滑,小型电缆曲率半径符合表 1-4 要求,同轴射频电缆曲率半径不小于电缆直径 20 倍。

③ 布放走道电缆必须绑扎,绑扎后的电缆应相互紧密靠拢,外观平直整齐,不交叉,不歪斜。扎带间距均匀,松紧适度。

④ 布放槽道电缆可以不绑扎,槽内电缆应顺直,尽量不交叉,电缆不得溢出槽道,在电缆进出槽道部位和电缆转弯处应绑扎或用塑料卡捆扎固定。

⑤ 架间(架内)电缆及布线两端必须有明显标志,不得错接、漏接。布线插接完毕后应进行整线,外观平直整齐。

⑥ 电源线应采用整段的线料,中间不得接头。

⑦ 机房的每路直流馈电线连同所接的列内电源线和机架引入线两端腾空时,用 500 兆欧表测试正、负线间和负线对地间的绝缘电阻均不得小于 1 兆欧。交流电源线两端腾空时,用 500 伏兆欧表测试芯线间和芯线对地的绝缘电阻均不得小于 1 兆欧。

⑧ 电源线外护层应用不同颜色区分,负线为蓝色、正线为红色、保护地为黑色。若电力线货源为一种颜色时,布放完毕后必须在两端用蓝、红、黑胶带封头包紧。交流电源线缆色谱为:黄、绿、红、兰、黄绿。

⑨ 电源电缆端接可靠,35 mm 以上铜鼻子压接必须达 2 道以上,压接牢固。

5.6.2.6　主机安装控制要点

① 核对机房楼面承重量,应符合 UPS 设备安装要求。

② 按图纸设计要求,检查安装的平面位置应符合设计要求。

③ 机架安装垂直度小于 2 mm。

④ 机架并列间隙小于 3 mm。

⑤ 若有机架底座,应先安装机架底座,底座安装用 M12 或 M10 膨胀螺栓与地面固定,安装牢固,机架与底座用 M10 螺栓进行连接。每个机架不少于 4 颗螺栓。

⑥ 机架须作可靠接地。

⑦ 整流模块安装:按设计要求位置安装整流模块。

5.6.2.7　加电前检查要点

① 设备标志齐全正确。

② 各类模块、印刷电路板数量、规格、安装位置与施工文件相符。

③ 设备的各种选择开关应置于指定位置上。

④ 设备的各种熔丝规格符合要求,断路器电流整定值符合设计要求。

⑤ 列架、机架接地良好。

⑥ 所有接入电缆间无错接、短接现象。设备内部的电源布线无接地现象。

⑦ 输入电源的相序与 UPS 设备相序一致。

⑧ 设备通电前,应在熔丝盘有关端子上测量主电源电压,确认后方可进行通电测试。

⑨ 各种硬件设备必须按厂家提供的操作程序逐级加上电源。

⑩ 通电后,检查设备电压均应符合规定;各种运行指示灯正常;声、光告警正常。

5.6.2.8 开关电源设备安装质量控制要点

① 设备硬件安装:平面位置、垂直度、整列的直线度。蓄电池安装。

② 线缆布放:规格、线径、路由、成端。

③ 加电前检查:接地、线缆绝缘、有无短路、端接位置、标签、开关是否置于正确位置。

④ 设备调测:整流器、输出电压、波形。

⑤ 蓄电池容量试验:试验测试数据。

5.6.2.9 UPS 主机开机调试监理要点

① 调试前应对所有接入线缆、架间电缆进行全面检查,接线正确、牢固。提醒操作人员将随身携带的金属器件(手表、硬币等)取下。穿电工鞋。操作工具必须做好绝缘处理。

② 各类开关置于断开位置(off),校对输入电源相序。测定蓄电池组输出电压。

③ 调整整流电压值。

④ 调整直流电压保护值。欠压保护调整、过压保护调整。

⑤ 调整蓄电池浮充电压。

⑥ 调整逆变器输出电压。

⑦ 以上各项调整设定值应符合产品技术要求。

⑧ 闭合整流器开关。检查观察各类指示灯正常。

⑨ 闭合蓄电池开关。

⑩ 在蓄电池开关已闭合,整流器输出电压正常的基础上,启动逆变器。

⑪ 在逆变器输出电压正常的基础上,闭合逆变器输出开关,测试输出电压。

⑫ 关闭逆变器转市电旁路。观察逆变转市电旁路是否正常。

⑬ 旁站 UPS 机组各项功能试验。输出特性测试等并作记录见证。各项指标应符合产品技术要求、设计要求及规范要求。

⑭ 调试过程中,应注意开机、关机顺序正确,符合厂家技术要求。(开机:送市电、观察面板指示灯应处于正常状态、闭合整流器开关、闭合蓄电池开关、启动逆变器、逆变器输出。关机:关闭逆变器输出、关闭逆变器、断开蓄电池、关闭整流器、断开市电)

⑮ 根据设计要求做 UPS 系统负载试验,负载试验与蓄电池组试验同期进行。

⑯ 有关验收检测项目内容见第 10 章表。

5.6.2.10 配套蓄电池安装控制要点

① 蓄电池架安装平面位置、间距符合设计要求。

② 蓄电池架必须作可靠接地。蓄电池安装应平稳,同列电池应高低一致,排列整齐。

③ 检查蓄电池外观,无碰撞、划伤痕迹。壳体无裂纹,无漏液。极柱端正,标记正确。

④ 逐个检查蓄电池连接条与电池极柱的连接牢固可靠,操作时应对工具作绝缘处理。

⑤ 有抗震要求时,其抗震设施应符合有关规定,并牢固可靠。

⑥ 电池架的材质、规格、尺寸、承重应满足安装蓄电池的要求。

⑦ 电池架排列位置符合设计图纸规定,偏差不大于 10 mm。

⑧ 电池架排列平整稳固,水平偏差每米不大于 3 mm。

⑨ 电池铁架安装后,对漆面脱落处应补喷(刷)防腐漆,保持漆面完整和一致。

⑩ 铁架与地面加固处的膨胀螺栓要事先进行防腐处理。

⑪ 在抗震设防地区,安装蓄电池架必须符合《通信设备安装抗震设计规范》(YD 5059—2005)的要求。

⑫ 如采用水泥制作平台安装蓄电池时,电池平台位置、高度应符合工程设计要求。平台高度误差不大于,水平误差每米应小于。

5.6.2.10.1　铅酸蓄电池初充电

① 调配蓄电池电解液所使用的蒸馏水必须严格检验并应符合规定。

② 铅酸蓄电池电解液应使用化学纯或分析纯浓硫酸,并应符合规定。

③ 调配和灌注铅酸蓄电池电解液时,必须严格按照操作规程进行。调配的电解液比重应符合技术指标要求。

④ 蓄电池在初充电前应检查单体电压、温度、比重、极性与技术要求相符,无错极及电压过低现象。

⑤ 初充电期间不得停电,如遇停电必须立即启动油机供电。

⑥ 新装蓄电池应根据产品说明书规定的方法进行充电,并应符合下列要求:

a. 充电期间,室内应保持空气流通,不得有明火。

b. 充电期间,电解液的温度应为 20 ± 10 ℃,最高不得超过 45 ℃。

⑦ 充电过程中应定时检查每个电池的电压、比重、温度、气泡等变化。发现个别电池出现单体电压、比重低落,液温过高,电池体渗漏,气泡不足等现象时,应及时查明原因并加以解决。充电过程中如发现温度高于 45 ℃时,应及时减小充电电流或采取降温措施,使其液温正常。若仍无效时应暂停充电,待温度降低后恢复充电,但在初充电 24 h 内不得中断充电。

⑧ 在正常情况下蓄电池的初充、浮充、均充电压要求应符合表 5-8 和表 5-9 的规定。

表 5-8	蓄电池初充、浮充、均充电压要求		V
	浮充电压	恢复或均充	初充电压
固定型防酸铅电池	2.16～2.20	2.25～2.35	2.35～2.4
阀控式密封铅酸蓄电池	2.23～2.28	2.23～2.35	2.35

表 5-9　阀控铅酸蓄电池容量、放电电流、放电终止电压表

电池放电小时数/h	0.5			1		2	3	4	6	8	10
放电终止电压/V	1.65	1.70	1.75	1.70	1.75	1.80	1.80	1.80	1.80	1.80	1.80
放电电流(I_{10})	9.6	9	8	5.8	5.5	4.5	3.05	2.5	2.0	1.5	1.2	1
放电容量(C_{10})	0.48	0.45	0.40	0.58	0.55	0.45	0.61	0.75	0.79	0.88	0.94	1.00

注:I_{10} 为蓄电池在 10 小时率放电下的电流,数值为蓄电池容量除以 10。C_{10} 为蓄电池在 10 小时率放电下的容量,表示蓄电池额定容量。

5.6.2.10.2　蓄电池容量试验监理要点

① 电池安装完成后按产品技术条件规定进行充电,初充电达到规定时间时,单体电池的电压应符合产品技术条件的规定。

② 蓄电池初充电结束后,按产品的技术条件规定进行容量试验。

③ 根据设计及产品技术条件审定蓄电池容量试验方案(负载电流、放电时间、测试时间间隔等)。

④ 放电时,室温应保持在 25±5 ℃。

⑤ 容量试验过程中要做好电池单体电压测试记录。放电前对电池单体电压进行测试并记录。

⑥ 放电终结时,单体蓄电池的电压应符合产品技术条件的规定,电压不足的电池数不应超过电池总数的 5%,对达不到产品技术条件规定最低电压的蓄电池进行更换。

⑦ 在整个充、放电期间,应按规定时间记录每个蓄电池的电压、电流及环境温度,并绘制整组充、放电特性曲线。

⑧ 监理必须旁站整个容量试验过程,见证测试数据,并在结束放电时,对测试记录进行签字确认。

⑨ 蓄电池在初充电结束时,应符合下列要求:

a. 充电时间已够,充电容量已足,达到产品技术说明书的要求。

b. 采用恒压法充电时,充电电流应连续 10 h 以上,电池电压、电解液比重连续 3 h 以上不变,同时电解液产生大量气泡。

c. 采用恒流法充电时,电池电压、电解液比重连续 3 h 以上不变,电解液产生大量气泡。

d. 在充电期间,应每 1～2 h 或在规定的时间间隔内,测量、记录电池单体电压、电解液比重、温度和电池组总电压、总电流。

5.6.2.10.3 阀控式密封铅酸蓄电池安装

① 检查蓄电池各单体开路电压,若低于 2.13 V 或储存期超过 6 个月,则应运用恒压限流法进行均衡充电,或按技术说明书要求进行。

② 均衡充电电压应取 2.35 V/单体,充电电流取 10 h 小时率,充电终期电压为 2.23～2.25 V/单体。若连续 3 h 电压不变,则电池组电量已充足。

③ 放电应按技术说明书规定进行,放出额定容量的 30%～40% 时,应及时进行补充电。

④ 蓄电池安装完毕,正常时即可进行浮充电。充电电压应取 2.23～2.25 V/单体,充电电流应为 10 h 小时率或符合蓄电池技术说明书规定。

5.6.3 不间断电源(UPS)质量预验收

UPS、开关电源工程初步验收检测项目和内容参见表 5-10。

表 5-10   **UPS、开关电源工程初步验收检测项目和内容**

[参见标准:《通信电源设备安装工程验收规范》(GB 51199—2016)]

检测项目	检测内容	检测结果
1. 交流配电设备	1. 防雷装置; 2. 自动接通、转换"市电"、"油机"供电; 3. 自动接通、转换事故照明电路; 4. 输出电压、电流值; 5. 过、欠压,过、欠流、缺相、事故、停电、熔断器告警电路正常	

续表 5-10

检测项目	检测内容	检测结果
2. 直流配电设备	1. 输入、输出电压,电流; 2. "浮—均"充电转换性能; 3. 输出端浪涌吸收装置性能; 4. 多台设备并联工作的均分性能; 5. 过、欠压,过、欠流,熔断器等告警电路正常	
3. 直流变换设备	1. 输入、输出电压,电流; 2. 限流性能和稳压精度; 3. 输出杂音电平; 4. 多台设备并联工作的均分性能; 5. 过、欠压,过、欠流,开、短路,熔断器等告警电路正常	
4. 逆变设备	1. 输入、输出电压,电流; 2. 稳压和频率精度; 3. 输出波形和谐波含量; 4. "市电"停电转换供电时间; 5. 多台设备并联工作的均分性能; 6. 过、欠压,过、欠流,开、短路,熔断器等告警电路正常	
5. 不间断(UPS)电源	1. 输入、输出电压,电流; 2. 输出波形和谐波含量; 3. 稳压和频率精度; 4. "市电"停电转换供电时间; 5. 设备过载能力; 6. 过、欠压,缺相、蓄电池欠压、充电过流、熔断器告警电路正常	
6. 整流设备	1. 输入、输出电压,电流; 2. 限流性能和稳压精度; 3. "浮均"充电流值和转换性能; 4. 输出过流保护值; 5. "市电"或"油机"供电,不震荡; 6. 自动稳压、稳流精度; 7. 输出杂音电平; 8. 过、欠压,缺相、蓄电池欠压、充电过流、短路、模块熔丝等告警电路正常	
7. 蓄电池	1. 电池单体电压; 2. 电池组总电压; 3. 电池容量测试	
8. 馈电母线	1. 母线接头点温度; 2. 母线电压降	
9. 接地装置	接地电阻值	

5.6.4 模块化不间断电源(UPS)

模块化不间断电源(UPS)的前端交流配电与上述 UPS 结构基本形同,不同之处在于模块化 UPS 的开关电源部分采用模块化结构,即功率模块结构。根据设计要求和负载大小,模块化 UPS 模块的功率是不同的。模块化 UPS 与传统整体结构 UPS 的主要区别除了功率模块化、模块可热拔插外,还在于其功率在输出端叠加。因此监理工作中的检查重点有所不同,在工程师调试前注意检查设备后部的各类连接线、插件等相关部分。当调试时以及调试结束以后,注意检查设备的显示部分中有关功率、电压、电源、模块编号等与模块相关的信息。

主要质量控制部分:

① 模块安装的位置、固定牢靠程度。模块功率大小与配置。

② UPS 功率模块插拔,功率模块的防尘,模块在安装前拆封。

③ 设备加电前,检查各个功能模块、蓄电池及配电部分引线及端子的接触部分是否良好、无锈蚀,检查电缆及软连接头等各连接部位的连接是否可靠。检查导线是否破损、布线整齐。

④ 填写《UPS 设备加电记录表》,厂家调试工程师须签字认可。

⑤ 设备加电以后,注意检查温度变化情况,注意温升、发热、发烫、有煳味、烧焦等状态现场的判别。

⑥ 检查各功率模块的负载均分的性能,并显示正确。

⑦ 进行 UPS 各项功能性切换测试,包括进行整流器供电向蓄电池供电转换。

⑧ 在逐渐增加负载时观察显示屏上的指示状态。检查检测模块本身状态变化。

⑨ 正常工作或者调试结束后注意观察、听、嗅模块化 UPS 工作状态,发现异常立即处理。

⑩ 注意做好调试记录,现场正常状态的拍照以及证明正常的设备资料、调试资料。

5.7 高压直流系统安装质量控制要点

5.7.1 监理工作重点和难点

5.7.1.1 高压直流系统质量控制重点

① 直流输出的正极连接。高压直流系统电源输出的所有正极线均不得接地。所有直流正极、负极为双线进出。

② 设备、电源线(正极、负极)对地的绝缘,不得小于 8 MΩ,这与交流电路中的绝缘电阻 2 MΩ 有很大区别。

③ 高压直流系统各类设备、电源电缆的标志清楚。

④ 高压直流系统的绝缘监察控制组件、电路性能必须满足工程设计要求。

⑤ 机房机柜上的直流输入部分对机壳绝缘,必须大于 8 MΩ,并有明显的标识。

5.7.1.2 高压直流系统安全管理重点

① 设备安装中的电源电缆接线位置,输出电源电缆(正、负极)对地和设备机壳的绝缘。

② 设备安装工程中,输出端(电源的正、负极)对地的绝缘。

③ 机房头柜、设备机架中电源输入、输出的绝缘和措施。

④ 设备机架中的每一个开关必须是含有漏电保护器的开关,分路开关必须包含漏电保护的功能。

5.7.1.3 高压直流系统监理难点

① 因为高压直流电源的特殊性,其电源输出为两根线,即正极和负极。正极的连接往往被个别施工人员当成传统−48 V 的正极(可以接到接地排上),但这里不行。因此,必须时刻检查,核对就增加了很多的工作量,也是工作中的难点。

② 绝缘。一般交流电路中的绝缘要求大于 2 MΩ,而这里的所有对地绝缘标准是必须大于 8 MΩ,施工单位检测时,有的将混淆高压直流电源绝缘的概念,这是一个工作上的额外工作负担。

③ 高压直流电源系统中的整流设备内部连接线裸露,施工的过程中对电源电缆的成端工序的控制较为困难,即电缆同鼻子制作、电缆接线时的芯线线头控制。

④ 机房设备机架上的每一个开关、插座的绝缘必须一一测试、调整,保证其绝缘性能满足要求。

5.7.2　本专业工程监理工作细则

5.7.2.1　高压直流供电系统

高压直流供电系统主要由:交流配电、高频开关整流模块、直流配电、蓄电池组、监控单元、绝缘监察、接地部分等组成的直流供电电源系统。系统涉及交流配电和直流供电系统,交流配电部分参见上面的交流配电设备安装质量控制部分,以下部分为直流供电系统。直流供电系统涉及多方面的知识、标准和规范,因此监理现场实施时注意区分高压直流供电系统与交流配电系统的区别,高压直流供电系统有着自身的特点,不能混淆。

5.7.2.2　进场设备的检查

① 设备经过运输、搬运后,应检查其机械特性。要求机壳不变形,机架平整,垂直度良好,面板间隙均匀,无掉漆、磕碰、划痕、零部件松动、操作机械失灵、接插件松动等现象。

② 设备到场经开箱后,检查系统设备面板平整,镀层牢固,漆面匀称,所有标记、标牌清晰可辨,无剥落、锈蚀、裂痕、明显变形等不良现象。

5.7.2.3　产品标志

① 检查设备的标志、铭牌和安全标识,应符合有关国标和行标规定。

② 设备包装应防潮、防震。

③ 设备随带的文件资料,包括产品合格证、产品说明书、装箱清单、其他技术资料。还应当要求设备厂商提供设备的质量保证书(有设备厂商的印章)。

5.7.2.4　高压直流系统设备的安装质控点及目标

① 设备移动、搬运动作要轻,设备移动时严禁推拉、颠簸。

② 设备排列整齐,垂直度偏差应不超过机架高度的 0.15%。

③ 设备间的缝隙上下均匀适度,一般缝隙不大于 3 mm。

④ 设备必须符合设计抗震要求,必须在地面、相邻设备之间进行加固。侧壁间(二点)用 M8 螺栓紧固,配电设备(开关柜等)底脚应采用图纸上规定的规格。如果图纸上没有指明,采用规范要求 M10～M12 膨胀螺栓与地面加固,各种螺丝必须拧紧。

⑤ 设备电源分配熔丝及总熔丝的容量必须符合施工图设计要求,不得以大代小。

⑥ 各个开关的动作灵活性,各开关上连接铜排、熔丝座上螺丝无松动,必须每个重新紧固一遍,并检查没有问题。

⑦ 整流柜、直流柜、蓄电池开关箱等设备内部各类开关、按钮进出线上的标签清楚。

⑧ 设备的顶盖上无遗漏工具、异物,特别是金属物体。

⑨ 设备旁应有合理的操作空间和设备进出通道,便于设备安装、维护、扩容和更换。

⑩ 蓄电池组应采用对地悬浮方式,正负极均不接地且都要安装熔断器,在蓄电池正负极电缆接头之间保留 150 mm 以上的安全距离。

⑪ 电池架周围应有安全防护挡板,维护区域铺设绝缘地毯。

⑫ 电池架的强度应满足电池承重要求,防止架体变形。

⑬ 电缆布线应与—48 V 直流及 220 V 交流电缆分离,并明确标识。

⑭ 系统交流输入应与直流输出电气隔离。

⑮ 系统输出应与地、机架、外壳电气隔离,系统应有明显标识标明该系统输出不能接地。

5.7.2.5 高压直流系统电缆的布放

高压直流系统的电源线,有两种类型:一是交流输入;二是直流输入/输出(蓄电池)和高压直流系统的输出电源。

① 布放电缆的规格、路由、截面和位置应符合施工图的规定,电缆排列整齐,外皮无损伤,电缆布放要有利于今后维护工作的开展。

② 直流电源线、交流电源线、信号线必须分开敷设。避免在同一线束内三种线缆的混放,电力电缆的转弯应均匀圆滑,电缆曲率半径符合表 1-4 的要求。

③ 涉及带电作业的部分,应当严格按照相关规范进行,对使用的工具(如扳手、钳子、起子等)应当采取相应的绝缘措施,防止因工具的短路打火而引发设备、人身的安全事故。

④ 走线架上布放的电缆必须绑扎,绑扎后的电缆应相互紧密靠拢,外观平直整齐,不交叉,不歪斜,扎带间距均匀,松紧适度,绑扎线头隐藏而不暴露外侧。

⑤ 电缆的布线,在两端有相同和明显的标志,不得错接、漏接。所有电缆布放完毕,必须校对,做好标签。

⑥ 地线的连接严格按照规范和设计文书所规定,在高低压配电室内接入总接地汇流排时,必须焊接,其焊接面积应大于连接体的 10 倍以上,焊接处应作防腐处理。连接完毕必须测试其接地电阻,并填写《接地电阻测试表》。

⑦ 接地线各部件连接方法应符合联合接地设计规定。

⑧ 电源线应采用整段的线料,中间不得有接头。所有电缆在没有成端之前必须进行绝缘电阻的测试,并填写《电气绝缘测试表》。所有电缆的绝缘电阻必须符合规范要求。

⑨ 电力电缆的相序必须正确,并有明显的颜色标志,电源线外护层应用不同颜色区分,A 相—黄色、B 相—绿色、C 相—红色、中性线(零线)—蓝色、保护地线—黑色。若电力线货源为一种颜色时,布放完毕后必须在两端用相应颜色的胶带或热缩套管区分。

⑩ 根据《低压配电设计规范》(GB 50054—2011)的要求,电缆在穿越管道井时,穿管用钢管的内径不应小于电缆外径的 1.5 倍,钢管两端必须接地,接头使用铜带可靠连接。

⑪ 特别注意检查:高压直流系统的直流输出"正"极,对应于设备输入电源线的"N"端。直流输出"负"极对应于设备输入电源线的"L"端,设备输入电源线的"地"端与系统保护地可靠连接。

5.7.2.6 高压直流系统的电源电缆成端

① 电缆成端时,使用厂家提供的固定螺丝。当施工单位自行采购时,检查所选铜鼻子的孔径大小、螺丝、垫片的尺寸和厚度是否同接线铜排的规格一致,要求提供其合格证书。被接铜鼻子的螺丝规格检查,螺丝太细,紧固螺丝时垫片将下陷,造成接触面减小,接触电阻增加,易产生打火、发热、烧毁等安全隐患。

② 各类线缆的成端中,电缆的破皮长度是否与接线铜鼻子线孔长度一致。铜鼻子与所

使用线缆的规格一致。线缆是否完整，有无被剪断的芯线残余痕迹（有的施工人员为图省事，往往将芯线剪掉一部分，再放入铜鼻子线孔，这是绝对不允许的）；规范要求 120 mm² 以上线径的电源电缆铜丝折断数量不大于 3 根。

③ 对铜鼻子的压制力度是否紧固、牢靠，绝对不允许使用老虎钳等工具压制铜鼻子。铜鼻子的压制要符合规范。按照规范：电力电缆大于 120 mm² 时，当采用 6 角压线钳时，必须压制二道或二道以上。

④ 设备接线端的铜鼻子安装，要与接线柱垂直，没有偏斜现象。

⑤ 铜鼻子的材质表层与被连接点材质表层成分一致。

⑥ 凡是有铜鼻子的固定点，必需固定正确、牢靠。

⑦ 电缆外皮完好，没有死弯和凸出的点，如发现有问题，应促使厂方更换电缆。严禁造成电源电缆物理变形的转弯，电缆布放时，同样注意此类问题。

5.7.2.7　电气间隙与爬电距离要求

① 电气间隙与爬电距离。柜内两带电导体之间、带电导体与裸露的不带电导体之间的最小距离，均应符合表 5-11 规定的最小电气间隙与爬电距离的要求。

表 5-11　　　　　　　　　　　　　　电气间隙与爬电距离

额定绝缘电压(U_i/V)	额定电流≤63 A		额定电流≥63 A	
	电气间隙/mm	爬电距离/mm	电气间隙/mm	爬电距离/mm
U_i≤63	3	5	3	5
63<U_i≤300	5	6	6	8
300<U_i≤500	8	12	10	12

② 电气间隙：在两个导电零部件之间或导电零部件与设备界面之间测得的最短空间距离。

③ 爬电距离：沿绝缘表面测得的两个导电零部件之间或导电零部件与设备防护界面之间的最短路径。

5.7.2.8　绝缘监察和绝缘电阻

绝缘监察：对直流输出与地的绝缘度进行检测，判断是否发生接地故障或绝缘度降低的状况。

① 各独立电路与地（即金属框架）之间的绝缘电阻不小于 10 MΩ，此处的电气参数与交流电源系统的是不同的，监理检查时注意。

② 无电气联系的各电路之间的绝缘电阻不小于 10 MΩ。

③ 设备的下列部位应进行抗电强度试验：各独立电路与地（即金属框架）之间，无电气联系的各电路之间。现场监理检查时使用绝缘测试工具检查。

④ 直流屏和组合电源中的直流模块，正极母线对地电压与负极母线对地电压的绝对值，在系统电压范围内应不大于 10 V。

⑤ 系统设备在空载运行时，用低于系统设定的绝缘电阻值的电阻分别使直流母线接地，应发出声光告警信号。

⑥ 直流母线电压低于或高于整定值时，应发出低压或过压信号及声光告警。

⑦ 对于有绝缘监察的分路,应能分别检测和显示各被监察分路的绝缘状态。

绝缘监察装置检测方法:

(1) 检查:

绝缘监察装置中绝缘告警整定值,应设置在 25~28 kΩ 之间。

(2) 测试:

① 在系统单极(正极或负极)接入 10~20 kΩ 电阻,检查系统告警情况,阻值计算是否准确。

② 在系统单极(正极或负极)接入 30~50 kΩ 电阻,检查系统告警情况,阻值计算是否准确。

③ 对于配置有支路检测的绝缘装置系统,可以选某一支路接入电阻,检查支路判断是否准确。

④ 关闭或开启绝缘监察装置,观察直流回路输出情况,系统应无异常。

(3) 测试示意图参见图 5-1。

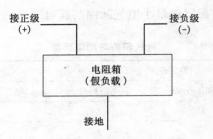

图 5-1　绝缘监察装置检测示意图

(4) 要求:

① 测试的正负极电压范围为直流 192~288 V,所选器件耐压需大于 350 V。

② 有多种电阻挡位可选:10 k、24 k、26 k、30 k、50 k。

③ 测试电压比较高且为直流,所选保护器件性能要符合电压要求。

5.7.2.9　静电触电防雷和交流输入的防护

系统交流输入端应装有浪涌保护装置,至少能承受电压脉冲(10/700 μs、5 kV)和电流脉冲(8/20 μs、20 kA)的冲击。

(1) 直接触电的防护:系统内交流或直流裸露带电部件,应设置适当的外壳、防护挡板、防护门、增加绝缘包裹等措施,防止在维护和操作过程中意外触及。

(2) 直接触电的防护:检查系统内交流或直流裸露带电部件,应设置外壳、防护挡板、防护门、增加绝缘包裹等措施,防止在维护和操作过程中意外触及。

(3) 静电放电抗扰性:系统机柜应能保护产品抵御静电的破坏,其保护能力应能承受不低于 8 kV 静电电压的冲击。

(4) 交流输入缺相保护:

① 整流模块交流输入为三相时,系统应具有缺相保护功能。

② 系统直流输出电压的过、欠电压值,可由设备厂方根据用户要求设定,当系统的直流输出电压值达到其设定值时,应能自动告警,过压时应能自动关机保护。故障排除后,必须

手动才能恢复工作。欠压时,系统应能自动保护,故障消除后,应自动恢复。

5.7.2.10 监控性能

系统应具有下列主要功能:实时监视系统工作状态;采集和存储系统运行参数;设置参数的掉电存储功能;按照局(站)监控中心的命令对被控设备进行控制,通信协议应符合《通信局(站)电源、空调及环境集中监控管理系统 第 3 部分:前端智能设备协议》(YD/T 1363.3—2014)的要求。

(1)交流配电部分

① 遥测:输入电压,输入电流(可选),输入频率(可选)。

② 遥信:输入过压/欠压,缺相,输入过流(可选),频率过高/过低(可选),断路器/开关状态(可选)。

(2)整流模块

① 遥测:整流模块输出电压,每个整流模块输出电流。

② 遥信:每个整流模块工作状态(开/关机,限流/不限流),故障/正常。

③ 遥控:开/关机,均/浮充/测试。

(3)直流配电部分

(1)遥测:输出电压,总负载电流,主要分路电流(可选),蓄电池充、放电电流。

(2)遥信:输出电压过压/欠压,蓄电池熔丝状态,均/浮充/测试,主要分路熔丝/开关状态(可选),蓄电池二次下电(可选)。

5.7.2.11 温度过高保护

① 当模块工作温度超过保护点时,应自动降额输出或退出。当温度下降到保护点后,模块应能自动恢复正常输出。

② 告警性能。系统在各种保护功能动作的同时,应能自动发出相应的声光告警信号。同时,应能通过通信接口将告警信号传送到近端、远端监控设备上,部分告警可通过干接点将告警信号送至机外告警设备,所送的告警信号应能区分故障的类别。

③ 系统应具有告警记录和查询功能,告警记录可随时刷新;告警信息在系统完全无电状况下应继续保存。

5.7.2.12 系统接触电流和材料阻燃性能

① 系统接触电流应不大于 3.5 mA。注意:当接触电流大于 3.5 mA 时,接触电流不应超过每相输入电流的 5%,如果负载不平衡,则应采用三个相电流的最大值来进行计算。在大接触电流通路上,内部保护接地导线的截面积不应小于 1.0 mm^2。在靠近设备的一次电源连接端处,应设置标有警告语或类似词语的标牌,即"大接触电流,在接通电源之前必须先接地"。

② 系统所用的 PCB 的阻燃等级应达到《信息技术设备的安全 第 1 部分:通用标准》(GB 4943.1—2011)中规定的要求,在故障条件下可能产生引燃温度的电气零部件(绝缘导线和电缆除外)之间,相隔的空间距离至少有 13 mm,或者相互之间用 V-1 级材料做成的实心挡板隔开。

③ 检查手持式设备的绝缘和性能,手持式设备的额定电压不得超过 250 V,在《信息技术设备的安全 第 1 部分:通用标准》(GB 4943.1—2011)中有明确规定。

5.7.2.13　高压直流系统的地线

①《240 V 直流供电系统工程技术规范》（YD 5210—2014）确规定：通信用高压直流供电系统正、负极均不得接地，应采用对地悬浮即不接地的方式。系统的交流输入应与直流输出电气隔离。系统输出应与地、机架、外壳电气隔离。

② 系统采用悬浮方式供电：a. 系统交流输入应与直流输出电气隔离。b. 系统输出应与地、机架、外壳电气隔离。c. 使用时，正、负极均不得接地。d. 系统应有明显标识标明该系统输出不能接地。

③ 检查系统设的保护地，应有明显的标志（或标识），接地点应用铜螺母（直径≥M8），接地线应不小于 10 mm²。配电部分外壳、所有可触及的金属零部件与接地螺母间的电阻应不大于 0.1 Ω。

④ 打开设备的门板，在其内侧应有醒目的标志：设备直流输出正极严禁接地，如果没有标志，需要联系厂方整改。

⑤ 直流输出"正"极，对应于设备输入电源线的"N"端，直流输出"负"极对应于设备输入电源线的"L"端，设备输入电源线的"地"端与系统保护地可靠连接。

⑥ 保护地线所使用的材料、规格必须与设计一致，固定牢靠。因为设备的保护地线大部分在设备或电源出现问题和雷雨季节才起作用，因而往往被施工人员所忽视，现场监理应及时、适时提出，督促施工队严格按照规范和图纸施工布放。

⑦ 保护地接至联合接地点（总接地汇流排）连接可靠。连接点要焊接，焊接面符合要求，焊缝完整、饱满，无气孔、"咬肉"等缺陷。

⑧ 铜鼻子与含有油漆的钢制底座间要使用毛刺垫片或采取措施，应该焊接的点、面焊接牢靠。

⑨ 各类地线必须采用带有接地色标的标称电缆。

5.7.2.14　设备机架内插座接线注意的问题

① 目前 IT 服务器类设备的电源普遍采用全波整流方式，因此从理论上说，直流系统的正负极和设备的输入 L、N 极无须严格采用某种对应关系。但是，从管理的规范、运行的安全及维护的方便考虑，应尽量采用统一的对应关系。参考 ETSI（欧洲电信标准协会）的标准 ETSIEN300132-3 的相关内容后，对正负极的对应关系做如下建议：直流输出"正"极，对应于设备输入电源线的"N"端，直流输出"负"极对应于设备输入电源线的"L"端，设备输入电源线的"地"端与系统保护地可靠连接。

本直流系统目前供电的设备主要是额定电压为交流 220 V 的 IT 服务器类设备，因此，在配电时考虑直流正负极与设备电源线 L、N 线之间的对应关系，参见图 5-2。

② 对于一些比较老的服务器设备，其电源有可能采用半波整流方式，如果这样，上述接线方法可能使服务器电源无法正常工作。如遇到这种情况，将直流输出"正"极，对应于设备输入电源线的"L"端，直流输出"负"极对应于设备输入电源线的"N"端，服务器电源即可正常工作。

因此，遇到高压直流系统设备时注意用户所

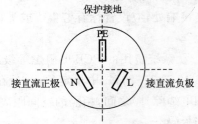

图 5-2　设备机架内插座接线正视图
（对应交流插座：左零线右火线）

使用设备的特点,为确保设备直流供电后能正常工作,在设备上架前先对设备进行检测,待检测设备能正常工作后再上架运行。

采用哪种接线方式由设计图纸确定。

5.7.2.15 高压直流系统加电前的检查

① 按照程序填写《高压直流系统设备加电记录表》。

② 设备的保护接地可靠接入电力室总接地铜排或设计图纸指明的位置,通电前必须再次校对接地线的连接是否可靠。

③ 直流设备的所有输入、输出开关全部处于断开位置,并再次确认所有信号线、电源线的连接是否正确。检查设备、部件、布线的绝缘电阻和绝缘强度符合技术指标要求。

④ 设备的布线和接线正确,无碰地、短路、开路、螺丝松动等情况。机内各种插件连接正确、无松动、脱落。

⑤ 设备上的开关动作灵活、无松动和卡阻,其接触表面应无金属碎屑或烧伤痕迹。仔细检查开关上端,无细铜丝等垃圾。

⑥ 对每台设备的每个开关和工程安装时所布放电缆的接线端进行检查。

⑦ 开关、闸刀转换灵活、松紧适度、熔断器容量和规格应符合设计要求。

⑧ 设备上的电压、电流表经厂方工程师确认正常、准确,有问题协调厂方工程师现场校验、调整或更换。

⑨ 高压直流系统的断路器。工程涉及更换断路器时必须间隔检查所更换断路器的类型和作用,决不能将交流型断路器用在直流电路上,要选用专门针对直流设计的直流型断路器。

5.7.2.16 直流输出电流限制或输出功率限制功能

① 系统直流输出电流的限流范围可在其标称值的 20%～110% 之间调整,当输出电流达到限流值时,可靠保护。

② 直流输出过流及短路保护,系统应有过流及短路的自动保护功能,过流或短路故障排除后应能自动或人工恢复正常工作状态。

5.7.2.17 高压直流系统加电后的检查

① 当各类开关的电气性能正常;各类地线和保护接地连接无误并得到厂方工程师的确认后,由施工单位配合厂方工程师送电。

② 送电前设备厂方工程师、建设单位、施工方项目负责人必须到场。送电时,厂方工程师确认受电设备完全正常后,在统一指挥下,方可进行下一级的送电。

③ 严格送电程序。按照电源走向,每到一处必须确认其正常,采用万用表等测量工具测量,符合要求,电压电流正常。

④ 送电时,所有负载必须处于断开的位置。

⑤ 当检查无误后,按照加电程序和工序,向负载供电。

⑥ 加电后,必须按照标准程序对已加电设备进行测试,测试完毕认真填写系统综合测试记录表。

5.7.2.18 检查直流配电部分电压降

① 直流配电部分电压降不超过 500 mV(环境温度 25 ℃)。

② 全程压降(蓄电池正负极端电压至设备受电端子)不超过额定电压 5%。

③ 蓄电池单体连接条压降不超过 10 mV(电流按蓄电池 1 h 放电率计)。

④ 不同负载情况下,直流输出电压与输出电压整定值的差值应不超过输出电压整定值的±0.5%。

⑤ 由于负载的阶跃变化(突变)引起的直流输出电压变化后的恢复时间应不大于 200 μs,其超调量应不超过输出电压整定值的±5%。

⑥ 由于开关机引起直流输出电压变化的最大峰值应不超过直流输出电压整定值的±5%。

⑦ 系统中整流模块应能并联工作,并且能按比例均分负载(负载为 50%～100% 额定输出电流时),在监控模块正常工作时,其不平衡度应不大于输出额定电流的±5%。当监控模块异常时,系统输出不会中断,其不平衡度应在额定输出电流的±10% 以内。

⑧ 当单个整流模块出现异常时,应不影响系统的正常工作。在系统不停止工作的状态下,应能更换异常的整流模块。

⑨ 软启动时间(从启动至直流输出电压爬升到标称值所用时间)可根据用户要求确定,一般为 3～10 s。

⑩ 每一个整流模块输入应有独立的断路器。

⑪ 过压保护时的电压应不低于本技术报告中所规定的"交流输入电压变动范围"上限值的 105%,欠压保护时的电压应不高于"交流输入电压变动范围"下限值的 95%。

5.7.2.19　通电试验和检测(设备生产时检测)

① 试验前应做好下列准备:通电前被测系统应与环境温度平衡;按产品规定预热时间,对被测系统进行预热。

② 全程压降是从直流配电部分的蓄电池端子至负载受电输入端子之间通过额定电流,测量其蓄电池端子至负载受电输入端子之间的电压降应符以下要求:

a. 直流配电部分电压降:直流配电部分电压降不超过 500 mV(环境温度 25 ℃)。

b. 全程压降(蓄电池正负极端电压至设备受电端子)不超过额定电压 5%。

c. 蓄电池单体连接条压降不超过 10 mV(电流按蓄电池 1 h 放电率计)。

③ 输入频率变动范围试验和检查。

a. 调节输入频率为 52.5 Hz,直流输出电压为出厂整定值,负载电流为额定值,检查系统应工作正常。

b. 调节被测系统输入频率为 47.5 Hz,直流输出电压为出厂整定值,负载电流为额定值,检查系统应工作正常。

④ 直流输出电压可调节范围试验:

a. 调节交流输入电压为 110% 额定值,负载电流为额定值,调节输出电压应符合规范的要求。

b. 调节交流输入电压为 85% 额定值,负载电流为额定值,调节输出电压应符合要求。

c. 系统标称电压为 240 V。设备运行时,浮充、均充电压由蓄电池技术参数确定,可在一定范围内调整。

d. 系统输出电压可调范围为 216～312 V。系统在其输出可调范围内应能输出额定电流。

e. 系统的直流输出电压值在其可调范围内应能手动或自动连续可调。系统在稳压工作的基础上,应能与蓄电池并联以浮充工作方式或均充工作方式向通信设备供电。

⑤ 系统采用悬浮方式供电和配电要求检查:

a. 检查交流输入分路和直流输出分路是否具有保护装置,如熔断器、断路器、限流电阻等;检查任一个熔断器(或断路器)动作时是否告警。

b. 直流配电部分电压降及全程压降试验:直流配电部分电压降是指从直流配电部分的蓄电池端子到直流配电部分的负载端子之间通过额定电流,测量其蓄电池端子至负载端子之间的电压降应符合规范 1.17.2 中的要求。

⑥ 稳压精度试验。按图 5-3 接好试验电路。

a. 调节交流输入电压为额定值,直流输出电压为出厂整定值,负载电流为 50% 额定值,测量直流输出电压并记录。

b. 调节交流输入电压分别为 85%、110% 额定值,负载电流分别为 5%、100% 额定值,对组合后 4 种状态下的直流输出电压分别进行测量、记录。

c. 计算出被测系统在以上各种条件下的稳压精度,计算结果应符合的要求。

⑦ 负载效应试验,参见图 5-3。

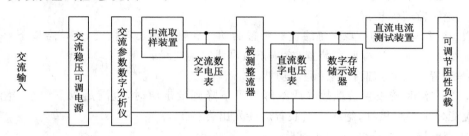

图 5-3　稳压精度检测和试验

a. 启动被测整流模块,调节输入电压为额定值、直流输出电压为出厂整定值,负载电流为 50% 额定值,以此时直流输出电压值作为整定值。

b. 调节输入电压分别为 85%、110% 额定值,负载电流分别为 5%、100% 额定值,对组合后 4 种状态下的直流输出电压分别进行测量、记录。

c. 根据测试的记录数据,计算出被测整流模块在以上各种条件下的负载效应,其中最差值应符合《240 V 直流供电系统工程技术规范》(YD 5210—2014,第 1.17.2 条要求)。

⑧ 开关机过冲幅度试验,参见上图。

a. 启动被测整流模块,调节输入电压为额定值、直流输出电压为出厂整定值、负载电流为额定值,以此作为整定值。

b. 反复三次对被测整流模块进行开关机的操作,用数字存储示波器适当量程观察直流输出电压的时间变化波形,从中计算出直流输出电压的过冲幅度,得出由于开关机引起直流输出电压变化的最大峰值应不超过直流输出电压整定值的 ±5% 的结果。

⑨ 启动冲击电流(浪涌电流)试验,参见图 5-3。

a. 启动被测整流模块,调节输入电压为额定值,直流输出电压为出厂整定值,负载电流为额定值。

b. 启动被整流换模块时用存储示波器配合电流取样装置分别测量输入冲击电流峰值与稳定工作后的输入电流峰值。

c. 对被测整流模块反复进行 4 次启动,相邻两次间隔 2min,启动冲击电流最大值应符合规范要求,即由于启动引起的输入冲击电流应不大于额定输入电压条件下最大稳态输入电流峰值的 150%。

⑩ 软启动时间试验,参见图 5-3。

a. 启动被测整流模块,调节输入电压为额定值、直流输出电压为出厂整定值、负载电流为额定值。

b. 启动被测整流模块时用数字示波器适当量程观察从整流模块输入端具有输入电流的时刻到直流输出电压爬升至稳定输出过程,该过程所需要时间,根据用户要求确定,一般为 3~10 s。

⑪ 系统音响噪声试验,参见图 5-3。

a. 调节交流输入电压为额定值,直流输出电压为出厂整定值,调节负载电流为 100% 额定值。

b. 用声级计在被测系统正面 1 m、设备的二分之一高度处进行测量,测量结果应满足系统正常工作时,音响噪声应不大于 65 dB(A)的要求。

⑫ 绝缘监察保护试验。

模拟绝缘降低故障,观察绝缘监察装置的动作和触点输出等情况,应符合以下要求:

a. 系统应配置绝缘监察装置,检测正负母线对地绝缘。

b. 装置应具备与监控单元通信功能。

c. 当直流系统发生接地故障或绝缘水平下降到设定值时,应满足以下要求:绝缘监察装置应能显示接地极性;绝缘监察装置应能发出告警。

⑬ 交流输入过、欠电压保护试验。

调节交流输入电压,使其逐步升高或降低,系统应满足以下要求:

a. 系统应能监视输入电压的变化,当交流输入电压值过高或过低,可能会影响系统安全工作时,系统可以自动关机保护;当输入电压正常后,系统应能自动恢复工作。

b. 过压保护时的电压应不低于本技术报告中所规定的"交流输入电压变动范围"上限值的 105%,欠压保护时的电压应不高于"交流输入电压变动范围"下限值的 95%。

⑭ 三相交流输入缺相保护试验。模拟交流输入缺相,系统应符合以下要求:整流模块交流输入为三相时,系统应具有缺相保护功能。

⑮ 直流输出过、欠电压保护试验。

模拟直流输出电压超出整流器输出电压范围的故障时,系统应满足以下要求:

a. 系统直流输出电压的过、欠电压值可由设备厂根据用户要求设定。

b. 当系统的直流输出电压值达到其设定值时,应能自动告警。

c. 过压时应能自动关机保护。

d. 故障排除后,必须手动才能恢复工作。

e. 欠压时,系统应能自动保护。

f. 故障消除后,应自动恢复。

⑯ 直流输出电流限制或输出功率限制功能试验。

a. 调节交流输入电压为额定值,直流输出电压值为出厂整定值,负载电流为 50% 额定值。

b. 调节负载电流至限流点或输出功率至恒功率值,减小负载电流恢复至额定值范围内,检查被测系统应满足规范要求。系统直流输出限流保护功能分二种形式:

Ⅰ. 系统直流输出电流的限流范围可在其标称值的 20%～110% 之间调整,当输出电流达到限流值时,系统以限流值输出。

Ⅱ. 如果系统采用恒功率整流模块,当系统直流输出功率达到恒功率值时,系统应以限功率方式输出。

⑰ 直流输出过流及短路保护试验。调节直流输出电流,使系统进入过流状态,系统应有过流及短路的自动保护功能,过流或短路故障排除后应能自动或人工恢复正常工作状态。

⑱ 保护接地性能试验。

a. 被测系统应与输入电路、输出电路、监控设备及所有外部电路完全断开。

b. 使用数字微欧计、凯尔文电桥等微电阻测量仪器,按微电阻测量仪器测量接线方法(双线或四线),测量线主接线端接主保护接地端子;测量线另一端依次接前、后可活动的门(板),及其门(板)的拉手、钮子、钥匙锁等外表面可能触及的金属部件。

c. 从微电阻测量仪器依次、直接读出主保护接地端子与各测量点之间的连接电阻值,应满足以下要求:系统应具有保护地,且应有明显的标志;接地点应用铜螺母(直径 $\geqslant$ M8);接地线应不小于 10 mm² 。配电部分外壳、所有可触及的金属零部件与接地螺母间的电阻应不大于 0.1 Ω。

⑲ 温度过高保护试验。当模块工作温度超过保护点时应自动降额输出或退出;当温度下降到保护点后,模块应能自动恢复正常输出。

⑳ 告警性能试验。检查任一个保护功能动作时,系统应能发出可见可闻告警信号,还应满足以下要求:

a. 系统在各种保护功能动作的同时应能自动发出相应的声光告警信号。

b. 应能通过通信接口将告警信号传送到近端、远端监控设备上,部分告警可通过干接点将告警信号送至机外告警设备,所送的告警信号应能区分故障的类别。

c. 系统应具有告警记录和查询功能,告警记录可随时刷新。

d. 告警信息在系统完全无电状况下应继续保存。

㉑ 防雷性能试验。系统交流输入端应装有浪涌保护装置,至少能承受电压脉冲 $(10/700\ \mu s、5\ kV)$ 和电流脉冲 $(8/20\ \mu s、20\ kA)$ 的冲击。

㉒ 电气间隙与爬电距离试验。

㉓ 绝缘电阻试验。用绝缘电阻测试仪直流 1 000 V 的测试电压,对被测系统交流电路对地、直流电路对地、交流电路对直流电路进行测试,测试结果应满足以下要求:用开路电压为表 5-12 规定电压的测试仪器测量有关部位的绝缘电阻,应符合以下规定:各独立电路与地(即金属框架)之间的绝缘电阻不小于 10 MΩ。无电气联系的各电路之间的绝缘电阻不小于 10 MΩ。

表 5-12   绝缘试验的试验等级

额定绝缘电压 U_i/V	绝缘电阻测试仪器的电压等级/V	抗电实验电压/kV	冲击试验电压/kV
$\leqslant 63$	250	0.5(0.7)	1
$63 < U_i \leqslant 250$	500	2.0(2.8)	5

额定绝缘电压 U_i/V	绝缘电阻测试仪器的电压等级/V	抗电实验电压/kV	冲击试验电压/kV
$250 < U_i \leqslant 500$	1 000	2.0(2.8)	5

注:1. 括号内数据为直流抗电强度试验值。

 2. 出厂试验时,抗电强度试验允许试验电压高于本表中规定值的 10%,试验时间为 1 s。

㉔ 抗电强度试验。

a. 被测系统必须是在完成绝缘电阻试验并符合要求后才能进行抗电强度的试验。

b. 交流电路对地、交流电路对直流电路、直流电路对地的试验电压为 50 Hz,有效值为 2 000 V 的交流电压或等效其峰值的 2 828 V 直流电压。

c. 试验电压从小于一半最高幅值处逐步升高,达到规定电压值时持续 1 min,漏电流应不大于 30 mA,抗电强度应符合要求。

产品各电路对地(即金属框架)之间,交流电路与直流电路之间,应能承受标准雷电波的短时冲击电压试验,试验电压值符合要求。承受冲击电压后,产品的主要功能应符合标准规定。在试验过程中,允许出现不导致损坏绝缘的闪络。如果出现闪络,则应复查抗电强度。抗电强度试验电压为规定值的 75%。

注意:a. 厂方操作时,在抗电强度试验前应断开跨接在测试点之间的所有防雷/防浪涌装置,且不安装任何整流模块、监控单元等;b. 产品的下列部位应进行抗电强度试验:各独立电路与地(即金属框架)之间;无电气联系的各电路之间。

㉕ 冲击耐压试验。将冲击电压加在:各独立电路与地(即金属框架)之间;无电气联系的各电路之间,按规范规定的试验电压,加 3 次正极性和 3 次负极性雷电波的短时冲击电压,每次间隙时间不小于 5 s。承受冲击电压后,产品的主要功能应符合标准规定。

㉖ 接触电流试验。调节交流输入电压、负载电流为额定值,直流输出电压为出厂整定值。按《信息技术设备的安全 第 1 部分:通用要求》(GB 4943.1—2011)的连接要求,测量被测电源系统交流输入电源(相线、中性线)对保护接地端的漏电流(系统接触电流)应不大于 3.5 mA。

注:当接触电流大于 3.5 mA 时,接触电流不应超过每相输入电流的 5%,如果负载不平衡,则应采用三个相电流的最大值来进行计算。在大接触电流通路上,内部保护接地导线的截面积不应小于 1.0 mm²。在靠近设备的一次电源连接端处,应设置标有警告语或类似词语的标牌,即"大接触电流,在接通电源之前必须先接保护接地"。

㉗ 监控性能试验。

a. 在遥控开、关机接口上分别送入相应信号时,系统应能进行开机、关机。

b. 在遥控均充、浮充工作接口上分别送入相应信号时,系统应能进行工作状态转换。

c. 检查系统的遥测、遥信功能和通信协议应符合的要求。

5.7.2.20 电源系统配置和综合指标测试(厂方完成)

(1)通用要求:

① 系统的电压调节范围、限流值设定、高低压保护应符合系统要求。

② 柜内两带电导体之间、带电导体与裸露的不带电导体之间的最小距离均应符合《通信用 240 V 直流供电系统技术要求》(YDB 037—2009)规定的要求系统应具有保护接地,且

应有明显的标志,接地点应用铜螺母(直径≥M8),接地线应不小于 10 mm²。配电部分外壳、所有可触及的金属零部件与接地螺母间的电阻应不大于 0.1 Ω。

③ 整流模块稳压精度应优于±1%。

④ 每个系统蓄电池组数至少 2 组,不超过 4 组。

⑤ 直流输出全程正负极各级都应安装过流保护器件进行保护。

⑥ 直流输出各级配电(末级除外)应采用熔断器或直流断路器保护。

⑦ 直流输出末级开关(即设备输入开关)应采用断路器保护。

⑧ 所采用的断路器或熔断器都应与系统的直流电压相适应。

⑨ 不同负载情况下的直流输出电压与输出电压整定值的差值应不超过输出电压整定值的±0.5%。

⑩ 系统中整流模块应能并联工作,且能按比例均分负载(负载为50%～100%额定输出电流时),在监控模块正常工作时,其不平衡度应不大于输出额定电流的±5%,当监控模块异常时,系统输出不会中断,其不平衡度应在额定输出电流的±10%以内。

⑪ 当单个整流模块异常时,应不影响系统的正常工作。在系统不停止工作的状态下,应能更换异常的整流模块。

⑫ 单个整流模块额定输出电流≥20%时,系统效率应≥92%;额定输出电流<20%时,系统效率应≥90%。

(2)恢复时间:恢复时间是指直流输出电压与直流输出整定值之差绝对值超出稳压精度范围处开始,恢复至小于等于并不再超过稳压精度处的这段时间。

(3)检查高压直流系统配电设备的直流电流额定值在下列数值中选取:50 A、100 A、200 A、400 A、600 A、800 A。如果超出此范围,应要求厂方工程师校对或确认。

(4)检查高压直流系统的配电结构,是否符合设计要求:图纸上一般标明本期高压直流系统的配电结构。

① 高压直流系统是根据负载的重要程度的不同而选择,如采用单路或双路供电或采用双系统双路供电系统。

② 采用双路供电,输出配电结构应按图 5-4 设计。

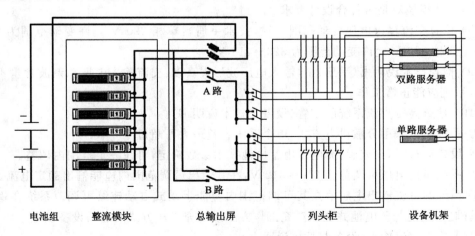

图 5-4　双路供电系统结构

③ 采用双路供电配电结构,输出配电结构应按图 5-5 所示(此配电方式可以选用)。

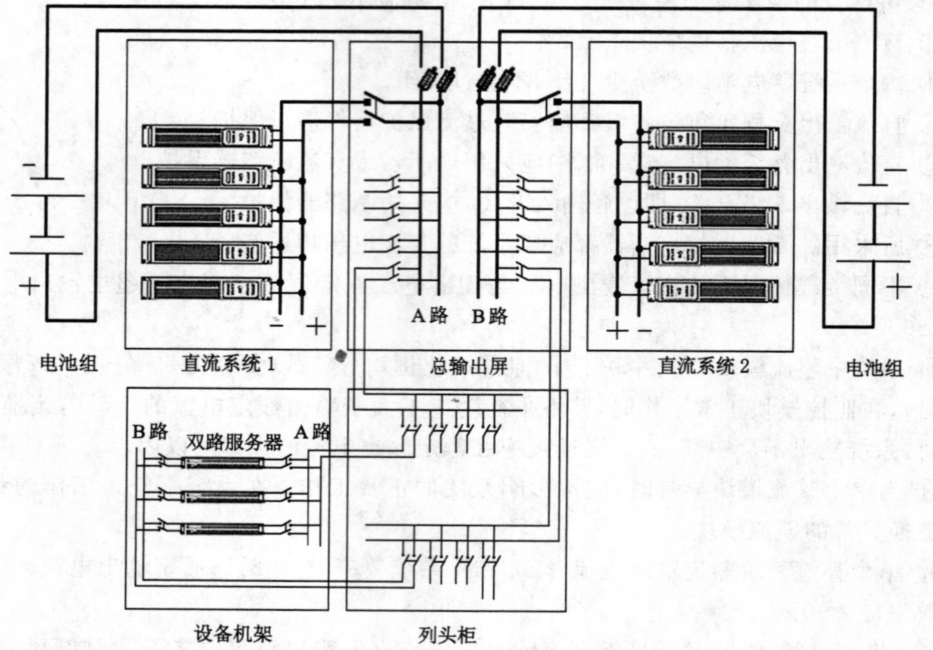

图 5-5 双系统双路供电配电结构示意图

(5) 检查过流保护方式:系统交流输入、直流输出、蓄电池组的断路器、熔断器故障或过流告警时,应能发出声、光告警。

(6) 检查系统的直流输出电压标称值。高压直流系统的输出电压为 240 V,其整流模块额定输出电流有:5 A、10 A、15 A、20 A、30 A、40 A、50 A、100 A。检查整流模块上开关的额定电流,分档指示数值即为模块整流电流标称值。

(7) 系统输出容量应是根据设计的总负载和蓄电池组均充容量合理选择的,因此设备到场后,应仔细核对是否符合设计要求。

(8) 检查交流输入电压变动范围(根据技术手册):单相 220 V 允许变动范围为 187～242 V。三相 380 V 允许变动范围为 323～418 V。

(9) 检查技术说明书(手册)中,输入电压波形失真度:交流输入电压总谐波含量不大于5%时,系统应能正常工作。

(10) 检查高压直流系统的配置(设备与技术说明书)。

① 系统供电采用分散供电方式,单个系统容量最大不超过 600 A。

② 设备运行时,浮充、均充电压由蓄电池技术参数确定,可在一定范围内调整。

③ 系统输出电压可调范围 216～312 V,在其输出可调范围内应能输出额定电流。

④ 系统的直流输出电压值在其可调范围内应能手动或自动连续可调。系统在稳压工作的基础上,应能与蓄电池并联以浮充工作方式或均充工作方式向通信设备供电。

(11) 检查直流输出(设备与技术说明书)。

① 输出全程正负极各级,都应安装过流保护器件进行保护。

② 直流输出各级配电(末级除外)应采用熔断器或直流断路器保护。

③ 直流输出末级开关(即设备输入开关)应采用断路器保护。

④ 所采用的断路器或熔断器都应与系统的直流电压相适应。

(12) 直流输出电缆颜色标志:正极:棕色;负极:蓝色。

5.7.2.21　蓄电池组的安装

(1) 蓄电池架安装平面位置、间距符合设计要求。

(2) 蓄电池架必须作可靠接地;蓄电池安装应平稳,同列电池应高低一致,排列整齐。

(3) 检查蓄电池外观,无碰撞、划伤痕迹。壳体无裂纹,无漏液。极柱端正,标记正确。检查电池组到设备之间线路连接是否绝缘良好(绝缘必须检测)。

(4) 逐个检查蓄电池连接条与电池极柱的连接,应牢固可靠。操作时应对工具作绝缘处理。有条件时,要求施工单位使用力矩扳手。

(5) 有抗震要求时,其抗震设施应符合有关规定,并牢固可靠。

(6) 蓄电池组的监控线长短统一,绑扎整齐,并按照规定颜色线连接。

(7) 蓄电池组应采用对地悬浮方式,正负极均不接地且都要安装熔断器,在蓄电池正负极电缆接头之间保留 150 mm 以上的安全距离。

(8) 一般物理性能检查。检查时,应注意以下内容:电池架是否变形;极柱、连接条是否清洁;极柱、连接条有否损伤、形成腐蚀现象;连接处是否松动;电池极柱处有否爬酸、漏液;安全阀周围是否有酸雾逸出;电池壳体是否有损伤、渗漏和变形;电池及连接处温升有否异常。使用后,注意蓄电池的接线端子温度,特别是大电流放电时,出现温度太高时(超过 30 ℃后)应严密观察,防止出现异常。

5.7.2.22　蓄电池组的充电与放电

(1) 系统设备应具有能接入至少两组蓄电池的装置。

(2) 系统设备应具备对蓄电池均充和浮充充电状态进行手动或自动转换的功能。

(3) 系统在对蓄电池进行充电时,应具有限流充电功能。

(4) 系统应能根据蓄电池环境温度,对系统的浮充电压进行温度补偿。

(5) 蓄电池管理功能检查。通过操作监控单元等方式,检查系统的蓄电池管理功能应符合以下要求:

① 蓄电池配置符合表 5-13 要求。

表 5-13　　　　　　　　　　　　蓄电池配置个数

单体电压/V	2	6	12
蓄电池个数/只	120	40	20

注:使用 2 V,400 Ah 蓄电池 120 节,组成蓄电池组 240 V。

② 蓄电池选择:选用铅酸蓄电池。

③ 蓄电池单体电压和组数确定:根据系统容量大小,蓄电池单体电压可选 2 V、6 V、12 V,每个系统蓄电池组数至少 2 组,最多不超过 4 组。

(6) 系统在对蓄电池进行充电时,应具有限流充电功能,检测电池组的充电限流值设置是否正确。

（7）系统应能根据蓄电池环境温度，对系统的浮充电压进行温度补偿。

（8）在蓄电池放电时，系统具备对蓄电池剩余容量进行估算的功能（可选）。

（9）系统具备蓄电池单体电压管理功能（本工程使用独立的蓄电池管理设备——蓄电池的检控系统，采用采样形式将蓄电池单体状态传输至独立的蓄电池管理服务器上）。检测电池组的告警电压（低压告警、高压告警）设置是否正确，如直流系统中设有电池组脱离负载装置，应检测电池组脱离电压设置是否正确。

（10）根据设计及产品技术条件审定蓄电池容量试验方案（负载电流、放电时间、测试时间间隔等）。放电时，室温应保持在 25 ± 5 ℃。

（11）容量试验过程中要做好电池单体电压测试记录。放电前对电池单体电压进行测试并记录。

（12）放电终结时，单体蓄电池的电压应符合产品技术条件的规定，电压不足的电池数不应超过电池总数的 5%，对达不到产品技术条件规定最低电压的蓄电池进行更换。

（13）在整个充、放电期间，应按规定时间记录每个蓄电池的电压、电流及环境温度，并绘制整组充、放电特性曲线。检查蓄电池放电时间是否达到设计要求（满载）。电池均匀性和一致性是否达标。

（14）监理必须旁站整个容量试验过程，见证测试数据，并在结束放电时对测试记录进行签字确认。

5.7.2.23　密封蓄电池的充放电

（1）密封蓄电池在使用前不需进行初充电，但应进行补充充电。补充充电方式及充电电压应按产品技术说明书规定进行。一般情况下应采取恒压限流充电方式，补充充电电流不得大于 $0.2C_{10}$，充电的电压和充电时间见表 5-14。

表 5-14　充电时间—电压对照表

单体电池额定电压/V	单体电池充电电压/V	最长补充充电时间/h
2	2.30~2.35（含 2.35）	24
2	2.35~2.40	12
6	6.90~7.05（含 7.05）	24
6	7.05~7.20	12
12	13.80~14.10（含 14.10）	24
12	14.10~14.40	12

（2）密封蓄电池的均衡充电：一般情况下，密封蓄电池组遇有下列情况之一时，应进行均充（有特殊技术要求的，以其产品技术说明书为准），充电电流不得大于 $0.2C_{10}$，充电方式参照充电时间—电压对照表。

① 浮充电压有两只以上低于 2.18 V/只。

② 搁置不用时间超过 3 个月。

③ 全浮充运行达 6 个月。

④ 放电深度超过额定容量的 20%。

（3）密封蓄电池充电终止的判据：

① 充电量不小于放出电量的 1.2 倍。

② 充电后期充电电流小于 $0.005C_{10}$（C_{10} 为电池的额定容量）。

③ 充电后期充电电流连续 3 小时不变化。

④ 达到上述三个条件之一可视为充电终止。

（4）蓄电池的放电：

① 每年应做一次核对性放电试验（对于 UPS 使用的密封蓄电池，应每季一次），放出额定容量的 30%～40%。

② 对于 2 V 单体的电池，每三年应做一次容量试验，使用六年后应每年一次；对于 UPS 使用的 6 V 及 12 V 单体的电池应每年一次。

③ 48 V 系统的蓄电池组，放电电流不得大于 $0.25C_{10}$。

④ 蓄电池放电期间，应定时测量单体端电压、单组放电电流。有条件的，应采用专业蓄电池容量测试设备进行放电、记录、分析，以提高测试精度和工作效率。

（5）密封蓄电池放电终止的判据：

① 对于核对性放电试验，放出额定容量的 30%～40%。

② 对于容量试验，放出额定容量的 80%。

③ 电池组中任意单体达到放电终止电压；对于放电电流不大于 $0.25C_{10}$，放电终止电压可取 1.8 V/2 V 单体；对于放电电流大于 $0.25C_{10}$，放电终止电压可取 1.75 V/2 V 单体。

④ 达到上述三个条件之一，可视为放电终止。

5.7.2.24 密封蓄电池的浮充供电运行方式

① 蓄电池平时均处于浮充状态。

② 蓄电池的浮充电压：按照产品技术说明书要求设定，并注意温度补偿。一般情况下，浮充电压为 2.23～2.25 V（25 ℃，每 2 V 单体），温度补偿为 $U = U(25\ ℃) + (25 - t) \times 0.003$（$t$ 为环境温度）。

③ 浮充时全组各电池端电压的最大差值不大于表 5-15 的规定值。

表 5-15   各电池端电压的最大差值规定

单体电池电压/V	压差/mV
2	90
6	240
12	480

注：产品技术说明书有特殊说明的除外。

④ 说明：对于早期的防酸隔爆铅酸蓄电池、早期的磷酸铁锂蓄电池不做介绍。

5.7.2.25 高压直流机架安装质量检查表

高压直流电源部分的检查验收基本（主要）表式有 7 张：《高压直流电源系统验收表》、《数据设备用网络机架检验测试记录表》、《通信机架安装质量检查表（高压直流机架通用）》、《通信机架安装质量检查表》、《通信机架、底座安装检查验收记录表》、《数据机架绝缘电阻测试记录表》、《高压直流机架（电气）检查验收记录表》等。

5.8 空调通风系统工程

5.8.1 空调系统质量控制重点

① 铜管焊接质量。

② 空调的保压时间（大于 24 h）、保压值（18～22 kg）控制（R22 冷媒，管内压力。或根据厂方设备安装说明的要求或根据设计指定完成监控），特别是对保压时间的控制。

③ 材料的质量，铜管、镀锌钢管。

④ 与土建衔接的地漏，最容易忽视以及遗忘。

⑤ 空调液管的回油弯。

⑥ 空调与设备底座固定的螺丝。

⑦ 空调进出封口的障碍物清理等。

⑧ 对于不同的空调品种类，进行以下项目的质量控制：

机房专用空调：设备及布线、空气处理机、风冷冷凝器、制冷系统、加湿器部分、检查给排水路是否畅通、加湿器电极、电气控制部分、空调报警部分等。

中央空调：制冷机组、冷冻水型机房空调终端、测试水浸片、冷却塔、水系统、水泵，电机、配电及控制系统等。

普通分体和柜式空调：分体空调室内系统、普通分体空调室外机和电源线部分，检测、校准空调的显示温度与空调实际温度的误差、空调表面和过滤网、冷凝器，检查空调制冷效果，空调的进回风温差，系统的高低压和蒸发器的结露情况等。

新风机（空调）：检查过滤网、检查蒸发器、冷凝器翅片、冷凝器水盘、一体机参数设置是否正常，室内外温度传感器是否正常、检查新风模式和机械制冷模式转换是否正常，转换风阀启闭是否正常到位；检查机械制冷模式下制冷是否正常，根据需要检查压缩机运行电流和高低压压力，检查电器元件是否正常等。

5.8.2 空调系统安全管理重点

① 铜管焊接中，氧气、乙炔罐放置位置。

② 焊枪连接软管的性能质量（老化现象）检查。

③ 动火的旁站。

④ 零时用电配电箱的安全，这点所有项目均有相同的要求，除了性能良好以外，临时配电箱内必须含有漏电保护器。

⑤ 电焊设备的性能，电焊设备的接地，所有不带电的金属管、底座等接地。

⑥ 电焊、气焊的环境控制等。

5.8.3 空调系统监理难点

① 空调设备就位，往往环境较差，空调设备的防尘是第一个问题。

② 空调设备安装中，其铜管和镀锌钢管的敷设对环境的要求较高，影响人员的流动（走路），很多人为故障的出现，如有的施工人员不愿意迈步，而是直接脚踏而过，对管道的伤害较大，难以控制。

③ 空调焊接中，环境较差，特别是气焊，对周围环境要求较高，有时施工人员不一定注

意,因此焊接中周围危险源的检察控制是难点。

④ 空调专业,在试机时对环境的影响也较大,空调内部的、地面的灰尘较大,风尘较大,因此必须对受到影响的设备进行防尘保护,控制不好,其他安装好的设备将受到很大的影响。

5.8.4　空调系统监理实施细则

5.8.4.1　水冷空调系统施工准备

5.8.4.1.1　施工准备阶段对机房的建筑和环境条件检查

设备安装开始以前必须对机房的建筑和环境进行检查,具备下列条件方可开工:

① 机房建筑应符合工程设计要求,有关建筑工程已完工并验收合格。

② 机房地面、墙壁、顶棚承重均应符合本期工程设计要求。

③ 机房建筑必须符合有关防火规定,施工环境内不得有可燃物品(纸箱、塑料等垃圾)、危险物品(油漆、机油等)、易碎的玻璃制品(日光灯、灯泡等)以及包装的未知其内容的物品存在。机房地面垃圾应清扫干净。

④ 施工现场必须配备有效的消防器材、烟感告警、地湿告警等装置。

5.8.4.1.2　施工前对运到工地的器材进行清点检查

① 设备供货单位应向监理单位提供可靠的运送信息,并要求对已运输到现场的设备和主要器材进行检查,监理工程师应组织供货单位、建设单位和承包单位对已到现场的设备器材进行开箱清点和外观检查,并转交施工单位。

② 对建设单位采购的设备器材应依据供货合同的器材清单逐一开箱检验,检验时应重点核对单据与货物是否相符,型号是否符合设计文件要求,货物是否有外部损伤或受潮生锈。若是进口设备器材还应有报关检验单。

③ 对承包单位自购的用于工程的设备器材应重点检验出厂合格证书和技术说明书,核对是否符合设计要求。必要时抽样检查其理化特性。

④ 承包单位作为接受单位和使用单位应做好记录,收集整理装箱文件及合格证书,并填写工程材料/构配件/设备报审表,报送监理工程师签证。

⑤ 主要设备必须全部到齐,规格型号符合工程设计要求,无受潮和破损现象。

⑥ 主要材料的规格型号应符合工程设计要求,其数量应能满足连续施工的需要。

⑦ 主要器材的电气性能指标应符合进网技术要求。

⑧ 当发现有受潮、受损或变形的设备和器材时应由监理工程师确定是否退还或修整,并签发监理工程师通知单,通知供货单位及时解决。

⑨ 供货单位接到监理工程师通知后应及时回复解决方法,或将不符合要求的材料运出现场,重新更换,或派人到现场修补缺陷。

⑩ 工程建设中不得使用不合格的设备和器材。当器材型号不符合工程设计要求而需作较大改变时,承包单位必须及时向监理工程师报告,并填写监理工作联系单,由监理工程师通过建设单位与设计单位商讨是否变更设计,否则应作为不合格器材处理。

5.8.4.2　水冷空调系统监理工作要点及措施

5.8.4.2.1　空调水冷管道系统安装整体要求

① 无缝钢管、钢管内外壁均应光洁,无疵孔、裂缝、结疤,无显著腐、重皮及凹凸不平等缺陷。

② 工程使用的管道表面必须经过除锈处理,并刷防锈漆。

③ 要在室内装修基本完成与管道连接的设备已经装好。安装前要按设计图纸核对管道的预埋件、预留孔洞的标高和位置是否正确。

④ 核对阀门的规格和型号,并按照规范要求做好清洗和严密性试验。

⑤ 冷水管、热水管、管道配件应将内外壁锈污清洗干净,除锈后管子应封口,保持内外壁干燥。

⑥ 按照设计规定,预制加工支、吊架、须保温的管道、支架与管子接触处应用经防腐处理的隔热木垫,厚度要符合规定。

⑦ 制冷管道和阀门的安装要严格按照施工工艺标准和规范进行安装施工。

⑧ 安装后的管道要进行系统吹污、气密试验及抽真空,要严格按照系统吹污及气密场合试验的工作程序和施工工艺进行。要用洁净干燥空气对整个系统进行低点排污,污物吹净后要进行气密性试验。

⑨ 含有制冷剂的各类管道要用压缩氮气进行试压,试压要经稳压 24 h 的观察,细致进行肥皂液检漏工作。管道的气密性试压及抽真空试验必须严格按照有关施工规范进行。制冷剂装灌要有技术熟练的高级工进行现场操作,应用质量合格的制冷剂,称重要监控,确保系统内的制冷剂的重量。

⑩ 管道及支、吊架的防腐要做好除锈工作,必须保持金属面的干燥洁净,保证涂漆附着良好,厚薄均匀,无遗漏并按施工图纸要求做好管道保温。

⑪ 保持各种金属板材的表面清洁,放在宽敞干燥隔潮木头垫架上,叠放整齐,有防雨雪措施减少锈。

⑫ 法兰用料分类码放。成品风管要注意贮存,搬运装卸轻拿轻放,防止损坏,要有防风、雨、雪的措施。保护装饰面不受损失。

⑬ 塑料风管及部件决不能在日光下暴晒,要注意存放运输不得损坏成品。

⑭ 要有保护风管部件的活动件,调节阀、执行机构在运输和安装存放过程中不受损失的措施。

⑮ 安装风管、设备要有防雷、雪的措施,防止杂物进入管道和设备口中。严禁将已安装完的风管作为支撑、起吊的脚手架。空调机房应有专人进行保护,防止设备损坏,零件丢散。

⑯ 明装水平风管的水平度为 3/1 000,最大 20 mm。

⑰ 明装垂直风管的垂直度为 3/1 000,最大 20 mm。

⑱ 风口安装位置和标高允许偏差:不大于 10 mm,其水平度和垂直度为 3/1 000。

⑲ 各类管道、法兰、弯头的焊接,各类阀门、过滤器的连接必须严格按照规范要求,由持有操作证书的熟练的人员进行。

⑳ 管道的保温材料必须是符合机房消防安全并在取得其质量检验证书、合格证书的情况下方能使用,不符合本期工程安全的材料坚决不得使用。

㉑ 注意施工工地和设备原材料存放地的防火工作。

5.8.4.2.2 板式热交换器安装质量控制

① 设备进场后,检查设备是否符合设计要求,包括型号、设计温度、试验压力、传热面积、流程组合数、接口位置、生产日期、空载或满载的重量、一次侧进出、二次侧进出、板片材质、垫片材质等参数。

② 为防止因板式换热器泄漏而造成的人员伤害,在板式换热器外应加设防护罩,并严禁在换热器承压状态下移动防护罩。

③ 板式换热器运行之前应确保其未承压(空载)并处于冷却状态(冷却时间已超 24 h)。

④ 板式换热器停机时应缓慢进行相关操作。

⑤ 在接触板式换热器板片时,做好保护,防止人身伤害。

⑥ 安装时每台换热器的橡胶垫片位于板片四周的垫片槽内,当垫片损坏时,介质会直接排出换热器,两种介质将互相渗漏,严重时将损坏热交换设备。

⑦ 安装完成后,检查压力、温度、流体、速率、介质成分等符合设计要求。

⑧ 换热器吊运时,首先将换热器固定在拖架上,将吊装带固定于两侧的螺栓内,严禁使用钢索或铁链直接捆绑吊运。在换热器缓慢吊起后移走拖架。到达预定位置后,用换热器前挡板下方的固定孔与地脚连接。

⑨ 本期使用的 P 型板式换热器(带有后支柱),后面支柱为固定支撑物,其框架内不得有其他障碍物。

⑩ 安装地脚螺栓的高度不得影响换热器维修时板片和后挡板的移动。

⑪ 由于冷水和热水将在换热器内停留,受到环境因素的影响,其体积将发生变化,因而系统需要安装泄压安全阀。

⑫ 换热器四个进出口处需安装压力表和温度计。

⑬ 换热器四周空间 50 cm 内不得有何障碍物。

⑭ 板式换热器运行调试前,为避免瞬间启动压力波动过大造或板式换热器泄漏情况,试水启动泵时,先关闭进水阀门 3/4,但全开出水阀,待换热器内部充满水时再开进水阀门至 1/2 以及 3/4,直至全部开启。

⑮ 板式换热器运行正常后,按照厂家技术标准出具产品测试报告。

5.8.4.2.3 管材和焊接材料质量检查

(1) 无缝钢管材料

根据国标《输送流体用无缝钢管》(GBT 8163—2008)规定,监理对钢管质量的检查从以下几个方面进行:

① 钢管的长度,标称值一般在 3 000～12 000 mm。钢管的定尺总长度全长允许偏差 +10～−0 mm 范围内。其中:外径大于 6 000 mm,偏差在 +15～−0 mm;外径不大于 6 000 mm,偏差在 +10～−0 mm。

② 钢管的全长弯曲度应不大于钢管总长度的 1.5‰。

③ 钢管厚度均匀,其不圆度和壁厚不均分别不超过外径和壁厚公差的 80%。

④ 钢管的端头外形,当外径不大于 60 mm 的钢管,管端切斜应不超过 1.5 mm。外径大于 60 mm 的钢管,管端切斜应不超过钢管外径的 2%,最大不应超过 6 mm。

⑤ 钢管的端头切口毛刺应予清除。

⑥ 钢管的密度,按照国标《无缝钢管尺寸、外形、重量及允许偏差》(GB/T 17395—2008)的规定为 7.85 kg/dm³。

⑦ 钢管重量的偏差:单支钢管 10%;每批最小为 ±10 t 的钢管:±7.5%。

⑧ 钢管的内外表面不允许有目视可见的裂纹、折叠、结疤、轧折和离层;对其缺陷的清除深度不超过公称壁厚的负偏差,清理处的实际壁厚应不小于壁厚偏差所允许的最小值。

⑨ 钢管的包装、标志和质量证明书应符合《钢管的验收、包装、标志和质量证明书》(GB/T 2102—2006)的规定。

(2) 焊条

① J422(E4303)焊条为钛钙型焊条,适应于全位焊接,焊接电流为交流或直流正、反接,主要焊接较重的碳钢结构。

② 检查靠近焊条夹持端附近醒目、清晰印刷体字迹的焊条型号或牌号,符合设计要求。

③ 检查焊条的外包装,应当包含:a. 标准号、焊条型号、焊条牌号;b. 制造商名称和商标;c. 规格以及净重或根数;d. 批号和检验号。

④ 检查焊条的质量证明书、质量检验报告。

⑤ 钢管的焊条按规范要求进行平、立、仰、横类焊接。

⑥ 焊条尺寸符合规范要求,直径 4.0 mm,长 350~450 mm,偏差小于±0.05 mm。

⑦ 焊条偏心度应符合以下规定:a. 直径不大于 2.5 mm 焊条,偏心度不应大于 7%。b. 直径为 3.2 mm 和 4.0 mm 焊条,偏心度不应大于 5%。c. 直径不小于 5.0 mm 焊条,偏心度不应大于 4%。

⑧ T 形接头角焊缝表面经肉眼检查无裂痕、焊瘤、夹渣以及表面气孔,允许有个别短而深度小于 1 mm 的咬边。

⑨ 角焊缝的焊脚尺寸应符合规定。凸形角焊缝的凸度及角焊缝的两焊脚长度之差应符合规定。

⑩ 角焊缝的两纵向断痕表面经肉眼检查无裂纹;焊缝根部未融合的总长度应不大于焊缝总长度的 20%。

⑪ 焊接电流(交、直)应符合规范的规定。

⑫ 进行焊接操作的施工人员,必须持有特种行业(焊工)合格证书。

5.8.4.2.4 空调水冷管道施工工艺质量控制

本部分包括:冷(热)水、冷却水、凝结水系统的设备(不包括末端设备)、管道及附件施工质量的检验及验收。

(1) 管道安装

① 镀锌钢管应采用螺纹连接。当管径大于 DN100 时,可采用卡箍式、法兰或焊接连接,但应对焊缝及热影响区的表面进行防腐处理。

② 空调用蒸汽管道的安装应按现行国家标准《建筑给水、排水及采暖工程施工质量验收规范》(GB 50242—2002)的规定执行。

③ 空调工程水系统的设备与附属设备、管道、管配件及阀门的型号、规格、材质及连接形式应符合设计规定:

a. 检查数量:按总数抽查 10%,且不得少于 5 件。

b. 检查方法:观察查外观质量并检查产品质量证明文件、材料进场验收记录。

④ 管道安装应符合下列规定:

a. 隐蔽管道必须按规范第 3.0.11 条的规定执行。

b. 焊接钢管、镀锌钢管不得采用热煨弯。

c. 管道与设备的连接,应在设备安装完毕后进行,与水泵、制冷机组的接管必须为柔性接口。柔性短管不得强行对口连接,与其连接的管道应设置独立支架。

d. 冷热水及冷却水系统应在系统冲洗、排污合格（目测，以排出口的水色和透明度与入水口对比相近，无可见来物），再循环试运行 2 h 以上，且水质正常后才能与制冷机组、空调设备相贯通。

e. 固定在建筑结构上的管道支、吊架，不得影响结构的安全。管道穿越墙体或楼板处应设钢制套管，管道接口不得置于套管内，钢制套管应与墙体饰面或楼板底部平齐，上部应高出楼层地面 20～50 mm，并不得将会管作为管道支撑。

f. 保温管道与套管之间间隙应使用不燃绝热材料填塞紧密。

g. 检查数量：系统全数检查。每个系统管道、部件数量抽查 10％，且不得少于 5 件。

h. 检查方法：尺量、观察检查，旁站或查阅试验记录、隐蔽工程记录。

⑤ 管道系统安装完毕，外观检查合格后，应按设计要求进行水压试验，当设计无规定时，应符合下列规定：

a. 冷热水、冷却水系统的试验压力：当工作压力小于等于 1.0 MPa 时，为 1.5 倍工作压力，但最低不小于 0.6 MPa；当工作压力大于 1.0 MPa 时，为工作压力加 0.5 MPa。

b. 对于大型或高层建筑垂直位差较大的冷（热）媒水、冷却水管道系统采用分区、分层试压和系统试压相结合的方法。一般建筑可采用系统试压方法。

c. 分区、分层试压：对相对独立的局部区域的管道进行试压。在试验压力下，稳压 10 min，压力不得下降，再将系统压力降至工作压力，在 60 min 内压力不得下降、外观无渗漏为合格；系统试压：在各分区管道与系统主、干管全部连通后，对整个系统的管道进行系统的试压。试验压力以最低点的压力为准，但最低点的压力不得超过管道与组成件的承受压力。压力试验升至试验压力后，稳压 10 min，压力下降不得大于 0.02 MPa，再将系统压力降至工作压力，外观检查无渗漏为合格。

d. 各类耐压塑料管的强度试验压力为 1.5 倍工作压力，严密性工作压力为 1.15 倍的设计工作压力。

e. 凝结水系统采用充水试验，应以不渗漏为合格。

f. 检查数量：系统全数检查。

g. 检查方法：旁站观察或查阅试验记录。

（2）金属管道的焊接

① 金属管道的焊接应符合表 5-16 和表 5-17 的规定。

表 5-16　　　　　　　　　　　焊缝形式与坡口

焊缝形式	焊缝名称	图　形	爆缝高度 /mm	板材厚度 /mm	焊缝坡口张角 α/(°)
对接焊缝	V 形单向焊		2～3	3～5	70～90
	V 形双面焊		2～3	5～8	70～90

焊缝形式	焊缝名称	图　形	爆缝高度 /mm	板材厚度 /mm	焊缝坡口张角 $\alpha/(°)$
对接焊缝	X 形双面焊		2~3	≥8	70~90
搭接焊缝	搭接焊		≥最小板厚	3~10	—
填角焊缝	填角焊无坡角		≥最小板厚	6~18	—
			≥最小板厚	≥3	—
对角焊缝	V 形对角焊		≥最小板厚	3~5	70~90
	V 形对角焊		≥最小板厚	5~8	70~90
	V 形对角焊		≥最小板厚	6~15	70~90

表 5-17　　　　　　　　　　　　管道焊接坡口形式和尺寸

项次	厚度 T/mm	坡口名称	坡口形式	坡口尺寸			
				间隙 C /mm	钝边 P /mm	坡口角度 $\alpha/(°)$	
1	1~3	I 形		0~1.5	—	—	内壁错边量≤ 0.1T，且≤2 mm；外壁≤ 3 mm。
	3~6			1~2.5			
2	6~9	V 形		0~2.0	0~2	65~75	
	9~26			0~3.0	0~3	55~65	
3	2~30	T 形		0~2.0	—	—	

　　a. 管道焊接材料的品种、规格、性能应符合设计要求。管道对接焊口的组对和坡口形式等应符合规范的规定，对口的平直度为 1/100。

b. 全长不大于 10 mm。管道的固定焊口应远离设备,且不应与设备接口中心线相重合。管道对接焊缝与支、吊架的距离应大于 50 mm。

c. 管道焊缝表面应清理干净,并进行外现质量的检查。焊缝外观质量不得低于现行国家标准《现场设备、工业管道焊接工程施工规范》(GB 50236—2011)中规定(氨管为Ⅲ级)。

检查数量:按总数抽查 20%,且不得少于 1 处。

检查方法:尺量、观察检查。

② 螺纹连接的管道,螺纹应清洁、规整,断丝或缺丝不大于螺纹全扣数的 10%;连接牢固;接口处根部外露螺纹为 2～3 扣,无外露填料;镀锌管道的镀锌层应注意保护,对局部的破损处,应做防腐处理。

检查数量:按总数抽查 5%,且不得少于 5 处。

检查方法:尺量、观察检查。

(3) 其他建筑管道安装

① 采用建筑用硬聚氯乙烯(PVC-U)、聚丙烯(PP-R)与交联乙烯(PEX)等管道时,管道与金属支、吊架之间应有隔绝措施,可直接接触。当为热水管道时,还应加宽其接触的面积。支、吊的间距应符合设计和产品技术要求的规定。

检查数量:按系统支架数量抽查 5%,且不得少于 5 个。

检查方法:观察检查。

② 阀门、集气罐、自动排气装运、除污器(水过滤器)等管道件的安装应符合设计要求,并应符合下列规定:阀门安装的位置、进出口方向应正确,并便于操作;连接应牢固紧密,启闭灵活;成排阀门的排列应整齐美观,在同一平面上允许偏差为 3 mm。

(4) 钢制管道安装

钢制管道的安装应符合下列规定:

① 管道和管件在安装前,应将其内、外壁的污物和锈蚀清除干净。当管道安装间断时,应及时封闭敞开的管口。

② 管道弯曲半径,热弯不应小于管道外径的 3.5 倍、冷弯不应小于 4 倍;焊接弯管不应小于 1.5 倍;冲压弯管不应小于 1 倍。弯管的最大外径与最小外径的差不应大于管道外径的 8/100,管壁减薄率不应大于 15%。

③ 冷遇水排水管坡度应符合设计文件的规定。当设计无规定时,其坡度应大于或等于 8‰;软管连接的长度,不应大于 150 mm。

④ 冷热水管道与支、吊架之间应有绝热衬垫(承压强度能满足管道重量,其绝热衬垫采用不燃、难燃硬质绝热材料或经防腐处理的木衬垫),其厚度不应小于绝热层厚度,宽度应大于支、吊架立承面的宽度。衬垫的表面应平整、衬垫接合面的空隙应填实。

⑤ 管道安装的坐标、标高和纵横向的弯曲度,水平管道平直度应符合规范中规定。在吊顶内等暗装管道的位置应正确,无明显偏差。

检查数量:按总数抽查 10%,且不得少于 5 处。

检查方法:尺量、观察检查。

(5) 钢塑复合管道安装

钢塑复合管道的安装:当系统工作压力不大于 1.0 MPa 时,可采用涂(衬)塑焊接钢管螺纹连接。与管道配件的连接深度和扭矩应符合规范要求。当系统工作压力为 1.0～2.5 MPa 时,可采用涂(衬)塑无缝钢管法兰连接或沟槽式连接,管道配件均为无缝钢管涂(衬)塑管件。

(6) 法兰安装

法兰连接的管道,法兰面应与管道中心线垂直,并同心。法兰对接应平行,其偏差不应大于其外径的 1.5/1 000,且不得大于 2 mm;连接螺栓长度应一致、螺母在同侧、均匀拧紧。螺栓紧固后不应低于螺母平面。法兰的衬垫规格、品种与厚度应符合设计要求。

检查数量:按总数抽查 5%,且不得少于 5 处。

检查方法:尺量、观察检查。

(7) 阀门安装

阀门的安装应符合下列规定:

① 阀门的安装位置、高度、进出口方向必须符合设计要求,连接应牢固紧密。

② 安装在保温管道上的各类手动阀门,手柄均不得向下。

③ 闸门安装前必须进行外观检查,阀门的铭牌应符合现行国家标准《通用阀门标志》(GB 12220—2015)的规定。对于工作压力大于 1.0 MPa 及在主干管上起到切断作用的阀门,应进行强度和严密性试验,合格后方准使用。其他阀门可不单独进行试验,待在系统试压中检验。

④ 强度试验时,试验压力为公称压力的 1.5 倍,持续时间不少于 5 min,阀门的壳体、填料应无渗漏。

⑤ 严密性试验时,试验压力为公称压力的 1.1 倍;试验压力在试验持续的时间内应保持不变,时间应符合规定,以阀瓣密封面无渗漏为合格。

检查数量:抽查 5%,且不得少于 1 个。水压试验以每批(同牌号、同规格、同型号)数量中抽查 20%,且不得少于 1 个。对于安装在主干管上起切断作用的闭路阀门,全数检查。

检查方法:按设计图核对、观察检查;旁站或查阅试验记录。

⑥ 补偿器的补偿量和安装位置必须符合设计及产品技术文件的要求,并应根据设计计算的补偿量进行预拉伸或预压缩。

⑦ 设有补偿器(膨胀节)的管道应设置固定支架,其结构形式和固定位置符合设计要求,并应在补偿器的预拉伸(或预压缩)前固定;导向支架的设置应符合所安装产品技术文件的要求。

检查数量:抽查 20%,且不得少于 1 个。

检查方法:观察检查,旁站成查阅补偿器的预拉伸或预压缩记录。

(8) 冷却塔安装

冷却塔的型号、规格、技术参数必须符合设计要求。对含有易燃材料冷却塔的安装,必须严格执行施工防火安全的规定。

检查数量:全数检查。

检查方法:按图纸核对,监督执行防火规定。

(9) 水泵安装

水泵的规格、型号、技术参数应符合设计要求和产品性能指标。水泵正常连续试运行的时间,不应少于 2 h。

检查数量:全数检查。

检查方法:按图核对。实测或查阅水泵试运行记录。

(10)水箱、集水缸(集水器)、分水缸(分水器)、储冷罐

① 水箱、集水缸(集水器)、分水缸(分水器)、储冷罐的满水试验或水压试验必须符合设计要求。储冷罐内壁防腐涂层的材质、涂抹质量、厚度必须符合设计或产品技术文件要求,储冷罐与底座必须进行绝热处理。

检查数量:全数检查。

检查方法:尺量、观察检查,查阅试验记录。

② 当空调水系统的管道,采用建筑用硬聚氯乙烯(PVC-U)、聚丙烯(PP-R)、聚丁烯(PB)与交联聚乙烯(PEX)等有机材料管道时,其连接方法应符合设计和产品技术要求的规定。

检查数量:按总数抽查 20%,且不得少于 2 处。

检查方法:尺量、观察检查,验证产品合格证书和试验记录。

(11)沟槽安装

沟槽式连接的管道,其沟槽与橡胶密封圈和卡箍套必须为配套合格产品;支、吊架的间距应符合规定。

检查数量:按总数抽查 10%,且不得少于 5 处。

检查方法:尺量、观察检查、查阅产品合格证明文件。

(12)风机盘管机安装

风机盘管机组及其他空调设备与管道的连接,应采用弹性接管或软接管(金属或非金属软管),其耐压值应大于等于 1.5 倍的工作压力。软管的连接应牢固,不应有强扭和瘪管。

检查数量:按总数抽查 10%,且不得少于 5 处。

检查方法:观察、查阅产品合格证明文件。

(13)各类支架安装

金属管道的支、吊架的型式、位置、间距、标高应符合设计或有关技术标准的要求。设计无规定时,应符合下列规定:

① 支、吊架安装应平整牢固,与管道接触紧密。管道与设备连接处应设独立支、吊架。

② 冷(热)媒水、冷却水泵系统管道机房内总、干管的支、吊架,应采用承重防晃管架;与设备连接的管道管架应有减震措施。当水平支管的管架采用单杆吊架时,应在管道起始点、阀门、三通、弯头及长度每隔 15 m 设置承重防晃支、吊架。

③ 无热位移的管道吊架,其吊杆应垂直安装;有热位移的,其吊杆应向热膨胀(或冷收缩)的反方向偏移安装,偏移量按计算确定。

④ 滑动支架的滑动面应清洁、平整,其安装位置应从支承面中心向位移反方向偏移 1/2 位移值或符合设计文件规定。

⑤ 竖井内的立管,每隔 2~3 层应设导向支架。在建筑结构负重允许的情况下,水平安装管道支、吊架的间距应符合表 5-18 的规定。

表 5-18 钢管道支、吊架的最大间距

公称直径/mm		15	20	25	32	40	50	70	80	100	125	150	200	250	300
支架的 最大间距	L_1	1.5	2.0	2.5	2.5	3.0	3.5	4.0	5.0	5.0	5.5	6.5	7.5	8.5	9.5
	L_2	2.5	3.0	3.5	4.0	4.5	5.0	6.0	6.5	6.5	7.5	7.5	9.0	9.5	10.5
		对大于 300 mm 的管道可参考 300 mm 管道													

注:1. 适用于工作压力不大于 2.0 MPa,不保温或保温材料密度不大于 200 kg/m³ 的管道系统;

　　2. L_1 用于保温管道,L_2 用于不保温管道。

⑥ 管道支、吊架的焊接应由合格的持证焊工施焊,并不得有漏焊、欠焊或焊接裂纹等缺陷。支架与管道焊接时,管道侧的咬边量应小于 0.1 管壁厚。

检查数量:按系统支架数量抽查 5%,且不得少于 5 个。

检查方法:尺量、观察检查。

(14) 电动、气动等自控门安装

电动、气动等自控门在安装前应进行单体的调试,包括开启、关闭等动作试验。

(15) 除污器(水过滤器)安装

冷冻水的除污器(水过滤器)应安装在进机组前管道上,方向正确且便于清污;与管道连接牢固、严密,其安装位置应便于滤网的拆装和清洗。过滤器滤网的材质、规格和包扎方法应符合设计要求。

(16) 闭式系统管路安装

闭式系统管路应在系统最高处及所有可能积聚空气的高点设置排气阀,在管路最低点应设置排水管及排水阀。

检查数量:按规格抽查 10%,且不得少于 2 个。

检查方法:对照设计文件尺量、观察和操作检查。

(17) 冷却塔安装

冷却塔安装应符合下列规定:

① 基础标高应符合设计的规定,允许误差为 ±20 mm。冷却塔地脚螺栓与预埋件的连接或固定应牢固,各连接部件应采用热镀锌或不锈钢螺栓,其紧固力应一致、均匀。

② 冷却塔安装应水平,单台冷却安装水平度和垂直度允许偏差均为 2/1 000。同一冷却水系统的多台冷却塔安装时,各台冷却塔的水面高度应一致,高差不应大于 30 mm。

③ 冷却塔的出水口及喷嘴的方向和位置应正确,积水盘应严密无渗漏;分水器布水均匀。带转动布水器的冷却塔,其转动部分应灵活,喷水出口按设计或产品要求,方向应一致。

④ 冷却塔风机叶片端部与塔体四周的径向间隙应均匀。对于可调整角度的叶片,角度应一致。

检查数量:全数检查。

检查方法:尺量、观察检查,积水盘做充水试验或查阅试验记录。

(18) 水泵附件安装

水泵及附属设备的安装应符合下列规定:

① 水泵的平面位置和标高允许偏差为 ±10 mm,安装的地脚螺栓应垂直、拧紧,且与设备底座接触紧密。

② 垫铁组放置位置正确、平稳,接触紧密,每组不超过3块。

③ 整体安装的泵,纵向水平偏差不应大于 0.1/1 000,横向水平偏差不应大于 0.20/1 000;解体安装的泵纵、横向安装水平偏差均不应大于 0.05/1 000。

④ 水泵与电机采用联轴器连接时,联轴器两轴芯的允许偏差:轴向倾斜不应大于 0.2/1 000,径向位移不应大于 0.05 mm;小型整体安装的管道水泵不应有明显偏斜。

⑤ 减震器与水泵及水泵基础连接牢固、平稳、接触紧密。

检查数量:全数检查。

检查方法:扳手试拧、观察检查、用水平仪和塞尺测量或查阅设备安装记录。

(19) 水箱、集水器、分水器、储冷罐等设备安装

① 支架或底座的尺寸、位置符合设计要求。

② 设备与支架或底应接触紧密,安装平正、牢固,平面位置允许偏差为 15 mm,标高允许偏差为 ±5 mm,垂直度允许偏差为 1/1 000。

③ 膨胀水箱安装的位置及接管的连接应符合设计文件的要求。

检查数量:全数检查。

检查方法:尺量、观察检查,旁站或查阅试验记录。

5.8.4.2.5　空调水冷系统施工应避免的问题

为了保障空调安装的工程质量,做好重点部位的监理工作,从管道及部件制作、管件制作、设备安装、保温工作、成品保护、调试、净化系统等工序开始,消除以下问题:

(1) 金属通风管道及部件制作

① 管道断面下料尺寸不准确,造成与法兰配合不严密。咬缝不严密,开缝、半咬,不牢固及端部和咬口交叉处有孔洞。

② 风管和管件扭曲不平。

③ 焊口有砂眼、夹渣、烧穿、凸瘤,焊后板材有变形不矫正。

④ 镀锌钢板质量不好,有受潮变质现象。

⑤ 净化系统风管内表咬口不平滑,有横向咬口现象。

⑥ 弯头与三通制作角度不准。

(2) 风管及管件制作的问题

① 成型不光滑,弧度不均匀。

② 焊口不坡口,坡口毛糙。

③ 焊条断裂,炭化和黏接不牢,板面烤焦的现象。

④ 法兰不焊加固角,不采取两面焊接。

(3) 钢法兰制作的问题

① 尺寸不准、不方,平整度不够。

② 焊口不牢固,不打药皮,刷油不到位。

③ 铆钉孔间距过大或不均匀,每面第一个铆钉距角大于 4 cm。

④ 螺栓孔间距过大或相同规格法兰螺栓孔不能安装。

(4) 法兰与风管铆接的问题

① 风管与法兰尺寸不准,造成风管过大起泡,或过小四角有缝隙现象。

② 法兰铆接未找方,造成法兰与风管不垂直,影响安装风管的垂直度、水平度。

③ 半边过窄、过宽、四角有孔洞。

④ 保温风管大边大于 800 mm,不保温风管大边大于 630 mm 时,风管不采取加固措施。

(5) 部件制作的问题

① 框架不方不正,尺寸不准。

② 活动部位不灵活,不能达到完全开启和闭合。

③ 使用材质不符合设计及规范规定。

④ 无开关及气流方向标志。

(6) 防腐刷油的问题

① 风管及法兰不做很好的除锈和清除表面杂物就刷防腐漆。

② 法兰未除锈防腐即与风管铆接,现场后配制的法兰有不刷油现象等。

③ 对部件转动部位不采取必要措施就刷漆造成转动不灵活。

④ 刷油不均匀,流淌、漏涂等。

(7) 各类管件部件安装的问题

① 吊架间距过大,吊杆过细,固定不牢,弯钩不正规,吊杆过大,吊杆不刷油,托盘角钢不符合规范等。

② 坐标、标高不准,风管不直、不平。

③ 法兰衬垫材质不符合设计及规范规定,并有漏装及脱落现象。

④ 过伸缩缝、沉降缝无任何保护措施;金属风管与建筑风道交接处未做密封处理。

⑤ 帆布软接头高低不平,松紧不适度,有扭曲现象。

⑥ 风管与风口,风口与吊顶或壁面连接不严密、不水平、不牢固。

⑦ 卡架防腐不好,型钢用气焊切割、开孔,且不清除毛刺。

⑧ 各种部件位置、方向不对或开关不灵活不严密。

⑨ 吊顶及管道井必要部位(隐蔽安装的)不设检查孔。

⑩ 任意改变风管走向、截面等。

(8) 设备安装的问题

① 坐标、标高不准,不平不正。

② 地脚螺栓无防松动装置。

③ 坡度不符合要求,甚至倒坡(风机盘管机组)。

④ 设备与风管及设备与设备连接不严密。

⑤ 风机机壳与叶轮间隙不符合技术要求,联轴器间隙不正确,皮带轮不在同心水平面上,减震器安装不正确,不起作用。

(9) 保温工作的问题

① 材质不符合设计要求,保温材料与风管机设备之间,及保温材料之间缝隙过大,外保护层不严、不实、松散,不平整、观感差。

② 支、吊卡处保温不严。

③ 用穿透螺栓加固,造成系统功能损失。

(10) 成品保护的问题

① 成品被破坏,污染,造成风管开裂、不平、保温层破坏,设备损坏,丢失等。

② 为本工种安装方便,破坏其他工序成品。

(11) 调试方面的问题

① 无调试方案,不做任何调试,更无调试报告。

② 无系统风量调配分配。

③ 不做单机试运转,或只做系统调试。

④ 调试完毕后,不做善后工作,如测风孔不堵等。

⑤ 轴承油箱无油位显示或有漏油现象。

(12) 净化工程的问题

① 不按洁净系统技术措施施工,混同于一般空调工程。

② 不做净化工程的最后调试工作,或调试手段不齐全。

(13) 空气处理设备的安装控制要点

① 设备的开箱检查。开箱前检查外包装有无损坏、受潮,开箱后检查核对设备名称、规格、型号、空调机组、风机盘管、诱导器出口方向,进水位置是否符合设计安装要求;产品合格证、产品说明书、设备文件是否齐全;检查主机附件、专用工具是否齐全;设备诱无缺陷损坏、锈、受潮现象。

② 安装完的金属空调设备段体排列必须与设计图纸相符;不应漏风、渗水、凝结水或排不出去的现象。

③ 空调机组安装的地方必须平整,一般要高出地面 $100\sim150$ mm;减震器的型号、数量、位置要严格按照设计进行安装,要找平找正。

④ 风机盘管和诱导口应每台进行装前试车,接电试验检查,机械转动部分不得摩擦,电气部分不得漏电;逐台进行水压试验,试验强度应为工作压力的 1.5 倍,定压后观察 $2\sim3$ min 不得有渗漏。

⑤ 空调机组制冷机若未注入制冷剂(如氟利昂),应在厂方工程师的指导下按产品使用说明书要求进行充注。

⑥ 风机盘管、诱导器等应在管道系统冲洗排污后再进行,以防堵塞设备。

⑦ 暗装风机盘管在吊顶上应留有检查孔,便于机组检修整机拆卸。

5.8.4.3 机房风冷空调系统监理工作重点及措施

5.8.4.3.1 安装平面位置

① 确保理想的气流分布。

② 机组支架强度足以承受室内机组的重量。

③ 进、出风口无障碍物,按厂家技术要求,防盗网等距进、出风口距离应大于 15 cm。同时确保保养所需要的足够空间。

④ 室内、室外机组之间的管道长度在允许的范围之内。一般超过 30 m 需在管道中部增加回油组件。

⑤ 冷凝水可妥善排出。

⑥ 安装平面位置符合设计文件要求。

⑦ 机组周边应有防水措施,如挡水墙等。

5.8.4.3.2 室内、室外机组安装

① 室内机组必须用 M10~M12 螺栓与支架连接固定。同时用螺钉将机组固定在墙壁上。

② 室内机安装支架必须按设计要求制作。

③ 支架须用 4 个 M12 膨胀螺栓对地加固安装。

④ 室内机组安装垂直度应小于 1/1 000。

⑤ 室外机必须用 M10～M12 螺栓与支架连接牢固,垂直度小于 3‰。

⑥ 室外机支架型式为壁挂式或落地式,支架应作镀锌防腐处理,同时必须用 4 个 M12 膨胀螺栓对墙壁或地面加固安装。

⑦ 室外机的进、出风口与墙面的间距应大于 15 cm,并便于维护。

5.8.4.3.3 冷媒管焊接安装

制冷系统管道、管件的安装应符合下列规定:

① 管道、管件的内外壁应清洁、干燥。铜管管道支吊架的型式、位置、间距及管道安装标高应符合设计要求,连接制冷机的吸、排气管道应设单独支架。管径小于等于 20 mm 的铜管道,在阀门处应设置支架。管道上下平行敷设时,吸气管应在下方。

② 制冷剂管道弯管的弯曲半径不应小于 3.5D(管道直径),其最大外径与最小外径之差不应大于 0.08D,且不应使用焊接弯管及皱褶弯管。

③ 制冷剂管道分支管应按介质流向弯成 90°弧度与主管连接,不使用弯曲半径小于 1.5D 的压制弯管。

④ 铜管切口应平整,不得有毛刺、凹凸等缺陷,切口允许倾斜偏差为管径的 1%,管口翻边后应保持同心,不得有开裂及皱褶,并应有良好的密封面。

⑤ 采用承插钎焊连接的铜管,其插接深度应符合表 5-19 的规定,承插的扩口方向应迎介质流向。当采用套接钎焊焊接连接时,其插接深度应不小于承插连接的规定。

⑥ 采用对接焊接时,管道的内壁应齐平,错边量不大于 0.1 倍壁厚,且不大于 1 mm。

表 5-19   **承插式焊接的铜管承口的扩口深度表**   mm

铜管规格	≤DN15	DN20	DN25	DN32	DN40	DN50	DN65
承插口的扩口深度	9～12	12～15	15～18	17～20	21～24	24～26	26～30

⑦ 管道穿越墙体或楼板时,管道的支吊架和钢管的焊接应按《通风与空调工程施工质量验收规范》(GB 50243—2002)、《工业金属管道工程施工规范》(GB 50235—2010)的有关规定执行。穿墙体或楼板时应加套管,安装完成后将洞孔封堵严密。

⑧ 管道的支、吊架的型式、位置、间距、标高应符合设计或有关技术标准的要求。竖井内的立管,每隔 2～3 层应设导向支架。在建筑结构负重允许的情况下,水平安装管道支、吊架的间距应符合表 5-20 规定。

表 5-20   **管道的支、吊架的型式、位置、间距、标高**

公称直径/mm		15	20	25	32	40	50	70	80	100	125	150	200	250	300
支架的最大间距/m	L_1	1.5	2.0	2.5	2.5	3.0	3.5	4.0	5.0	5.0	5.5	6.5	7.5	8.5	9.5
	L_2	2.5	3.0	3.5	4.0	4.5	5.0	6.0	6.5	6.5	7.5	7.5	9.0	9.5	10.5
		对大于 300 mm 的管道可参考 300 mm 管道													

注:1. 适用于工作压力不大于 2.5 MPa,不保温或保温材料密度不大于 200 kg/m² 的管道系统。

    2. L_1 用于保温管道,L_2 用于不保温管道。

⑨ 铜管焊接应采用氮气保护，即在管道内充氮气后进行焊接。

⑩ 管道焊接完成后应用保温管加以保温。制冷系统管道的吹扫排污应采用压力为 0.6 MPa 的干燥压缩空气或氮气，以浅色布检查 5 min，无污物为合格。系统吹扫干净后，应将系统中阀门的阀芯拆下清洗干净。

⑪ 系统安装完成后，应做充氮保压试验。充氮压力为 1.8 MPa；保压时间为 24 h；其压降不应超过下列计算值 $\Delta P = P_1 - P_2 \leqslant P_1(1 - 273 + T_2/273 + T_1)$ 并记录其测量值。如果超过计算值应进行检漏，查明后消除泄漏，并重新打压试漏，直至合格（P_1、T_1：为充氮完成时的压力和温度；P_2、T_2：为 24 h 后的压力和温度）。

5.8.4.3.4 排水、加湿管安装

① 排水、加湿管应用镀锌钢管或 PP-R 管，材质应符合设计和规范要求。

② 管道采用螺纹连接或热熔接（PP-R 管），管口螺纹应清洁、规整，断丝或缺丝不大于螺纹全扣数的 1/10；连接牢固；接口处根部外露螺纹 2～3 扣，无外露填料；镀锌管道的镀锌层应注意保护，对局部破损处应作防腐处理。

③ 镀锌管道应做保护接地，接地可靠。管道连接处应用 4 mm 铜芯线在两端作跨接。

④ 冷凝水排水管坡度，应符合设计文件的规定。当设计无规定时，其坡度大于 8‰。软管连接的长度不大于 150 mm。

⑤ 管道的布放路由应符合设计文件要求，加湿管道安装完成后，应作通水试漏 24 h，不得有滴漏现象。

⑥ 支架安装要求符合上述要求。

5.8.4.3.5 电源电缆布放安装

① 电源电缆规格程式应符合设计文件的要求。一般分为动力线缆和控制线缆，各类线缆连接应正确。

② 电源电缆布放路由应符合设计文件的要求，电源电缆必须是整根电缆，中间不得有接头。电缆沿墙面布放时，应布放于 PVC 线槽内。

③ 线缆布放应横平竖直，绑扎整齐，符合规范要求，观感质量良好。

④ 电源线缆端接必须符合厂家技术文件和设计文件的规定和要求。线缆端接应牢固、可靠，2 mm 以下多股铜芯线端接前必须镀锡。

5.8.4.3.6 安全注意事项

① 施工中所用电器插头、电缆必须符合规范要求。严禁将电缆线直接插入插座孔。

② 管道现场焊接必须办理动火手续。操作时，现场应配置灭火器。

③ 设备安装中应注意在行设备的安全，在线缆布放过程中要特别注意通信线缆安全。

④ 水管施工安装过程中应与机房管理人员及物业联系协调，确定施工时间，以免影响机房的正常运行。

5.8.4.3.7 施工说明

① 施工人员除掌握本工程的空调设备制造厂家的产品技术说明的文件要求外，还必须严格按照下列有关工程施工及验收规范执行。

②《通风与空调工程施工质量验收规范》（GB 50243—2002）、《工业金属管道工程施工规范》（GB 50235—2010）。

③ 安装前必须逐根检查氟气、液管的管子质量，并将管内杂质和油污等洗干净。氟系

统管之间的连接一律采用银焊,管道应避免突然向上和向下的连续弯曲,以减小管道阻力。

④ 室外机与室内机连接配管:当室外机高位安装时则应在液管上设回液环,气管上设凝汽弯,每 10 m 设气液分离弯。室外机与室内机同标高安装或低位安装时,回液环、凝气弯及气液分离弯均不考虑。氟气、液管道之间的连接工作必须由技术熟练的等级焊工进行,焊接完毕经试漏后用厚度为 15 mm 的耐高温保温管保温。

⑤ 空调的室内和室外机采用紫铜管连接。紫铜管均应符合《铜管》(YB 447—70)质量标准,并采用市售的标准弯头,曲率半径应大于 3D。

⑥ 空调室外机、室内机支架均采用 L50×50×5 角钢制作。底座与室内、室外机之间用中硬橡胶板衬垫,并在安装前作防锈涂漆处理。

⑦ 凝结水排水管严禁泄漏,采用厚度为 13 mm 的橡胶保温管保温。凝结水管其水平安装管道应有不小于 8‰的顺向坡度,凝结水管接至底层室外明沟。

5.8.4.3.8 开机调试流程

① 系统充氮保压,对系统气密性进行检查。

② 气密符合要求后对系统进行抽真空。

③ 在真空度达到产品技术要求(一般为 680 mm 汞柱)后,开始充氟。

④ 充氟量应根据系统管道长度进行计算,达到产品要求的充盈度后即可开机调试。

⑤ 监理应对调试完成后的各项功能进行验证性检查,并予确认。

5.8.4.3.9 监理验收

(1) 空调机组通电调测检查项目

① 室内外机组安装必须牢固、连接可靠;垂直度符合规范要求。

② 开机调测前应进行系统气密性(漏气)检查,即系统安装完成后的充氮保压试验,并作记录。

③ 机组保温隔热层必须完好。

④ 加湿及排水管道通畅。

⑤ 电源电压与产品铭牌要求一致。

⑥ 线路和管道安装路由正确。

⑦ 机组及排水钢管已安全接地。

⑧ 电源电缆的型号、规格符合设计及设备厂家技术文件要求。

⑨ 室内、室外机组的吹出口、吸入口正面无阻挡障碍物。

⑩ 冷媒管长度符合设备厂家技术文件规定,制冷剂已充填并做记录。

⑪ 室内机组出风口内部无金属异物及螺丝刀等操作工具或可燃性物品等。

(2) 监理验收资料

① 材料及阀门出厂合格证或质量保证书。

② 管材及阀门的清洗检查记录。

③ 系统试验记录。

④ 检验批质量验收记录。

⑤ 分项工程质量验收记录。

5.9 视频监控、机架安装和网络布线、门禁

5.9.1 监理质量控制重点

① 同轴电缆的质量、规格、证明质量合格的材料搜集。

② 摄像机的型号、规格,产品质量的证明资料。

③ 摄像机安装的位置,终端设备安装位置以及供电方式。

④ 冷池的消防联动测试。

⑤ 冷池安装的密封状态。

⑥ 冷池的门板动作的灵活性。

⑦ 机柜安装的垂直度、水平度必须符合规范标准要求。

⑧ 机柜与机柜之间的间隙必须小于 3 mm。

⑨ 机柜的接地线、机柜门板接地,采用黄绿线分别接入底座上的接地铜排上。

⑩ 机柜上端接线板、两侧的插线排的绝缘电阻、接线位置标志清晰。

⑪ 机柜的门板动作的灵活性等。

⑫ 网线布放不得交叉、纽绞,整齐、美观、有序,固线器松紧适度。

⑬ 网线起始位置的正确性。

⑭ 网线的类型(超 5 类、6 类)等。

⑮ 每一根网线必须单独检测,不得跳过。

⑯ 水晶头压紧程度必须符合要求。

⑰ 网线预留长度。

⑱ 门禁工程用线管必须为金属线管,暗敷。

⑲ 电磁铁安装位置、高度符合设计图纸要求,高度必须大于 2 200 mm(电信机房)。

⑳ 门禁调试过程、动作的灵活性等。

5.9.2 监理安全管理重点

监控设备调试过程中不得踩踏设备机柜。

5.9.3 监理难点

① 垃圾(线头)清理。

② 监控、冷池安装、机架安装和网络布线、门禁。

③ 所有机架上部的施工中,部分施工单位和人员不能严格要求,不采用人字梯而直接踩在机架上,造成机架内部的隔板、上部接线的变形甚至损坏,这里监理必须加大巡视力度。

④ 冷池安装的密封程度、消防联动的性能、电磁锁的性能、挡风玻璃的质量和安装质量,都必须认真细致检查检测。

⑤ 视频监控电缆的接线预留中,距离机架的距离。

⑥ 数据网络施工、装修工程的施工人员,有时不通过监理进场施工,也是监理控制进度和安全管理的一大难点。

5.9.4 机架安装和网络布线细则

数据中心调制解调器房内数据传输部分的施工质量控制目标,包括电缆和光缆部分,主

要质控点有：线缆、数据跳线、信息终端、数字配线架、设备机架、连接硬件、集线器、线管、线槽和走线架、配线箱（配线盒）、支撑架、各类保护装置、设备接地等以及它们的性能质量等。依据监理规范和相关标准采用旁站、巡视等方式实施监理。

5.9.4.1 场地以及施工条件控制目标

① 检查交接间、设备间、工作区的土建和环境条件，符合规范和设计标准。

② 检查土建部分是否全部竣工，对预置走线架、暗管、地槽、孔洞、竖井的位置、数量尺寸、质量均符合设计要求。

③ 检查机房的接地装置，其接地电阻设计要求。

④ 检查机架电源插座，电源电压符合设计要求。

⑤ 检查设备供电方式，主用、备用电源正常。

⑥ 地板敷设是否具防静电，机房通风设备、空调设备正常，机房环境温湿度符合设计要求。

5.9.4.2 电缆部分施工质量控制目标

① 线缆器材的形式、规格、数量、质量在施工前应进行检查，对不符合要求的不得使用。线缆检查包括：双绞线或双绞线电缆、光缆及光跳线的型式、规格、型号、等级、外表、标志、标签、外护套等符合设计要求。

② 双绞线的电气性能抽验，符合规范要求。

③ 接插件和配线设备的检验：配线模块、信息终端、光纤插座连接器的型式、数量、位置及保安单元的指标应满足设计要求。

④ 光、电缆交接设备的型式、规格、编排及标志名称应与设计相符。

⑤ 双绞线终接时，应抽查电缆的扭绞长度是否满足施工规范的要求。

⑥ 剥除电缆护套后，抽查电缆绝缘层是否损坏，认准线号、线位色标，不得颠倒和错接。

⑦ 双绞线与信息终端的模块化插孔连接时，检查色标和线对卡接顺序是否正确。

⑧ 双绞线与信息终端的卡接端子连接时检查卡接顺序是否正确（先近后远、先下后上）。

⑨ 双绞线与接线模块卡接时，卡接方法正确，能满足设计要求。

⑩ 双绞线的屏蔽层与插接件终端处屏蔽罩是否可靠接触，接触面和接触长度符合质量要求。

5.9.4.3 光缆部分施工质量控制目标

① 检查光缆合格证及检验测试数据。必要时用光纤测试仪测试光纤衰减和光纤长度。光纤规格、型号符合设计要求。

② 光缆布放分室内和楼外的敷设。光缆和光纤布放路由符合设计要求。

③ 检查室外进线方式，如架空、管道、埋式、隧道等应符合规范要求。

④ 电、光缆敷设和保护措施检验符合《综合布线工程验收规范》（GB/T 50312—2016）和设计要求。

⑤ 光纤连接盒中，光纤的弯曲半径大于其外径的 15 倍。

⑥ 光纤连接盒的标志清楚、安装牢固。

⑦ 光纤熔接处是否牢固，是否采取保护措施。

⑧ 光纤的接续损耗测试是否满足规范要求,必要时应抽查。

⑨ 光跳线的活动连接器是否干净、整洁,适配器插入位置是否与设计要求相一致。

⑩ 光纤两端余留长度符合设计要求。光纤绑扎是否松紧适度,无明显扭绞。

⑪ 光纤在槽道内拐弯处的曲率半径不小于 38~40 mm,槽道内行走有保护护套。

⑫ 光纤两端有明确标签。

⑬ 网线的规格、型号、布放路由符合设计要求。

⑭ 网线布放编、绑、扎符合规范要求,网线两端有明确标签。网线与电源线分离布放,确无条件须至少间距 20 cm。

⑮ 网线成端接插性能良好、接触可靠,提供网线的测试报告,各项指标符合规范要求。

5.9.4.4 线缆布放质量控制目标

① 电缆走线架的安装高度、距其他线缆的距离是否符合规范要求。

② 走线架在吊顶安装时,开启面的净空距离满足布放线缆的要求。

③ 走线架的交叉、转弯处曲率半径符合表 1-4 的要求。

④ 线缆布放平整美观,固线器规格与数据线规格配套,固线器紧固螺丝力量均匀,不损伤线缆。

⑤ 固线器排列整齐,型号、规格统一。

⑥ 光缆引入端,暗管管口有绝缘套管,并进行封堵保护,管口伸出部位的长度须满足要求。

⑦ 各种线缆布放要自然平直,不得产生扭绞、打圈、接头等现象。

⑧ 各种线缆的路由、位置与设计图纸一致。

⑨ 线缆起始、终端位置的标签齐全、清晰、正确。

⑩ 电源线、信号电缆、双绞线、光缆以及建筑物其他布线系统的线缆之间的最小间距满足规范要求。

⑪ 线缆在交接间、设备间、工作区的预留长度满足设计和规范要求。光缆在设备端的预留长度满足要求。大对数光缆的弯曲半径满足规范要求。

⑫ 线缆布放过程中,吊挂线缆的支点、牵引端头符合要求。

⑬ 线缆水平布放时,线缆进出走线架部位、转弯处应采取符合规范要求的方法绑扎固定。

⑭ 线缆垂直布放时,线缆固定间隔满足规范要求。

⑮ 线缆的分束绑扎、走线架占空比满足规范要求。

⑯ 线缆布放时严禁出现中间接头。

⑰ 线缆的标签和颜色相对应,检查无误后方可按顺序终接。

⑱ 检查线缆终端是否符合设计要求,有特殊要求的,应按照厂方要求施工。

⑲ 线缆终接处卡接牢固,接触良好。

⑳ 电缆与插接件的连接匹配,严禁出现颠倒和错接,其连接有:双绞线与 8 位数字配线架;光缆芯线与光纤插座等的连接;各类跳线与接插件间的终端,应符合《综合布线工程验收规范》(GB/T 50312—2016)和工艺要求。

5.9.4.5 设备器材施工质量控制目标

① 设备器材的规格、型号符合设计档的要求,表面完好。

② 设备的数量、尺寸与设计一致,位置正确。

③ 机柜、机架底座位置与成端线缆上线孔对应,如偏差较大,通知施工单位进行整改。

④ 检查跳线是否平直、整齐。

⑤ 列机柜上下两端的垂直度,如偏差大于 3 mm,通知施工单位进行整改。

⑥ 检查机柜、机架的底座水平程度,偏差小于 2 mm,否则通知施工方进行整改。

⑦ 检查机柜的各种标志是否齐全、完整。

⑧ 总配线架按照设计规范要求进行抗震加固,其防雷接地装置符合设计或规范要求,电气连接良好。

5.9.4.6 系统测试质量控制目标

① 测试用的仪表应具有计量合格证,验证有效性,否则不得在工程测试中使用。

② 测试仪表功能范围及精度应符合规范要求。

③ 测试仪表应能存储测试数据并可输出测试信息。

④ 进行系统测试时要注意:

a. 测试前,复查设备的温度、湿度和电源电压是否符合要求。

b. 系统安装完成后,施工单位应进行全面自检,监理人员抽查部分重要环节。

c. 测试发现不合格,要查明原因,及时整改,直至符合设计和规范要求。

d. 测试记录应真实,打印清晰,整理归档。

⑤ 线缆敷设完毕,除进行数据传输测试、感官检验外,还应进行综合性校验测试,其现场测试的主要参数为:接线图、链路长度、衰减、近端串扰。

⑥ 线缆的电气参数测试有:对于需要测试的特性阻抗、直流电阻、远方近端串扰(RNEXT)、综合近端串扰(PSNEXT)、近端串扰与衰减差(ACR)、等效远端串扰(FLFEXT)、远端等效串扰总和(PSELFEXT)、传播时延、回波损耗、各项指标必须按照标准测试,测试完毕认真填写系统综合测试记录表。

5.9.4.7 机架的安装

① 检查机架数量、规格和底座的规格,并测量各机架的高、宽、深尺寸是否符合工程设计要求。机架的铭牌标志清楚。机架的表面油漆无划痕、损伤。

② 检查机架内的电源分配模块的配置是否符合工程设计要求。

③ 采用前进风式机架时,检查机架的前、后门开孔率是否符合工程设计要求。采用下进风式机架时,检查架底进风口,进风口可调且面积符合工程设计要求,检查后门开孔率是否符合工程设计要求。

④ 机房内机架的平面位置、机面朝向、机架相互距离,成行排列机架的长度是否符合工程设计要求。

⑤ 机架的安装端正牢固,符合工程设计要求。门的开启自如,无卡死现象。

⑥ 机架安装后各直列上、下两端垂直倾斜误差不大于 3 mm。

⑦ 列间距离与设计误差是否不大于 5 mm。

⑧ 机架及机架内的设备所有紧固件必须拧紧,同类螺丝露出的螺帽长度是否一致。

⑨ 机架上的各种零件不得脱落或碰坏。各种文字符号是否正确、清晰、齐全。

⑩ 机架的保护接地良好。

5.9.5 视频监控细则

5.9.5.1 安装检查内容

① 检查机房视频摄像机安装的位置、型号、规格符合设计要求,进场使用的材料有合格证和质量保证书。

② 检查摄像机的外观,无损坏、碰伤、裂痕,镜头光明透亮无划痕。焦距调节灵活。

③ 电源引入端子、视频信号的界面(同轴头)良好,无偏斜、断裂。电源电缆中间无接头,布放符合电信行业规定。

④ 摄像机安装、固定牢靠,按照图纸要求,摄像机调节灵活,摄像支架机固定牢靠。

⑤ 视频服务器安装位置正确,符合设计图纸要求。

⑥ 服务器的电源引入符合设计要求。服务器与视频摄像机的同轴电缆连接可靠,界面位置正确。

⑦ 同轴电缆规格、型号符合设计要求,同轴电缆中间严禁接头。

⑧ 监控电缆布放在含有屏蔽的金属走线槽内,监控电源线需要穿金属软管保护,屏蔽周围的电磁波干扰。

⑨ 视频监控设备、布线、安装、绑扎、固定美观整齐,严禁乱拉乱拽。

5.9.5.2 调试检查内容

① 监控区域能覆盖数据中心机房相关的功能区域、机房外的走廊等、数据中心重要设备区(如电力室、空调室等)。机房视频监控具有系统控制功能,可提供完整的数字网络视频传输控制解决方案。

② 有监控视频矩阵功能,可观看任意监控摄像头的实时画面。

③ 有监视功能,可连续监视被监控的对象。

④ 有显示功能,可通过大荧幕显示接收和播放的信息。

⑤ 有纪录功能,可纪录主机的路数、视频参数、硬盘空间剩余量等。

⑥ 有回放功能,可回放任意存储设备记录的视频挡。

⑦ 有联动功能,可与楼宇安全防范系统联动。

⑧ 能为上层监控系统提供视频数据及原数据。

⑨ 机房视频监控系统的功能架构和性能要求,符合规范要求。

5.10 冷池安装细则(节能措施)

5.10.1 冷池材料及规格的检验

① 冷池所使用的设备机架,包括所采用的材料、紧固件、密封件,其机械、化学、电气性能以及各种性能的检测方式是否符合中国国家标准、通信行业标准及 IEC 的有关标准。收集进场材料合格证与质保书。

② 冷池框架采用 2 mm 以上厚度的不锈钢材料或采用表面喷塑的优质冷轧钢板,表面喷塑厚度不少于 $70\sim130\ \mu m$,喷塑硬度应不少于 2H,附着力不低于 O 级国际标准,喷涂的高硬度粉末必须达到国家无毒无害的喷涂标准。

③ 冷池顶部应采用不小于 8 mm、侧面应采用不小于 12 mm 透明防火玻璃或透明有机

玻璃进行封闭。发生火灾时不会助燃,不会产生有毒气体或浓烟,阻燃特性符合 UL94-V0 标准。

④ 冷池地板应采用防静电镂空地板,规格为 600 mm×600 mm×35 mm,地板检查通风率在 0%～50%区间可手动无级调控。

⑤ 防静电镂空地板防火性能是否达到 A 级,收集材料的质保书和合格证。

5.10.2 冷池封闭的检查

① 封闭后的冷池通道宽度是否不小于 1 200 mm。

② 冷池封闭单元顶部窗口是否可自动和手动打开,且打开时不应危及窗口下方人员安全,窗口打开后可满足人员对冷通道上方设备进行检修的需求。

③ 冷通道两头是否采用 12 mm 防火玻璃或有机玻璃材质的推拉门/平开门进行封闭。

④ 每个冷池封闭单元上方是否有烟感传感器或每个冷池封闭空间内是否安装独立的温度、烟感传感器。

⑤ 门和天窗有安装开关状态传感器。

⑥ 冷池具有消防联动功能,消防报警的时候冷池天窗自动打开,满足气体消防的要求。

⑦ 冷池传感器及门、天窗开关状态异常可通过环境监控平台进行报警。

⑧ 冷池防火玻璃隔断竣工验收前在玻璃上粘贴明显标志。

5.11 动力环境监控细则

动力环境监控工程包括:调制解调器房、配套相关电源设备、动力环境安装监控设备、布放监控电缆等内容。

5.11.1 动力环境监控施工的原则

① 施工前应检查所用器材的质量,并核对是否符合图纸要求和相关的标准。

② 在施工过程中应随时检查各部件的安装位置是否符合要求,是否会影响电源设备本身的正常运行。在检验过程中若认为某些项目不符合设计要求时,应要求施工单位整改。

③ 在配电室设备内部安装监控部件或连接监控电缆之前,应征得动力值班员的同意。

④ 检查直流告警设备的型号规格,直流模块是否与设计图纸上一致。

⑤ 检查蓄电池的型号规格,电压标称值是否符合图纸要求。

⑥ 监控设备安装位置符合规范要求,设备布局合理,便于操作、维护。

⑦ 电缆布放必须符合规范三线分离的要求,直流设备的电源线、监控系统的控制线必须和在用设备的交流电源线之间采取隔离措施,保证监控系统工作的可靠性和稳定性。

5.11.2 布放缆线质量控制重点

① 布放缆线的规格、路由和位置应符合设计规定,排列必须整齐美观,外皮无损伤。

② 信号传输线和电源电缆应分离布放。

③ 布放走道缆线必须绑扎。绑扎后的电缆应互相紧密靠近,外观平直整齐。线扣间距均匀、松紧适度。

④ 活动地板下布放缆线,应尽量顺直,少交叉。

⑤ 缆线的标签应正确、齐全,竣工后永久保存。

⑥ 各种缆线应采用整段材料，不得在中间接头。

⑦ 接地应正确可靠。

⑧ 各类标签齐全、醒目。

5.11.3　监控系统的调试和运行

① 设备加电前，检查各类开关的状态为"断"位。

② 检查各个整流模块，安装牢靠，没有偏斜、卡死现象。

③ 检查直流供电设备（直流告警系统）的工作状态。

④ 检查直流系统的工作地线正常，检查各类保护地线的连接，均符合规范要求。

⑤ 设备通电前，必须测量确认没有短路故障存在。

⑥ 上备加电后，测量其供电电压处于正常范围之内，各整流模块通电后工作正常。

⑦ 测试每一路报警信号的供电电源（-48 V）正常，使用设备的检查开关检查测试各路报警状态符合设计指标。

⑧ 系统统调：按照先主后次，先零后整顺序，逐步调整各类监控设备的工作状态，使其完全达到设计要求。

5.11.4　门禁安装细则

5.11.4.1　读卡器和门锁到控制器之间的连接

① 一般采用 8 芯屏蔽多股双绞网线（其中三芯备用，如果不需要读卡器声光反馈合法卡可不接 LED 线）。

② 线截面积大于 0.22 mm²。读卡器的线长最长不超过 100 m。屏蔽线接控制器的 GND。

③ 加粗或者双股合一股给读卡器供电，有助于提升读卡器的性能。

④ 按钮到控制器（门禁控制终端）之间的连接线，一般采用两芯线，线径大于 0.3 mm²。

⑤ 电锁到控制器之间的连接线使用两芯电源线，线截面积大于 1.0 mm²，距离不大于 50 m。

⑥ 门磁到控制器的线，一般选择两芯线，线径大于 0.22 mm²。如果无需在线了解门的开关状态或者无需门长时间未关闭报警和非法闯入报警互锁等功能，门磁线可不接。

5.11.4.2　485 通讯方式检查

① 485 通信接口的线缆一般使用 8 芯屏蔽双绞网线，线径大于 0.22 mm²。

② 检查至 485 接口的线路，485＋和 485－一定要互为双绞（才能使得 485 传输模式受到的干扰最小，传输最远，传输质量最好）。

③ 485 总线长度不超过 800 m。如果超过 800 m，可以选用 485HUB 或者中继器来实现通讯。

④ 控制器之间连线必须是一个连一个的总线结构，不能分叉或者星形连接。

⑤ TCP/IP 通讯方式。当采用 TCP/IP 通信接口方式时，控制器到 HUB 用普通网线，距离小于 100 m。

⑥ 布线时所有走线都必须穿金属线管或软管，根据条件可以采用 PVC 管和镀锌管。

5.11.4.3　设备安装

① 门禁施工内容包括读卡器、按钮、电锁、通信线路、485 通讯方式选择等组成。设备

包含读卡器、按钮、电锁和固定装置。

② 检查所安装的位置符合设计要求,读卡器安装后灵敏度高,数据感应可靠,并有指示。

③ 磁铁吸合牢靠,动作灵活,无缝隙接触紧密。

④ 读卡器、按钮的安装高度一般距地面 1.45 m,根据设计的要求可以调整。

⑤ 门禁设备的控制器和其他大电源设备不得接在同一供电插座上。

⑥ 门禁工程中,涉及的连线比较细,容易断裂,施工中必须严格按标准、规范施工(接线),不要裸露金属部分过长,以免引起短路和通讯故障。

5.12 综合布线系统

5.12.1 监理工作重点和难点

5.12.1.1 综合布线系统质量控制重点

① 网线的绑扎距离、绑扎力度、固线器固定力度(螺丝的紧固)对网线固定以及网线性能影响。

② 网线接线的位置、路经、数量、规格、质量的检查确认。

③ 网线终端水晶头的质量、剪线长度必须严格控制,压线的力度适中(必需压紧)。

④ 涉及光传输的接口器件,检查其保护装置,不得脱落,造成光传输衰减增加。

⑤ 终端设备的位置和网线引接的位置准确。

⑥ 布放网线的走线架和位置,注意与电源电缆之间的距离和位置。

⑦ 每一根网线的检测。

⑧ 线缆的标志等。

5.12.1.2 综合布线系统安全管理重点

① 注意部分设备已经加电,人员操作对已经运行设备的防护措施。

② 废线头的清理。

③ 人员踩踏设备机柜问题等。

5.12.1.3 综合布线系统监理难点

① 进场施工人员的上岗证件核对。

② 施工时间和工程整体进度控制。

③ 垃圾清理等。

5.12.2 监理实施细则

5.12.2.1 施工前机房环境检查

① 机房土建工程已全部竣工,室内墙壁已充分干燥。机房门的高度和宽度应不妨碍设备的搬运,房门锁和钥匙齐全。

② 机房地面应平整光洁,预留暗管、地槽和孔洞的数量、位置、尺寸均应符合工艺设计要求。

③ 电源已经接入机房内并能满足施工需要。

④ 走线架已安装完成,并符合设计要求。

⑤ 机房的通风管道应清扫干净,空调设备应安装完毕,性能良好。

⑥ 在铺设活动地板的设备间内,应对活动地板进行专门检查,地板板块铺设严密坚固,符合安装要求,每平方米水平误差应不大于 2 mm,地板应接地良好,接地电阻和防静电措施应符合要求。

5.12.2.2 材料、构配件、测试仪表、工具检查要点

① 工程所用线缆、器材、构配件型号、规格、数量等应在施工前进行检查并符合设计要求。具备相应的质量证明文件或证书、出厂检测证明材料。质量文件与设计不符的不得在工程中使用。

② 包装损坏严重时,应对线缆进行测试,合格后再在工程中使用。

③ 备品、备件的各类文件资料应齐全。

5.12.2.3 设备安装监理要点

(1) 机架安装要求

① 机架安装完毕后,水平度、垂直度应符合生产厂家规定。若无厂家规定,垂直度 ≤1‰。

② 机架上的各种零件不得脱落或碰坏,各种标志应完整清晰。

③ 机架的安装应牢固,应按施工的防震要求进行加固。

④ 安装机架面板、配线架,架前应留有 0.6 m 空间;列架间距应符合设计要求,机架背面离墙面距离视其型号而定,便于安装和维护。

(2) 配线架安装要求

① 采用下走线方式时,架底位置应与电缆上线孔相对应。

② 各直列垂直倾斜误差应不大于 3 mm,底座水平误差每平方米应不大于 2 mm。

③ 接线端子各种标记应齐全。

④ 安装机架、配线设备接地体应符合设计要求;并保持良好的电气连接。

5.12.2.4 缆线布放、端接监理要点

(1) 缆线布放要求

① 线缆布放前应核对规格、程式、路由及位置是否与设计规定相符合。

② 布放的线缆应平直,不得产生扭绞、打圈等现象,不应受到外力挤压和损伤。

③ 在布放前,线缆两端应贴有标签,标明起始和终端位置以及信息点的标号,标签书写应清晰、端正和正确。

④ 信号电缆、电源线、双绞线缆、光缆及建筑物内其他弱电线缆应分离布放。

⑤ 布放线缆应有冗余;中间不得有接头;在二级交接间、设备间双绞电缆预留长度一般为 3～6 m,工作区为 0.3～0.6 m。特殊要求的应按设计要求预留。

⑥ 布放线缆,在牵引过程中吊挂线缆的支点相隔间距不应大于 1.5 m。

⑦ 线缆布放过程中为避免受力和扭曲,应制作合格的牵引端头。

(2) 放线

① 从线缆箱中拉线:除去塑料塞;通过出线孔拉出数米的线缆;拉出所要求长度的线缆,割断它,将线缆滑回到槽中去,留数厘米伸出在外面;重新插上塞子以固定线缆。

② 线缆处理(剥线):使用斜口钳在塑料外衣上切开"1"字形长的缝;找出尼龙的扯绳;将电缆紧握在一只手中,用尖嘴钳夹紧尼龙扯绳的一端,并把它从线缆的一端拉开,拉的长

度根据需要而定;割去无用的电缆外衣(另外一种方法是利用切环器剥开电缆)。

(3) 线缆成端要求

① 线缆端接的一般要求:线缆在端接前,必需检察标签颜色和数字的含义,并按顺序端接;线缆中间不得产生接头现象;线缆端接处必需卡接牢靠,接触良好;线缆端接处应符合设计和厂家安装手册要求;双绞电缆与连接硬件连接时,应认准线号、线位色标,不得颠倒和错接。

② 配线架线缆端接要求:

a. 首先把配线架按顺序依次固定在标准机柜的垂直滑轨上,用螺钉上紧,每个配线架需配 1 个理线架。

b. 在端接线对之前,首先要整理线缆。用带子将线缆缠绕在配线架的导入边缘上,最好是将线缆缠绕固定在垂直通道的挂架上,这可以保证在线缆移动期间避免线对的变形。

c. 从右到左穿过线缆,并按背面数字的顺序端接线缆。

d. 对每条线缆,切去所需长度的外皮。

e. 对于每一组连接块,设置线缆通过末端的保持器(或用扎带扎紧),这使得线对在线缆移动时不变形。

f. 当弯曲线对时,要保持合适的张力,以防损坏单个的线对。

g. 线缆开捻长度应≤13 mm,这对于保证线缆的传输性能是很重要的。若配线架配有固定卡,应在线对上安装固线卡。

h. 把线对按顺序依次放到配线架的索引条中,按顺序卡接。

③ 信息插座端接要求:

a. 信息插座应牢靠安装在平坦的地方,外面有盖板。安装在活动地板或地面上的信息插座,应固定在接线盒内。插座面板有直立和水平等形式。接线盒有开启口,应可防尘。

b. 安装在墙体上的插座,应高出地面 30 cm,若地面采用活动地板时,应加上活动地板内净高尺寸。固定螺钉需拧紧,不应有松动现象。

c. 信息插座应有标签,以颜色、图形、文字表示所接终端设备的类型。本系统采用 TIA/EIA568A 标准接线。

④ 信息模块端接要求:

a. 信息插座分为单孔和双孔,每孔都有一个 8 位/8 路插针,采用了标明多种不同颜色电缆所连接的终端,保证了快速、准确的安装。

b. 从信息插座底盒孔中将双绞电缆拉出 20~30 cm。

c. 用环切器或斜口钳从双绞电缆剥除 10 cm 的外护套;特别要注意双绞线开捻长度应≤13 mm。

d. 取出信息模块,根据模块的色标分别把双绞线的 4 对线缆压到合适的插槽中。

e. 使用打线工具把线缆压入插槽中,并切断伸出的余缆。

f. 将制作好的信息模块扣入信息面板上,注意模块的上下方向。

g. 将装有信息模块的面板放到墙上,用螺钉固定在底盒上。

h. 为信息插座标上标签,标明所接终端类型和序号。

5.12.2.5 线缆传输的验证测试

施工中常见的连接故障是:电缆标签错、连接开路、双绞电缆接线图错(包括错对、极性接反、串绕)以及短路。

① 开路、短路:在施工时由于安装工具或接线技巧问题以及墙内穿线技术问题,会产生该类故障。

② 反接:同一对线在两端针位接反,如一端为1—2,另一端为2—1。

③ 错对:将一对线接到另一端的另一对线上,比如一端是1—2,另一端接在4—5针上。最典型的错误就是打线时混用T568A与T568B的色标。

④ 串绕:就是将原来的两对线分别拆开后又重新组成新的线对。因为出现这种故障时端对端连通性是好的,所以万用表这类工具检查不出来,只有用专用的电缆测试仪才能检查出来。由于串绕使相关的线对没有扭结,在线对间信号通过时会产生很高的近端串扰(NEXT)。

5.12.2.6　线缆传输的认证测试

① 认证测试标准:《商业建筑电信布线标准》(EIT/TIA568A)、《综合布线工程验收规范》(GB/T 50312—2016)。《现场测试非屏蔽双绞电缆布线测试传输性能技术规范》(TSB—67、ISO/IEC11801:1995(E))国际布线标准。

② 认证测试模型:为了测试UTP布线系统,水平连接应包含信息插座/连接器、转换点、90 mUTP(第三至五类)、一个包括两个接线块或插口的交接器件和总长10 m的接插线。两种连接配置用于测试目的。基本连接包括分布电缆、信息插座/连接器或转换点及一个水平交接部件,这是连接的固定部分。信道连接包括基本连接和安装的设备、用户和交接跨接电缆。《非屏蔽双绞线电缆系统现场测试传输性能规范》(TSB—67)规定了一种连接的可允许的最差衰减和串扰。

③ 证测试参数:

a. 接线图:这一测试是确认链路的连接,即确认链路导线的线对正确而且不能产生任何串扰。

b. 正确的接线图要求端到端相应的针连接是:1对1,2对2,3对3,4对4,5对5,6对6,7对7,8对8。

c. 链路长度:如果线缆长度超过指标(如100 m),则信号衰减较大。

d. 衰减:衰减是沿链路的信号损失度量;现场测试设备应测量出安装的每一对线的衰减最严重情况,并且通过将衰减最大值与衰减允许值比较后给出合格或不合格的结论。

e. 近端串扰(NEXT)损耗:NEXT损耗是测量一条UTP链路中从一对线到另一对线的信号耦合,是UTP链路的一个关键的性能指标。

f. 在一条典型的四对UTP链路上测试NEXT值,需要在每一对线之间测试,即12/36,12/45,12/78,36/45,36/78,45/78,参见表5-21。

表 5-21　　　　　　　　　　　信道近端串音参考值

频率/MHz	最小 NEXT/dB					
	A级	B级	C级	D级	E级	F级
0.1	27.0	40.0				
1		25.0	39.1	60.0	65.0	65.0
16			19.4	43.6	53.2	65.0

频率/MHz	最小 NEXT/dB					
	A 级	B 级	C 级	D 级	E 级	F 级
100				30.1	39.9	62.9
250					33.1	56.9
600						51.2

g. 特性阻抗:包括电阻及频率自 1～100 MHz 间的电感抗及电容抗,它与一对电线之间的距离及绝缘体的电气特性有关。

5.12.2.7 工程验收资料

① 安装工程量。

② 工程说明。

③ 设备、器材明细表。

④ 竣工图纸。

⑤ 测试记录。

⑥ 工程变更、检查记录。

⑦ 工程重大质量事故表。

⑧ 随工验收记录。

⑨ 隐蔽工程验收记录。

⑩ 工程质量报验表(隐蔽工程、批检验、分部分项工程)。

5.13 机房装修装饰工程

5.13.1 监理工作重点和难点

5.13.1.1 机房装修质量控制重点

① 进场施工人员的上岗安全培训证书核对。

② 涉及墙面、地面、保温、防水、电气布线线管的施工,注意与图纸核对其位置、规格。

③ 材料的质量检查核对,检测报告以及证明材料,质量性能、质量合格的证明资料搜集整理。

④ 审核施工单位(分包单位)的资质。

⑤ 检查临时用电设备的性能状态。

⑥ 环境检查和控制,重点是电动工具的性能,照明度。

⑦ 涉及隐蔽工程(分部工程或分项工程、隐蔽工序)必须严格检查验收制度。

⑧ 对机房开启的各类孔洞工序施工前,必须对其位置进行严格检查,对照图纸。涉及机房建筑物承重部分的孔洞开启之前必须与设计沟通,再次确认,报告建设单位,然后施工。

⑨ 涉及防水工程部位施工前,需要与空调、机房管理人员、建设单位沟通,根据设计图纸和现场情况,综合考虑,设计认可后进行(主要是设计图纸有时有偏差)。

⑩ 装修中的龙骨材料、间距、防火材料的固定,螺丝的间距等必须符合图纸要求。

5.13.1.2 机房装修监理安全管理重点

① 人员状态和人员上岗证件检查核对。

② 动火证。

③ 材料质量检查检验。

④ 临时用电设备和电缆。

⑤ 现场环境整理等。

5.13.1.3 机房装修监理难点

① 人员流动较大,安全管理工作点面较广。

② 土建装修作业区域较大,安全隐患较多,监理巡视、旁站点多。

③ 土建作业人员流动较大,监理把控较为困难。

④ 土建作业人员的素质普遍偏低,安全管理工作深入细致程度掌握。

⑤ 土建装修的进度往往不能满足其他单位工程需要,需要协调的工作量非常大。

⑥ 土建装修时留下较多的孔洞、垃圾、角棱材料废件,环境影响较大。

⑦ 土建装修的垃圾清理困难、不及时,造成整个施工的环境变差。

⑧ 土建装修人员因农民工较多,法律意识、安全意识淡薄,管控困难等。

在实施之前,首先掌握和熟悉有关室内装修的质量控制要求和资料,熟悉监理合同、承包合同、设计图纸;组织和督促施工单位到现场实际察看现场已经存在的水电、风管、线管、开关箱等专业管线的安装位置是否与设计图纸一致,是否有遗漏。

5.13.2 监理实施细则

5.13.2.1 施工单位进场前的检查

做好设计交底及图纸会审工作,组织施工单位进行会审,督促其做好会审记录。会审的主要内容:

① 本期装修工程的开工报审。

② 进场时所用的临时材料、临时设备的规格、型号、性能是否符合施工规范的要求。

③ 与其他专业图纸对照是否相互矛盾,这一点尤为重要,如平、立面布置有无不合理,与电源工程、空调工程等是否有冲突,特别是后续的设备机架安装和走线架安装时,与土建的照明有无冲突。空调的回风口与照明灯带有无冲突。

④ 对承包单位资质进行审核,包括:审查企业注册证明和资质等级,要求交验有关证明(复印件),技术力量情况,施工机具、设备情况。对承包单位选择的分包单位,必须按规定审查、认证,符合条件方允许进场施工。

⑤ 施工方人员架构及技术工种、上岗证的审核。

⑥ 施工组织设计应按施工规范要求,编制有保证施工安装质量和安全的技术措施、施工工艺流程、安全保证预案。

⑦ 根据提交的开工申请报告,审查是否已具备开工条件,审核标准应以施工方案、现场施工准备情况、各种开工手续是否齐全,来确定是否同意开工。

⑧ 要求施工方的所有进场材料必须符合标准规范和设计要求。材料进场要填写 A3.3 表[材料(构配件)、设备进场使用报验单]报验,监理工程师要认真检查,所有材料经检查合格后方可进入现场使用。

5.13.2.2 安全管理

现场安全生产管理以施工方为主体。

① 检查土建施工单位的临时用电设施符合临时用电规范,如临时照明、临时插座等用电时,必须从带有漏电保护装置并且性能符合规范的配电箱引电。

② 检查施工人员的脚手架、登高工具等的牢固程度和性能,不符合规定的工具坚决不允许进场。

③ 在用电操作时,必须是带有电工证的电工方可操作。

④ 所有操作人员的安全帽、工作服等佩戴齐全。

5.13.2.3 现场施工管理

现场施工管理以施工方为主体,主要管理和协调各个施工方之间的矛盾和冲突,做到现场管理有序,安全,穿插施工不误工,提前考虑问题,提出建设性意见,提高施工效率,避免翻工,按照工程的整体计划合理分配时间。

5.13.2.4 质量控制和要求

各种材料级别、规格以及零配件应符合设计要求;各种材料应有产品质检合格证书和有关技术资料,配套齐备;吊顶施工前,应在上一工序完成后进行;对孔洞应填补完整,无裂漏现象。本道工序进行前,必须对上道工序安装的管线进行工艺质量验收;包括预留的走线孔、出风口等,尺寸应符合吊顶设计标高要求。

5.13.2.4.1 龙骨安装

① 根据吊顶的设计标高,在四周墙上弹线,弹线应清楚,其水平允许偏差±5 mm。

② 根据设计要求确定吊杆的吊点坐标位置。

③ 主龙骨端部吊点离墙边不应大于 300 mm。

④ 主龙骨安装完成应整体校正其位置、标高。

⑤ 如果主龙骨在安装时与设备、预留孔洞或其他吊件、灯组、工艺吊件有矛盾时,应通知设计人员协调处理吊点构造或增设吊杆。

⑥ 主龙骨与吊杆应尽量在同一平面位置,如发现偏离应作适当调整。

⑦ 如果设计无明确要求,主龙骨应设在平行于吊顶短跨边。

5.13.2.4.2 吊顶工程

① 所有材料的规格、颜色、骨架构造、固定方法应符合设计要求和质量标准。

② 吊顶龙骨及石膏板安装必须牢固、外形整齐、美观、不变形、不脱色、不残缺、不折裂。

③ 完成吊顶后应进行实测,符合设计要求。

④ 注意吊顶主龙骨的位置不能与其他专业施工时相冲突。

⑤ 吊扣、挂件必须拧夹牢固。

⑥ 射钉枪操作或是电钻打孔时,其间距、钉子的大小符合规范要求。

⑦ 吊顶结束应拉通线检查,做到标高位置正确,大面平整,美观。

5.13.2.5 土建施工工艺质量控制和措施

5.13.2.5.1 吊顶施工

通常情况下当采用木板、胶合板、纤维板、石膏板做吊顶的罩面板时,多用钉挂式;当用钙塑板、岩棉板、矿棉板、刨花板时多用搁置式;当用金属装饰板时多为挂扣式。

（1）质量标准

① 所有的品种规格、颜色、龙骨质量、固定方法应符合设计要求和质量标准。

② 吊顶龙骨及罩面板,安装必须牢固,外形整齐、美观、不变形、不脱色、不残缺、不折裂。

③ 吊顶安装完毕不允许外来物体撞击、污染。

④ 已带图案、花饰应统一端正,找缝处花纹图案吻合、压条应保证平直。

⑤ 完成吊顶后应进行实测。通常情况下,通道在 10 m 内,大面积的礼堂、厅堂等以两轴之间抽查不小于 10 个测检点。

(2) 施工准备

根据施工图对吊顶的主龙骨走向与吊点位置确定排布方案。然后,搭设脚手,根据排布方案进行平顶弹线(包括四周墙柱面的水平控制线)、钻眼。钻眼深度应在 80~100 mm 之间,但不得超过 100 mm。各种材料级别、规格以及零配件应符合设计要求;各种材料应有产品质检合格证书和有关技术资料,配套齐备;所有现场配置的黏结剂,其配合比应先由有关部门进行试配,试验合格后才能使用。吊顶施工前,应在上一工序完成后进行;对原有孔洞应填补完整,无裂漏现象;对上工序安装的管线应进行工艺质量验收;所预留出口、风口高度应符合吊顶设计标高。

(3) 操作要点

① 吊杆排布——吊杆排布的最大间距不得超过 1 200 mm,一般以 1 100 mm×1 100 mm 进行排列,吊杆离墙柱面的间距不得大于 300 mm。吊杆安装时,膨胀螺丝的套管必须全部进入楼板结构,螺丝必须全部拧紧,绝对不允许出现松脱现象。安装好的吊杆必须全部调直,不得出现明显弯曲。排布吊杆时,如遇风管、设备管线,致使其间距超过 1 200 mm 时,必须进行吊杆加固。

② 轻钢龙骨的安装——轻钢龙骨安装时,主、副龙骨的接缝必须进行错缝搭接。副龙骨的安装间距应控制在 350~400 mm 之间。如果遇双层纸面石膏板,必须小于 350 mm。龙骨安装时必须保证其挂、接件锚固到位,绝对不允许出现松动现象。

③ 轻钢龙骨的调整——根据四周墙柱面的水平控制线,对已安装好的轻钢龙骨拉麻线进行调整。主、副龙骨必须横平竖直,水平偏差不得大于±5 mm。轻钢龙骨必须根据房间的长向距离进行起拱,起拱高度不小于房间长向距离的 1/200。轻钢龙骨调整以后,必须对轻钢龙骨的大吊螺丝进行紧固,不得出现龙骨松动现象。面积较大的房间,还要在主龙骨上增加平顶反撑,增加平顶的稳固性。

④ 纸面石膏板的安装——纸面石膏板安装时必须在板材处于自由状态下进行固定,板缝的间距在 5~10 mm 之间,板缝应交错搭接。钉距在 150~170 mm 之间,钉眼距纸面石膏板的纸包边为 10~15 mm,距切割的板边为 15~20 mm。自攻螺丝固定纸面石膏板时,应与板垂直,钉帽入板以 0.5~1 mm 为佳,不得破坏石膏板纸面。安装双层纸面石膏板时,面层板与基层板的接缝应该错开,不允许在同一根龙骨上接缝。

⑤ 平顶弹线应将特殊部位的吊顶在施工现场确切定位——根据施工图对吊顶的主龙骨走向与吊点位置确定排布方案。然后搭设脚手架,根据排布方案进行弹线(包括四周墙柱面的水平控制线)、钻眼。钻眼深度应在 80~100 mm 之间,但不得超过 100 mm。

⑥ 吊杆排布——吊杆排布的最大间距不得超过 1 200 mm,一般以 1 100 mm×1 100 mm 进行排列,吊杆离墙柱面的间距不得大于 300 mm。吊杆安装时,膨胀螺丝的套管必须

全部进入楼板结构，螺丝必须全部拧紧，绝对不允许出现松脱现象。安装好的吊杆必须全部调直，不得出现明显弯曲。排布吊杆时，如遇风管、设备管线，致使其间距超过 1 200 mm 时，必须进行吊杆加固。具体加固方案由现场技术员提供(但必须经过建设单位和监理的签证确认)。

⑦ 轻钢龙骨的安装——轻钢龙骨安装时，主、副龙骨的接缝必须进行错缝搭接。副龙骨的安装间距应控制在 350～400 mm 之间。如遇双层纸面石膏板时，必须小于 350 mm。龙骨安装时必须保证其挂、接件锚固到位，绝对不允许出现松动现象。

⑧ 花式吊顶的制作——根据施工图的要求，先将该花式吊顶的形式、位置在施工现场定位、放样。然后，对施工图中的花式吊顶进行内部结构分析，制定加工方法后进行加工制作。制作时要求必须完全按照施工图尺寸，力求在装饰效果中体现设计构思。如遇到传统施工工艺达不到图纸要求时，需与设计方、监理进行商讨，改进施工工艺或设计方案。花式吊顶制作完毕后，请设计方到现场查看，如与设计方构思不符，及时加以改进。

⑨ 轻钢龙骨的调整——根据四周墙柱面的水平控制线，对已安装好的轻钢龙骨拉麻线进行调整。主、副龙骨必须横平竖直，水平偏差不得大于±5 mm。轻钢龙骨必须根据房间的短向距离进行起拱，起拱高度不小于房间短向距离的 1/200。同时调整花式吊顶的水平，并与轻钢龙骨固定，轻钢龙骨调整以后必须对轻钢龙骨的大吊螺丝进行紧固，不得出现龙骨松动现象。面积较大的房间，还要在主龙骨上增加平顶反撑，增加平顶的稳固性。

⑩ 纸面石膏板的安装——纸面石膏板安装时必须在板材处于自由状态下进行固定，板缝的间距在 5～10 mm 之间，板缝应交错搭接。钉距在 150～170 mm 之间，钉眼距纸面石膏板的纸包边为 10～15 mm，距切割的板边为 15～20 mm。自攻螺丝固定纸面石膏板时，应与板垂直，钉帽入板以 0.5～1 mm 为佳，不得破坏石膏板纸面。安装双层纸面石膏板时，面层板与基层板的接缝应该错开，不允许在同一根龙骨上接缝。

⑪ 注意通病的防治——a. 各种外露的铁件，必须作防锈处理；各种预埋木砖，必须作防腐处理；木骨架、木质罩面板背面必须做防火涂层处理，其防火涂料应为地方消防部门认可的合格产品，并保存好产品证书以备案。b. 吊顶内的一切空调、消防、用电、电讯设备以及人行走道，必须自行独立架设。c. 所有焊接部分必须焊缝饱满；吊扣、挂件必须拧夹牢固。d. 控制吊顶不平，施工中应拉通线检查，做到标高位置正确、大面平整。

5.13.2.5.2 轻钢龙骨石膏板隔墙

(1) 施工准备

① 根据施工图先提出龙骨和石膏板的规格和加工定制数量，并向物资供应部门提出申请采购。

② 安装石膏板墙面板前，埋设在地面内或墙内的管线应进行全面核查一遍，进行隐蔽工程验收，并对露出地面的电管修整好，以避免隔墙安装完后电管再返工损坏墙体。

③ 导墙浇捣：根据构造要求，卫生间、盥洗室隔墙与楼面接触必须做导墙，按已弹墙体墨线切割开槽，槽面上凿毛，将毛面彻底清洗干净，随后立侧模浇出高 100 mm 导墙，导墙混凝土采用 C20。

④ 轻钢龙骨和石膏板到场后要立即运到楼面上，龙骨下可用垫木垫平，垫木间距不大于 600 mm，以避免龙骨变形，也可直接放在已粉好的楼地面上，但石膏板底下却必须用细木工板等较厚较平的木板铺垫平整，木板下必须再用条木搁栅(截面 50 mm×100 mm)垫

平。堆放处因石膏板忌水,离开水源要远些,以防板材受潮损坏。石膏板放叠高不得超过
1.2 m。

(2) 轻钢龙骨安装

① 安装沿顶、沿地龙骨。在楼地面上弹墨线摆好龙骨,用射钉枪或 M6 钢膨胀螺栓固定,钉距在 600 mm。操作时随时注意检查沿顶、沿地龙骨必须保持在同一垂直平面,然后才可用射钉(或电钻打眼固定膨胀螺栓)将沿地、沿顶龙骨固定于地面与顶上。射钉射入最佳深度为 22~32 mm。在安装沿顶、沿地龙骨的同时要插入门框处的加强龙骨。

② 安装竖向龙骨。竖向龙骨间距位置不大于 400 mm,并要考虑到石膏板材的实际宽度,在板材中间要设有一根竖龙骨。如板材宽 1 200 mm,则竖龙骨应 400 mm 设一档。竖向龙骨与沿顶、沿地龙骨用拉铆钉锚固固定,并用接线方法进行垂直校正。沿边(即沿墙或沿柱)龙骨跟主体结构墙或柱与沿顶、沿地相同的方法固定。安装横撑,在竖向龙骨上安装支撑卡与通贯横撑龙骨连接,在竖向龙骨开口面安装卡托与横撑连接,而竖向龙骨背面安装角托与横撑连接,水平方向的通贯横撑龙骨沿墙高共放 3 道,接长时用通贯横撑连接件。

③ 龙骨安装。a. 根据吊顶的设计标高要求,在四周墙上弹线,弹线应清楚,其水平允许偏差±5 mm;b. 根据设计要求定出吊杆的吊点坐标位置;c. 主龙骨端部吊点离墙边不应大于 300 mm;d. 主龙骨安装完成应作整体校正其位置和标高,并应在跨中按规定起拱,起拱高度应不小于房间短向跨度的 1/200;e. 如主龙骨在安装时与设备、预留孔洞或其他吊件、灯组、工艺吊件有矛盾时,应通知设计人协调处理吊点构造或增设吊杆;f. 主龙骨与吊杆应尽量在同一平面位置。如发现偏离应作适当调整;g. 主龙骨安装应留有次龙骨及罩面板时吊顶整体变形;h. 如设计无明确要求,主龙骨应设在平行于吊顶短跨边。

(3) 石膏板安装

对以上安装完毕的轻钢龙骨墙体骨架(含墙内暗装电器管线)进行隐蔽工程验收,确认合格经质监人员签发隐蔽工程验收证明单后才可进行石膏板墙面的钉铺覆面工作。

① 切割石膏板。先把尺寸量好,进行画线,再用墙纸刀进行沿线切割,使板的边缘平直方正无缺楞掉角缺陷。

② 铺板与固定。原则是将石膏板长边(即包封边)沿(顺着)竖向龙骨方向钉铺。但它与横向支撑龙骨铺设不得有悬挑现象。石膏板对接时应靠紧,但不得强压就位,可以从一板角或中间行列开始钉铺,也不多点同时铺钉,要求板缝顺直,宽窄一致。龙骨两侧的石膏板的对接板缝应错缝排列,不得落在同一根横龙骨上。在竖向龙骨前后墙面两块石膏板的竖向接缝也必须错开,不能落在同一竖龙骨上。安装石膏板时,先将石膏板就位,用手枪电钻将板和龙骨翼缘同时上自攻螺丝钉钉牢,不能有松动现象。螺丝位置布置应均匀,钉眼距包封边不小于 10 mm,距切割边不小于 15 mm;钉距在板周边处 150~200 mm,在板中心处 250~300 mm。螺丝应垂直板面,螺丝钉头须嵌入板面 0.5~1 mm,随后钉眼用界面剂腻子抹平。

③ 板缝处理。隔墙端部的石膏板与主体的平顶、侧墙(或柱)应留有 3~4 mm 的槽缝并用缝膏注嵌,然后将板挤压嵌缝膏使其和邻近墙表层挤贴紧,缝外表用勾缝工具袖平。在包边的板缝处用刮刀将嵌缝界面剂填嵌密实,再刮厚约 1 mm,宽约 60 mm 腻子,随即贴上穿孔纸带或玻璃纤维布带,用刮刀顺着纸带方向刮压使腻子均匀地挤出纸带外。在切割边接缝处应清理干净后再用石膏腻子填嵌密实平滑。

5.13.2.5.3　硅钙板吊顶施工

施工操作要点：

① 吊点：位置离墙不大于 300 mm，一般按每平方米 1 个，吊杆采用 D8 镀锌内膨胀杆。

② 龙骨安装：将主龙骨（上人龙骨）用吊挂件连接下吊杆，拧紧螺丝卡牢，主龙骨接长用接插件连接。

③ 主龙骨按照大样图的位置和方向安装完毕进行调平，在主龙骨下面拉线打平，拧动吊杆螺栓使主龙骨升降，离墙第一根主龙骨距离不超过 300 mm，排到最后距离如超过 300 mm，应增加 1 根。

④ 安装起始龙骨到上述主龙骨上，用铝铆钉固定，插入龙骨连接件，用铝铆钉固定，连接悬吊系统，把末端龙骨安装到悬吊码上，之后再安装铝制硅钙板龙骨。硅钙板龙骨安装时，主、副龙骨的接缝必须进行错缝搭接。主、副龙骨的安装必须按照图纸上的布置进行排布。铝制硅钙板龙骨的调整：根据四周墙柱面的水平控制线，对已安装好的铝制硅钙板龙骨拉麻线进行调整。主、副龙骨必须横平竖直，水平偏差不得大于 ±5 mm。硅钙板龙骨必须根据房间的长向距离进行起拱，起拱高度不小于房间长向距离的 1/200。硅钙板龙骨调整以后，必须对主龙骨的大吊螺丝进行紧固，不得出现龙骨松动现象。面积较大的房间，还要在主龙骨上增加平顶反撑，增加平顶的稳固性。平整度调好后放置成品硅钙板。

5.13.2.5.4　地砖施工

施工操作要点：

① 用材要求：本工程采用的地砖有玻化砖、防滑地砖，必须几何尺寸、色差一致，平面光洁、平整，无掉棱、缺角现象。

② 各施工步骤的施工要点及工艺标准：预排地砖，按照排列图进行预排。

③ 地砖铺贴：地砖铺贴时应拉麻线控制地砖的垂直度与平整度。铺贴时，要掌握好水泥砂浆的稠度，防止地砖的空鼓、起壳。榔头敲击时用力均匀，并用水平尺随时检查、调整地砖的水平。

④ 表面清理：地砖铺贴好以后，必须将结于其表面的水泥砂浆清理干净，表面用填缝剂填平并清理干净。

⑤ 质量标准参见表 5-22。

表 5-22　　　　　　　　　　　　　　　　地砖施工质量

立面垂直度	2 mm	接缝平直	2 mm
接缝高低	1 mm	表面平整度	1 mm
阳角方正	2 mm	接缝高低	2 mm

5.13.2.5.5　环氧涂料地面

① 施工程序：地面清洁除尘→批嵌→上刷环氧涂料。

② 对原有水泥地坪进行清洁除尘，粉 20 厚 1∶3 水泥砂浆，内掺建筑胶，找平地面。

③ 待地面干燥之后，对有起壳开缝地面进行修复，完毕之后对地面进行粉刷无溶剂环氧底料一道，注意要均匀。

④ 待底料干燥之后，对地面进行 0.5～1 mm 厚环氧腻子批嵌找平，待强度达标后表面

进行修补打磨。

⑤ 清除表面灰尘,对地面进行最后一道面漆粉刷。

注意事项:对于每道工序要保持室内空气畅通。最后一遍面漆粉刷之后48 h方可入内,对现场地坪进行保护,严禁铁器之类物品接触地面。

5.13.2.5.6　防静电架空地板(网络地板)

待工业地坪涂料施工完成后,对地面进行弹线定位:用墨线算出地板支架的放置位置,即地板纵横方格的交叉点。按地板高度线减去面板的厚度的尺寸为标准点,画在各个墙面上,在这些标准点上打钉拉线,拉线的位置依地面的方格墨线安排。

① 固定支架:在地面弹线方格网的十字交点上用胀铆螺丝固定支架。

② 调整支架顶面高度:用相应方式将支架进行高低调整,使其顶面与拉线平齐,然后锁紧起活动构造。

③ 安装支承行条:以水平仪逐点抄平已安装的支架,并以水平尺校准各支架的托盘后即可将支承行条架设于支架之间。行条的安装根据其配套产品的不同类型依其说明书的有关要求进行。

④ 安装面板:在组装好的行条搁栅框架上安放面板,注意地板成品的尺寸误差。地板与周边墙柱面的接触部位要求缝隙严密。

⑤ 养护:地板铺设完毕后,将该房间(区域)进行封闭,非施工作业人员禁止进入。

质量标准参见表5-23。

表 5-23　防静电架空地板(网络地板)要求

支架顶面标高	±4 mm
板面平整度	2 mm
板面拼缝平直	3 mm
板面拼缝宽度	≤0.2 mm

5.13.2.5.7　乳胶漆施工工艺

（1）基层处理

① 施工前由技术人员检查基层是否平整、光滑、坚固、无孔洞,是否有酥粉、脱皮、起壳、粉化等现象。

② 施工前必须将基层表面的灰浆、浮灰、油污、附着物等清除干净,打扫干净后刷一遍稀107胶(胶与水的配合比为1∶2)。

③ 基层的蜂窝、砂眼和细小孔洞等,可用较硬胶油腻子初步填平,再用糊状胶油腻子披刮二遍,直至平整,干燥后用木砂纸($1^{\#}$或$11/2^{\#}$)打磨光滑,清除灰土。腻子可以用聚醋酸乙烯乳液加入填充料(碳酸钙∶硫酸钡为1∶1制成),操作同上。每次涂刮的腻子不能过厚(最多1~2 mm),过厚容易收缩而出现开裂。

④ 由于新抹砂浆湿度、碱度较高,对涂膜质量有影响,因此要求这些修补的砂浆达到养护要求,经过测湿仪等测量,基层含水率低于6%后,pH值在10以下才能涂刷。其他地方抹灰后亦必须等到pH值小于10,基层含水率<6%时,才能开始涂刷。

⑤ 对于穿墙构件,提前做好其四周必需的防锈、防水处理。

⑥ 基底表面应平整,纹理质感均匀一致,否则由于光影作用,会造成深浅不一的错觉,影响装饰效果。

(2) 前期保护

墙面门窗框及不需涂饰的部位和设备采用适当的措施进行遮挡保护。

(3) 材料管理

进场材料要及时向监理报验,经监理检验合格的材料才允许进场使用。

(4) 乳胶漆调制

乳胶漆使用时用清水调到涂刷所需稠度,一般加水量为漆量的 20%,如墙面吸水强,涂刷困难或不易涂刷时,需要大量加水时,不能超过 50%,但未遍漆的用水量仍应恢复到 20%。

(5) 乳胶漆涂刷

乳胶漆一般涂刷两遍为佳,如果工程需要也可涂刷三遍。第一遍涂毕干燥后即可涂刷第二遍。乳胶漆由于干燥迅速,大面积施工应上下多人合作,流水作业,从墙角一侧开始,逐渐刷向另一侧,互相衔接,以免出现排笔接印。如用排笔不易涂刷时,可用 75 毫米长毛漆刷两把,把刷柄锯掉,拼装成一把,名为"拼刷",这种刷子涂刷省力,容易刷开,功效高。此外,也可采用滚涂方法进行。

5.13.2.5.8 网络地板上地毯铺设

(1) 施工前的准备工作

① 待网络地板安装完成后,地毯的基层面要求平整,无凹凸不平的现象,基层面上的油污等应清理干净。

② 基层面如表面凹凸的部分要磨平且基层上凹凸不平之差大于 6 mm 时,应用水泥砂浆找平。

③ 精确测量房间的长宽尺寸,作为地毯下料的依据。

④ 根据测量的尺寸,用裁边机对地毯进行下料;其长度要比房间长出约 20 mm,宽度以裁去地毯边缘线后的尺寸计算裁好的地毯卷成卷,并编号运入对号房间。

(2) 地毯铺设

① 倒刺板沿踢脚板的边缘用高强度水泥钉在基层上,钉距 40 cm 左右。倒刺板要离开踢脚板面 8~10 mm,便于用榔头敲钉子。沿房间走道墙钉。

② 放衬垫。衬垫用胶粘到基层,用 107 胶或白胶均可。刷胶不满刷,而是采用点刷的方法。将衬垫固定。衬垫不要压住倒刺板,应离开倒刺板 10 mm 左右。免得拉伸地毯时影响倒刺板上的尖钉对地毯造成的勾结。衬垫不铺设太平,在地毯拉伸前衬垫放妥即可。

③ 将裁好的地毯虚铺在垫层上,然后将地毯卷起,在拼接处进行缝合。接缝处缝合时先将两端对齐然后再用大针满缝。背面缝合完毕,在缝合处刷 5~6 cm 的白胶,然后将裁好的白布条贴上,也可用塑料胶纸粘贴于缝合处,保护接缝处不被划破或勾起。将背面缝合完毕的地毯平铺好,再用弯针在接缝处做绒毛密实的缝合。

④ 地毯缝合完毕要进行拉伸。先将地毯的一条长边固定在倒刺板上,拉伸地毯要用地毯撑子,地毯拉伸后,对于长出的地毯,用裁割刀将其割掉。一个方向拉伸完毕可进行另一个方向的拉伸,直至四个边都固定在倒刺板上。

⑤ 地毯刚铺设完毕,表面往往有不少脱落的绒毛,待收口条固定后,用吸尘器清扫一遍

即可干净。铺设后的房间一般应禁止人在上面大量走动。

（3）工艺质量控制

① 选用的地毯材料及衬垫材料应符合设计要求，并报送监理检验合格。

② 地毯固定牢固，不能有卷边、翻起的现象。

③ 地毯表面平整，不应有打皱、鼓包现象。

④ 地毯拼缝处平整密实，在视线范围内应不显拼缝。

⑤ 地毯同其他地面的收口或交接应顺直，视不同部位选择适合的收口或交接材料。

⑥ 地毯的绒毛应理顺，表面应干净，无油物等杂物。

5.13.2.5.9　墙、柱面贴釉面砖

① 釉面砖的品种、规格、花色按设计规定，并应有产品合格证。

② 1 mm 差距分类选出若干规格，选砖要求方正、平整，楞角完好，同规格的面砖力求颜色均匀。

③ 基层处理和抹底子灰。

a. 对光滑表面基层应先打毛，并用钢丝刷满一遍再浇水湿润。

b. 砖墙面基层：提前一天浇水湿透。

c. 抹底子灰应分层进行。

④ 贴面砖前应预排砖块、弹线。

a. 在同一墙面，最后只能留一行（排）非整块面砖，非整块面砖应排在靠近天面或不显眼的阴角等位置。

b. 施工前要弹好花色变异分界线和垂直水平控制线。

⑤ 贴面砖。

a. 釉面砖隔天泡水浸透晾干备用。

b. 在每一分段或分块内的面砖均应自下向上铺贴。

c. 面砖背面应满涂水泥膏（厚度一般控制在 2～3 mm 内），贴上墙面后用铁抹子木把手着力敲击，使面砖粘牢。每贴完一排应及时检查，发现空鼓要返工。

⑥ 主要质量通病及原因：

a. 空鼓：基层清理不够干净；抹底子灰时，基层没有保持湿润；面砖铺贴前没有事先泡浸或底子灰没有保持湿润；面砖背抹水泥不够均匀或量不足；砂浆配合比不准，稠度控制不好，砂浆中含砂量过大以及粘贴砂浆不饱满，面砖缝不严均可引起空鼓。

b. 墙面脏：主要因为铺贴完成后没有及时将墙面清洗干净。此时可用棉纱沾盐酸加 20% 水刷洗，然后用清水冲洗既可。

⑦ 质量标准：

① 表面平整、洁净，色泽一致、无起碱污痕和显著的光泽受损处，无空鼓现象。

② 接缝填嵌密实、平直、宽窄一致；颜色一致，阴阳角处的板压面正确。

5.13.2.5.10　墙、柱子面贴饰面石材

（1）基层处理

① 镶贴前应按设计图纸要求，弹出花色，品种规格分界线及水平、垂直控制墨线。

② 灌浆用 1:2 水泥砂浆（稠度为 80～120 mm）。灌浆前先浇水湿润石板块及基层；灌浆时应根据石板缝高度分层进行；第一层高度为 150 mm 并不得大于 1/3 石板高度；待砂浆

初凝后才能继续灌注；以后灌注高度应控制在 200～300 mm。

③ 施工应避免出现质量通病。

（2）质量标准

① 材料品种、规格、颜色、图案必须符合设计要求和有关标准规定。

② 安装必须牢固，无歪斜缺楞掉角、裂缝等缺陷。

③ 表面平整、洁净，颜色一致，无污痕和显著光泽受损处，无空鼓现象。

④ 接缝填嵌密实、平直、宽窄一致，色泽一致，阴阳角处压面正确。

5.13.2.5.11 裱面工程

（1）壁纸、墙布的产品类型、图案、品种、色彩等应按设计要求选配，表面应整洁，图案应完好清晰，色彩一致，并附有产品合格证。运输和贮存时均不得日晒雨淋，压延壁纸和墙布应平放，发泡壁纸、复合壁纸则应竖放。

（2）胶黏剂应具有防霉和耐久性，如有防火要求时，应具有耐高温不起层等特性；配套成品的胶黏剂应经试验合格后方可使用。

（3）107 胶不能使用铁制容器，以免胶质变黄，影响质量。

（4）作业条件要求：

① 应待顶棚、墙面、门窗及建筑设备、涂料工程完工后进行。

② 必须待楼地面等湿作业装饰面施工完成后，并具备不至于被后继工程所损坏和沾污的条件下进行。

③ 基层含水率：混凝土和抹灰面不得大于 8%；木材制口面不得大于 12%。

（5）基层处理：

① 裱糊前将凸出基层表面的设备或附件卸下，保存妥善，待裱糊完成后再行安装复原。

② 裱糊前应将基层表面的污垢尘土，浮松泵面、漆面、油污等清除干净，泛碱部分用 9% 的稀醋酸中和冲洗。

③ 块料拼装的基层如石膏、木胶合板等，钉帽应打入基层表面，并涂防锈漆防止钉帽锈蚀，钉眼用油性腻子填平。

④ 抹灰面、混凝土面应用腻子修补后，满刮腻子一遍，用砂纸打磨平。

⑤ 裁纸：分幅拼花裁时应注意花饰图案的连贯和花饰正侧方向，一般裁尺寸长于实际尺寸 3～10 cm，以保证裱糊的密实。

⑥ 壁纸、墙布应有样用整幅对花拼缝，阳角处不得有拼缝，并应转过 10～15 cm 处包角压实；阴角处的拼缝应转过阴角 2～5 cm，并应顺光搭缝。

⑦ 裱糊第一幅壁纸、墙布必须要有基准线。

⑧ 基层涂胶黏剂的宽度，比裱糊纸幅宽约 3 cm，涂刷要薄而均匀，不过厚。

⑨ 壁纸及墙布的裱糊工艺符合要求。

（6）质量标准：

① 保证项目：所用材料的品种、颜色符合设计要求和有关标准规定；壁纸、布必须粘贴牢固，无空鼓、翘边、皱折等缺陷。

② 基本项目：裱糊的墙饰表面色泽应一致，无斑污，无胶痕；各幅拼接应横平竖直图案端正，拼缝处花纹图案连接吻合距离 1.5 m 处正视不显拼缝，阴角处拼缝应顺光搭接，阳角无接缝；裱糊的墙饰与镜线、贴脸板、踢脚板、电气槽盒等交接紧密无缝隙、无漏贴和补贴，不

糊盖需拆卸的活动件。

5.13.2.6　电气安装工程施工工艺

5.13.2.6.1　施工期准备工作

① 一般来说,电气安装工程主要工作是在土建基本完工后进行的,但是在土建施工中,监理人员必须督促电气施工人员做好电气安装的预留预埋,否则将给以后的安装带来很大的麻烦和无谓的损失。

② 监理必须了解设计图中的全厂供电系统,譬如供电的电压等级,是否有总变电站,车间配电间的数量及供电外线走向等,以便划分监理的重点和分配监理的力度。

③ 电气安装的线路施工必须因地制。因为电气施工的时间是在整个工作的后期,而且受工艺管道、设备安装的制约和影响,往往原先设计预定的通道被占用了,因此需要改道绕行或见缝插针,因地制是避免不了的。

④ 熟悉电气工程施工图纸,参加图纸会审,提出图纸中存在的问题和错误,并及时与建设单位联系,进一步与设计单位沟通。尽量避免和减少因图纸问题而造成对工程质量、进度、投资的影响。

⑤ 审查施工单位报送的电气施工组织设计和施工方案,使之有针对性、合理性、可行性。

⑥ 施工单位必须有健全的质量保证体系和质量管理制度。其施工方法、技术组织措施、安全生产措施应全面、具体、切合实际。

⑦ 施工进度计划应符合总进度计划,专业间交叉施工要妥善安排,并与合同及工程总进度计划一致。

⑧ 施工中所使用的设备和材料有合理的计划供应。

⑨ 施工人员的配置,多种劳动需要量计划应满足工程项目的需要。

⑩ 检查施工单位的特种工人上岗证,譬如电焊工、电工等。

5.13.2.6.2　电气安装

① 暗配管弯曲率为管径的 10 倍,管长超过规定,即弯头过多必须加装接线盒,接线盒装在墙面上,不装在平顶上。暗配管出地坪,留长不超过 80 mm,管口封闭牢固,管四周必须用混合砂浆做馒头状保护,避免配管在施工中损坏、断裂、堵死。在地坪施工前必须穿好铁丝。

② 按规定色标穿线,只能单根线接入开关、插座、拼线桩头不得超过 2 根,并放平弹垫及分隔垫片。本工程全部采用阻燃型压接帽,多股线进入桩头必须压牢。

③ 配电箱的定货注意生产厂质量,收货时注意内部质量及箱壳质量,内部质量包括导线、色标、接线、地汇流排及金属门带电设备的接地,及门上电线加装套管,回路编号,设备动作灵敏等质量标准。不论甲方供给、自购,不符合标准及时退货,按质量标准组装。

④ 开关、插座须用统一产品,严禁使用两种产品,灯具安装须牢固,直径大于 200 mm以上灯具必须用 3 只螺丝固定,金属灯具低于 2.4 m 必须接地。

⑤ 安装在顶棚的灯具,同直线的位置相差不大于 5 mm。嵌入式灯具固定点必须牢固,受力点严禁由吊顶面承载。

⑥ 对该建筑物原有防雷应采取测试,接地电阻不大于 10 Ω,并且与新设避雷带和接地体连接。

⑦ 所有弱强电应设有专用接地线,分别引至接地体并不得大于 1 Ω,所有电器设备外壳均应可靠接地。

5.13.2.6.3 电缆线路

① 电缆质量:电缆的型号、规格应符合设计要求,并附有产品合格证,严禁绞拧、断裂等缺陷。电缆封端应严密,当对外观有怀疑时,应进行受潮判断或试验。

② 电缆敷设时,最小弯曲半径应满足在表 1-4 的要求,具体随电缆型号而定。

③ 电缆在管道内敷设,电缆管的内径与外径之比不得小于 1.5 倍。

④ 电缆直埋时埋深不应小于 0.7 m,在人行道下面时不应小于 0.5 m,并设埋地标志。

⑤ 电缆与热力管热力设备之间的净距平行时不小于 1 m,交叉时不应小于 0.5 m,当受限制时,应采取隔热保护措施。

5.13.2.6.4 配管配线

① 导线质量:导线间和导线对地间的绝缘电阻值必须大于 0.5 MΩ,导线严禁有扭绞、死弯、绝缘层破坏等缺陷。

② 管子连接紧密,管口光滑;明配管横平竖直,排列整齐;暗配管保护层大于 15 mm。

③ 管子在箱(盒)内露出长度小于 5 mm。

④ 管内导线包括绝缘层在内总截面积不应大于管子内空截面积的 40%。

5.13.2.6.5 电气照明

① 照明器具及配电箱的质量:是否有产品合格证,型号、规格是否符合设计要求。

② 配电箱安装应牢固,其垂直偏差不应大于 3 mm。

③ 配电箱应分别设置零线和保护地线(PE 线)汇流排,零线和保护线应在汇流排上连接,不得绞接,并应有编号。

④ 照明器具、灯具、吊扇等安装用的吊钩预埋件埋设牢固,器具的接地(零)保护符合规范要求,开关、插座安装的位置、水平度、垂直度符合设计及规范要求。

5.14 动力环境监控工程

5.14.1 监理工作重点和难点

5.14.1.1 动力环境监控系统

(1) 质量控制重点

① 监控设备的直流电源引入极性。

② 监控电缆(屏蔽线)的接地。

③ 监控电缆的敷设位置、路由等。

(2) 主要内容

① 各类监控采集设备是否运行正常,指示灯是否正常,是否有告警出现。

② 门禁刷卡和远程开门是否工作正常。

③ 水浸、烟感、温湿度有无告警,传感器安装位置是否合理。

④ 蓄电池各采集点接触是否接触可靠。

⑤ 各类监控采集设备的电源、接地、信号等接点是否连接牢固可靠。

⑥ 前端采集设备有良好的接地和必要的防雷措施,对智能设备,到智能通信口与数据

采集器之间的电气隔离和防雷措施。

⑦ 现场监控设备进行告警测试和验证,主要指标:

a. 精度测试:用 4 位半数字电压表现场测量蓄电池单体电压和总电压,与 LSC 本地监控中心业务平台,误差:2 V 电池电压,误差≤±0.005 V;12 V 电池电压,误差≤±0.060 V。

b. 精度测试:用 4 位半数字电压表现场测量交流电压,误差≤2%。

c. 温湿度传感器精度测试:温湿度计显示值与监控测得的值相比较,温度误差应≤1 ℃;在环境温度为 25 ℃、湿度范围为 30%RH～80%RH 时,湿度误差应≤5%RH,当湿度超出 30%RH～80%RH 时,湿度误差应≤10%RH。

d. 设备通信协议核对测试:智能设备通信中断告警验证、模拟各类告警验证。在省、市监控台查看告警并跟踪自动派单管控流程。

⑧ 监控工程扩建或改造完工后,必须及时整理一份完整的工程文档,并且要与前期工程文档完好衔接。

⑨ 注意维护单位需要的资料名称和清单:线路敷设路由总图和布线端子图;机房设备平面图;变送器、传感器安装位置图;监控系统总图;各种智能设备及采集设备的通信协议;各种设备的使用说明书;技术文件(操作、维护手册、测试资料等);软件总体结构流程图。

5.14.1.2 动力环境监控系统安全管理重点

① 监控电缆接线时,设备均已经正常运行,接线时均在带电情况下进行。

② 带电作业(均为设备的监控接口,有的是 485 口,有的设备是 RS-232 接口、有的直接是状态引线)。

③ 所有进出场施工的人员,进场必须经过监理检查许可,出场必须经监理或动力维护人员检查允许,并旁站监理。

④ 严禁没有通过同意或没有报告而私自施工。

⑤ 施工时注意工器具的绝缘处理,当日施工完后对现场的清理,包括垃圾、线头。

⑥ 与其他机房关联或与总的监控系统关联时,调试时容易造成系统工作的异常,必须注意。

5.14.1.3 动力环境监控系统监理难点

① 监控线接线时对在用设备的影响,危险因素迅速增加,监理旁站、巡视的时间增加。

② 监控系统与其他机房关联,进出其他机房时与网管、维护单位的协商沟通多。

5.14.2 监理实施细则

5.14.2.1 安装前环境检查

① 集中监控对象:开关电源、蓄电池、空调、机房内温湿度、安防等。

② 应对工程监控对象安装及运行情况进行检查。

③ 对所用各种监控设备进行产品质量检验,并核对是否符合有关标准和设计要求。

④ 对机房环境、电源、接地进行检查,是否符合工程设计要求。

⑤ 应对消防设备进行安全检查,在施工过程中应随时检查消防设备是否符合工程设计和其他有关标准。

5.14.2.2 传感器(前端采集设备)安装

① 机房安装的主要传感器为:温湿度传感器、三相交流采集变送器、水浸传感器、烟雾

传感器、摄像机、门禁等。

② 检查所安装传感器规格、型号是否符合设计要求。查验进场各类器件合格证书。

③ 传感器安装位置应符合设计要求和产品使用说明要求。安装位置应便于检查和维护，且不占用机房设备维护、安全通道以及机房内远期预留位置。

④ 温湿度传感器应安装在能正确反映机房内温湿度量值的位置，距空调出风口 1.5 m 以上。

⑤ 电源传感器安装位置不应影响电源设备的正常操作和维护。

⑥ 水温室传感器应安装在空调下方或有渗水可能的部位。

⑦ 摄像机应安装在可摄到机房门及机房内需监控的部位。

⑧ 传感器安装应牢固可靠。安装于墙面、顶棚及地面的传感器都必须采用可靠的鼓胀螺钉固定，不得悬挂或随意放置。

5.14.2.3　线缆布放

① 进场的线槽、线缆必须符合设计和规范要求。PVC 线槽必须采用阻燃型，氧指数应大于 27%。线槽在墙面、屋面布装必须牢固可靠，横平竖直，不得在墙面、屋面斜线布放。

② 面放线缆的规格、路由和位置应符合设计要求，线缆排列必须整齐美观，外皮无损伤。线缆布放禁止飞线。

③ 信号传输线、交流电源线应分离面布放，不得占用预留的交流电源线敷设管道。

④ 布在走线回上的线缆必须绑扎。绑扎后的电缆应互相紧密靠拢且整齐。线扣间距均匀、松紧适度。

⑤ 线缆的接点、焊点连接可靠，接插件连接牢固。

⑥ 所有的缆线应统一编号，并在两端缆头上做标识（标签），应标注正确、内容齐全、字迹清晰。

⑦ 各种线缆都应采用整段材料，不得在中间有接头。

⑧ 接地正确、可靠。

⑨ 高压设备安装监控部件前应征得当地供电部门的同意。

5.14.2.4　系统性能、功能控制

① 系统安装完成后应对其功能进行逐项验证，并对各种数据进行记录。

② 施工结束时，应进行系统联调，使系统达到正常的工作状态。

5.14.2.5　工程验收要求

① 系统硬件安装数量和规格应符合设计要求。

② 网络传输及接口设备应与传输网络及所联计算机形成相容通路。

③ 计算机及外围设备的品牌、配置应满足工程需要和设计要求。

④ 监控系统采用交流不间断电源（UPS）供电时，UPS 输出应满足输出电压：220 V（2%）。输出频率：50 Hz（2%）。旁路转换≤2 ms。蓄电池容量：满容量放电时间不小于 1 h。

⑤ 监控系统用直流电源供电时，直流电源设备输出应符合《通信局（站）电源总技术要求》（YD/T 1051—2010）的有关规定。

⑥ 各种电源线、信号线规格应满足设计要求。

⑦ 所有通电设备都应提供符合相关标准的绝缘性能测试报告。

⑧ 系统的功能应满足设计和《通信电源集中监控系统工程验收规范》(YD/T 5058—2005)要求。

5.15 消防安全系统工程

5.15.1 监理工作重点和难点

5.15.1.1 消防系统质量控制重点

① 材料进场检验。系统组件进场检验。

② 巡检。管材抽检。系统组件全数检验。

③ 灭火剂输送管道安装。灭火剂储存装置安装。控制组件安装。

④ 巡视和旁站结合。控制组件安装旁站监理。管道螺纹加工、连接全数检验。

⑤ 系统模拟启动试验。

⑥ 全程旁站监理等。

5.15.1.2 消防系统安全管理重点

① 进场施工人员审核,材料验收。

② 系统联动的可靠性、动作灵敏度检测(由消防局会同建设单位、施工方共同完成)。

③ 烟感的灵敏度设置。

④ 紧急按钮的防护措施,消防联动时机房门板、空调设备的控制。

⑤ 空调风管的性能和电磁阀的性能检测。

⑥ 气消部分的 IG451 气体的检查,出场日期。

⑦ 上述涉及消防系统的动作灵敏度、避免误动作(可靠性),以及人员避难的措施和时间等因素。

5.15.1.3 消防系统监理难点

① 有的消防施工人员对监理工作不理解,配合工作有难度。

② 消防工程施工单位不能独立完成(主要是测试工作),需要与其他单位配合,因此与监理的沟通有时有断层。

③ 监理本身对消防知识的认知程度将影响监理工作的有序开展。

5.15.2 监理实施细则

5.15.2.1 监理依据

①《气体灭火系统设计规范》(GB 50370—2005)。

②《气体灭火系统施工及验收规范》(GB 50263—2007)。

5.15.2.2 工程质量控制点

① 材料进场检验,系统组件进场检验。

② 巡检,管材抽检,系统组件全数检验。

③ 灭火剂输送管道安装,灭火剂储存装置安装,控制组件安装。

④ 巡旁结合,控制组件安装旁站监理,管道螺纹加工、连接全数检验。

⑤ 系统模拟启动试验。

⑥ 全程旁站监理。

5.15.2.3　材料进场检验监理要点

① 检查管材、管道连接件的品种、规格、性能等应符合相应产品标准和设计要求；镀锌层不得有脱落、破损等缺陷；螺纹连接管道连接件不得有缺损、裂痕；密封垫片应完好无划痕。

② 检查数量：全数检查；检查方法：观察检查。

③ 管材、管道连接件的规格尺寸、厚度及允许偏差应符合其产品标准和设计要求。

④ 检查数量：每一品种、规格产品按 20％计算；检查方法：用钢尺和游标卡尺测量。

⑤ 对属于下列情况之一的灭火剂、管材及管道连接件，应抽样检验，其复验结果应符合国家现行产品标准和设计要求：设计有复验要求的；对质量有疑义的。

⑥ 检查数量：按送检需要量；检查方法：核查复验报告。

5.15.2.4　系统组件

（1）灭火剂储存容器及容器阀、单向阀、连接管、集流管、安全泄放装置、选择阀、阀驱动装置、喷嘴、信号反馈装置、检漏装置、减压装置等系统组件的外观质量应符合下列规定：

① 系统组件无碰撞变形及其他机械性损伤。

② 组件外露非机械加工表面保护涂层完好。

③ 组件所有外露接口均设有防护堵、盖，且封闭良好，接口螺纹和法兰密封面无损伤。

④ 铭牌清晰、牢固、方向正确。

⑤ 同一规格的灭火剂储存容器，其高度差不超过重 20 mm。

⑥ 同一规格的驱动气体储存容器，其高度差不超过 10 mm。

⑦ 检查数量：全数检查；检查方法：观察检查或用尺测量。

（2）灭火剂储存容器及容器阀、单向阀、连接管、集流管、安全泄放装置、选择阀、阀驱动装置、喷嘴、信号反馈装置、检漏装置、减压装置等系统组件应符合下列规定：

① 品种、规格、性能等应符合国家现行产品标准和设计要求。

② 检查数量：全数检查；检查方法：核查该产品出厂合格证和市场准入制度要求的法定机构出具的证明文件。

③ 设计有复验要求或对质量有疑义时，应抽样复验，复验结果应符合国家现行产品标准和设计要求。

④ 检查数量：按送检需要量；检查方法：核查复验报告。

⑤ 灭火剂储存容器内的充装量、充装压力及充装系数、装量系数，应符合下列规定：

a. 灭火剂储存容器的充装量、充装压力应符合设计要求，充装系数或装量系数应符合设计规范规定。

b. 不同温度下灭火剂的储存压力应按相应标准确定。

c. 检查数量：全数检查；检查方法：称重、液位计或压力计测量。

5.15.2.5　阀驱动装置

① 电磁驱动器的电源电压应符合系统设计要求。通电检查电磁铁芯，其行程应能满足系统启动要求，且动作灵活，无卡阻现象。

② 气动驱动装置储存容器内气体压力不应低于设计压力，且不得超过设计压力的 5％。气体驱动管道上的单向阀应启闭灵活，无卡阻现象。

③ 机械驱动装置应传动灵活,无卡阻现象。

④ 检查数量:全数检查;检查方法:观察检查和用压力计测量。

5.15.2.6 系统安装

（1）灭火剂储存装置的安装

① 储存装置上压力表、液位计、称重显示装置的安装应便于人员观察的操作。

② 储气瓶架应固定牢固。

③ 储气瓶上灭火剂名称标识应朝向操作面,并按容器编号顺序排列。

④ 安装集流管前应检查内腔,确保清洁。

⑤ 集流管上安全泄压装置的泄压方向不应朝向操作面。

⑥ 集流管应固定在支、框架上,支、框架应固定牢固。

（2）选择阀的安装

① 选择阀的操作手柄应安装在操作面一侧,当安装高度超过 1.7 m 时,应采取方便操作的措施。

② 螺纹连接的选择阀,其与管网连接处采用活接。

③ 选择阀的流向指示箭头应与灭火剂输送方向一致。

④ 选择阀上应设置标明防护区（或保护对象）名称或编号的永久性标志。

（3）系统启动组件的安装

① 电磁启动器的电气连接线应沿固定灭火剂储存容器的支、框架或墙敷设。

② 启动瓶或启动瓶架应固定牢固。启动瓶上应有标明驱动介质名称及对应防护区（或保护对象）名称或编号的永久性标志,并应便于观察。

③ 启动管道布置应整齐,其直线段支架或管卡间距不大于 0.6 m,转弯处应增设管卡。

（4）灭火剂输送管道的安装

① 管道穿过墙壁、楼板处应设置套管。穿墙套管的长度应与墙体厚度一致,穿过楼板的套管长度应高出板面 50 mm。管道与套管之间的缝隙应采用柔性防火封堵材料（如玻璃纤维、硅酸铝纤维、岩棉等）填塞严密。

② 管道支、吊架的最大间距应符合表 5-24 规定。

表 5-24　　　　　　**气体灭火剂输送管道支吊架的最大间距**

公称直径/mm	15	20	25	32	40	50	65	80	100	125	150	200
最大间距/m	1.5	1.8	2.1	2.4	2.7	3.0	3.4	3.7	4.3	5.0	5.2	5.8

③ 管道末端应采用防晃支架固定。支架与末端喷嘴间的距离不应大于 500 mm。

④ DN≥50 mm 的灭火剂主干管道,其垂直方向和水平方向至少应各安装一个防晃支架;当穿过建筑物楼层时,每层应设一个防晃支架。水平管道改变方向时应增设防晃支架。

（5）喷嘴的安装

① 喷嘴安装时应按设计要求逐个核对其型号、规格和喷孔方向。

② 安装在吊顶下的不带饰罩的喷嘴,其连接管管端螺纹不应露出吊顶;安装在吊顶下的带装饰罩的喷嘴,其装饰罩应紧贴吊顶。

③ 喷嘴贴近防护区顶面安装,距顶面的最大距离不大于 0.5 m,参见表 5-25。

表 5-25 喷嘴安装高度与保护半径

喷嘴安装高度	保护半径
<1.5 m	4.5 m
>1.5 m;≤6.5 m	<7.5 m

（6）系统控制组件安装

① 气体灭火系统灭火控制装置的安装应符合设计要求。防护区内火灾探测器的安装应符合现行国家标准《火灾自动报警系统施工及验收规范》(GB 50166—2007)的规定。

② 点型火灾探测器的安装位置应符合下列规定：

a. 探测器至墙壁、梁边的水平距离，不应小于 0.5 m。

b. 探测器 0.5 m 内不应有遮挡物。

c. 探测器至空调送风口边的水平距离，不应小于 1.5 m；至多孔送风顶棚孔口的水平距离，不应小于 0.5 m。

d. 在宽度小于 3 m 的内走道顶棚上设置探测器时，居中布置。感温探测器的安装间距，不应超过 10 m；烟感探测器的安装间距不应超过 15 m。探测器至端墙的距离，不应大于探测器安装间距的一半。

e. 探测器水平安装，当必须倾斜安装时，倾斜角不应大于 45°。

f. 设置在防护区部位的气体灭火系统手动、自动转换开关和启动、停止按钮应安装在防护区门外便于操作的地方，安装高度为 1.5 m。二氧化碳局部应用灭火系统手动操作装置应设在保护对象附近。

g. 灭火剂喷放指示灯安装在防护区门口外侧的正上方。

5.15.2.7 管道试压、吹扫及表面涂漆

① 气动管路安装完毕后应做气密性试验，并采取防止灭火剂和启动气体误喷的措施。试验介质可采用氮气或压缩空气。试验压力为驱动气体储存压力，并以不大于 0.5 MPa/s 的升压速率缓慢升至试验压力，稳压 3 min，压力降不超过试验压力的 10% 为合格。

② 灭火剂输送管道安装完毕后，应进行水压强度试验和气密性试验。进行水压强度试验时，应以不大于 0.5 MPa/s 的升压速率缓慢升至试验压力，稳压 5 min，管道无渗漏、无变形为合格。

③ 灭火剂输送管道水压强度试验压力应符合表 5-26 要求。

表 5-26 气体灭火剂输送管道水压强度试验压力

灭火剂种类	七氟丙烷			IG541	高压二氧化碳	低压二氧化碳	三氟甲烷
	2.5 MPa	4.2 MPa	5.6 MPa				
试验压力/MPa	6.30	10.05	10.80	13.00	15.00	4.00	13.70

注：1. IG-100 灭火系统灭火剂输送管道水压强度试验压力为系统工作压力的 1.5 倍。

2. 注氮控氧防火系统试压要求符合相关规范要求。

④ 不进行水压强度试验的防护区，可采用气压强度试验。气压强度试验压力应符合表 5-27 要求。

<table>
表 5-27　　　　　　　　　　气体灭火剂输送管道气压强度试验压力
</table>

灭火剂种类	七氟丙烷			IG541	高压二氧化碳	低压二氧化碳	三氟甲烷
	2.5 MPa	4.2 MPa	5.6 MPa				
试验压力/MPa	4.83	7.71	8.28	10.50	12.00	3.20	10.96

注:IG-100 灭火系统灭火剂输送管道气压强度试验压力为系统工作压力。

⑤ 气压强度试验介质可采用氮气或压缩空气。试验前,先用加压介质以 0.2 MPa 的压力进行预试验。试验时,应逐步缓慢增压,当压力升至试验压力的 50% 时,如未发现异常或泄漏,继续按试验压力的 10% 逐级升压,每级稳压 3 min,直于达到试验压力。管道无渗漏、无变形为合格。

⑥ 灭火剂输送管道水压强度试验合格后,还应进行气密性试验,参见表 5-28。

表 5-28　　　　　　　　　　气体灭火剂输送管道气密性试验压力

灭火剂种类	七氟丙烷			IG541	高压二氧化碳	低压二氧化碳	三氟甲烷
	2.5 MPa	4.2 MPa	5.6 MPa				
试验压力/MPa	4.20	6.70	7.20	8.67	10.00	2.67	9.13

注:IG-100 灭火系统灭火剂输送管道气压强度试验压力为系统工作压力。

⑦ 气密性试验时,应以不大于 0.5 MPa/s 的升压速率缓慢升至试验压力,关断试验气源 3 min 内压力降不超过试验压力的 10% 为合格。

5.15.2.8　系统调试

① 气体灭火系统的调试应系统安装完毕,且在相关的火灾报警系统和防护区开口部位自动关闭装置,通风机械和防火阀等联运设备的调试完成后进行。

② 调试时应采取可靠措施,确保人员和财产安全,避免灭火剂误喷。

③ 调试项目应包括模拟启动试验、模拟喷气试验和模拟切换试验。

④ 模拟启动试验结果应符合下列规定:a. 延迟时间与设定值相符,响应时间满足要求。b. 有关声、光报警信号正确。c. 联动设备动作正常。d. 驱动装置动作可靠。

⑤ 模拟喷气试验结果应符合下列规定:a. 延迟时间与设定值相符,响应时间满足要求。b. 有关声、光报警信号正确。c. 有关控制阀门工作正常。d. 信号反馈装置动作后,防护区门外的灭火剂喷放指示灯工作正常。e. 储瓶间的设备和对应防护区或保护对象的灭火剂输送管道无明显晃动和机械性损坏。f. 试验气体能喷放到被除数试防护区或保护对象上,且应能从每个喷嘴喷出。

5.15.2.9　系统验收

(1) 竣工验收应具备下列文件资料:① 系统验收申请报告;② 施工现场质量管理检查记录;③ 工程设计文件及系统成套装置、主要组件技术资料;④ 竣工图、设计变更、竣工报告等相关竣工验收技术文件;⑤ 施工过程检查记录。

(2) 隐蔽工程验收记录。

气体灭火系统的竣工验收应按规范要求,分三个方面进行:① 防护区或保护对象与储存装置间的验收;② 设备和灭火剂输送管道的验收;③ 系统功能验收。

5.15.2.10 验收规范用表

参见《气体灭火系统施工及验收规范》(GB 50263—2007),包括:《施工现场质量管理检查记录》、《气体灭火系统工程施工过程检查记录》、《气体灭火系统工程施工过程检查记录》、《隐蔽工程验收记录》、《气体灭火系统工程施工过程检查记录》、《气体灭火系统工程质量控制资料核查记录》等。

5.16 油机和节能减排工程

5.16.1 监理工作重点和难点

5.16.1.1 监理质量控制重点

① 几个重点质量控制环节:设备基础、设备的减震措施、设备接地、设备的降噪和消音措施、设备出回风口边缘的密封。

② 设备输出接线的位置、设备启动与停机的控制方式(人工、自动)。

③ 设备安装时,日用油箱的安装,往往设计并没有指出。

④ 设备油路的管道、接头(含弯头),设计大部分都没有指出安装的方式,因此这些是质量控制时注意的地方。

⑤ 设备首次空载运行,带载运行时监理的记录。

⑥ 设备运行后,带载切换,停机的状态记录。

⑦ 油机设备安装项目验收的验收资料(测试报告、环境测检报告、政府环境部门的报告等)。

⑧ 对于有储油罐的设备安装工程,储油罐、设备、电源设备等必须组成联合接地系统。

⑨ 冷冻液。

5.16.1.2 监理安全管理重点

① 设备安装时,临时用电以及保护措施。

② 油机安装时,二级消音器接口处对一级消音器管道出口的防护措施,防止异物丢入。

③ 人员登高作业时对设备的防护措施。

④ 设备安装的附件保管和使用。

⑤ 设备启动蓄电池的性能,避免使用密封蓄电池(可以根据设计确定)等。

5.16.1.3 监理工作难点

① 油路安装时,部分使用人员经验管理较多。

② 设计出具的图纸模糊,造成施工人员施工中的不明,造成施工人员窝工等问题。

③ 前期阶段场地占用较大,需要协调的内容较多。

5.16.2 监理实施细则

5.16.2.1 油机混凝土基础构筑

① 按规范要求检查混凝土材料(水泥、石子、黄沙、钢筋)以及隔震材料(卵石、泡沫材料),规格、尺寸应符合设计要求。审核混凝土的配合比,应符合设计和规范要求。

② 核查现场放线,应符合设计要求。

③ 混凝土浇筑前,检查砖模砌筑尺寸应符合表5-29要求。

表 5-29 砖模砌筑尺寸要求

项目		允许偏差/mm	检验方法
轴线位置		5	钢尺检查
底模表面标高		±5	水平仪或拉线、钢尺检查
截面尺寸	基础	±10	钢尺检查
	柱、墙、梁	+4，−5	钢尺检查
层高垂直度	≤5 mm	6	经纬仪或吊线、钢尺检查
	>5 mm	8	经纬仪或吊线、钢尺检查
相邻两板表面高低差		2	钢尺检查
表面平整度		5	2 m 靠尺和塞尺检查

④ 钢筋加工偏差应符合表 5-30 要求。

表 5-30 钢筋加工偏差要求

项目	允许偏差/mm
受力钢筋顺长度方向全长的净尺寸	±10
弯起钢筋的弯起位置	±20
箍筋内净尺寸	±5

⑤ 混凝土浇筑旁站检查要点：

a. 按确定的混凝土配比检查混凝土配料，混凝土强度应符合设计要求。

b. 在浇筑现场，监督施工人员随机抽取混凝土做检测试块。

c. 检查钢筋质保书，钢筋规格、级别、数量及锚固长度、绑扎间距、安装标高位置，应符合设计和规范要求。

d. 检查预埋件、预留孔的位置和数量，应符合设计要求。

e. 检查滤油层厚度、隔震槽尺寸应符合设计和规范要求。

f. 督促施工人员在混凝土浇筑过程中振捣密实。

⑥ 现浇混凝土设备基础外观尺寸及偏差应符合表 5-31 要求。

表 5-31 现浇混凝土设备基础外观尺寸及偏差要求

检查项目		允许偏差/mm
1. 混凝土外观质量的一般缺陷		现浇结构不应有一般缺陷，一般缺陷应作技术处理，处理后再验收
2. 坐标位置		20
3. 不同平面的标高		0，−20
4. 平面外形尺寸		±20
5. 凹穴尺寸		+20，0
6. 平面水平度	每米	5
	全长	10

检查项目		允许偏差/mm
7. 垂直度	每米	5
	全高	10
8. 预埋地脚螺栓	标高	＋20
	中心距	±2

⑦ 现浇混凝土外观质量不应有严重缺陷。已经出现的严重缺陷要作技术处理,处理后重新进行检查验收。

⑧ 现浇结构不应有影响结构性能和使用功能的尺寸偏差。对超过尺寸允许偏差且影响结构性能和安装、使用功能的部位,应进行技术处理,并经监理单位认可后,重新进行检查验收。

5.16.2.2 机组设备开箱、吊装

(1) 吊装前与厂家、施工方、建设单位一道进行开箱验货。检查要点:

① 查看包装箱体有无损伤,核实箱号及数量。

② 开箱后根据机组清单及装箱单清点全部机组及附件。

③ 查看机组及附件的主要尺寸是否与图纸相符。

④ 检查机组及附件有无损坏、锈蚀等明显的外观质量问题。

(2) 机组吊装监理检查要点

① 检查起吊装备、索具的规格外观质量与吊装要求是否相符。

② 起吊位置、角度是否符合规范、设计和吊装方案要求。

③ 检查钢丝绳结扎位置,是否已挂结牢固。

④ 机器离地后使用风绳防止钢丝绳扭结和机器摇摆。

⑤ 风速大于 8 m/s 以上不得吊装。

5.16.2.3 主机安装

(1) 根据图纸"放线",监理检查纵、横中心线及减震器定位线。

(2) 按吊装方案信吊装的技术安装规程将机组吊放就位,监理检查就位中心线及机组与减震器结合是否符合要求。

(3) 机组找平:① 按照设计,参阅厂家设备说明书,找出机组水平校准点。② 用垫铁、楔铁或者调整水平调节螺栓,将机组调至水平。垫铁与机座底面不得有间隔。③ 将水平仪置于水平校准点进行测量检查,安装精度要求:纵、横向水平度每米偏差小于等于 0.1 mm。

5.16.2.4 排气、燃油、冷却系统安装监理要点

5.16.2.4.1 机组排气系统安装

① 机组排气系统由法兰连接的管道、支撑件(带吊码弹弓)、防震膨胀节及消声器组成;排气管的管径应符合设计要求;机组与排气管道间的膨胀节(软连接段),不得受力;所有排气管道的壁厚应不小于 3 mm。

② 管道法兰连接处应加石棉垫圈。管道应尽量减少弯头。弯头的曲率半径应大于 1.5 倍管径。

③ 较长的排气管道安装时应有一定的坡度(5‰),以防止水流倒流进入发动机和消

声器。

④ 排气管应是独立的,不得与其他发电机组共用。

⑤ 消声器安装位置应符合设计要求,方向应按气流方向安装,不允许倒向安装。

⑥ 排气管道外应作保温处理,保温材料及工艺要求应符合设计和规范要求。

⑦ 按设计要求检查管道安装位置。检查管道连接应牢固可靠。

5.16.2.4.2　机组燃油系统安装

① 油箱最高油位不能比机组底座高出 2.5 m。出油口应高于柴油机高压射油泵。

② 回油管油路到油箱的高度必须保持在 2.5 m 以下。

③ 输油管材料应为黑铁钢管,不可使用镀锌管。管径应符合厂家设备说明要求。

④ 油管与机组的连接应采用软管连接,并采用优质卡箍连接。

⑤ 油箱上部应装有压力平衡透气阀及阻火器,下部应装有排污塞。

⑥ 观察检查燃油系统管路安装不得有渗漏现象(包括运行、停机状态下)。

⑦ 油管安装路由应避开排气管、热源和震源。

5.16.2.4.3　机组冷却系统安装

① 风扇驱动轮、皮带张紧轮和曲轴带轮应精确校直。

② 进风口净流通面积应大于 1.5～1.8 倍散热器迎风面积。排风口净流通面积应大于热器迎风面积的 1.25～1.5 倍。

③ 当风道加高流阻消声器时,需根据消声器产品要求加大风道尺寸。

④ 散热器排出的空气应直接通过风道口排出户外。

⑤ 空气自风道排出时的阻力及入口风道的阻力不应超过风扇的静压力。

5.16.2.4.4　各类管线喷涂油漆颜色

① 气管:天蓝色或白色。

② 水管:进水管浅蓝色,出水管深蓝色。

③ 油管:机油管黄色,燃油管棕红色。

④ 排气管:银粉色。

5.16.2.4.5　电气控制设备安装及机组接线、接地

① 一体化机组控制屏直接安装于机组及发电机上方,与发电机连接处应安装减震器。

② 分体式机组控制屏安装中应避开机组热源和震源,控制屏与机组的距离宜不超过 10 m。

③ 隔室安装控制屏应设置观察窗,且其操作室地坪应比机房地坪高出 0.7～0.8 m,以便于操作时观察。

④ 按设备厂家提供的原理图或接线图,按设计要求的电力电缆,用铜接头连接线缆,铜接头与汇流排、汇流排与汇流排紧固后,其接头处和局部的间隙不得大于 0.05 mm,导线间的距离应大于 10 mm。

⑤ 机组各类电源线、信号线按布线要求接线牢固、可靠、整齐美观,无差错。不得将交流、直流及信号线包扎在一起。

⑥ 应按规范和厂家说明书的要求做好机组接地。

⑦ 柴油发电机房下列导电金属应做等电位连接:柴油发电机组的底座;日用油箱支架;金属管,如水管、采暖管、通风管等;钢结构建筑的钢柱;钢门(窗)框、百叶窗、有色金属框架

等；在墙上固定消声材料的金属固定框架；配电系统 PE(PEN)线。

⑧ 下列金属部件应与 PE(PEN)可靠连接：发电机的外壳；电气控制箱（屏、台）体；电缆桥架、敷线钢管、固定电器支架等。

5.16.2.4.6　柴油机启封及机组试机前检查

① 机组安装完毕后，应按规定做好柴油机的启封后方可启动。

② 用柴油加热到 45～56 ℃，擦洗除去外部防锈油。

③ 用清洁柴油清洗油底壳并换入新机油。冷却系统、燃油系统、燃油喷射调速系统、水泵、启动传动系统均应按厂家说明书要求进行清洁检查，并加足清洁冷却水充足启动蓄电池。

④ 控制配电屏及各种仪表应完好、齐全，接线正确牢固，相线排序一致。

⑤ 各零部件螺栓及管路接头牢固。

⑥ 油箱底壳应清洁，油路、缸体与缸盖水套孔眼应畅通。水箱内应用纯水清洗，冬季应加入防冻剂。

⑦ 由电动机启动油机时，启动蓄电池电压应正常，接线正确。

⑧ 机组接地良好，管路畅通，阀门关闭严密。

⑨ 测量、调整各气缸进、出气门间隙应符合厂家说明书的规定。

⑩ 燃油、机油应符合设备厂家说明书的规定。

5.16.2.4.7　隔声降噪

① 降噪工程所用各类材料必须符合设计和规范要求。

② 进风降噪、排风降噪、排烟降噪、机房隔声。

③ 岩棉的物理性能：密度 80～100 kg/m³，导热系数：0.03～0.0407 W/(m·K)。

④ 硅酸铝纤维的物理性能：密度 150～250 kg/m³，导热系数：0.14～0.174 W/(m·K)。

5.16.2.4.8　油机启动测试与运行

(1) 试机前的检查

① 控制配电盘以及各种仪表完好、齐全，接线正确牢固，相线排序一致。

② 各零部件螺栓以及管路接头牢固。

③ 油箱（油罐）底壳应清洁，油路、缸体与缸盖水套孔应畅通。水箱内应用纯水清洁，并加入防冻液。

(2) 设备试运行：

① 由电动机启动油机时，启动蓄电池电压正常，接线正确。

② 机组接地良好，管路畅通，阀门关闭严密。

③ 燃油、机油要符合说明书的规定。

(3) 空载试验

① 运行平稳、均匀，调速器调速准确，转速稳定，无异常响声和异常发热。

② 电压表、电流表、频率表、温度表、油压表指示正常。

③ 排烟及噪声正常，符合《城市区域环境噪声标准》(GB 3096—2008)。

④ 润滑油压力与温度，冷却水进出口温度应符合技术说明书规定。

⑤ 空载试验不超过 0.5 h。

（4）带负载试验

在额定转速下输出功率为额定功率的 25％、50％、75％、100％。

（5）发电机在进行负荷试验时必须检查的项目

① 自动电压调节或调速性能。

② 连续运转下的油机水温、油压。

③ 机械运转及声响。

④ 发电机输出三相电压的平衡程度。

⑤ 转速以及发电频率。

⑥ 燃油系统、润滑系统、冷却系统以及排气情况。

在油机的监控开通后，应能实现油机的自动启动、停机、自动调整输出电压、频率以及故障显示、油位显示等。

5.16.2.5　油机环境监控工程

油机环境监控工程包括本期新设备配套相关的动力环境安装监控设备、布放监控电缆等内容。

5.16.2.5.1　油机环境监控施工的原则

① 施工前应检查所用各种器材的质量，并核对是否符合图纸要求以及相关的标准。

② 在施工过程中应随时检查各部件的安装位置是否符合要求，是否会影响电源设备本身的正常运行。在检验过程中若认为某些项目不符合设计要求时，应要求施工单位整改。

③ 在配电室设备内部安装监控部件或连接监控电缆之前，应征得动力值班员的同意。

④ 检查直流告警设备的型号规格，直流模块是否与设计图纸一致。

⑤ 检查蓄电池的型号规格，电压标称值是否符合图纸要求。

⑥ 监控设备安装位置符合规范要求，设备布局合理，便于操作、维护。

⑦ 电缆布放必须符合规范三线分离的要求，直流设备的电源线、监控系统的控制线必须和在用设备的交流电源线之间采取隔离措施，保证监控系统工作的可靠性和稳定性。

5.16.2.5.2　监控系统的调试和运行

① 设备加电前，检查各类开关的状态为"断"位。

② 检查各个整流模块，安装牢靠，没有偏斜、卡死现象。

③ 检查直流供电设备（直流告警系统）的工作状态。

④ 检查直流系统的工作地线正常，检查各类保护地线的连接，均符合规范要求。

⑤ 设备通电前必须测量确认没有短路故障存在。

⑥ 设备加电后，测量其供电电压正常范围之内，各整流模块通电后工作正常。

⑦ 测试每一路告警信号的供电电源（-48 V）正常，使用设备的检查开关检查测试各路报警状态符合设计指标。

⑧ 检查烟感、温感报警设备的正确性符合本期工程设计图纸要求，特别是设备位置。

⑨ 检查油机设备的开关机控制线的正确性，在系统统调时监测设备的控制正确。

系统统调：按照先主后次，先零后整顺序，逐步调整各类监控设备工作状态，使其完全达到设计要求。

5.16.2.6 油机电源电缆布放与成端

5.16.2.6.1 电力电缆布放

① 布放电缆的规格、路由、截面和位置应符合施工图的规定,电缆排列整齐,外皮无损伤,电缆布放要有利于今后维护工作的开展。

② 电缆的布线在两端有相同和明显的标志,不得错接、漏接。所有电缆布放完毕必须校对,做好标签。

③ 地线的连接严格按照规范和设计文书所规定,在变配电室内接入总接地汇流排时,必须焊接,其焊接面积应大于连接体的 10 倍以上,焊接处应作防腐处理。连接完毕必须测试其接地电阻,并填写《接地电阻测试表》。

④ 接地线各部件连接方法应符合联合接地设计规定。

⑤ 电源线应采用整段的线料,中间不得有接头。所有电缆在没有成端之前必须进行绝缘电阻的测试,并填写《电气绝缘测试表》。所有电缆的绝缘电阻必须符合规范要求。

⑥ 电力电缆的相序必须正确,并有明显的颜色标志,电源线外护层应用不同颜色区分,A 相—黄色、B 相—绿色、C 相—红色、中性线(零线)—蓝色、保护地线—黑色。若电力线货源为一种颜色时,布放完毕后必须在两端用相应颜色的胶带或热缩套管区分。

⑦ 根据《低压配电设计规范》(GB 50054—2011)的要求,电缆在穿越管道井时,穿管用钢管的内径不应小于电缆外径的 1.5 倍,钢管两端必须接地,接头使用铜带可靠连接。

5.16.2.6.2 电缆的成端和保护

① 施工队所选择铜鼻子的孔径大小,螺丝、垫片的尺寸是否适合铜鼻子,是否符合接线柱的规格。螺丝太细,紧固螺丝时垫片将下陷,造成接触面变小,接触电阻增加,易产生打火、发热、烧毁等安全隐患。

② 各类线缆的成端中,电缆的破皮长度是否和铜鼻子线孔长度一致。

③ 铜鼻子的选用与所使用线缆的规格是否一致,线缆是否完整,有无被剪断的芯线残余痕迹。

④ 对铜鼻子的压制力度是否紧固、牢靠,绝对不允许使用老虎钳等工具压制铜鼻子。铜鼻子的压制要符合规范要求:电力电缆大于 120 mm^2 时,必须压制二道或二道以上。

⑤ 设备交流进线端的铜鼻子安装要与接线柱垂直,没有偏斜现象。

⑥ 铜鼻子的材质表层与被连接点材质表层成分一致。

⑦ 凡是有铜鼻子的固定点,必需固定正确、牢靠。

⑧ 电缆外皮完好,没有死弯、没有凸出的点,如发现有问题,应促使厂方更换电缆。

5.16.2.6.3 接地线的布放和敷设

本期工程的地线包括:设备的工作地线、电源的保护地线、防雷接地线等各类地线,控制要点及目标为:

① 地线接入所使用的材料、规格必须与设计一致,固定牢靠。因为交流电源的保护地线、防雷地线大部分在设备或电源出现问题和雷雨季节才起作用,因而往往被施工人员所忽视,现场监理应及时、适时提出,督促施工队严格按照规范施工布放。

② 交流电源的零线(中性线)、电源的保护地线和防雷接地线之间在设备端应当电气绝缘,必须测试并做记录。

③ 联合接地点(总接地汇流排)接地可靠,与总的接地汇流排连接可靠,连接点要焊接,

焊接面符合要求,焊缝完整、饱满,无气孔、"咬肉"等缺陷。

④ 交流分支柜(交流配电箱)、机架、机架底座上的连接铜排是否牢靠,连接导线符合要求,铜鼻子与含有油漆的钢制底座间要使用毛刺垫片或采取措施,应该焊接的点焊接牢靠。

⑤ 高低配电室不带电的金属部分应接入防雷保护地线。设备的前后门上的接地线连接可靠。

⑥ 各类地线必须采用带有接地色标的标称电缆。

5.16.2.7　润滑油(机油)、防冻液

5.16.2.7.1　润滑油的使用要求

① 色泽:由浅黄到绿棕色,与等量的热水搅在一起,搅拌时应当仍是透明。

② 不应有气味。

③ 不应有化学杂质(盐、硷)和机械杂质(沙土等),如有杂质,加水后油变成浑浊状。

④ 使用 $48\sim72\ h$ 后,油内不应有沉淀,如有沉淀,表明油内有杂质。

⑤ 有一定黏度,不至于被压出轴承。

⑥ 耐高温(近 200 ℃),既不分解,也不燃烧。

⑦ 低温时不凝结,加热时也不应太稀薄。

⑧ 能全部燃烧,不留积炭末。

5.16.2.7.2　防冻混合液的成分

参见表 5-32。

表 5-32　防冻混合液的成分

混合液的冻结温度/℃	混合液的成分/%		
	水	酒精	甘油
−6.5	84	8	8
−13	74	13	13
−20.5	70	15	15
−28	64	18	18
−31	60	20	20
−34.5	54	23	23

5.16.2.8　工程质量控制关键节点

参见表 5-33。

表 5-33　工程质量控制关键节点

序号	项目	关键节点	控制手段
1	各类电源电缆、地线、信号线、控制线	电源线、地线、中性线、控制线、信号线	测试
		电缆型号、规格、绝缘电阻、接地电阻	测试、记录
		扭曲、扭绞、交叉、蛇形、变形、转弯半径	平行检查、测量
		成端、相序、标签、标志、接触牢靠	旁站、测试
		零线—地线之间、五指套封焊	旁站、检查

序号	项目	关键节点	控制手段
2	铜鼻子制作	孔径大小、螺丝和垫片规格、接线铜排上孔径	检查、旁站、测量
		垫片将下陷、接触面、接触电阻	检查、测试
		破皮长度、芯线残余痕迹、无芯线剪掉	检查
		表面材质、接线正确、铜鼻子热缩套管	检查、旁站
		压制、紧固、牢靠、线缆颜色	旁站、检查
		与接线柱垂直无偏斜	检查
3	各类接地	工作地线、电源的保护接地、防雷接地	检查、测试、记录
		电气盒上的地线接入、固定、规格	检查、测试、记录
		交流屏配电屏上的地线、电源中性线（零线）之间要进行绝缘测试	检查、测试、记录
		联合接地点（总接地汇流排）	检查、测试、记录
		工作地（直流电源）	检查、测试、记录
		与总的接地汇流排连接可靠，进、出接线整齐美观，各类地线的标签	检查、测试、记录
		交流分支柜（头柜）、机架、机架的底座上的连接铜带	检查、测试、记录
		铜鼻子与钢制底座（或有油漆）间的毛刺垫片	检查、测试
		设备机房等所有不带电的金属部分接地	检查、测试、记录
		信号线、地线、电源线分开布放	检查
		容易受到干扰的比如控制线等类型的线缆要加装有屏蔽功能的金属管	检查
4	电源设备安装	型号、规格、数量、厂商符合设计	检查、记录
		平整、垂直、固定牢靠，膨胀螺丝规格、底座	检查
		设备间距、多台设备之间连接铜排	检查
		设备上开关的旋钮、开关数量、开关位置是否合理、是否影响安装	检查
		设备电源进线端铜排数量或接线端子上孔数，应符合本期电缆铜鼻子数量，避免不够接线	检查
		输出屏、开关柜、配电箱的电器性能，保护接地	检查、测试、记录
5	油机启动	启动程序；日用油箱、油路和管路	检查、旁站
6	带负载测试	测试程序、方法、负载特性	检查、旁站

5.16.2.9 油机设备安装基本要求

5.16.2.9.1 固定式油机基本要求

① 机组安装后检查外观，应保持清洁，无漏油、漏水、漏气、漏电现象；机组上的部件应完好无损，操作部件动作灵活，接线牢靠、无明显氧化现象，仪表齐全、指示准确，无螺丝松动。

② 查验机组技术文件或根据设计图纸，对不同环境条件下（如季节等因素），应选用适当标号的燃油和润滑油，其润滑油质量应符合设计或者设备厂家技术的要求。

③ 保持润滑油、燃油、冷却液及其容器、空气的滤清器的清洁,开机之前应检查清洁油箱和水箱的杂质,并保持电气系统的清洁。

④ 启动电池应处于良好的稳压浮充状态,每月至少检查一次充电电压及电解液液位;有条件的,结合例行维护空载试机的同时检查启动电池启动瞬间电压应符合产品技术说明书。

⑤ 检查测试自启动设置和功能,在市电断电后应在 15 min 内正常启动并供电。

⑥ 定期检查市电/油机自动倒换开关设备,结合带载测试的同时检查其性能、功能是否符合要求。

⑦ 对于并机系统检测,加载至上限,下一台机组应自动启动,减载下一台应自动退出,一般设定为一台的 75%~90%。

⑧ 检查油机室室内的应急照明装置应正常。

5.16.2.9.2 对油机设备运行前的检查

① 安装油机的房间(油机室)内照明,保持光线充足、空气流通。

② 进出门口装置防鼠栏,地槽、线槽等孔洞应堵塞。

③ 确保油机房的进、排风系统满足油机额定功率运转的要求。

④ 油机室的进、排风口滤网要清洁干净,排气管道通畅,消音设备安装牢靠。

⑤ 水箱的加热器检查(如需要,寒冷季节 5 ℃以下应长期启动加热器加热)或在水箱添加防冻剂的检查(如果需要)。

⑥ 柴油发电机组开机空载试机时的持续时间不应太长,应以产品技术说明书为准,一般为 5~15 min;注意进行油机的带负载(轻载)测试,然后逐渐增加负载。

⑦ 油机在开机前将"自动/手动"开关置于手动启动或 OFF 档位置,测试完毕根据维护人员或者建设单位的要求,由建设单位的认定开关所处于的位置(手动/自动)。

5.16.2.9.3 现场监理注意检查观察项目

① 排烟管道及固定支架完好,无杂物。

② 机组油底壳、输油管道及油箱无漏油、渗油现象。

③ 储油罐、通气管、呼吸器应无阻塞;日用燃油箱里的燃油量充足,液位指示和刻度标识正常。

④ 冷却水管及水箱无漏水、渗水现象。

⑤ 皮带无损坏或失效的,张力应适度,如损坏或失效应及时更换;散热风扇叶片完好,应无裂痕或偏移。

⑥ 充电器工作状态、指示正常;启动电池电压、液位正常;连线接头是否牢固。

⑦ 机组显示屏显示状态正常。

⑧ 机组及其附近无放置的工具、零件及其他物品,开机前应进行清理,以免机组运转时发生意外危险。

⑨ 环境温度低于 5 ℃时,装置有水箱加热器的,应启动加热。

⑩ 设备的减震固定可靠,符合设计要求。

5.16.2.9.4 机组初次运行时应注意观察、检查配合工程师测试调整

① 润滑油压力、润滑油温度、水温符合规定要求。

② 各种仪表、信号灯指示正常。

③ 气缸工作及排烟正常。

④ 油机运转时无剧烈振动和异常声响。

⑤ 机组启动后,不得立即加载,应待机组温度、油压、电压、频率(转速)等参数达到规定要求并稳定后方可加载。

⑥ 供电后系统无低频振荡现象。

⑦ 禁止在机组运行中手工补充燃油。

5.16.2.9.5 关机、故障停机检查及记录

① 正常关机:当带载测试结束转向市电时,应先切断负荷,空载运行 3～5 min 再停机。

② 故障停机:当出现油压低、水温高、转速高、电压异常等故障时,应能立即停机。

③ 紧急停机:当出现机组内部异常敲击声、传动机构出现异常、转速过高(飞车)或其他有发生人身事故或设备危险情况时,应立即紧急停机。

④ 故障或紧急停机后应做好检查和记录,在机组未排除故障和恢复正常时,不得重新开机运行。

上述②～④条属于设备后期运行中出现的情况,由建设单位明确做与否。

5.16.2.9.6 临时油机

临时油机由建设单位提供,用于油机设备安装过程中的临时措施,所有情况均由建设单位负责(实际中一般由维护单位负责),监理可以注意临时油机的状态(比如室外的环境等),从影响本期工程进度的角度考虑问题。比如临时油机的性能如果不好或者不能正常工作,那么势必影响到本期工程的顺利实施。

5.17 高压柴油发电机组

5.17.1 监理工作重点和难点

5.17.1.1 高压柴油发电机组系统

伴随着数据中心机房新建、扩建或扩容,作为备用电源的柴油发电机组容量要求越来越大,需多台大功率柴油发电机组并网才能满足负荷的要求,而且机房与实际使用负载间距离也越来越远,采用传统的多台低压柴油发电机组并联运行暴露出运行、传输的缺陷,额外的能耗增加,为了能够更加安全、可靠地运行,采用高压机组。

根据高低压柴油发电机组的特点,在容量要求较大和送电距离较远的应用场合,高压柴油发电机组具有大容量、远距离供电,机房集中建设、可靠性强、配套配电系统简单等明显优点,是大容量数据中心后备电源选择的必然趋势,高压柴油发电机组已经在数据中心进行大量应用。

这里,50 Hz 高压柴油发电机组主要电压等级有:6 kV、6.3 kV、6.6 kV、10 kV、10.5 kV、11 kV 等,单台机组功率一般在 1 000 kW 以上,可多台机组并联使用。

单位换算:功率、电压、电流关系:$P = 1.732 \times U \times I \times \cos \Phi$。

以 2 000 kW 机组为例,功率因数 0.8,频率 50 Hz:

低压(400 V)电流为:$I = P/(1.732 \times U \times \cos \Phi) = 2\ 000 \times 10^3/(1.732 \times 400 \times 0.8) = 3\ 609\ A$;

高压(10.5 kV)电流为:$I=P/(1.732\times U\times\cos\varPhi)=2\,000\times10^3/(1.732\times10.5\times10^3\times0.8)=137$ A。

高压输电电流相当于低压输电电流的1/26。

结论:输电电路的功耗减小,能量转换效率提高。

在实际工程项目中,往往在油机开机带载以后的电源电缆有发热现象,主要原因是电源电缆中的电流较大(400 A以上表现明显)。而采用高压油机供电方式后的电源电缆上的电流减小很多,在同样电缆电阻的情况下,功耗将减小很多,发热现象明显降低。

5.17.1.2 高压柴油发电机组

参见图5-6。

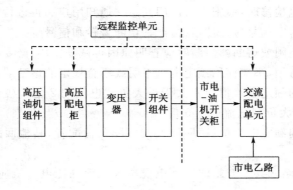

图5-6 高压油机系统组成示意图

5.17.2 监理实施细则

参见本书高低压配电工程和柴油发电机工程监理实施细则。

5.18 高低压配电工程

5.18.1 监理工作重点和难点

本专业重点:变压器输出开关柜断路器之前,到高压进线开关柜之间按照高压设备安装和检测;变压器输出开关柜断路器之后,按照低压设备安装和检测。

难点是:高压和低压之间的标准规范和安全检测要求不同,容易混淆。

5.18.2 监理实施细则

5.18.2.1 设备安装前对施工场所的勘查

5.18.2.1.1 高压变配电设备基本要求

掌握或了解如下内容的目的,主要是在进行高低压配电设备更新改造工程项目时,能知道一些常识,避免人为的或者他人操作不当造成人员或者设备的损害,特别说明,所有高压设备的电源、设备断电和加电操作均由电力部门和机房动力维护部门完成,施工单位没有任何权利进行以下提到的操作权利,如果施工单位进行对高压配电设备的任何操作,均视为违反规定,擅自施工,并承担所造成的一切后果。监理应以联系单的形式及时提醒施工单位。

① 高低压配电房环境温度适应,不得超过40 ℃。

② 配电屏四周的维护走道净宽应保持规定的距离,各走道均应铺设相应等级的绝缘垫。

③ 高压室禁止无关人员进入,在危险处应设防护栏,并设明显的警告牌"高压危险,不得靠近"字样。

④ 高压室各门窗、地槽、线管、孔洞应做到无孔隙,严防水及小动物进入。

⑤ 为安全供电,专用高压输电线和电力变压器不得让外单位搭接负荷。

⑥ 高压防护用具(绝缘鞋、手套等)必须专用。高压防护用具、高压验电器及高压拉杆等应符合规定要求,并定期检测。

⑦ 高压维护人员必须持有高压操作证,无证者不准进行操作。

⑧ 变配电室停电检修时,应报主管部门同意并通知用户后再进行。

⑨ 继电保护和告警信号应保持正常,严禁切断警铃和信号灯。

⑩ 自动断路器跳闸或熔断器烧断时应查明原因再恢复使用,必要时允许试送电一次。

⑪ 熔断器应有备用,不应使用额定电流不明或不合规定的熔断器。

⑫ 直流熔断器的额定电流值应不大于最大负载电流的 2 倍。各专业机房熔断器的额定电流值应不大于最大负载电流的 1.5 倍。

⑬ 交流熔断器的额定电流值:照明回路按实际负荷配置,其他回路不大于最大负荷电流的 2 倍。

⑭ 引入通信局、站尤其微波站的变配电设备及交流高压电力线应采取高、低压多级避雷装置。

⑮ 交流供电应采用三相五线制,中性线禁止安装熔断器,在中性线上除电力变压器近端接地外,用电设备和机房近端不许重复接地;若变压器在主楼外,则进局地线可以在楼内重复接地一次。

⑯ 交流用电设备采用三相四线制引入时,中性线禁止安装熔断器,在中性线上除电力变压器近端接地外,在大楼内部也可以与大楼总地排进行一次复接。对柴油发电机组和三进四出的 UPS 系统,其零线也必须进行一次工作接地。

⑰ 安装在室外的电力变压器、调压器,其绝缘油符合设计要求。

⑱ 接地引线和接地电阻,其电阻值应不大于规定值。

⑲ 停电检修时,应先停低压、后停高压;先断负荷开关,后断隔离开关。送电顺序则相反。切断电源后,三相线上均应接地线。

⑳ 对高压变配电设备进行维修工作,必须遵守的规定:

a. 应遵守一人操作、一人监护的原则,实行操作唱票制度;不准单人进行高压操作。

b. 切断电源前,任何人不准进入防护栏。

c. 在切断电源、检查有无电压、安装移动地线装置、更换熔断器等工作时,均应使用防护工具。

d. 在距离 10～35 kV 导电部位 1 m 以内工作时,应切断电源,并将变压器高低压两侧断开,凡有电容的器件(如电缆、电容器、变压器等)应先放电。

e. 核实负荷开关可靠断开,设备不带电后,再悬挂"有人工作,切勿合闸"警告牌方可进行维护和检修工作;警告牌只许原挂牌人或监视人撤去。

f. 严禁用手或金属工具触动带电母线,检查通电部位时应用符合相应等级的试电笔或验电器。

 g. 雨天不准露天作业,高处作业时应系好安全带,严禁使用金属梯子。

 h. 检测变压器的温升。

 i. 与电力部门有调度协议的应按协议执行。

5.18.2.1.2　施工前的检查

 ① 设备安装前,必须对施工场所进行勘查。主要包括施工环境、条件,本期涉及机房的状况等项目,为下一步进场施工时应该注意的问题以及应把握的重点提供第一手资料。

 ② 高压设备已经断电。

 ③ 高低配室内、墙面、屋顶、地面工程等应完毕,屋顶防水无渗漏,门窗及玻璃安装完好,地坪抹光工作结束,室外场地平整,设备基础按工艺配制图施工完毕。加电后无法进行再装饰的工程以及影响运行安全的项目施工完毕。

 ④ 预埋件、预留孔洞等均已清理并调整至符合设计要求;保护性网门、栏杆等安全设施齐全,通风、消防设置安装完毕。

5.18.2.2　对进场设备的检查

 ① 设备的型号规格与设计图一致,电气参数符合图纸要求,设备备件齐全,母排规格符合设计。设备的外观完整,无破损、碰伤,面板旋钮、开关把柄齐全完整。

 ② 各个开关的动作灵活性,各个母排上的螺丝、螺母有没有松动。

 ③ 设备的总容量是否符合本期工程所需总容量。

 ④ 电气检查、机械检查必须重新进行,所有参数均合格,并做好记录。

 ⑤ 设备上的地线必须与总的接地汇流排接。

 ⑥ 检查变压器及设备附件,均应符合规范。变压器无机械损伤、裂纹、变形等缺陷,油漆应完好无损。变压器高压、低压绝缘瓷件应完整无损伤,无裂纹。

 ⑦ 设备的附件齐全,用户资料完整。

5.18.2.3　进场设备器材的质量控制要点

 ① 设备和器材到达现场后应及时做下列验收检查:包装和密封应良好。技术资料齐全,并有装箱清单。装箱清单检查清点,规格型号应符合设计要求,附件、备件应齐全。按规范要求做外观检查,发现器材缺损和外观有问题时应对有关情况作详细检验记录。

 ② 对施工的主、辅材料:电力电缆、铜鼻子、铜排等,按产品技术标准进行清点和电气性能的抽查,发现问题及时向建设单位报告。

 ③ 设备安装位置应符合施工图设计要求,如有变动,须征得设计单位及建设单位的同意,并履行工程变更流程。

5.18.2.4　设备安装的质量控制要点

 ① 设备排列整齐,垂直度偏差应不超过机架高度的 0.15%。

 ② 设备间的缝隙上下均匀适度,一般缝隙不大于 3 mm。

 ③ 设备必须符合设计抗震要求,必须在地面、相邻设备之间进行加固。侧壁间(二点)用 M8 螺栓紧固,设备底脚应采用 M10～M12 膨胀螺栓与地面加固,各种螺丝必须拧紧。

 ④ 设备电源分配熔丝及总熔丝的容量必须符合施工图设计要求,不得以大代小。

 ⑤ 交流配电设备的引入端对机壳的绝缘电阻、零线排对机壳的绝缘电阻、N 线和 PE 排的绝缘状态,各个开关对地的绝缘电阻。各个开关的动作灵活性,各个母排上的螺丝有没

有松动。母排上的螺丝、螺母有没有松动,必须每个重新紧固一遍,并检查没有问题。

⑥ 配电柜、开关柜、电容补偿柜内部各类开关、按钮进出线上的标签清楚。

⑦ 设备的顶盖上无遗漏的工具、异物,特别是金属物体。

⑧ 设备工作地线要安装牢固,防雷地线与底座保护地线安装应符合工程设计要求。

⑨ 设备的 SPD 的地线、相线引线长度、线径要符合要求,变压器的地线连接可靠、位置正确。

5.18.2.5 电力电缆布放控制要点

① 布放电缆的规格、路由、截面和位置应符合施工图的规定,电缆排列整齐,外皮无损伤,电缆布放要有利于今后维护工作的开展。

② 直流电源线、交流电源线、信号线必须分开敷设。避免在同一线束内三种线缆的混放,电力电缆的转弯应均匀圆滑,电缆曲率半径符合表 1-4 的要求。

③ 涉及带电作业的部分,应当严格按照相关规范进行,对使用的工具(如扳手、钳子、起子等)应当采取相应的绝缘措施,防止因工具的短路打火而引发设备、人身的安全事故。

④ 走线架上布放的电缆必须绑扎,绑扎后的电缆应相互紧密靠拢,外观平直整齐,不交叉,不歪斜,扎带间距均匀,松紧适度,绑扎线头隐藏而不暴露外侧。

⑤ 电缆的布线,在两端有相同和明显的标志,不得错接、漏接。所有电缆布放完毕,必须校对。

⑥ 地线的连接严格按照规范和设计文书所规定,在变配电室内接入总接地汇流排时,必须焊接,其焊接面积应大于连接体的 10 倍以上,焊接处应作防腐处理。连接完毕必须测试其接地电阻,并填写《接地电阻测试表》。

⑦ 接地线各部件连接方法应符合联合接地设计规定。

⑧ 电源线应采用整段的线料,中间不得有接头。所有电缆在没有成端之前必须进行绝缘电阻的测试,并填写《电气绝缘测试表》。所有电缆的绝缘电阻必须大于 2 MΩ。

⑨ 电力电缆的相序必须正确,并有明显的颜色标志,电源线外护层应用不同颜色区分:A 相—黄色、B 相—绿色、C 相—红色、中性线(零线)—蓝色、保护地线—黑色。若电力线货源为一种颜色时,布放完毕后必须在两端用相应颜色的胶带或热缩套管区分。

⑩ 根据《低压配电设计规范》(GB 50054—2011)的要求,电缆在穿越管道井时,穿管用钢管的内径不应小于电缆外径的 1.5 倍,钢管两端必须接地,接头使用铜带可靠连接。

5.18.2.6 电缆的成端和保护控制要点

① 施工队所选择铜鼻子的孔径大小,螺丝、垫片的尺寸是否适合铜鼻子,是否符合接线柱的规格。螺丝太细,紧固螺丝时垫片将下陷,造成接触面变小,接触电阻增加,易产生打火、发热、烧毁等安全隐患。

② 各类线缆的成端中,电缆的破皮长度是否和铜鼻子线孔长度一致。

③ 铜鼻子的选用与所使用线缆规格是否一致,线缆是否完整,有无被剪断的芯线残余痕迹(有的施工人员图省事,将芯线剪掉一部分再放入铜鼻子线孔,这是绝对不允许的)。

④ 对铜鼻子的压制力度是否紧固、牢靠,绝对不允许使用老虎钳等工具压制铜鼻子。铜鼻子的压制要符合规范,按照规范:电力电缆大于 120 mm² 时,必须压制二道或二道以上。

⑤ 设备交流进线端的铜鼻子安装,要与接线柱垂直,没有偏斜现象。

⑥ 铜鼻子的材质表层与被连接点材质表层成分一致。

⑦ 凡是有铜鼻子的固定点,必需固定正确、牢靠。

⑧ 电缆外皮完好,没有死弯、没有凸出的点,如发现有问题,应促使厂方更换电缆。

5.18.2.7　接地线的布放和敷设控制要点

数据中心配套建设工程的地线包括:设备的工作地线、电源的保护地、防雷接地等各类地线,控制要点及目标为:

① 地线接入所使用的材料、规格必须与设计一致,固定牢靠。因为交流电源的保护地线、防雷地线大部分在设备或电源出现问题和雷雨季节才起作用,因而往往被施工人员所忽视,现场监理应及时、适时提出,督促施工队严格按照规范施工布放。

② 交流电源的零线(中性线)、电源的保护地线和防雷接地线之间在设备端应当电气绝缘,必须测试并做记录。

③ 联合接地点(总接地汇流排)接地可靠,与总的接地汇流排连接可靠,连接点要焊接,焊接面符合要求,焊缝完整、饱满,无气孔、"咬肉"等缺陷。

④ 交流分支柜(交流配电箱)、机架、机架底座上的连接铜排是否牢靠,连接导线符合要求,铜鼻子与含有油漆的钢制底座间要使用毛刺垫片或采取措施,应该焊接的点焊接牢靠。

⑤ 高低配电室不带电的金属部分应接入防雷保护地线。设备的前后门上的接地线连接可靠。

⑥ 各类地线必须采用带有接地色标的标称电缆。

5.18.2.8　高压配电设备通电质量控制要点

5.18.2.8.1　设备加电前的控制要点

① 应按照程序填写《电源设备加电记录表》《设备加电质量检验表》。机架保护地线连接可靠,对地绝缘电阻应符合说明书规定。应将输入、输出开关全部关断,并再次确认所有信号线、电源线的连接是否正确,绝缘电阻、绝缘强度是否符合技术指标要求。布线和接线正确,无碰地、短路、开路、假焊等情况。机内各种插件连接正确、无松动。机架保护地线连接可靠。

② 设备接触器与继电器的可动部分动作灵活、无松动和卡阻,其接触表面应无金属碎屑或烧伤痕迹。

③ 设备接触器和闸刀的灭弧装置完好。

④ 设备开关、闸刀转换灵活、松紧适度、熔断器容量和规格应符合设计要求。

⑤ 电压表、电流表应进行校验。

⑥ 测试机内布线及设备非电子器件对地绝缘电阻应符合技术指标规定。

⑦ 检查交流配电设备的避雷器件应符合技术指标要求。

⑧ 在向负载加电前,各类交流、直流配电设备、UPS运行正常。

5.18.2.8.2　变压器送电前的检查

① 变压器试运行前应做全面检查,确认符合试运行条件时方可投入运行。

② 变压器试运行前,必须由质量监督部门检查合格。

③ 各种交接试验单据齐全,数据符合要求。

④ 变压器应清理、擦拭干净,顶盖上无遗留杂物,本体及附件无缺损,且不渗油。

⑤ 变压器一、二次引线相位正确,绝缘良好。

⑥ 接地线良好。

⑦ 通风设施安装完毕,工作正常,事故排油设施完好。消防设施齐备。

⑧ 环氧树脂干式变压器的分接头位置放置正常电压挡位。

⑨ 保护装置整定值符合规定要求。操作及联动试验正常。

⑩ 干式变压器专用机柜安装完毕,四周无杂物,接线正确,各种标志牌挂好,门锁动作灵活。

5.18.2.8.3 加电后的控制要点

当各类开关的电气性能正常,各类地线、保护地线连接无误,确认后,联系供电部门配合施工方,做好高压送电前的准备工作。在供电部门对本期变压器端确认无误后,由施工方配合,方可高压送电,注意送电前设备厂方工程师、建设单位、施工方技术人员必须到场。

5.18.2.8.4 高压送电

① 检查所有的开关、断路器,在高压送电前必须为断开状态。

② 加电时,厂方工程师、建设单位要在场。

③ 变压器第一次投入时,可全压冲击合闸,冲击合闸时一般由高压侧投入。

④ 变压器第一次受电后,持续时间不应少于 10 min,无异常情况。

⑤ 变压器应进行 3～5 次全压冲击合闸,并无异常情况,励磁涌流不应引起保护装置误动作。

⑥ 变压器试运行要注意冲击电流、空载电流、一二次电压、温度,并做好详细记录。

⑦ 变压器并列运行前应核对相位正确。

⑧ 低压设备送电过程。

⑨ 变压器空载运行 24 h 无异常情况方可进行低压设备的送电和运行。

⑩ 输入、出电压,电流测试值应符合要求。

⑪ 事故、过压、欠压、缺相等自动保护电路应能准确动作并能发出告警。

⑫ 市电转换中,"市电 1"、"市电 2"电源指示信号正常。

⑬ 各种硬件设备必须按厂家提供的操作程序,逐级加上电源。

⑭ 检查无误后,按照加电程序和工序向负载供电。

5.18.2.9 环氧树脂干式电力变压器安装

5.18.2.9.1 前期准备

① 变压器安装施工图手续齐全,并通过供电部门审批资料。

② 应了解设计选用的变压器性能、结构特点及相关技术参数等。

5.18.2.9.2 设备及材料要求

① 变压器规格、型号、容量应符合设计要求,其附件和备件齐全,并应有设备的相关技术资料文件以及产品出厂合格证。设备应装有铭牌,铭牌上应注明制造厂名、额定容量、一二次额定电压、电流、阻抗及接线组别等技术数据。

② 辅助材料:电焊条、防锈漆、调和漆等均应符合设计要求,并有产品合格证。

5.18.2.9.3 作业条件

① 变压器室内、墙面、屋顶、地面工程等应完毕,屋顶防水无渗漏,门窗及玻璃安装完好,地坪抹光工作结束,室外场地平整,设备基础按工艺配制图施工完毕。受电后无法进行再装饰的工程以及影响运行安全的项目施工完毕。

② 预埋件、预留孔洞等均已清理并调整至符合设计要求。

③ 保护性网门、栏杆等安全设施齐全，通风和消防设置安装完毕。

④ 与电力变压器安装有关的建筑物、构筑物的建筑工程质量应符合现行建筑工程施工及验收规范的规定。当设备及设计有特殊要求时，应符合其他要求。

5.18.2.9.4　开箱检查

① 变压器开箱检查人员应由建设单位、监理单位、施工安装单位、供货单位代表组成，共同对设备开箱检查，并做好记录。

② 开箱检查应根据施工图、设备技术资料文件、设备及附件清单，检查变压器及附件的规格型号，数量是否符合设计要求，部件是否齐全，有无损坏丢失。

③ 按照随箱清单清点变压器的安装图纸、使用说明书、产品出厂试验报告、出厂合格证书、箱内设备及附件的数量等，与设备相关的技术资料文件均应齐全。同时设备上应设置铭牌，并登记造册。

④ 被检验的变压器及设备附件均应符合国家现行有关规范的规定。变压器应无机械损伤，裂纹、变形等缺陷，油漆应完好无损。变压器高压、低压绝缘瓷件应完整无损伤和无裂纹等。

⑤ 变压器有无小车、轮距与轨道设计距离是否相等，如不相符应调整轨距。

5.18.2.9.5　变压器安装

（1）变压器型钢基础的安装

① 型钢金属构架的几何尺寸应符合设计基础配制图的要求与规定，如设计对型钢构架高出地面无要求，施工时可将其顶部高出地面100 mm。

② 型钢基础构架与接地扁钢连接不应少于二端点，在基础型钢构架的两端，用不小于40 mm×4 mm的扁钢相焊接，焊接扁钢时，焊缝长度应为扁钢宽度的2倍，焊接3个棱边，焊完后去除氧化皮，焊缝应均匀牢靠，焊接处做防腐处理后再刷两遍灰面漆。

（2）变压器二次搬运

① 二次运输为将变压器由设备库运到变压器的安装地点，搬运过程中注意交通线路情况。到地点后应做好现场保护工作。

② 变压器吊装时，索具必须检查合格，运输路径应道路平整良好。根据变压器自身重量及吊装高度决定采用何种搬运工具进行装卸。

（3）变压器本体安装

① 变压器安装可根据现场实际情况进行，如果变压器室在首层则可直接吊装进室内；如果在地下室，可采用预留孔吊装变压器或预留通道运至室内就位到基础上。

② 变压器就位时应按设计要求的方位和距墙尺寸就位，横向距墙不应小于800 mm，距门不应小于1 000 mm，并应适当考虑推进方向，开关操作方向应留有1 200 mm以上净距。

③ 装有滚轮的变压器，滚轮应转动灵活，变压器就位后应将滚轮用能拆卸的制动装置固定，或者将滚轮拆下保存好。

（4）变压器附件安装

① 干式变压器一次元件应按产品说明书位置安装，二次仪表装在便于观测的变压器护网栏上。软管不得有压扁或死弯，富余部分应盘圈并固定在温度计附近。

② 干式变压器的电阻温度计，一次元件应预装在变压器内，二次仪表应安装在值班室

或操作台上。温度补偿导线应符合仪表要求,并加以适当的附加温度补偿电阻,校验调试合格后方可使用。

(5) 电压切换装置的安装

① 变压器电压切换装置各分接点与线圈的连接线压接正确,牢固可靠,其接触面接触紧密良好。切换电压时,转动触点停留位置正确,并与指示位置一致。

② 有载调压切换装置转动到极限位置时应装有机械联锁和带有限位开关的电气联锁。

③ 有载调压切换装置的控制箱,一般应安装在值班室或操纵台上,连线正确无误,并应调整好,手动、自动工作正常,档位指示正确。

(6) 变压器连线

① 变压器的一次、二次联线、地线、控制管线均应符合现行国家施工验收规范规定。

② 变压器的一次、二次引线连接,不应使变压器的套管直接承受应力。

③ 变压器中性线在中性点处与保护接地线同接在一起,并应分别敷设,中性线应用绝缘导线,保护地线应采用黄/绿相间的双色绝缘导线。

④ 变压器中性点的接地回路中,靠近变压器处应做一个可拆卸的连接点。

5.18.2.9.6　变压器送电调试运行

(1) 变压器的交接试验应由当地供电部门有资质许可证件的试验室进行。

(2) 试验标准应符合现行国家施工验收规范规定,以及生产厂家产品技术文件有关规定。

(3) 变压器交接试验内容:测量线圈连同套管一起的直流电阻,检查所有分接头的变压比,三相变压器的连接组标号,测量线圈同套管一起的绝缘电阻,线圈连同一起做交流耐压试验,试验全部合格后方可使用。

(4) 变压器送电前的检查:

① 变压器试运行前应做全面检查,确认各种试验单据应齐全,数据真实可靠,变压器一次、二次引线相位和相色正确,接地线等压接触截面符合设计和国家现行规范规定。

② 变压器应清理、擦拭干净。顶盖上无遗留杂物,本体及附件无缺损。通风设施安装完毕,工作正常。消防设施齐备。

③ 变压器的分接头位置处于正常电压挡位。保护装置整定值符合规定要求,操作及联动试验正常。

④ 经上述检验合格后,由质量监督部门进行检查合格后方可进行变压器试运行。

(5) 变压器空载调试运行。变压器空载投入冲击试验,即变压器不带负荷投入,所有负荷侧开关应全部拉开。试验程序如下:

① 全电压冲击合闸,高压侧投入,低压侧全部断开,受电持续时间应不少于 10 min,经检查应无异常。

② 变压器受电无异常,每隔 5 min 进行冲击一次;连续进行 3~5 次全电压冲击合闸,励磁涌流不应引起保护装置误动作,最后一次进行空载运行。

③ 变压器全电压冲击试验是检验其绝缘和保护装置。但应注意,有中性点接地变压器在进行冲击合闸前,中性点必须接地,否则冲击合闸时将造成变压器损坏事故发生。

④ 变压器空载运行的检查方法:主要是听声音进行辨别变压器空载运行情况,正常时发出嗡嗡声,异常时有以下几种情况发生:声音比较大而均匀时,可能是外加电压偏高;声音

比较大而嘈杂时,可能是芯部有松动;有滋滋放电声音,可能套管有表面闪络,应严加注意,并应查出原因及时进行处理,或是更换变压器。

⑤ 做冲击试验过程中应注意观测冲击电流、空载电流、一次二次侧电压、变压器温度等,做好详细记录。

(6) 变压器半负荷调试运行:

① 经过空载冲击试验运行 24～28 h,其时间长短视实际需要而定,确认无异常合格后,才可进行半负荷试运行试验。

② 将变压器负荷侧逐渐投入,直到半负载时停止,观察变压器温升、一次二次侧电压和负荷电流变化情况,应每隔 2 h 记录一次。

③ 经过变压器半负荷通电调试运行符合安全运行后,再进行满负荷调试运行。

(7) 变压器满负荷运行:

① 继续调试变压器负荷侧使其达到满负荷状态,再运行 10 h 观测温升、一次二次侧电压和负荷电流变化情况,每隔 2 h 进行记录一次。

② 满负荷变压器试运行合格后向建设单位办理移交手续。

5.18.2.9.7　成品(产品)保护

① 变压器就位后应采取有效保护措施,防止铁件及杂物掉入线圈框内,并应保持器身清洁干净。

② 操作人员不得蹬踩变压器作业,应避免工具、材料掉下砸伤变压器。

③ 对安装的电气管线及其支架应注意保护,不得碰撞损伤。

④ 应避免在变压器上方操作电气焊,如果不可避免,应做好遮挡防护,防止焊渣掉下,损伤设备。

5.19　接地系统

5.19.1　接地工程监理工作重点和难点

5.19.1.1　接地系统质量控制重点

① 接地电阻大小符合规范和标准。

② 隐蔽工序,符合规范要求。

③ 接地点的连接符合规范要求。

④ 接地电阻的测试记录符合设计和规范要求。

⑤ 接地材料选取符合设计要求。

⑥ 接地线(缆、扁钢、铜带)的接地位置符合设计要求。

⑦ 隐蔽接地点(工序结束后,必须检查检验测试工序结果)。

⑧ 深埋接地体的防腐措施检查。

5.19.1.2　接地系统监理难点

① 忽视接地点的检查测试。

② 忽视隐蔽接地体的检查测试。

③ 接地防腐性能的检查测试。

5.19.2 接地工程监理主要内容

5.19.2.1 数据中心机房接地的基本要求

（1）地网的维护

① 通信局（站）的地网一般由建筑物钢筋混凝土基础、建筑物外围敷设的环形接地体及地下其他互联的金属构件组成。动力维护部门应建立所辖通信局（站）地网的相关图纸资料，一旦地网发生变更，应及时对其图纸资料进行修改更正。

② 若通信局（站）为多组地网，并分别用于不同楼宇的接地系统（例如变压器地网），则应根据以下原则实施不同地网的地下互连。

a. 对于确实有规定不能直接连在一起的地网，也应采用等电位连接器进行连接。

b. 检测地网接地电阻，并与前次测试值对比，主要考察接地电阻值的变化情况，以判断地网以及接地引入线（包括与地网连接点）的可靠性和有效性。每次测量应尽量选取相同月份，采用相同的仪表以及相同的测试位置，以保证不同年份测试值的可比性。

c. 当接地电阻测试值发生突变时（排除测试上的误差后），则很有可能是接地引入线本身或其与地网的连接点发生锈蚀断裂，也有可能是地网出现严重的锈蚀而失效。

（2）直击雷防护设施的维护

检查避雷针、避雷带、避雷网、泄流引下线等的腐蚀情况及机械损伤，包括因雷击放电所造成损伤及连接部位松动等情况。一旦发现，应及时修复。当锈蚀部位超过其截面的三分之一时，应进行更换。

（3）室内接地系统的维护

① 检查各类设备地线是否按标准要求与机房相应接地汇流排进行连接。

② 检查接地引入线与接地总汇流排的连接、不同接地汇流排之间的地线连接以及各类设备地线在设备端及接地汇流排处的连接可靠，无松动现象。

③ 检查接地汇流排上各类地线的标识是否清楚、准确，确保新增加设备地线的连接符合标准要求。

④ 检查各类地线是否按标准要求正确连接至室内、室外接地汇流排。

（4）电源防雷设备的维护

① 动力维护部门应建立所辖维护区域内的电源防雷设备的配置类型及安装位置的相关图纸资料。

② 定期检查防雷设备失效指示和空气开关（或保险丝）状态，防雷模块是否有明显发热，发现异常情况应及时处理。对出现异常或超过有效使用期限的防雷模块应及时更换。

③ 定期检查防雷设备的引接线及接地线是否连接牢固可靠。

④ 定期检查防雷设备的各种辅助指示电路工作是否正常、连接电缆接头是否牢固。

5.19.2.2 接地系统质量控制重点

① 接地电阻大小符合规范和标准。

② 隐蔽工序符合规范要求。

③ 接地点的连接符合规范要求。

④ 接地电阻的测试记录符合设计和规范要求。

⑤ 接地材料选取符合设计要求。

⑥ 接地线（缆、扁钢、铜带）的接地位置符合设计要求。

⑦ 隐蔽接地点(工序结束后必须检查检验测试工序结果)。

⑧ 深埋接地体的防腐措施检查。

5.19.2.3 接地系统安全管理重点

① 接地施工时注意周围环境,观察对周围设备的影响。

② 接地线焊接时必须注意环境因素。

③ 注意使用的焊接、紧固工具的性能。

④ 深埋接地棒、接地体时,注意周围的环境、深处施工周围的模板支护措施性能。

⑤ 注意图纸上的联合接地的接地方式。

5.19.2.4 接地系统监理难点

① 忽视接地点的检查测试。

② 忽视隐蔽接地体的检查测试。

③ 接地防腐性能的检查测试。

④ 地线的漏接、漏敷设、错接。

5.19.2.5 数据中心机房配套工程的接地系统

参见《通信局站防雷与接地工程设计规范》(GB 50689—2011)。

① 电源接地系统组成示意图参见图 5-7。

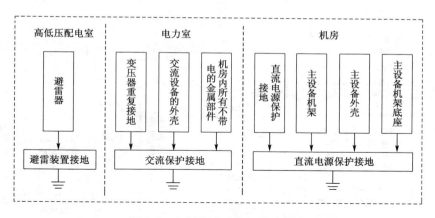

图 5-7　电源接地系统组成示意图

② 数据中心机房电源系统接地组成示意图参见图 5-8。

③ 数据中心机房供电系统组成示意图参见图 5-9。

5.19.2.6 接地相关名词和术语

① 接地:将导体连接到"地"使之具有近似大地(或代替大地的导体)的电位,可以使地电流流入或流出大地(或代替大地的导体)。

② 避雷器(闪接器):包括避雷针、避雷带(线)、避雷网以及用做接闪的金属屋面和金属构件等。

③ 引下线:连接避雷针与接地装置的金属导体。

④ 接地体:为达到与地连接的目的,一根或一组与土壤(大地)密切接触并提供与土壤(大地)之间的电气连接的导体。

⑤ 基础接地体:建、构筑物基础中地下混凝土结构中的接地金属构件和预埋的接地体。

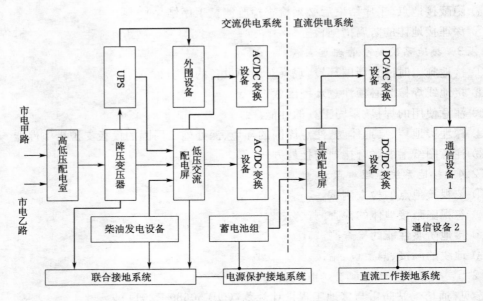

图 5-8 数据中心机房电源系统接地组成示意图

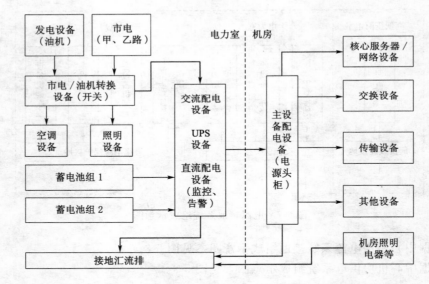

图 5-9 数据中心机房供电系统组成示意图

⑥ 地网:由一组或多组接地体在地下相互连通构成,为电气设备或金属结构提供基准电位和对地泄放电流的通道。

⑦ 接地引入线:接地网与接地总汇集线(或总汇流排)之间相连的导体。

⑧ 接地装置:接地引入线和接地体的总和。

⑨ 等电位连接:将不同的电气装置、导电物体等,用接地导体或浪涌保护器以某种方式连接起来,以减小雷电流在它们之间产生的电位差。

⑩ 接地线:接地线是等电位连接中使用的线缆,指通信局(站)的设备、电梯轨道、吊车、

金属地板、金属门框架、金属管道、金属电缆桥架、外墙上的栏杆等大尺寸的内部导电物就近可靠连到接地汇流排或接地汇集线上之间的线缆。

⑪ 接地汇集线:指作为接地导体的条状铜排(或扁钢等),在通信局(站)内通常作为接地系统的主干(母线),可以敷设成环形或线形。

⑫ 接地汇流排:与接地母线相连,并作为各类接地线连接端子的矩形铜排。

⑬ 接地系统:避雷针、引下线、接地网、接地汇集线、接地引入线、建筑物钢筋、接地金属支架以及接地的电缆屏蔽层和接地体相互连接的设备外壳或裸露金属部分的总称。

⑭ 联合接地:使局(站)内各建筑物的基础接地体和其他专设接地体相互连通形成一个共用地网,并将电子设备的工作接地、保护接地、逻辑接地、屏蔽体接地、防静电接地以及建筑物防雷接地等共用一组接地系统的接地方式。

⑮ 土壤电阻率:表征土壤导电性能的参数,其值等于单位立方体土壤相对两面间的电阻,常用单位是 $\Omega \cdot m$。

⑯ 接地电阻:工频电流流过接地装置时接地体与远方大地之间的电阻。其数值等于接地装置相对于远方大地的电压与通过接地体流入地中的电流的比值。

⑰ 浪涌保护器(Surge Protective Device,SPD):通过抑制瞬态过电压以及旁路浪涌电流来保护设备的装置,它至少含有一个非线性元件。

⑱ 开关型(间隙型)浪涌保护器(Switching Type SPD):无浪涌时呈高阻状态,对浪涌响应时突变为低阻的一种 SPD。常用器件有气体放电管、放电间隙等。

⑲ 限压型浪涌保护器(Voltage Limiting Type SPD):无浪涌时呈高阻状态,但随着浪涌的增大,其阻抗不断降低的一种 SPD。常用器件有氧化钵压敏电阻、瞬态抑制二极管等。

5.19.2.7 电源系统接地质量实施细则

(1) 通用规定

① 通信局(站)必须采用联合接地(与建筑物接地接在一起)。

② 通信局(站)防雷与接地工程所使用材料的型号、规格应符合工程设计要求。

③ 室外钢结构材料防雷与接地系统使用的紧固件均应采用热镀锌制品。

④ 防雷与接地系统的所有连接应可靠,连接处不应有松动、脱焊、接触不良和锈蚀的现象;采用焊接时,所有连接部位都应焊满,焊接应牢固、光滑,无裂缝和气孔现象,同时对焊点做防腐处理,一般采用在焊点处涂抹沥青保护的方法。

⑤ 防雷与接地系统的焊接,采用搭接焊,其搭接长度应符合以下要求:

a. 扁钢为其宽度的 2 倍且至少 3 个棱边焊接。

b. 圆钢为其直径的 10 倍。

c. 圆钢与扁钢连接时,其长度为圆钢直径的 10 倍。

⑥ 扁钢与钢管、扁钢与角钢焊接时,除应在其接触部位两侧进行焊接外,并应焊以由钢带弯成的弧形(或直角形)卡子或直接由钢带本身弯成弧形(或直角形)与钢管(或角钢)焊接。

⑦ 避雷针(网、带)及其接地装置应采取自下而上的施工顺序。

⑧ 安装在腐蚀性较强的场所的避雷针及明敷引下线,应采取加大截面或其他防腐措施。

⑨ 在施工过程中对防雷与接地系统的安装工艺、布线和隐蔽工程应由建设单位派出的

随工代表或工程监理人员进行随工检验和签证。

（2）避雷针安装

① 避雷针的数量、安装位置、避雷网的网格尺寸及避雷带的安装位置应符合工程设计要求。

② 高于避雷针的金属物，应与建筑物屋面的避雷针作电气连接。

③ 避雷针应无脱焊、折断、腐蚀现象。国定点支持件间距应均匀，固定可靠，有一定的机械强度。避雷带应平正顺直，跨越变形缝、伸缩缝应有补偿措施。避雷带支持件间距应符合水平直线距离为 0.5～1.5 m，其高度不应小于 150 mm。支持件应有足够的强度。

④ 避雷针上不能附着其他电气线路。

（3）引下线装设

① 引下线的规格、数量、安装位置以及相邻两根引下线之间的距离应符合工程设计要求。

② 引下线装设应牢固、无急弯。

③ 在易受机械损坏和人身易接触的地方，即地面上 1.7 m 至地面下 0.3 m，应采取暗敷或使用镀锌角钢防止机械损坏，使用塑料管或橡胶管等保护措施。

④ 引下线上不能附着其他电气线路。

⑤ 断接卡的设置应符合工程设计要求，断接卡应加保护措施。

⑥ 当利用金属构件、金属管道做接地引下线时，构件或管道与接地干线间应焊接金属跨接线，其各部件之间均应连成电气通路。

（4）接地体安装

① 接地体的安装位置、材料、数量、规格、长度、间距、埋深应符合工程设计要求。

②）接地体敷设完后的土沟回填土内不应夹有石块和建筑垃圾等；外取的土壤不得有较强的腐蚀性；用低电阻率土壤回填并分层压实。

③ 接地体之间的所有连接必须使用焊接。

④ 接地装置测试点连接板的数量、位置应符合工程设计要求；标志要明显，均应刷白色底并标以黑色记号，其代号为"⋈"。

⑤ 建筑物周围设置的环形接地体，与建筑物基础地网的连接位置应符合工程设计要求。

（5）接地引入线敷设

① 接地引入线的引入位置应符合工程设计要求。

② 铜质接地引入线的连接应焊接或压接，保证有可靠的电气接触。钢质接地引入线连接应采用焊接。使用铜、铁两种不同的金属材料时，在连接处应使用铜铁转换装置或采用热熔焊接。焊点均应做防腐处理（浇灌在海凝土中的除外）；在做防腐处理前，表面必须除锈并去掉焊接处残留的焊药。

③ 接地引入线应防止发生机械损伤和化学腐蚀。在与道路或管道等交叉及其他可能使接地线遭受损伤处，均应用管子或角钢等加以保护。接地引人线在穿过墙壁、楼板和地坪处应加装铜管或其他坚固的保护套，有化学腐蚀的部位还应采取防腐措施。

④ 不得利用金属蛇皮管、管道保温层的金属外皮或金属网以及电缆金属护层作接地引人线。

⑤ 接地引入线应按水平或垂直敷设,亦可与建筑物倾斜结构平行敷设;在直线段上不应有高低起伏及弯曲等情况(弯曲时形成电感)。

⑥ 在接地引入线跨越建筑物伸缩缝、沉降缝处时,应设置补偿器。补偿器可用接地线本身弯成弧状代替。

⑦ 明敷接地引入线的安装应便于检查;敷设位置不应妨碍设备的拆卸与检修;支持件间的距离,在水平直线部分为 0.5～1.5 m,垂直部分为 1.5～3 m,转弯部分为 0.3～0.5 m。明敷接地引入线的表面应涂以用 15～100 mm 宽度相等的绿色和黄色相间的条纹。在每个导体的全部长度上或只在每个区间或每个可接触到的部位上做出标志。当使用胶带时,应使用双色胶带。

(6) 等电位连接

① 通信局(站)的等电位连接结构应符合工程设计要求;各接地汇流排、各层水平接地汇集线、垂直接地主干线以及建筑物钢筋之间应按工程设计要求可靠连接。

② 接地汇集线、接地汇流排以及垂直接地主干线的材料、规格、安装位置应符合工程设计要求,各种等电位连接端子处应有清晰的标识。

③ 所有进入通信局(站)的外来导电物体应在入局处就近可靠接地(光缆引入)

④ 非屏蔽电缆应敷设在金属管内并埋地引入,金属管应电气连通,并应在雷电防护区交界处做等电位连接并接地;(光缆引入时)

⑤ 通信局(站)的设备、电梯轨道、吊车、金属地板、金属门框架、金属管道、金属电缆桥架、外墙上的栏杆等大尺寸的内部导电物,应就近可靠连到接地汇流排或接地汇集线上。

⑥ 竖直敷设的电缆金属外护套、金属管道及金属物应至少在上下两端各接地一次。

⑦ 平行敷设的管道、构架和电缆金属外皮等长金属物,其净距小于 100 mm 时应采用金属线跨接,跨接点的间距不应大于 300 mm;交叉净距小于 100 mm 时,其交叉处亦应跨接;长金属物的弯头、阀门、法兰盘等连接处可不跨接。

⑧ 等电位网络的连接采用焊接、熔接或压接;连接导体与金属管道等自然接地体连接,如焊接有困难,可采用卡箍连接,但应有良好的导电性和防腐措施;连接导体与接地汇流排之间应采用螺栓连接,连接处应进行热搪锡处理。

⑨ 接地汇集线或接地汇流排表面应无毛刺、明显伤痕、残余焊渣,安装应平整端正、连接牢固,绝缘导线的绝缘层无老化龟裂现象。

(7) 接地线敷设

① 接地线在穿越墙壁、楼板和地坪处应套管保护,采用金属管时应与接地线做电气连通。

② 走线槽或走线架上的线缆,其绑扎间距应均匀合理,绑扎线扣应整齐,松紧适当;绑扎线头不外露。

③ 接至通信设备或接地汇流排上的接地线,应用镀锌螺栓连接,连接应可靠、美观。

④ 接地线应使用具有黄绿相间色标的铜质绝缘导线。

⑤ 暗敷的接地线及其连接处应做隐蔽记录,并在竣工图上注明实际部位走向。

⑥ 接地线的敷设应尽量短直、整齐,多余的线缆应截断,严禁盘绕。

⑦ 严禁在接地线中加装开关或熔断器。

(8) 浪涌保护器安装

① 各级 SPD 的安装位置,安装数量、型号、主要性能参数应符合工程设计要求。

② SPD 的表面应平整、光洁、无划伤、无裂痕和烧灼痕或变形;SPD 标志应完整和清晰。

③ SPD 连接导线的型号规格、SPD 两端引线长度应符合工程设计要求;SPD 连接导线的安装应平直、美观、牢固、可靠(一般设备出厂时,都安装 SPD)。

④ 连接导体应符合相线采用黄色、绿色、红色,中性线用浅蓝色,保护线用绿/黄双色线的要求。

⑤ 检查 SPD 是否具有状态指示器,确认状态指示应与厂家说明相一致。

⑥ SPD 内置脱离器,应区别装置设置情况测试:对于热脱扣装置,不对其进行现场测试;对于热熔丝、热熔线圈或热敏电阻等限流元件,应用万用表在其两端测试是否导通,如不导通则需更换或对其可恢复限流元件手动复位。

⑦ SPD 无内置脱离器,应检查安装在 SPD 前端的过电流保护器。使用熔丝时,其与主电路上的熔丝电流比为 1:1.6。

5.19.2.8 数据中心机房接地系统实例

本例旨在起到抛砖引玉的作用,参见图 5-10。

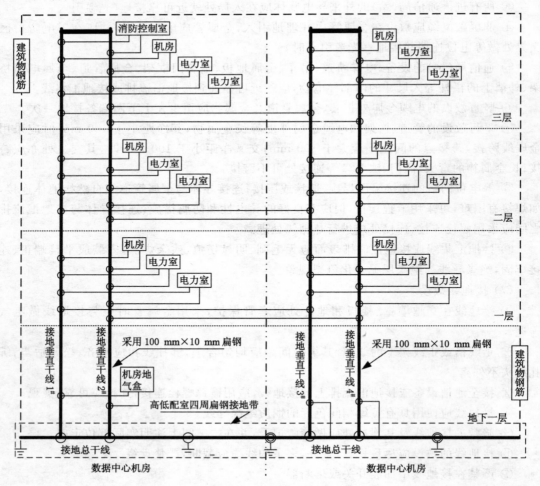

图 5-10 数据中心机房接地系统实例

5.19.3　数据中心机房的防雷系统(常识)

5.19.3.1　第一级防雷器选择

各类通信局站交流供电系统第一级防雷器(SPD)的最大通流容量(I_{max})应根据其环境因素并结合雷暴日进行选择与配置。

较差环境因素下的通信局(站)位于下列一种或多种情况:

① 局(站)高层建筑、山顶、水边、矿区和空旷高地。

② 局(站)内设有铁塔或塔楼。

③ 各类设有铁塔的无线通信站点。

④ 无专用变压器的局(站)。

⑤ 虽然地处少雷区或中雷区,根据历年统计,时有雷击发生。

⑥ 土壤电阻率大于 1 000 Ω·m 时。

5.19.3.2　各类机房的第一级防雷

参见表 5-34 和表 5-35。

表 5-34　综合通信大楼、交换局、数据中心交流供电系统第一级防雷器的设置和选择

环境因素	气象因素	当地雷暴日(日/年)		
		<25	25~40	≥40
平原	较差环境因素	60 kA	100 kA	
	正常环境因素	60 kA		
丘陵	较差环境因素	60 kA	100 kA	120 kA
	正常环境因素	60 kA		

注:交流供电系统的第一级 SPD(I/B级)可根据实际情况选择在变压器低压侧或低压配电室电源入口处安装。

表 5-35　市话接入网点、模块局、光中继站交流供电系统第一级防雷器的设置和选择

环境因素	气象因素	当地雷暴日(日/年)		
		<25	25~40	≥40
城市	较差环境因素	60 kA		80 kA
	正常环境因素	60 kA		
郊区	较差环境因素	80 kA		100 kA
	正常环境因素	60 kA		
山区	较差环境因素	80 kA	100 kA	120 kA
	正常环境因素	80 kA		

注:交流供电系统的第一级 SPD(I/B级)可根据实际情况选择在变压器次级或者交流配电柜进线侧安装。

6 数据中心配套建设工程安全生产监督管理

工程实施阶段的安全生产监督管理是不容忽视的日常工作,必须按照强制性标准采取正确、科学的管理方法,从细节入手。在保证质量、进度的同时,保证安全生产监督管理各项措施落实到位,督促施工单位严格按照批准的施工组织设计组织施工、按照国家的标准规范和工程建设强制性标准组织施工。

6.1 各参建单位安全生产管理职责

根据《中华人民共和国安全生产法》、《建设工程安全生产管理条例》(国务院 393 号令)及《生产安全事故报告和调查处理条例》(国务院 493 号令)、《通信建设工程安全生产管理规定》(工信部〔2008〕110 号)、《通信建设工程施工安全监理暂行规定》(YD 5204—2011)的规定,落实安全生产管理制度,加强监督管理工作,保障数据中心配套建设工程安全生产管理,这里整理建设单位、设计单位、监理单位、施工单位的安全生产管理内容、重点及管理措施。

6.1.1 建设单位

(1) 管理重点

① 安全相关法规规定。

② 安全生产管理制度落实。

③ 签署安全生产管理协议。

④ 安全生产检查监督。

⑤ 安全监管的关键环节掌握。

⑥ 安全生产事故应急预案和事故处理。

⑦ 专项施工方案专家论证制度(或施工企业组织)。

⑧ 安全检查(制度)。

⑨ 生产安全事故报告和调查处理制度。

(2) 法定职责

① 建立完善的通信建设工程安全生产管理制度,建立生产安全事故紧急预案,设立安全生产管理机构并确定责任人。

② 按照通信建设工程安全生产提取费率的要求,在工程概预算中明确通信建设工程安全生产费用,不得打折,工程承包合同中明确支付方式、数额及时限。

③ 不得对设计单位、施工单位及监理单位提出不符合安全生产法律、法规和强制性标准规定的要求,不得压缩合同约定的工期。

④ 建设单位在通信建设工程开工前应当就落实保证安全生产的措施进行全面系统的

布置,明确相关单位的安全生产责任。

⑤ 建设单位在对施工单位进行资格审查时,应当对企业主要负责人、项目负责人以及专职安全生产管理人员是否经通信主管部门安全生产考核合格进行审查。有关人员未经考核合格的,不得认定投标单位的投标资格。

6.1.2　设计单位

(1) 管理重点:安全文明施工费用计算、使用。

(2) 法定职责:

① 设计单位和有关人员对其设计安全性负责。

② 设计单位编制工程概预算时,必须按照相关规定全额列出安全生产费用。

③ 设计单位应当按照法律、法规和工程建设强制性标准进行设计,防止因设计不合理导致生产安全事故的发生。

④ 设计单位应当考虑施工安全操作和防护的需要,对涉及施工安全的重点部位和环节在设计文件中注明,并对防范生产安全事故提出指导意见。

⑤ 设计单位应参与设计有关的生产安全事故分析,并承担相应的责任。

6.1.3　施工单位

《建设工程安全生产管理条例》(国务院 393 号令)第二十六条:施工单位应当在施工组织设计中编制安全技术措施和施工现场临时用电方案,对达到一定规模的危险性较大的分部分项工程编制专项施工方案,并附具安全验算结果,经施工单位技术负责人、总监理工程师签字后实施,由专职安全生产管理人员进行现场监督。

(1) 管理重点:安全生产管理体系、现场落实。

(2) 法定职责:

① 施工单位应设立安全生产管理机构,建立健全安全生产责任制度和教育培训制度,制定安全生产规章制度和操作规程,建立生产安全事故紧急预案。

② 施工单位主要负责人依法对本单位的安全生产工作全面负责,项目负责人对建设工程项目的安全施工负责,落实安全生产责任制度、安全生产规章制度和操作规程,确保安全生产费用的有效使用,并根据工程的特点组织制定安全施工措施,消除安全事故隐患,及时、如实报告生产安全事故。

③ 按照国家有关规定配备专职安全生产管理人员,施工现场必须有专职安全生产管理人员。要保证安全生产培训教育,企业主要负责人、项目负责人以及专职安全生产管理人员必须取得通信主管部门核发的安全生产考核合格证书,做到持证上岗。

④ 建立安全生产费用预算,在工程报价中应当包含工程施工的安全作业环境及安全施工措施所需费用,要保证安全生产费用专款专用,用于施工安全防护用具及设施的采购和更新、安全施工措施的落实、安全生产条件的改善,不得挪作他用。

⑤ 严格按照工程建设强制性标准和安全生产操作规范进行施工作业。

⑥ 建设工程实施施工总承包的,由总承包单位对施工现场的安全生产负总责。总承包单位依法将建设工程分包给其他单位的,分包合同中应当明确各自在安全生产方面的权利和义务。总承包单位和分包单位对分包工程的安全生产承担连带责任。

⑦ 分包单位应当服从总承包单位的安全生产管理,分包单位不服从管理导致生产安全

事故的,由分包单位承担主要责任。

⑧ 要依法参加工伤社会保险,为从业人员交纳保险费。

《建设工程质量管理条例》(国务院 279 号令)第三十七条:未经监理工程师签字,建筑材料、建筑物配件、设备不得在工程上使用或者安装,施工单位不得进行下一道工序的施工,未经总监理工程师签字,建设单位不得拨付工程款,不得进行竣工验收。

6.1.4 监理单位

按照法律、法规、规章制度、安全生产操作规范及工程建设强制性标准实施监理,并对工程建设生产安全承担监理责任。

要完善安全生产管理制度,明确监理人员的安全监理职责,建立监理人员安全生产教育培训制度,总监理工程师和安全监理人员必须经安全生产教育培训取得通信主管部门核发的《安全生产考核合格证书》后方可上岗。

审查施工组织设计中的安全技术措施或者专项施工方案是否符合工程建设强制性标准。在实施监理过程中,发现存在生产安全事故隐患的,应当要求施工单位整改;对情况严重的,应当要求施工单位暂时停止施工,并及时向建设单位报告。施工单位拒不整改或者不停止施工的,工程监理单位应当及时向有关主管部门报告。

6.2 安全生产监督管理的法定职责

实施监理的过程中,监理人员在履行建设工程监理合同的同时,注意学习法律法规,掌握尺度,客观、科学规避公司和监理职业的风险,按照《建设工程监理规范》(GB/T 50319—2013)的要求认真履行安全生产监督管理的法定职责。下面摘录有关的法律法规,明确监理承担责任的范围和类型,以引起重视。

6.2.1 建筑法

第十三条 …经资质审查合格,取得相应等级的资质证书后,方可在其资质等级许可的范围内从事建筑活动。

第三十一条 实行监理的建筑工程,由建设单位委托具有相应资质条件的工程监理单位监理。建设单位与其委托的工程监理单位应当订立书面委托监理合同。

第三十二条 建筑工程监理应当依照法律、行政法规及有关的技术标准、设计文件和建筑工程承包合同,对承包单位在施工质量、建设工期和建设资金使用等方面,代表建设单位实施监督。工程监理人员认为工程施工不符合工程设计要求、施工技术标准和合同约定的,有权要求建筑施工企业改正。工程监理人员发现工程设计不符合建筑工程质量标准或者合同约定的质量要求的,应当报告建设单位要求设计单位改正。

第三十三条 实施建筑工程监理前,建设单位应当将委托的工程监理单位、监理的内容及监理权限,书面通知被监理的建筑施工企业。

第三十四条 工程监理单位应当在其资质等级许可的监理范围内,承担工程监理业务。工程监理单位应当根据建设单位的委托,客观、公正地执行监理任务。工程监理单位与被监理工程的承包单位以及建筑材料、建筑构配件和设备供应单位不得有隶属关系或者其他利害关系。工程监理单位不得转让工程监理业务。

第三十五条 工程监理单位不按照委托监理合同的约定履行监理义务,对应当监督检查的项目不检查或者不按照规定检查,给建设单位造成损失的,应当承担相应的赔偿责任。工程监理单位与承包单位串通,为承包单位谋取非法利益,给建设单位造成损失的,应当与承包单位承担连带赔偿责任。

6.2.2 建设工程安全生产管理条例(国务院 393 号令)

第十四条 工程监理单位应当审查施工组织设计中的安全技术措施或者专项施工方案是否符合工程建设强制性标准。

工程监理单位在实施监理过程中发现存在安全事故隐患的,应当要求施工单位整改;情况严重的,应当要求施工单位暂时停止施工,并及时报告建设单位。施工单位拒不整改或者不停止施工的,工程监理单位应当及时向有关主管部门报告。

工程监理单位和监理工程师应当按照法律、法规和工程建设强制性标准实施监理,并对建设工程安全生产承担监理责任。

第二十六条 施工单位应当在施工组织设计中编制安全技术措施和施工现场临时用电方案,对下列达到一定规模的危险性较大的分部分项工程编制专项施工方案,并附具安全验算结果,经施工单位技术负责人、总监理工程师签字后实施,由专职安全生产管理人员进行现场监督。

第五十七条 违反本条例的规定,工程监理单位有下列行为之一的,责令限期改正;逾期未改正的,责令停业整顿,并处 10 万元以上 30 万元以下的罚款;情节严重的,降低资质等级,直至吊销资质证书;造成重大安全事故,构成犯罪的,对直接责任人员,依照刑法有关规定追究刑事责任;造成损失的,依法承担赔偿责任:

1. 未对施工组织设计中的安全技术措施或者专项施工方案进行审查的。

2. 发现安全事故隐患未及时要求施工单位整改或者暂时停止施工的。

3. 施工单位拒不整改或者不停止施工,未及时向有关主管部门报告的。

4. 未依照法律、法规和工程建设强制性标准实施监理的。

第五十八条 注册执业人员未执行法律、法规和工程建设强制性标准的,责令停止执业 3 个月以上 1 年以下;情节严重的,吊销执业资格证书,5 年内不予注册;造成重大安全事故的,终身不予注册;构成犯罪的,依照刑法有关规定追究刑事责任。

6.2.3 建设工程质量管理条例(国务院 279 号令)

第五章 工程监理单位的质量责任和义务:

第三十四条 工程监理单位应当依法取得相应等级的资质证书,并在其资质等级许可的范围内承担工程监理业务。

禁止工程监理单位超越本单位资质等级许可的范围或者以其他工程监理单位的名义承担工程监理业务,禁止工程监理单位允许其他单位或者个人以本单位的名义承担工程监理业务。

工程监理单位不得转让工程监理业务。

第三十五条 工程监理单位与被监理工程的施工承包单位以及建筑材料、建筑构配件和设备供应单位有隶属关系或者其他利害关系的,不得承担该项建设工程的监理业务。

第三十六条 工程监理单位应当依照法律、法规以及有关技术标准、设计文件和建设工程承包合同,代表建设单位对施工质量实施监理,并对施工质量承担监理责任。

第三十七条 工程监理单位应当选派具有相应资格的总监理工程师进驻施工现场。

未经监理工程师签字,建筑材料、建筑物配件、设备不得在工程上使用或者安装,施工单位不得进行下一道工序的施工,未经总监理工程师签字,建设单位不得拨付工程款,不得进行竣工验收。

第一百三十七条 建设单位、设计单位、施工单位、工程监理单位违反国家规定,降低工程质量标准,造成重大安全事故的,对直接责任人员处五年以下有期徒刑或者拘役,并处罚金;后果特别严重的,处五年以上十年以下有期徒刑,并处罚金。

6.2.4 安全生产监督管理法定职责(部分)

(1)在项目监理机构监督下,施工单位对涉及结构安全的试块、试件及工程材料,按规定进行现场取样、封样,并送至具备相应资质的检测单位进行检测。

(2)项目监理机构应结合工程特点,针对监理工作过程中可能出现的各种风险因素进行辨析,策划各项预防性措施,有效控制工程的质量、进度和造价,并履行安全生产管理法定职责。监理人员应在监理日志等监理文件资料中及时记录监理工作实施情况和发现的质量安全问题及处理情况。

(3)项目监理机构还应审查施工组织设计中的生产安全事故应急预案,重点审查应急组织体系、相关人员职责、预警预防制度、应急救援措施。

(4)项目监理机构在审查专项施工方案时,对超过一定规模的危险性较大的分部分项工程专项施工方案,应要求施工单位附专家论证会意见及安全验算结果。

(5)项目监理机构应重点检查施工单位安全生产许可证及施工单位项目经理资格证、专职安全生产管理人员上岗证和特种作业人员操作证年检合格与否,检查施工机械和设施的安全许可验收手续。

(6)监理文件资料是实施监理过程的真实反映,既是监理工作成效的根本体现,也是工程质量、生产安全事故责任划分的重要依据,项目监理机构应做到"明确责任,专人负责"。

(7)项目监理机构应检查施工单位现场安全生产规章制度的建立和落实情况,检查施工单位安全生产许可证及施工单位项目经理资格证、专职安全生产管理人员上岗证和特种作业人员操作证,检查施工机械和设施的安全许可验收手续,定期巡视检查危险性较大的分部分项工程施工作业情况。

(8)项目监理机构在实施监理过程中,发现工程存在安全事故隐患,发出《监理通知》或《工程暂停令》后,施工单位拒不整改或者不停工时,应当采用书面及时向政府主管部门报告;情况紧急下,项目监理机构可先通过电话、传真或电子邮件方式向政府主管部门报告,事后应以书面形式监理报告送达政府主管部门,同时抄报建设单位和工程监理单位。

履行法律法规赋予工程监理单位的法定职责,尽可能防止和避免施工安全事故的发生是监理安全监督管理的工作目标。项目监理机构应根据法律法规、工程建设强制性标准,履行建设工程安全生产管理的监理职责。项目监理机构应根据工程项目的实际情况,加强对施工组织设计中涉及安全技术措施的审核,加强对专项施工方案的审查和监督,加强对现场安全事故隐患的检查,发现问题及时处理,防止和避免安全事故的发生。

6.3　安全生产监督管理职责履行

重点工作:施工环境。场地的施工环境中,垃圾、废料、泥土、角棱物料、成品、设备包装、搬运、各种脚手架、配电箱、电源电缆等等,这些都是施工环境中形成安全隐患的因素。综合类工程对施工场地的要求高,各施工单位之间对上述内容的控制较难,除了要求施工单位做好日常性的现场安全管理工作以外,只有认真细致,及时发现安全隐患并督促施工单位整改,才是避免损失的有效途径。

数据中心机房建设、配套设备安装工程项目实施过程中,体现几个特点:① 施工单位多、施工人员多、危险源多(动火点、临时用电点、登高作业、孔洞、棱角材料等)、进出施工场地的人员多;② 工序繁多、协调控制点繁多、成品保护工作多等。

由于项目实施中的这些特点,造成数据中心配套建设工程项目实施中的安全管理工作量大大增加。

6.3.1　安全生产监督管理的具体内容

编制建设工程监理实施细则,落实相关监理人员;审查施工单位现场安全生产规章制度的建立和实施情况;审查施工单位安全生产许可证及施工单位项目经理、专职安全生产管理人员和特种作业人员的资格,核查施工机械和设施的安全许可验收手续;审查施工承包人提交的施工组织设计,重点审查其中的质量安全技术措施、专项施工方案与工程建设强制性标准的符合性;审查包括施工起重机械和整体提升脚手架、模板等自升式架设设施等在内的施工机械和设施的安全许可验收手续情况;巡视检查危险性较大的分部分项工程专项施工方案实施情况;对施工单位拒不整改或不停止施工时,应及时向有关主管部门报送监理报告。

《建设工程安全生产管理条例》第十四条规定:"工程监理单位应当审查施工组织设计中的安全技术措施或者专项施工方案是否符合工程建设强制性标准。""工程监理单位在实施监理过程中,发现存在安全事故隐患的,应当要求施工单位整改;情况严重的,应当要求施工单位暂时停止施工,并及时报告建设单位。施工单位拒不整改或者不停止施工的,工程监理单位应当及时向有关主管部门报告。"

6.3.1.1　施工单位安全生产管理体系的审查

国务院《建设工程安全生产管理规定》(国务院 393 号令)中明确:

第二十五条　垂直运输机械作业人员、安装拆卸工、爆破作业人员、起重信号工、登高架设作业人员等特种作业人员,必须按照国家有关规定经过专门的安全作业培训,并取得特种作业操作资格证书后,方可上岗作业。

第二十六条　施工单位应当在施工组织设计中编制安全技术措施和施工现场临时用电方案,对下列达到一定规模的危险性较大的分部分项工程编制专项施工方案,并附具安全验算结果,经施工单位技术负责人、总监理工程师签字后实施,由专职安全生产管理人员进行现场监督:

(1)基坑支护与降水工程;(2)土方开挖工程;(3)模板工程;(4)起重吊装工程;(5)脚手架工程;(6)拆除、爆破工程;(7)国务院建设行政主管部门或者其他有关部门规定的其他危险性较大的工程。

审核施工单位的施工组织设计是保证安全生产的第一步。

(1) 审查施工企业各类资质

① 企业营业执照（复印件）：包括正本及副本、年检记录，确保在有效期内。

② 企业资质证书（复印件）：包括相关年检记录，确保在有效期内。

③ 企业安全生产许可证（复印件）：确保在有效期内。

④ 企业"三类人员"安全培训证书，并确保在有效期内。

⑤ 操作人员的上岗证书审核。

⑥ 总包、分包的关系；总包单位、分包单位的资质证书。

监理方法：进场施工前审核确认。

(2) 审验施工现场人员各类证件

① 现场施工人员清单（书面资料）：要求作业人员清单中包含姓名、身份证号及工种。

② 身份证（复印件）。

③ 作业现场人员的相关安全证书（复印件）。

④ 特种作业证书（复印件）：证书与操作人员必须对应并注意有效期。

监理方法：施工前现场（会场）审核确认。

(3) 施工合同关系

建设单位与施工总包单位签署的工程总包合同；总包单位与施工分包单位签署的工程分包合同，与之对应的安全协议。

监理方法：施工前现场（会场）审核确认。

(4) 检查施工现场安全设施

① 施工铭牌。

② 施工安全标志、围栏、围绳、警示牌等。

③ 安全防护措施，如灭火器、登高梯、保险带、安全帽等。

监理方法：施工前或者施工现场检查确认。

(5) 审查施工组织设计（专项施工方案）

主要审核：施工组织设计、铁塔安装专项施工方案的安全技术措施是否符合工程建设强制性标准，包括：

① 工程概况和工程特点的说明。

② 施工进度计划、施工人员配置计划（有利于审核工程量，对监理的进度控制非常有用）。

③ 施工部署和施工方案，主要审核施工工艺。

④ 有关质量、安全技术措施及安全生产操作规程；专项方案中安全技术措施。

⑤ 工程应急预案（安全事故应对机制及措施）。对施工组织设计方案的审核，确保重点内容不缺失。

监理方法：施工前检查、审核确认。

(6) 审查施工单位安全管理体系

进场施工前，建设单位、监理单位应审查施工单位、铁塔安装单位的安全生产管理制度的落实情况；施工单位质量管理体系的建立，安全质量的具体措施是否得到有效落实。

施工单位、铁塔安装单位安全生产管理制度的落实，从以下几个方面体现：

① 施工现场环境的清理，临时用电设施的性能。

②关键部位的施工开始前的安全技术交底展开情况。

③人员的安全防护用品佩戴情况。

④各类焊接、机械工具使用前的检查情况。

⑤现场安全生产管理人员的配备情况。

⑥关键工序的施工日志记录情况。

⑦施工操作过程中的工艺流程掌控情况等。

通过掌握这些情况，可以大致了解施工单位的质量安全生产的管理是否正规，是否与其资质相适应等情况。

监理方法：施工前、施工过程检查、审核确认。

6.3.1.2　专项施工方案的编制、审查和实施的监理要求

①《建设工程安全生产管理条例》（国务院393号令）规定："第十四条　工程监理单位应当审查施工组织设计中的安全技术措施或者专项施工方案是否符合工程建设强制性标准。"

②专项施工方案编制要求：实行施工总承包的，专项施工方案应当由总承包施工单位组织编制，其中，起重机械安装拆卸工程、深基坑工程、附着式升降脚手架等专业工程实行分包的，其专项施工方案可由专业分包单位组织编制。实行施工总承包的，专项施工方案应当由总承包施工单位技术负责人及相关专业分包单位技术负责人签字。对于超过一定规模的危险性较大的分部分项工程专项方案应当由施工单位组织召开专家论证会。

③专项施工方案监理审查要求：a. 对编制程序进行符合性审查；b. 对实质性内容进行符合性审查。

④专项施工方案实施要求。施工单位应当严格按照专项方案组织施工，安排专职安全管理人员实施管理，不得擅自修改、调整专项施工方案。如因设计、结构、外部环境等因素发生变化确需修改的，应及时报告项目监理机构，修改后的专项施工方案应当按相关规定重新审核。

6.3.2　安全生产管理的监理方法和措施

通过审查施工单位现场安全生产规章制度的建立和实施情况，督促施工单位落实安全技术措施和应急救援预案，加强风险防范意识，预防和避免安全事故发生。

通过项目监理机构安全管理责任风险分析，制定监理实施细则，落实监理人员，加强日常巡视和安全检查，发现安全事故隐患时，项目监理机构应当履行监理职责，采取会议、告知、通知、停工、报告等措施向施工单位管理人员指出，预防和避免安全事故发生。

6.3.3　安全生产管理中监理工作表格

参考《建设工程监理规范》（GB/T 50319—2013）及江苏版第五套表格，参见下表。本表是施工单位（含由建设单位发包而未纳入施工总承包管理的施工单位）向项目监理机构报审施工现场质量、安全生产管理体系资料的专项用表。项目监理机构应认真审核施工单位的质量、安全生产管理体系，应从施工单位的资质证书、安全生产许可证、项目经理部质量和安全生产管理组织机构、岗位职责分工、质量安全管理制度（如质量检查制度、质量教育培训制度、安全生产责任制度、治安保卫制度、安全生产教育培训制度、质量安全事故处理制度、工程起重机械设备管理制度、重大危险源识别控制制度、安全事故应急救援预案等）、安全文明

措施费使用计划、质量安全人员证书(项目经理、项目技术负责人、质检员、专职安全员、特种作业人员资格证等)等方面进行审查。特种作业人员特种作业操作资格证的备案审核应动态管理。

施工现场质量、安全生产管理体系报审表

工程名称:　　　　　　　　　　　　　　　　编号:B.0.3-____

致:_____(项目监理机构) 　　我方施工现场质量、安全生产管理体系已建立,请予审查。 　　本次申报内容系第_____次申报。 附件: 　　☐ 项目部组织机构,现场管理人员一览表、项目经理、质检员、安全员等专职管理人员的岗位证书。 　　☐ 施工单位安全生产许可证 　　☐ 质量、安全生产管理制度 　　☐ 特种作业人员操作资格证书 　　☐ 　　　　　　　　施工项目经理部(章):_____ 　　　　　　　　项目经理(签字):_____　　　年___月_____日		
项目监理机构签收人 姓名及时间		施工项目经理部 签收人姓名及时间	
审查意见: 　　　　　　专业监理工程师(签字):_____　　_____年___月___日		
审核意见: 　　项目监理机构(章):_____ 　　总监理工程师/总监理工程师代表(签字):_____　　_____年___月___日		
注:1. 承包单位项目经理部应在计划开工7日前提出本报审表。 　　2. 本表一式三份,项目监理机构、建设单位、施工单位各一份。		

6.3.4　施工现场需要把握的关键环节

　　① 施工环境。

② 各个单位的施工范围。

③ 临时用电。

④ 氧气、乙炔钢瓶的放置位置,动火点到两个钢瓶间的距离。

⑤ 材料(贵重)的保管与使用,包括施工单位的工器具。

⑥ 对材料、设备进场的环境控制。

⑦ 电动工具使用。

⑧ 登高作业的安全防护。

⑨ 登高工具的检查和防护措施落实。

⑩ 施工人员相互间的协调和状态。

⑪ 高处孔洞、边沿的警示标志。

⑫ 成品保护。

这些因素构成施工环境安全的主要因素,有的由进度引发出现安全隐患,有的由质量引发,影响安全,有的会造成人员伤亡、材料设备受损等安全问题。

6.3.5　施工现场常见的安全生产隐患

6.3.5.1　监理单位

① 未认真审查工程项目的施工组织设计中的安全技术措施方案。

② 在实施监理的过程中,未能及时发现现场存在安全事故隐患。

③ 未对作业人员不安全行为提出相应整改意见。

④ 对施工工序的验收不及时或不验收。

⑤ 不履行监理合同责任,或不能很好地履行监理职责。

⑥ 建设单位将很多属于自己工作范畴的工作交给监理去做,由于处理问题的角度不同,给监理带来很多不利因素。

6.3.5.2　总包单位

① 工程分包没有具体项目合同和《施工委托书》,安全责任不明确。

② 未在现场设置专兼职安全人员,并进行检查。督导也未履行职责。

③ 对分包单位的项目负责人、作业队长、作业人员的资格没有审查。

④ 开工前,项目负责人往往不进行对作业班组和作业人员进行安全技术交底。

⑤ 缺乏责任心,缺少应急响应流程和预案,发生问题(或事故)后没在第一时间上报。

⑥ 安全管理措施不到位,企业安全生产不重视,安全制度如同虚设。

6.3.5.3　分包单位

① 安全生产条件不具备,缺乏现场安全管理制度和教育培训制度。

② 作业人员未进行必要的教育和培训,安全意识淡薄和安全技能低下。

③ 开工前未对作业现场环境和危险源进行辨识,没有防范的措施。

④ 使用不合理和不安全的工具(如梯子、电动工具),系戴不符合标准安全帽或安全带。

⑤ 特种作业人员没有持证上岗。班组没有互保联保等安全活动记录。

⑥ 分包单位管理人员文化素质低下,安全意识淡薄,安全相关法规不清楚等。

6.3.6　安全生产监督管理流程

参见图 6-1。

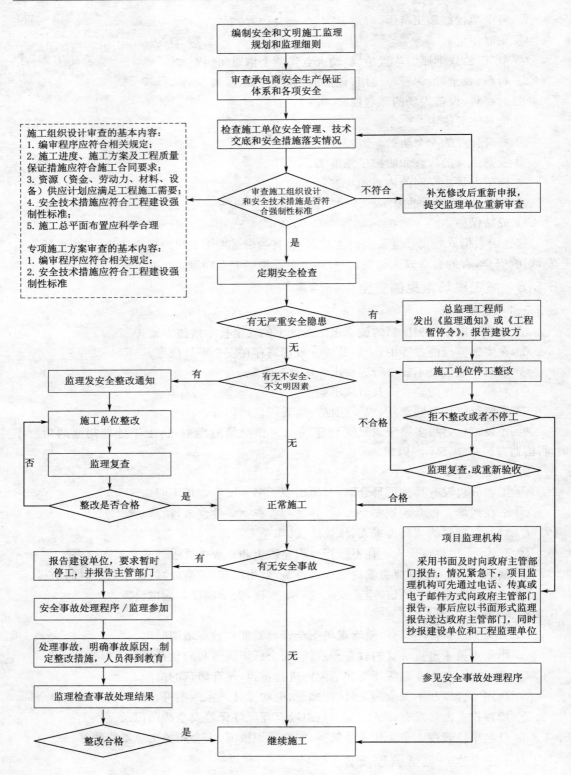

图 6-1 安全生产监督管理程序

6.3.7 安全事故处理流程

参见图 6-2。

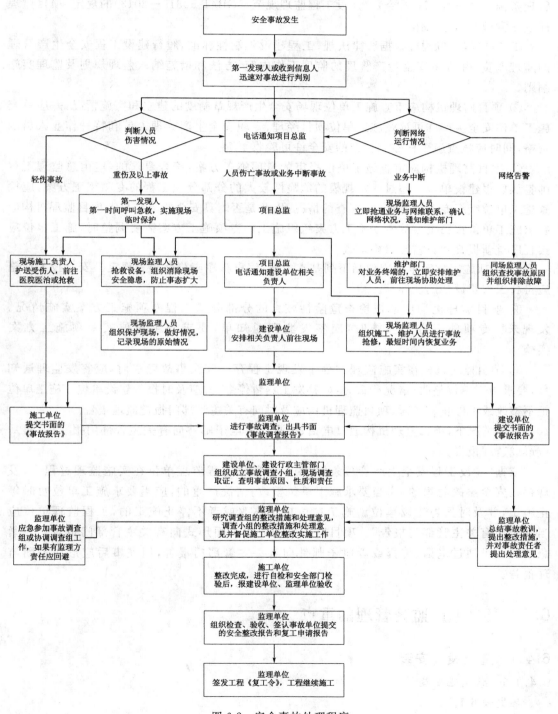

图 6-2 安全事故处理程序

6.3.8 安全生产监督管理措施落实

根据上述《建筑法》、《建设工程安全生产管理条例》（国务院 393 号令）、《建设工程质量管理条例》（国务院 279 号令）、《建设工程监理规范》（GB/T 50319—2013）的规定，项目监理部应注意做好以下工作：

① 项目监理机构应根据法律法规、工程建设强制性标准，履行建设工程安全生产管理的监理职责，并应将安全生产管理的监理工作内容、方法和措施纳入监理规划及监理实施细则。

② 项目监理机构应审查施工单位现场安全生产规章制度的建立和实施情况，并应审查施工单位安全生产许可证及施工单位项目经理、专职安全生产管理人员和特种作业人员的资格，同时应核查施工机械和设施的安全许可验收手续。

③ 项目监理机构应审查施工单位报审的专项施工方案，符合要求的，应由总监理工程师签认后报建设单位。超过一定规模的危险性较大的分部分项工程的专项施工方案，应检查施工单位组织专家进行论证、审查的情况，以及是否附具安全验算结果。项目监理机构应要求施工单位按已批准的专项施工方案组织施工。专项施工方案需要调整时，施工单位应按程序重新提交项目监理机构审查。

④ 专项施工方案审查应包括下列基本内容：编审程序应符合相关规定。安全技术措施应符合工程建设强制性标准。

⑤ 项目监理机构应巡视检查危险性较大的分部分项工程专项施工方案实施情况。发现未按专项施工方案实施时，应签发监理通知单，要求施工单位按专项施工方案实施。

⑥ 项目监理机构在实施监理过程中发现工程存在安全事故隐患时，应签发监理通知单，要求施工单位整改；情况严重时，应签发工程暂停令，并应及时报告建设单位。施工单位拒不整改或不停止施工时，项目监理机构应及时向有关主管部门报送监理报告。

紧急情况下，项目监理机构通过电话、传真或者电子邮件向有关主管部门报告的，事后应形成监理报告。

依据《建设工程安全生产管理条例》第十四条，"工程监理单位在实施监理过程中，发现存在安全事故隐患的，应当要求施工单位整改；情况严重的，应当要求施工单位暂时停止施工，并及时报告建设单位。施工单位拒不整改或者不停止施工的，工程监理单位应当及时向有关主管部门报告"。项目监理机构应以书面形式向有关主管部门报告。在紧急情况下可通过电话、传真或者电子邮件向有关主管部门报告，但在事后应形成书面监理报告。

6.4 安全生产监督管理的重点

6.4.1 直流设备安装

6.4.1.1 蓄电池安装

参见表 6-1。

表 6-1 蓄电池安装安全监理内容

工序	监理重点	监理内容	监理措施
蓄电池组安装	蓄电池之间的连接铜排	铜排容量、安装间距、安装位置、表面质量和颜色（表面偏白为镀锡，偏蓝为镀锌）	1. 采用专用割接工具作业。 2. 铜排表面要和被连接位置相同质地。 3. 镀锡和镀锌的作用都是起到对铜排的保护，防止铜排氧化、改善铜排连接的接触面，但是镀锌应用于钢铁外镀层，而镀锡用于电器连接铜排。铜排镀锌降低了其导电性能，降低了连接点的可靠性，容易发热、接触不良、烧毁等问题。 4. 通信设备使用铜排的表面要镀锡。《通信电源设备安装工程验收规范》(GB 51199—2016)：铜条接头处必须平整、光滑、无斑锈，镀锡（铜质镀锡，铝质镀锌锡）长度不小于母线宽度
	蓄电池之间的连接电缆	电缆规格及容量、成端质量；铜鼻子规格	1. 检查连接电缆的规格与设计是否一致。 2. 检查铜鼻子的规格与设计一致；铜鼻子安装力量符合厂方要求的技术标准。 3. 要求采用专用工具可以控制螺丝的紧固力量。 4. 检查压接数量；压制松劲程度。 5. 铜鼻子压接时：小于 120 m² 的电力电缆必须压制两道以上。 6. 铜鼻子压接不紧造成接触不良、打火、烧毁电缆或蓄电池连接件；同时断续连接所产生的冲击电流直接影响设备的工作性能，连续接入脉冲在没有保护的设备上产生很大的冲击电流而烧毁设备。虽然蓄电池电压仅几伏，但由于其断续接通，时间较短，后级感性负载同样会产生较高的感应电压
	蓄电池的安装位置	符合设计图纸规定，符合厂家关于设备安装的要求	1. 校对图纸与实际安装位置。 2. 测量蓄电池的水平程度。 3. 检查和测量蓄电池架的接地线；防止地线中间假接（架子的表面烤漆没有清理）。 4. 要求：安装位置的垃圾、尘土清理干净
	接线和放线	电缆布放符合规定，转弯半径不能小于电缆转弯的允许值	1. 连接蓄电池的电源电缆必须符合设计图纸上的放线表规格。 2. 电缆接线前，检查后部设备上开关是否断开（或保险丝是否取下）。 3. 检查测量电缆的转弯半径符合表1-4 的要求。 4. 电缆转弯过小，低电压大电流情况下，造成连接铜排或铜鼻子受理过大，蓄电池连接铜鼻子工作时将产生一定热量，芯线变软，容易脱离或脱皮。 5. 蓄电池上的接线必须最后连接，在检查后部设备、开关、熔丝没有问题的情况下，在加电工作开始前连接
	技术参数检查和测量	蓄电池表面有无白色粉末； 安装前后必须对蓄电池的电压测量，判断。 检查测量蓄电池的电压值； 检查蓄电池外表有无裂痕、损坏现象； 涉及地线的检查测量	1. 若有说明其密封性能有问题，电解液外泄，找厂家索要理由或更换。 2. 蓄电池搬动有无倾斜、碰撞现象。 3. 当蓄电池的电压低于其标称值 5% 时，蓄电池为低效，应当更换。 4. 蓄电池有裂痕必须更换。 5. 蓄电池的电解液外露或流出，其强腐蚀性的硫酸，将对设备造成很大的损坏。 6. 蓄电池的工作电源（如正极）不允许在蓄电池上与电源的保护地线相接，必须双线接入设备；进入设备后由设备厂商确认接线位置

工序	监理重点	监理内容	监理措施
直流电源设备	工作电源与地线	检查安装设备时所布放连接的地线状态	1. 地线就是直流系统的工作电源线,特别是有点的情况下,坚决不能断开。 2. 电源电缆安装时,地线先行。 3. 检查电源电缆、地线电缆的标签、代码、编号,必须清楚。 4. 先装地线是在割接时的前提,就像交流电源割接首先安装零线一样,可以有效保护人员、设备的受伤或损坏
	铜排规格的检查	检查附加的铜排连接件	1. 设备内部的铜排纪念馆过厂家已经符合要求,但也要检查,保证设备在运输、安装、移位等因素下没有改变。 2. 直流设备安装时,设备有时附带连接铜排、铜鼻子等,这些有没有发错。 3. 厂家发货时,经手人较多,常常将附件发错,现场一定留意
	设备的防雷保护地线和工作地线	安装位置、设备电源进线端子	1. 防雷地线必须在总的汇流排上汇接,决不能将防雷地线接入到设备上的地线上(工作地)。 2. 检查设备预留地线位置、孔径规格。 3. 厂家不可能针对所有工地情况来生产设备,因而有时设备到达现场后不能满足本工程的环境要求,有的施工队在没有允许的情况下,乱接、错接的情况时有发生
控制和报警设备	有源设备	电源带电作业的保护措施和预案;割接申请书;保护措施,与机壳之间的绝缘措施;全程旁站监理	1. 遵守"先保护、后操作"的原则,不涉及的部分决不能动,如果需要,必须经过运维负责人的允许后按照设计图纸操作。 2. 必须有已经得到批准的割接申请书。 3. 防止触动与本期工程无关部分,如果涉及,必须得到建设单位的批准后实施。 4. 检查割接工具,必须为专用工具。 5. 预案是保证一旦出现意外的处理措施;专用工具将保障设备和人身的安全。 6. 直流电源事故一般发生在错误操作的位置
	铜排安装的间距		1. 检查直流铜排、直流电源电缆的安装位置符合设计要求;要分层、分开布放。 2. 检查告警线的布放:平直美观,设备内部布线不得靠近主设备电缆,并远离交流电源线。 3. 检查告警线所接线的位置与厂家工程师要求是否一致。 4. 检查告警线的标签、代码、编号。 5. 距离过近将放电打火
	设备的接地(保护)	直流系统的电源工作地线和保护接地	1. 直流系统的电源工作地线在设备内部与保护接地向连接,连接位置是厂家指定位置。 2. 设备内部的工作地和保护地不是随便接入的,工作地线要考虑到设备的工作性能和稳定性,接入位置有严格的规定。而保护地重在保护、屏蔽,因而以这种目的选择位置
	接线	电源线、工作地线、保护地线	1. 在厂家指定的位置上接线,保持设备接线的准确性,防止后期的误报等问题出现。 2. 工作地线、电源地线、电源保护地线、防雷接地。 3. 工作地线:针对直流电源系统来讲,地线是电源线的组成部分,不能分割。 4. 电源保护地线:针对交流电源设备来讲,防止设备的损坏、漏电等问题伤及碰触设备外壳的人员。 5. 防雷接地:对雷电的防护地线,和电源的保护地线作用不同;它们必须在总的汇流排上相接,严禁将防雷地线接入设备上,并通过设备上的保护地线进入大地或进入总的汇流排

6.4.1.2　蓄电池测试

参见表 6-2。

表 6-2　　　　　　　　　　　　　蓄电池测试安全监理内容

工序	监理重点	监理内容	监理措施
蓄电池的充放电	新安装蓄电池均充测试； 蓄电池浮充测试； 蓄电池放电测试	严格按照厂方提供的方法充、放电； 如果不能达到厂方说明书的指标，坚决要求更换； 更换新电池以后，再次充放电测试	1. 掌握蓄电池放电的相关数据。 2. 掌握蓄电池维护手册关于蓄电池充放电的技术指标。 3. 蓄电池首次放电测试不严格，将给后续设备工作留下重大安全隐患

6.4.1.3　直流电源割接

参见表 6-3。

表 6-3　　　　　　　　　　　　直流电源割接安全监理内容

工序	监理重点	监理内容	监理措施
直流电源割接	割接前准备； 割接过程； 割接流程。 电源带电作业保护措施和预案； 电源割接申请； 操作前保护措施	遵守"先保护、后操作"的原则，不涉及的部分决不能动。如果需要，必须经过运维负责人的允许后按照设计图纸操作。 必须已经得到批准的割接申请书，监理根据工程割接的位置、时间、特点、内容等作详尽的检查、审核。 防止触动与本期工程无关部分；如果涉及，必须得到建设单位的批准后实施。 检查割接工具，其必须为专用工具。 检查核对操作人员和相应上岗证件	1. 割接申请中，必须将安全放在首位。履行严格的申请、报批制度和流程。特别是安全事故的处理预案和程序，必须审核并得到批准。 2. 预案是保证一旦出现意外的安全保障（处理）措施。 3. 专用工具将保障操作时降低因短路带来的安全隐患，保护设备和人身安全。 4. 直流电源事故一般发生在错误操作的位置或无证操作人员。 5. 电源割接必须全程旁站监理

6.4.1.4　直流控制线

参见表 6-4 所示。

表 6-4　　　　　　　　　　　　直流监控设备布放安全监理内容

工序	监理重点	监理内容	监理措施
控制线	监控设备安装和报警	设备型号、规格、安装位置、告警方式	检查告警线所接线的位置与厂家工程师要求是否一致。 检查告警线的标签、代码、编号。 检查告警线的布放：平直美观，设备内部布线不得靠近主设备电缆，并远离交流电源线	1. 控制线必须用金属软管或蛇形管屏蔽安装。 2. 控制线或告警线线径较小，要求远离交流电源电缆，其间隔大于 200 mm，如果间距不能满足要求，必须在加装屏蔽措施后，间距在 100 mm。 3. 设备内部由厂商制定，因而注意把握工程界面，保持和厂家技术人员的联系。 4. 用户指定告警方式（干簧节点、电压、断路等方式）

6.4.2 高低压配电设备安装

参见表 6-5。

表 6-5 高低压配电设备安装安全监理内容

设备		监理内容	监理措施
	变压器安装	设备铭牌、规格、型号、容量	1. 检查变压器铭牌上各类参数符合本期要求。 2. 校对图纸是否符合设计要求。 3. 其大小、工艺符合本期工程需要	通常,厂商会随机携带安装说明、检验报告、用户手册等资料,现场注意搜集、检查、核对,特别是本期工程使用的变压器类型。 一般电信或数据中心配套的电源变压器使用干式变压器
高压配电设备	铜排安装间距	铜排间距、绝缘措施	1. 铜排安装间距,认真阅读厂家的安装说明书。 2. 检查安装过程是否符合厂家的要求。 3. 铜排表面光亮,无污渍、锈蚀。 4. 严禁在没有清理铜排表面灰尘颗粒的情况下连接。 5. 铜排上有明显的相序标志	1. 厂家不可能针对所有工地情况来生产设备。因而有时设备到达现场后不能满足本工程的工艺要求,有的施工队在没有允许的情况下,乱接、错接的情况时有发生。 2. 铜排表面有污渍,连接时将使其形成一定面积的绝缘层,使有效面接触积减少。 3. 高压部分重点是电压,因而必须符合设计要求。 4. 铜排表面有污渍,特别是灰尘颗粒。大电流工作时,内部会出现打火等问题,留下重大安全隐患。 5. 在安装中,如果是厂家的问题或安装工艺的问题,必须解决后才能进行后续工序
	各类隔电子或绝缘子	大小;绝缘参数;孔洞深度;配套螺丝长短	1. 查验隔电子以及各类电源电缆的绝缘电压符合本期工程图纸的要求。 2. 检查隔电子的形状、规格,有没有破损、松动。 3. 有问题,立即要求厂方更换	1. 隔电子是高、低压配电不可缺少的安全保护装置,坚决不能将有问题的器件放在设备内部使用。 2. 配套螺丝长短往往被忽视。螺丝太长不仅仅固定不牢,在隔电子的内部容易造成短路;螺丝太短固定无力,容易脱落
	电缆成端	成端间距	检查铜排上所安装电缆的端子,应符合设计或设备的要求。 检查成端电缆的平/直度,其间距一致,符合要求	厂方设备出厂时经过检验和调试,当不符合工程需要时,如铜排上眼孔缺少、弯度不均、长短不能满足要求,可要求或沟通厂方现场整改
高压配电设备	设备的保护地线	总接地线;电缆的保护地线;铠装电缆的钢带接地。	1. 高压配电室内部的地线一般是土建预留,其可靠性必须证实。 2. 使用专用地线测试仪表,验证地线接地电阻,符合规范要求。 3. 根据设计要求,高压电缆必须有铠装保护层,并接入大地,因而接入的地线要严格检查、测量	1. 地线是建筑时留下的,因而随时间的逝去,经过重修房子或挖土、修路、扩建等工程以后,地下的地线是否还能保持良好的接地效果,必须经过验证——测量。 2. 接地线的可靠性直接影响人员的生命安全,对每一处接地,都必须先查检查测试,所有设备的安装都需要注意这点

设备		监理内容	监理措施
高压配电设备	各类保护装置	高压侧至变压器之间，中间环节的检查	1. 高压经过保护装置后，直接进入变压器初级，中间环节较少，但每一步都涉及人员设备的安全，必须按照图纸详细校对和检查。 2. 保护装置是在人身还没有受到伤害之前的保护，因而要检查审核所使用任何保护类的装置	1. 设备的保护在设备的调测中必须符合设计要求。 2. 设备的调测由设备厂商、电力部门、施工方同时进行，监理旁站监理
	成套设备安装	设备的外表；各类指示仪表；设备内部各类辅助装置	1. 设计图纸确定后，安装位置相对固定，严格按照厂家对设备安装的要求施工。 2. 检查设备外观完好，无损坏。 3. 检查各类开关、旋钮处于灵活、良好状态。 4. 内部铜排、开关、闸刀、连线均处于良好状态。 5. 设备安装水平度、垂直度符合要求。 6. 设备间距离符合规范要求。 7. 各类仪表的指示状态在正常范围内	1. 高压设备安装完成后，设备基本测试部分(不带电)由监理组织，厂家、建设单位、施工方、维护单位共同参加。 2. 涉及高压电源以及供电、设备的加电电调部分，由电力部门安排统一加电、调试、检查，并对高压控制部分整体进行检测，作出进网运行的检测报告。因此现场要积极配合电力部门完成对设备的整体检查、调试。 3. 监理做好工序节点记录。 4. 对设备所发现的问题，及时、准确地沟通厂方予以解决
	高压设备调试	设备加电前检查；设备加电调试	1. 进线柜、开关柜、补偿柜、计量柜符合设计要求。 2. 设备加电前，必须全面认真检查每一个质控点(参见监理细则)。 3. 设备加电后，由厂家和供电部门到现场调试，工作正常后任何施工操作都必须停止。 4. 高压设备严禁带电操作。 5. 任何维护、停电后的操作，都必须在经过对地放电、专用的高压接地棒连接正常后才能进行。 6. 所有的维护操作结束后，接地棒在加电前取下，并检查正确。 7. 各类地线需要施工时安装的部分，需要明确。 8. 设备系统调测，监理旁站	
低压配电设备	铜鼻子	规格、大小	1. 观察、测量铜鼻子的孔径大小，符合本期工程配备电缆规格和数量。 2. 检查铜鼻子内部(可用相机近拍，放大观看)，无锈蚀、眼孔、厚薄不均匀等问题	1. 严禁铜鼻子螺丝孔扩孔，此操作将影响其有效的接触面积，造成载流量严重下降。 2. 严禁裁剪铜鼻子螺丝孔周围的部分，此操作将影响其有效的接触面积，造成载流量严重下降

设备	监理内容			监理措施
低压配电设备	接线	固定螺丝；工具不损伤铜排和铜鼻子	1. 检查使用的工具及其他容易划伤线缆、铜排的问题。 2. 螺丝紧扣不打滑。 3. 检查每个接线位置，必须使用弹簧垫片。 4. 使用的工具开口圆滑，紧扣螺母，用力不损伤	1. 在不带电操作的环境中，其周围有带电设备、铜排时，使用的工具必须是专用的割接工具。 2. 当不能满足要求时，工具的另一端必须用绝缘胶带包扎严密，绝缘良好，包扎可靠。 3. 接线铜排螺丝上的弹簧垫片有时容易被施工人员丢失或不使用
	地线铜排零线铜排	连接位置、规格；零线、地线的可靠程度。	1. 检查地线接触可靠，位置正确，决不能和零线接在一起。 2. 零线是交流电源的组成部分，不仅不能与地线接在一起，而且绝对不能开路；如割接有需要，必须先做可靠的牵手线，后施工。 3. 严禁将不是同路的电源零线接到一个铜鼻子上	1. 非同路电源电缆的零线接到一起，在用户维护、调整、割接中，将造成其他电源零线的断路，直接威胁到在用备的安全。 2. 新的电源工程中，注意施工人员零线的连接
	空气开关安装更换	开关的接线铜排数量、位置、孔径	1. 检查接线位置，电缆放错、接错现象是否存在。 2. 开关容量和位置	1. 开关容量虽然是订货时定下的，但是厂家安装时的位置不一定符合本期工程接线要求。 2. 开关容量的大小，有时厂方不一定严格按照图纸使用，因而一定要检查校对
	设备安装	水平、垂直误差；各类门板接地；设备间的固定	1. 检查安装设备的水平、垂直误差、设备间的间隙符合要求。 2. 检查各类门板的接地线。 3. 检查设备之间的零线、地线铜排的连接处。 4. 设备整体美观	1. 由于有的设备是后增加的，因而新设备在调整水平、垂直误差时，会造成偏斜现象，为了达到机房统一、整齐、美观的要求，除非明确不能出现任何偏斜的设备外，尽量统一、美观。 2. 设备的门板接地，很多被忽视或漏接，因而必须认真检查。 3. 有的设备在安装时，内部设备间的地线、零线铜排之间使用了金属垫片，是不允许的。铜排之间使用了导电率很低的钢质垫片，造成接触面接触电阻增加，容易发热、打火，铜排的有效面积减小造成电流减小，留下重大安全事故隐患

设备	监理内容		监理措施
低压配电设备	带电作业（割接）	割接申请和方案；操作人员名单；现场指挥人员；保护措施	1. 必须有已经的到批准的割接申请。 2. 防止触动与本期工程无关部分；如果涉及，必须得到建设单位的批准后实施。 3. 不带电操作视同带电，按照有电程序进行。遵守"先保护、后操作"的原则。 4. 割接前，必须先做好割接涉及的所有电源部分的保护。 5. 保护用品本身的质地与绝缘性能。 6. 割接操作必须是持证人员操作。 7. 检查割接工具，必须为专用工具。 8. 操作前、后必须测量。 9. 割接操作，必须有人防护。割接必须统一指挥。 10. 全程旁站监理	1. 预案是保证一旦出现意外的处理措施，包括：割接时间、割接内容、割接流程、需要其他单位配合的内容、安全防护措施、预案等。 2. 专用工具将保障设备和人身的安全。 3. 直流电源事故一般发生在错误操作的位置。 4. 涉及的部分决不能动，如果需要，必须经过运维负责人的允许后按照设计图纸操作。 5. 推荐使用橡胶皮垫，杜绝使用劳动布或其他绝缘材料

6.4.3 UPS 设备安装

参见表 6-6。

表 6-6   **UPS 设备安装安全监理内容**

内容	监理重点		监理措施
不间断电源（UPS）	防震和防尘	移动、安装；防震、防尘。	1. 设备安装前，防尘措施到位。使用彩条布等将 UPS 设备严密包好。 2. 设备安装时，严禁施工人员踩踏设备上端。 3. 严格按照设备厂方的要求连接、固定	1. UPS 的电气结构决定其惧怕灰尘，灰尘中含有的金属颗粒可以造成 UPS 致命的伤害，UPS 防尘是安装过程中最重要的控制对象。 2. UPS 的电气结构决定其惧怕震动，安装移动等必须动作轻柔，小心轻放。 3. UPS 设备上端有设备散热风扇或连接铜排/条，人为踩踏容易造成设备的损坏
	安装前对设备的检查	设备的外表；各类指示仪表；设备内部各类辅助装置的状态	1. 外观检查。 2. 打开或关闭将由施工人员可操作的部分门板、开关等项，目测检查内部有无脱落、变形等异常声响或现象	1. 检查 UPS 外观时，面板四周烤漆、变形。 2. 检查内部特别是内部电容器上的浮灰，做出分析判断是厂方问题还是施工人员的问题

内容	监理重点		监理措施
不间断电源（UPS）	设备固定	固定螺丝；设备与底座之间的固定螺丝；设备之间的固定；设备的平、直度。	1. UPS 安装过程中提醒施工人员对设备的保护。 2. 检查使用的各类螺丝与设计一致并性能完好。 3. 检查设备内部的任何部件不得损坏。 4. 使用工具测量设备的平、直度。 5. 检查各类膨胀螺丝、固定螺丝符合要求	1. 有的施工人员将固定膨胀螺丝规格、数量任意减小，必须注意。 2. 关于设备的固定膨胀螺丝：图纸上标明的按照图纸上安装，图纸上没有标明的，按照国家标准安装或与设计方沟通明确
	接线和相序	UPS 开关位置；接线标志；各类开关接线的正确性	1. 电缆正确放置，相序的正确性来自施工时的检查和测试。 2. 新设备内部接线端子和铜排都有明显的相序标志，认真校对。 3. UPS 主输入、旁路输入、蓄电池输入、UPS 主输出接线位置正确。 4. UPS 的地线接线位置符合设计要求	特别注意：UPS 主输入、旁路输入、蓄电池输入、UPS 主输出接线位置正确性
	电源地线	电源的保护地线	检查 UPS 设备的接地必须与后级输出配电屏的地线可靠连接	地线保护设备，保护人员，可靠接地是设备正常工作的前提
	设备调试	设备加电	1. 设备加电前填写《设备加电记录表》。 2. 设备加电由施工单位配合，厂方工程师指导完成。 3. 设备调试由厂方工程师完成	1. 《设备加电记录表》：有交流屏加电、UPS 加电、支流设备加电记录表，必须经过设备厂商工程师签字。 2. UPS 设备的加电调试，由建设单位组织，由监理沟通联系，根据现场工程进度确定时间，由建设单位、设备方工程师、监理、施工方以及用户单位同时参加完成。 3. 在 UPS 设备加电前，监理填写《UPS 设备加电调试记录表》，由厂方确认现场环境符合设备加电条件，然后进行下一道工序
	声音	异常和正常声音	检查辨认设备出现的声音无异常	1. UPS 正常工作以后，声音基本无变化，如果出现交流声太大、有异常声响，都应及时联系厂方工程师现场处理。 2. 这是加上电源后，设备运行发出的声音，能听出异常声响
	防雷接地	地线	1. 检查设备地线连接。 2. 检查与蓄电池连接的地线。 3. 检查 UPS 设备机壳接地	该类接地为保护地

6.4.4 空调设备安装

参见表 6-7。

表 6-7   **空调设备安装安全监理内容**

工序	内容	监理重点	控制措施	
机房专用空调设备（风冷）	空调系统工程必须符合《采暖通风与空气调节设计规范》(GB 50019—2015)强制性条文			
	设备安装	防尘、防震、固定	1. 检查设备的整机、附件、合格证书、安装说明书。 2. 检查空调内机安装的水平、垂直误差符合规范要求。 3. 搬运、移动动作要轻，防止因震动损坏设备。 4. 空调的减震橡皮垫粘贴固定牢靠；检查设备内部、面板指示屏，无损坏，机箱无划痕、破损	
	液管安装	低压管路	1. 材料检查审验。 2. 主要针对 R22 药水来讲，其铜管的质量、焊接必须依据厂家要求、依据图纸选择材料，按照规范施工，按照本工程细则实施监理。 3. 冷凝水管的连接、法兰等严格按照规范内容实施监理。 4. 气管、液管管路焊接牢靠、安装平整、位置正确。 5. 压力测试由施工方施工，保证不漏气。气管、液管管路焊接和安装平整可减少阻力，有利于设备正常工作	
	气管安装	气管液管焊接；安装位置；压力测试		
	水管地漏安装	水管、地漏安装不漏、不渗水	1. 水管安装不漏水，不渗水，接管符合规范。 2. 注意检查地湿报警，容易忽略	
	电气检查测试	调试、试运行	1. 设备运行测试由厂方完成，检查和监理测试过程。 2. 电源线规格、线管规格符合设计要求	1. 各类电气连接，保护地线等复合设计要求和技术标准。 2. 室外机底座应与防雷接地线相连。 3. 乙炔、氧气的放置位置、间距
	楼顶设备支架	切割、焊接	氧焊、电焊、模具平台等工序检查，工具性能、状态检查；	
机房专用空调是设备（水冷）	板式热交换器安装	安装位置、方向；合格证书；散热片保护；吊装、移动；地脚螺栓规格	厂家技术标准的检查测试，包括压力、温度、流体、速率、介质成分检查等	编制空调水冷系统监理细则（质量）
	无缝钢管材料	钢管的外形；钢管规格；钢管包装、标志和质量证明书	1. 符合《输送流体用无缝钢管》(GBT 8163—2008)规定。 2. 符合行业标准。 3. 符合设计要求。 4. 符合用户需求	
	焊条	焊条尺寸,型号规格；T形接头焊接；角焊；法兰焊接	1. 检查焊条的质量证明书、质量检验报告。 2. 检查焊接工艺，符合《非合金钢及细晶粒钢焊条》(GB/T 5117—2012)规定	

工序	内容	监理重点	控制措施
机房专用空调是设备（水冷）	空调水冷管道施工安装工艺	卡箍式法兰或焊接连接防腐处理	1. 附属设备、管道、管配件及阀门的型号、规格、材质及连接形式应符合设计规定。 2. 空调用蒸汽管道的安装,应按现行国家标准《建筑给水、排水及采暖工程施工质量验收规范》(GB 50242—2002)的规定执行。 3. 观察外观质量并检查产品质量证明文件、材料进场验收记录。 4. 固定在建筑结构上的管道支、吊架,不得影响结构的安全。 5. 尺量、观察检查,旁站或查阅试验记录、隐蔽工程记录。 6. 各类耐压塑料管的强度试验压力测试,记录测试数据。 7. 水箱、集水缸(集水器)、分水缸(分水器)、储冷罐的满水试验或水压试验必须符合设计要求
	阀门安装	位置、高度、进出口方向;严密性试验	1. 安装位置、高度、进出口方向必须符合设计要求,连接应牢固紧密。 2. 闸门安装前必须进行外观检查,阀门的铭牌应符合现行国家标准《通用阀门标志》(GB 12220—2015)的规定。 3. 按设计图核对、观察检查;旁站或查阅试验记录。 4. 观察检查,旁站或查阅补偿器的预拉伸或预压缩记录。 5. 水泵的规格、型号、技术参数应符合设计要求和产品性能指标
	金属管道的焊接	焊接;焊接前接头坡面;法兰的衬垫规格、品种与厚度;螺栓的紧固	1. 管道焊接材料的品种、规格、性能应符合设计要求。 2. 对控制点进行尺量、观察检查。 3. 法兰的衬垫规格、品种与厚度应符合设计的要求,可尺量、观察检查。 4. 检查数量:按总数抽查5%,且不得少于5处
	钢制管道的安装	金属管道的平直度;内外清理、防护;管道安装的坐标标高和纵横向的弯曲度	1. 管道和管件在安装前应将其内、外壁的污物和锈蚀清除干净。当管道安装间断时,应及时封闭敞开的管口。 2. 冷热水管道与支、吊架之间,应有绝热衬垫(承压强度能满足管道重量的不燃、难燃硬质绝热材料或经防腐处理的木衬垫),其厚度不应小于绝热层厚度,宽度应大于支、吊架立承面的宽度,衬垫的表面应平整,衬垫接合面的空隙应填实。 3. 沟槽式连接的管道,其沟槽与橡胶密封圈和卡箍套必须为配套合格产品。 4. 查阅规范,观察、检查产品合格证明文件
	金属管道的固定	支、吊架的型式、位置、间距、标高;竖井内立管	1. 支、吊架的安装应平整牢固,与管道接触紧密。管道与设备连接处,应设独立支、吊架。 2. 冷(热)媒水、冷却水泵系统管道机房内总、干管的支、吊架,应采用承重防晃管架;与设备连接的管道管架应有减震措施。当水平支管的管架采用单杆吊架时,应在管道起始点、阀门、三通、弯头及长度每隔15 m设置承重防晃支、吊架。 3. 滑动支架的滑动面应清洁、平整,其安装位置应从支承面中心向位移反方向偏移1/2位移值或符合设计文件规定。 4. 竖井内的立管,每隔2~3层应设导向支架。 5. 在建筑结构负重允许的情况下,水平安装管道支、吊架的间距应符合规定。 6. 管道支、吊架的焊接应由持有焊工证的焊工施焊,并不得有漏焊、欠焊或焊接裂纹等缺陷。 7. 按系统支架数量抽查5%,且不得少于5个,检查方法:尺量、观察检查。 8. 采用建筑用硬聚氯乙烯(PVC-U)、聚丙烯(PP-R)与交联乙烯(PEX)等管道时,管道与金属支、吊架之间应有隔绝措施,可直接接触。当为热水管道时,还应加宽其接触的面积。支、吊的间距应符合设计和产品技术要求的规定

工序	内容	监理重点	控制措施
机房专用空调是设备（水冷）	闭式系统管路的安装	阀门;集气罐;自动排气装运;除污器（水过滤器）等	1. 阀门安装的位置、进出口方向应正确,并便于操作;连接应固接紧密,启闭灵活;成排阀门的排列应整齐美观,在同一平面上允许偏差为 3 mm。 2. 电动、气动等自控门在安装前应进行单体的调试,包括开启、关闭等动作试验。 3. 冷冻水除污器（水过滤器）应安装在进机组前管道上,方向正确且便于清污。 4. 与管道连接牢固、严密,其安装位置应便于滤网的拆装和清洗。 5. 过滤器滤网的材质、规格和包扎方法应符合设计要求。 6. 对照设计文件尺量、观察和操作检查,检查数量:按规格、抽查 10%,且不得少于 2 个
	冷却塔安装	位置、方向、技术规格	1. 冷却塔的型号、规格、技术参数必须符合设计要求。 2. 基础标高应符合设计的规定,允许误差为 ±20 mm。 3. 冷却塔安装应水平,单台冷却安装水平度和垂直度允许偏差均为2/1 000。 4. 冷却塔的出水口及喷嘴的方向和位置应正确,积水盘应严密无渗漏;分水器水均匀。带转动布水器的冷却塔,其转动部分应灵活,喷水出口按设计或产品要求,方向应一致。 5. 冷却塔风机叶片端部与塔体四周的径向间隙应均匀。对于可调整角度的叶片,角度应一致。 6. 检查数量:全数检查;检查方法:尺量、观察检查,积水盘做充水试验或查阅试验记录
	水泵及附属设备的安装	平面位置和标高;水泵与电机联轴器连接方式	1. 水泵的平面位置和标高允许偏差为 ±10 mm,安装的地脚螺栓应垂直、拧紧,且与设备底座接触紧密。 2. 水泵与电机采用联轴器连接时,联轴器两轴芯的允许偏差,轴向倾斜不应大于 0.2/1 000,径向位移不应大于 0.05 mm;小型整体安装的管道水泵不应有明显偏斜。 3. 设备与支架或底座接触紧密,安装平正、牢固,平面位置在允许的误差范围内。 4. 检查数量,全数检查,方法:扳手试拧、观察检查、用水平仪和塞尺测量或查阅设备安装记录
	空调水冷系统工程施工应注意的问题	金属通风管道及部件制作;设备安装;保温工作;成品保护;调试方面;净化工程;空气处理设备的安装、调试	1. 包括:风管管件制作;钢法兰制作;法兰/风管铆接;部件制作;防腐刷油。 2. 各类管部件安装对照规范和细则,严格检查测试。 3. 编制空调水冷系统监理实施细则（质量）
传输交换设备	安装位置电源引接接地线光纤、跳线	设备规格型号;接线位置;设备的外部保护地线;跳线涉及的光衰减器	1. 符合设计要求。 2. 开机前设备处于断开状态。 3. 严禁带载开机。 4. 检查与设备连接的各类光纤、跳线符合设计要求。 5. 设备的外壳必须连接保护地线。 6. 设备的调试由厂方负责,其加电程序必须符合安全规定。分清厂方施工内容、施工方施工内容的工作界面

6.4.5 机房装修工程

参见表 6-8。

表 6-8   **机房装修安全监理内容**

工序	监理内容	危险源/重点	监理措施
门窗安装	外窗构建坠落	坠物伤人	外窗安装下部进行必要围挡,并要求施工方派专人看护
	施工场地不通风	中毒	
油漆施工	油漆喷涂施工人员未佩戴安全保护品	中毒	保持通风、施工人员佩戴防护口罩;高处作业佩戴安全防护用品;配备灭火器材
	施工现场有人员未按规定动用明火	火灾和爆炸	
	高处作业无安全防护	高处坠落	
	导电体油漆施工未有接地措施	触电	
	油漆仓库未配备灭火机	火灾和爆炸	
	乱扔沾有易燃物的物件	火灾和爆炸	
拆除工作	损坏受力钢筋	结构破坏	进行结构核算
灯具安装	重型灯具安置在吊顶龙骨上	物体打击	单独固定在结构上
强弱电施工	绝缘检验工具不定期校验	触电	对工具进行检查;切断电源进行检修;检查绝缘情况
	带负荷接电和检修	触电	
	带电操作	触电	
	无紧急事故防护措施	其他伤害	
	电器调试期间无告示牌	触电	
	高压配电设备无栏杆等防护	触电	
	配电间屏蔽设施无接地	触电	
	配电间内无相应的绝缘设备	触电	
幕墙施工	幕墙的施工机具在使用前未经检验安全保护装置的可靠性	各类事故	使用前检查
	吊篮的使用未经劳动部门安全认证	各类事故	检查安全认证书
	手持电动工具未在使用前检验绝缘性能的可靠性	触电	使用前做好检查
	玻璃吸盘安装机和手持式吸盘未检验吸附性能的可靠性	物体打击	使用前检查
	建筑幕墙安装作业不符合要求	各类事故	检查施工方案
	施工人员未佩带合乎要求的防护用品	各类事故	停工整改
	各种工具未有高空的存放袋	物体打击	停工整改
	幕墙施工未在作业下方设置安全平网	物体打击	施工前检查
	与其他安装施工交叉作业时未在作业面间设置防护棚	物体打击	停工整改
	强风大雨时不及时停止幕墙安装作业	高处坠落	停止施工
	暴风时没有做好吊篮脚手架的加固工作	坍塌	停工、检查整改
	密封材料施工中未有严禁烟火	火灾	要求设立
	现场焊接作业未在焊件下方设接火装置,没有专人监护	火灾	停工整改

续表 6-8

工序	监理内容	危险源/重点	监理措施
管道工程	切断铸铁管不戴防护眼镜	其他伤害	检查施工人员安全防护品佩戴情况,检查材料堆放稳定性;检查电动工具;要求人员注意操作规程
	切割管件不固定	其他伤害	
	管件弯曲施工前面有人员站立	物体打击	
	套丝机无专用电箱	触电	
	套丝机放置不平稳	机械伤害	
	管件堆放无防滑动和倾倒措施	坍塌	
	操作手持电动工具无绝缘防护	触电	
	管件未就位固定就放开索具	起重伤害	
	管道试压时人员在接口处站立	物体打击	
安全监管	施工现场无防火措施	火灾	严禁工程现场吸烟、配备灭火器材
	施工人员现场吸烟	火灾	

6.4.6 柴油发电机组安装

参见表 6-9。

表 6-9 柴油发电机设备安装安全监理内容

工序	内容	监理重点	监理措施	
柴油发电设备	油罐基础(土建)	图纸确认;施工组织设计;施工环境、地下管线、地质考察;分包单位资质;上岗证书	1. 土方开挖,钢模保护中的人员安全,防止塌方等隐患存在。 2. 防止挖土时对地下管线的伤害或破坏。 3. 土方临时存放场地。 4. 土方回填和垃圾清理。 5. 检查上岗证书(焊工、挖机、吊车等)	1. 每个工程都要检查各类证件。 2. 上岗证是保证安全的必要措施。 3. 临时设施有需要加固、焊接等操作,必须持证上岗
	油罐接地(专业接地)	资质审核;接地电阻;接地位置;接地点数量、深度	1. 检查接地电阻、接地位置、数量、接地深度符合设计要求。 2. 油罐可靠接地是油罐能安全避雷的关键。 3. 对专业接地公司的审核。 4. 接地标准符合设计要求。 5. 接地材料的审验。 6. 联合接地体的位置符合设计图要求。 7. 各类接地的导线、卡头、焊接、铜绞线、接地棒的规格型号,接头质量检查。 8. 接地深度、铜棒埋地深度和长度	1. 由于储油罐接地的地线是保证油机储油罐正常工作的条件之一,因而在接地施工中必须旁站监理。 2. 储油罐接地的类型为联合接地,地线必须与油机房设备的保护接地相连,组成联合接地的成员

工序	内容	监理重点	监理措施	
柴油发电设备	机房降噪	油机保护、防尘；材料质量；消音器和烟管焊接和固定；房屋结构；登高作业等	1. 检查验证各类材料合格证,包括各类焊接钢材、支架、钢板、龙骨、岩棉、隔声板、保温材料等。 2. 目视或测量各类材料的质地。 3. 施工工序符合设计要求。 4. 涉及登高作业,必须符合登高作业要求方可施工。 5. 各类焊接作业。 6. 一级消音器焊接、安装、保温。 7. 安装进、出风口、百叶窗、机房吊顶、墙面龙骨固定等	1. 油机专业施工中的登高,主要是安装进、出风口、机房吊顶以及焊接消音设备等。 2. 施工环境条件。 3. 对各类焊接的钢材、支架、钢板、龙骨、岩棉、隔声板、保温材料。 4. 涉及登高作业的各个安全点和质控点
	油路安装	油箱、油路；管子和法兰；阀门、开关	1. 检查相关油管安装、连接的所有环节。 2. 检查、监理油泵安装的所有环节。 3. 油路、连接点、日用油箱的安装固定。 4. 油路中法兰、油管的检查。 5. 油路安装后,在已经加油的情况下停留24小时,检查所有油路,观察有无渗油、漏油,油路开关是否正常	检查油箱的油路、油泵时注意,必须严格按照设计图纸,防止厂方遗漏材料的情况发生。
	设备接地	油箱、设备、配电屏等地线	1. 检查油机房总接地位置、接地排测量。 2. 设备保护接地、油管保护接地、油罐的保护接地,必须接入总的汇流排。 3. 设备底座必须焊接接地扁钢	1. 接地是设备工作保护的重要组成部分,是保证油机正常工作的条件之一,地线类型为联合接地成员。 2. 在接地施工中,必须旁站监理
	设备安装	油机位置和平整度；抗震措施；油机安装方向；电缆布放、成端过程	1. 检查油机的防尘保护。 2. 检查油机上方有无被踩踏、碰撞现象。 3. 检查油机的减震措施。 4. 检查油机整机各个质量点,符合说明书要求。 5. 检查油机下方有无油渍(漏油现象)。 6. 检查油机配套的附件是否完整等	1. 油机安装中,其吊装、定位(含定位线)很关键。 2. 油机安装之前还应当检查油机基础、油机周围的电缆沟等是否符合本期工程需要。 3. 油机进场后,应当马上用彩条布等保护起来等
	启动蓄电池	启动蓄电池规格型号、容量；启动前是否经过蓄电池的充电过程	启动蓄电池(蓄电池组)符合设计要求	启动蓄电池是油机从待命状态成为启动状态的条件,必须保持蓄电池的完好
	油机配电	电缆规格；电缆走向；电缆成端；零线和地线	1. 油机电源电缆要求同低压配电。 2. 电缆的成端、走向符合设计要求。 3. 严禁油路与电缆共同线路	1. 油机电缆的走向,往往是地下、管道等特殊场合,因此布放电缆时,防止电缆刮伤、破损、重力挤压等问题。 2. 电缆管道内清洁,电缆转弯处要符合表1-4的要求

工序	内容	监理重点	监理措施	
柴油发电设备	油机测试环节	开机前的检查、测试	1. 油机的开机程序、开机人员、测试调整人员必须由厂家完成。 2. 开机前,油机配电所涉及的所有设备、电缆的正确性必须经过确认。 3. 开机前,检查防冻液,水箱中水、柴油管路、机油刻度等必须检查完成并符合开机条件。 4. 空载试验不超过 0.5 h。 5. 带负载测试:25%、50%、75%、100%,不同挡位分别加载测试。 6. 油机在试车过程中,人员应不离开,发现问题紧急停车	1. 开机前监理组织对油机工程施工的所有工序进行检查。 2. 油机开机涉及:空载运行、假负载测试、带负载测试等内容,均严格按规范程序进行;过程检查符合标准要求,检测结果满足系统要求。 3. 油机测试中重点检查:降噪、油路、油机、供电等几个方面的内容。 4. 在监控开通后,应能实现油机的自动启动、停机、自动调整输出电压、频率以及故障显示、油位显示等

6.4.7　在用机房环境

参见表 6-10。

表 6-10　　　　　　　　　　在用机房环境安全监理内容

工序	控制重点	监理措施
设备安装	在用设备安全	与本期工程无关的内容不得随意触动;与本期工程相关的必须经过机房管理人员同意并监护施工
设备更新	通信网络安全	与本期工程无关的内容不得随意触动;与本期工程相关的必须经过机房管理人员同意并监护施工

6.4.8　设备试运行

参见表 6-11。

表 6-11　　　　　　　　　　设备运行安全监理内容

工序	控制重点	监理措施
设备试运行	运行状态	检查记录设备运行状态,发现异常启动应急措施

6.4.9　设备运输和搬运

参见表 6-12。

表 6-12　　　　　　　　　　设备运输和搬运安全监理内容

工序	监理重点	监理措施
设备搬运	搬运、放置位置	1. 避免野蛮搬运、安装;2. 位置符合设计图纸要求

6.4.10 材料、工器具保管

参见表 6-13。

表 6-13　　　　　　　　　　　　　**材料、工具保管安全监理内容**

工序	监理重点	监理措施
保管	丢失	要求施工单位专人保管（主要考虑工器具丢失将影响进度）
使用	性能	1. 检查证明工器具质量、性能符合要求的文件资料；2. 检查工器具性能

6.4.11 工器具使用

参见表 6-14。

表 6-14　　　　　　　　　　　　　**工器具使用安全监理内容**

工序	监理重点		监理措施	
工具使用	电动工具	切割；磨砂；电钻；电焊	1. 检查各类电动工具的功能和性能。 2. 各类电动工具的连接线和绝缘良好。 3. 各类电动工具的电源接入点为含有漏电保护功能的配电箱。 4. 任何电动工具的连接线中间不得有接头。 5. 严禁使用花线连接。 6. 检查电动工具使用时周围环境的安全和防护措施，必要时必须配置消防设备。 7. 涉及电源的连接等工序，必须持有电工证人员操作。 8. 在使用电焊工具时，必须检查周围、上下方的环境，拒绝可燃物	1. 检查各类电动工具的合格证明和保质期限。 2. 检查现场施工人员资格和安全措施检查，明确安全问题处理程序。 3. 机房内部严禁使用电动切割、磨砂、电焊等工具，特别需要使用时，必须使用防火布做严密保护后，在动火证允许的情况下，方可以施工。 4. 严禁违章作业
	临时用气	乙炔；氧气	1. 检查放置距离、位置、消防设备配备情况。 2. 软管、焊枪的性能检查。 3. 气瓶间距（大于 5 m）、操作位置距离气瓶保持 10 m 以上；用气时，检查周围环境，含有可燃物品的场所，严禁使用。 4. 机房内严禁放置氧气、乙炔瓶。 5. 乙炔、氧气当日施工后，当日撤离（带走）现场，第二天再运至现场，循环往复	
	临时用电	配电屏；配电箱；漏电保护器；电源电缆；插头；插座	1. 内部空气开关完好。 2. 相关插头插座、临时电缆等的检查、标志。 3. 严禁将导线直接插入插座内使用。 4. 临时配电箱内部布线整齐，插座固定牢靠，功率满足所使用工具的要求。 5. 必须使用含有漏电保护器的合格的配电箱。 6. 用电时，一箱一机使用	
	登高工具	脚手架；一字梯；人字梯；吊篮等	1. 检查脚手架的安全性能符合规范要求。 2. 严禁一人使用两只人字梯。 3. 严禁背靠人字梯操作。 4. 吊篮上操作，必须系好安全带；在用电力室内部严禁使用金属梯子施工	
	保护装置	消防设备，劳动保护到位	1. 施工场地必须配置灭火器。 2. 有效期、生产日期、指针范围。 3. 在使用气焊、电焊时，灭火器随使用场地的移动而移动；涉及阻燃、难燃、设备附近施工时，必须做好防火措施，否则严禁操作	

6.4.12 施工车辆和第三人管理

参见表6-15。

表 6-15 车辆人员安全管理内容

工序	危险源或控制点	控制重点	处理措施
车辆	吊车	持证(检查)上岗	起重臂下严禁站人是强制性要求,安全防护的检查,持证(检查)上岗
	现场指挥和施工人员	人员的安全防护设施	检查督促
	保护警戒线、警示牌	必须有,让施工队准备后再操作	车辆周围的环境检查,地面状况检查
人员	围观人员(闲杂人等)	闲杂人等严禁入内	要求做好防护、警示标志/标识

6.4.13 安全生产基础内容检查

参见表6-16。

表 6-16 安全生产基础内容检查

内容	重点	控制措施	参考内容
生产企业各类安全证书	营业执照	进场施工前审核、收集	1. 对证件不完全坚决不得进场施工。2. 对不听劝阻、说服的,报告总监理工程师,报告建设单位。3. 气焊、电焊、喷灯、电切割、砂轮切割作业必须在施工前开具动火证。4. 动火证必须在指定的位置和时间内作业,作业时应查看四周情况,做好防护措施,加放防护板,放置灭火器并由持证人员操作。5. 窨井作业过程中要不间断通风换气并适时检测分析,检测数据必须记录,安排经过培训、责任心强、熟悉情况的井上监护人员,密切监视窨井内的作业状况,防止突发情况的危害,施工现场必须配备5m长管的隔离式呼吸保护器具与救命绳。6. 每天施工人员进入场地登记,依据进场人员名单每天对现场施工人员进行检查、把关。7. 各施工单位现场施工人员100%持证上岗(包括证书过期人员也不得上岗),坚决杜绝无证上岗。8. 对无证上岗则坚决不让其进场施工,或清除出场
	资质证书	进场施工前审核、收集	
	安全生产许可证	进场施工前审核、收集	
	"三类"人员安全培训证书	进场施工前审核、收集	
	分包单位的上述安全/资质/许可证书	如果有分包单位,必须审核收集	
	人员保险凭证	进场施工前审核、收集	
	农民工安全生产培训证书	1. 进场施工前审核、收集。2. 施工阶段现场验证	
	通信线路现场作业安全培训证书	1. 进场施工前审核、收集。2. 施工阶段现场验证	
	特种行业上岗证书(电工、焊工、起重、登高等)	1. 进场施工前审核、收集。2. 施工阶段现场验证	
施工设备、机具进出场	车辆进出场	1. 起重臂下严禁站人是强制性要求。2. 安全防护措施检查。3. 操作吊车人员、指挥人员必须持证上岗。4. 检查督促人员的安全防护设施。5. 闲杂人员、围观人员等严禁入内。6. 警戒线、警示牌:先准备后再操作	1. 检查核对吊车操作人员的证书。2. 废旧物资出场前,监理检验、核对。3. 注意分清废旧物资所属。4. 退库单的收集。5. 协助清退人员尽快搬离施工现场。6. 垃圾出场当天完成,垃圾具有大量可燃物,不能及时清理将给现场留下安全隐患
	设备搬运		
	废旧物资出场		
	垃圾清除		

6.4.14 监理人身安全管理

参见表 6-17。

表 6-17   **监理人身安全管理**

内容	项目	监理重点	内容
人员安全	上下班途中	乘车、步行；防备、躲避/让	检查注意
	监理过程中	防意外的"自由落体"打击，防"陷阱"	检查注意
	电动工具	切割、磨砂、电钻、电焊	1. 检查各类电动工具的功能和性能。 2. 各类电动工具的连接线和绝缘良好。 3. 各类电动工具的电源接入点为含有漏电保护功能的配电箱。 4. 任何电动工具的连接线中间不得有街头。 5. 严禁使用花线连接。 6. 检查电动工具使用时周围环境的安全和防护措施，必要时必须配置消防设备。 7. 涉及电源的连接等工序，必须持有电工证人员操作。 8. 在使用电焊工具时，必须检查周围、上下方的环境，拒绝可燃物。 9. 同时检查现场施工人员资格和安全措施检查，明确安全问题处理程序。 10. 机房内部严禁使用电动切割、磨砂、电焊等工具，特别需要使用时，必须使用防火布做严密保护后，在动火证允许的情况下，方可以施工。 11. 严禁违章作业
	临时用气	乙炔、氧气	1. 检查放置距离、位置、消防设备配备情况。 2. 软管、焊枪的性能检查。 3. 操作位置距离气瓶保持 10 m 以上。 4. 用气时，检查周围环境，含有可燃物品的场所，严禁使用
	临时用电	配电屏、配电箱、漏电保护器、电源电缆、插头、插座	1. 内部空气开关完好。 2. 相关插头插座、临时电缆等的检查、标志。 3. 严禁将导线直接插入插座内使用。 4. 临时配电箱内部布线整齐，插座固定牢靠，功率满足所使用工具的要求
	登高工具	脚手架、一字梯、人字梯、吊篮等	1. 检查脚手架的安全性能符合规范要求。 2. 严禁一人使用两只人字梯。 3. 严禁背靠人字梯操作。 4. 吊篮上操作，必须系好安全带。 5. 在用电力室内部严禁使用金属梯子施工。 6. 检查、测试、验证

内容	项目	监理重点	内容
人员安全	保护装置	消防设备,劳动保护到位	1. 施工场地必须配置灭火器。 2. 有效期、生产年月、指针范围。 3. 在使用气焊、电焊时,灭火器随使用场地的移动而移动。 4. 涉及阻燃、难燃、设备附近施工时,必须做好防火措施,否则严禁操作。 5. 检查,测试,有效期、压力表指示状态
搬运重机柜	倾倒	伤人、物坏	使用手推车、升降机等机械协助搬运,搬运时小心谨慎
安装走线架、槽道	塌落、掉物	坠落,人身伤害	检查梯子是否牢靠,施工人员应取出衣物中的钥匙、硬币等以免落入设备中,并注意谨慎施工
吊装天馈线	滑轮及固定、绳索断、固定不牢	坠落	事前检查滑轮、绳索等是否牢靠,确保牢靠
登塔、塔上作业	人、物坠落,高空抛物	人身伤害	高处作业必须按规范使用安全帽、安全带等劳保用品,穿软底鞋
高处作业(机架、走线架上作业)	梯凳滑倒、物件失落	人伤、物坏	检查梯子是否牢靠,施工人员应取出衣物中的钥匙、硬币等以免落入设备中,并注意谨慎施工
核心网机房扩容作业	掉电、掉线	通信中断事故	督促施工单位按规范操作,审查施工组织设计中的安全专项方案和应急措施是否有针对性、合理性,在现场谨慎施工
带电作业	电源	触电,损坏设备	涉电作业时,督促施工单位必须对工具、材料做好绝缘处理,施工人员需持证上岗,按规范作业
操作电动工具、不安全用电	工具有缺陷,线缆破损	伤人、物坏	检查电动工具是否正常无故障,电源插头、插座等是否安全可靠,现场操作是否符合规范
工程割接	计划、方案不严密,未按方案操作	通信系统瘫痪	审核割接计划、方案是否合理严密,割接方案需经建设单位和监理审批通过,割接时建设单位、监理单位、施工单位、厂家等几方都应在场,并严格按照方案流程操作

7 数据中心配套建设工程安全生产事故案例

安全生产人人有责,在数据中心配套建设工程中,由于参与建设的人员较多,人员密度较大,人员进出频繁,各类材料设备进场占用场地大,用于施工的场地较小,在施工过程、设备材料搬运过程中很容易将成品或者材料设备损坏,特别是正在使用的焊接设备。当出现安全事故隐患时,如果不能及时发现,将出现意想不到的后果。本章列举的安全事故案例,均是数据中心配套建设工程中发生的部分,主要涉及设备和人身安全,提醒监理以及所有参与工程建设的有关单位在工程实施中,重视安全生产管理,将安全事故隐患消除在萌芽之中,消灭形成安全事故的条件。

7.1 交流电源 380V 短路

7.1.1 事故发生及处理措施

某日下午,某数据中心配套工程施工现场,二层通信 4 号交流屏内 2 号 UPS 旁路输入开关(400 A)跳闸、地下室 2 号变配电室甲路市电总开关(800 A)跳闸断路,本期 1、2、3 层电力室相应的甲路市电断电。

事故发生时,现场施工人员为某监控施工单位工程师,因其闪避不及时,造成左脸部电弧烧伤发黑,没有造成更大的伤害。

事故出现后,监理要求某施工单位立即停止施工。在通知 UPS 厂方工程师立即到现场的同时,根据其要求与动力维护值班人员一起迅速将二层正在运行的 1 号、2 号 UPS 的主输入在交流屏侧断开,同时断开两台 UPS 的旁路输入开关,使两台 UPS 停止工作。

事故出现以后,监理会同动力维护人员检查南侧在用机房的一层至三层电力室两路市电情况,确认正常运行没影响。

7.1.2 事故原因

设备厂商工程师在设备调试中,临时拆除的保护地线铜鼻子包扎不规范,且没固定。其他单位施工人员操作前没检查,随意移动没有捆绑的线缆;铜鼻子裸露部分瞬间碰到带电铜排,拉弧—放电—短路。

现场检查:UPS 工程师将金属面板拆下后,上面所接的地线用胶带包扎放在旁边。根据现场的检查看出铜鼻子的正面是包好的,反面有裸露的部分(图 7-1),留下安全隐患。当某施工单位工程师准备查看接口板或用手拨动/碰触地线(黄绿带色标线)时,裸露部分碰到交流 380 V 相线,使短路发生,形成断电事故。

7.1.3 事故图片

参见图 7-1。

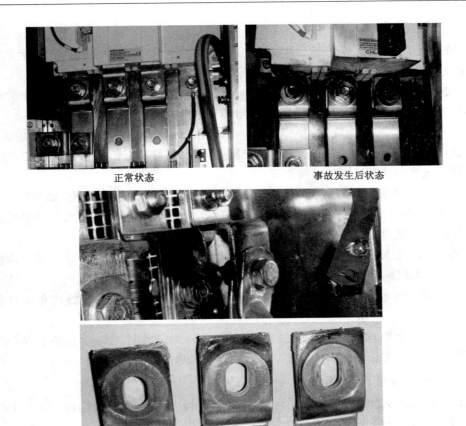

正常状态   事故发生后状态

图 7-1 地线碰到带电母排造成 380V 电弧损伤

7.1.4 事故责任

设备厂商在设备调试好以后,盖板没有及时安装,盖板上接地线(PE 线)没有包固定好,留下安全隐患,是此次事故的直接原因,应对此次事故负主要责任。

施工单位工程师在施工时动用到他方在运行设备,设备方工程师没有在场,而且也没有通知监理或动力维护管理人员,属于擅自施工,对此次事故负次要责任。虽然施工单位人员在施工前没有通知监理,但是监理方对电力室开门审核方面把关不够严,也负有一定责任。

要求后续施工中,施工单位在带电设备施工时及时通知监理,监理应全程监护。在事故发生后,设备厂商响应时间不够及时,在后续施工或调试中要积极响应,并合理安排技术人员到场调试设备。

各方对责任认定都没有异议,设备厂商会上表示愿意承担事故主要责任。

7.1.5 事故教训

到施工现场调试的厂方工程师工作马虎,过程不够严谨;施工人员擅自施工,没有通知监理或动力维护管理人员;施工人员施工前对施工环境缺乏检查;安全意识淡薄,随意碰触带电设备上的连接线;监理巡视的力度不够,让施工人员钻了"空子"。

7.1.6 处理措施

① 监理要求 UPS 设备厂商工程师尽快到现场,对本次事故跳闸路由(UPS 旁路开关和铜排、交流屏旁路开关、低配通信开关、本次事故涉及电缆)进行全面检修、测试。

② 联系其他设备厂商,对所有本期安装的设备进行全面排查,在各方确认正常和绝缘良好的情况下,再按照电源加电的程序重新申请加电。

③ UPS 设备厂商应在规定的时间内,对 UPS 损坏的元器件进行更换,然后对设备进行详细检查,同时对一层和三层所有 UPS 也要检查,并安装好所有门板,固定好 PE 线。在监理验收没有问题的情况下再开机和调试。

④ UPS 设备厂商和施工单位需分别在规定的时间内写一份事故报告,提交建设单位。

⑤ UPS 设备厂方和施工单位应及时检查所有动力环境监控电缆和本地告警线路是否已经全部接线完成,如果没有完成,要将电缆和网线头包好。

⑥ 施工单位后续施工前,必须通知监理,并通知 UPS 设备方,在 UPS 设备方和监理在场的情况下方可以施工。

⑦ 监理要增加监理员数量,加强旁站和巡视力度,工作要细直,并做好安全监督管理工作。

⑧ 各单位应吸取教训,在后续施工中安全第一,特别是用电,在运行设备上操作时必须严格按照安全生产规定和操作规程施工,杜绝安全隐患,保证安全。

7.1.7 本例事故隐患存在形式

设备主要器件对地绝缘不良击穿;人为造成电源线或器件对地短路;使用过程中的元器件老化;环境因素(杂物、潮湿、水、雷电);杂物落入其中。

7.2 下层在用机房天花板漏水

7.2.1 事故原因

防水层施工中,施工单位为了节省投资而没有按照规定的防水层厚度施工;地面凹凸不平处没有平整,地面杂物较多不清理;防水层施工漏点较多,防水层不均匀;施工人员马虎,涂层工艺水平差;防水层施工完毕后保护措施不力,人员进出和材料搬运不注意,破坏了防水层。

7.2.2 事故照片

参见图 7-2。

7.2.3 处理措施

(1)涉及施工部位或工序:土建单位严格按照施工图纸施工。

(2)监理管控措施到位并增加巡视时间。

(3)质量控制措施和输出文件:

① 熟悉图纸,校验数据,对照环境,纠正图纸上的设计缺陷。

② 第一次工地例会以《工作联系单》的形式向施工单位提出要求。

③ 审核施工单位资质、管理人员上岗资格。

图 7-2　地面防水质量不合格，造成下层在用机房漏水

④ 审核《施工组织设计》中有关防水部分的组织方案和措施。

⑤ 关键部位、关键工序的旁站。

⑥ 工序质量及验收：包括材料、工程质量验收；分部分项工程质量验收；隐蔽工程验收；施工现场原始状态记录等。

涉及表格资料：《监理日志》、《旁站记录》、《工程材料、构配件、设备报审表》、《工程质量报验表》、《分部（子分部）工程报验表》、《工程质量报验表》（隐蔽工程）、《工作联系单》、《监理通知单》、《工程暂停令》、《监理报告》、《会议纪要》。

（4）安全措施：

① 检查施工环境，及时提出建议，涉及重要的施工环境，应及时准确向建设单位（设计）提出合理有效的建议。

② 检查施工场地，在施工前及时召开专项工程例会，强调施工环境、在用设备的安全，书写《会议纪要》，填写表 B.0.3《施工现场质量、安全生产管理体系报审表》。

③ 工程中检查核对施工图纸，涉及楼层结构安全的部位、工序，应在施工前向建设单位提出，并促成涉及单位核对。

④ 对下层机房或在用设备进行保护，或采取临时措施，能移位的临时移位，做防水措施。

⑤ 向在用机房的管理人员转发第一次工程例会的《会议纪要》、《工作联系单》，工程实施过程中各类会议的《会议纪要》，并提醒管理人员监视上层或周围施工可能对机房造成的损害。

⑥ 加大旁站和巡视监理力度，发现问题及时、准确、有效处理。联系对象：建设单位、机房管理人员、施工单位、设计单位、项目总监、设备厂商的本期工程项目负责人。

⑦ 检查临时用电、临时试水管道（或成品管道）的安全防护措施；巡视空调机房地面、墙

面的防水措施落实情况,发现问题及时处理。

(5)与水路有关的关键部位或工序

① 水源:冷凝水、加湿水、水冷空调的循环水、故障漏水(泄水)等水冷空调工程涉及的有水部位。

② 地面防水层:有效防止空调机房一旦漏水故障时不至于通过地面侵入到下一层在用机房设备。

③ 墙面防水层:许多主机机房与空调机房是水泥挡水墙,距离地面在 300～800 mm。但是挡水墙施工时,挡水墙底部与地面的接触面防水措施如果不良,将造成空调机房水侵入主机房,后果非常严重。

④ 空调出风口周围的密封性能不良,一旦漏水,直接威胁机房设备的安全运行。

⑤ 排水(地漏)位置、大小、工艺:现场施工时,注意与图纸校对,图纸上没有的,及时建议建设单位(设计)变更图纸,不能将此问题留下后续再做,到时将带来非常大的难度(都是成品,再做地漏、开孔的空间都没有)。

⑥ 水管管道位置、路由、固定,防护措施:包括管道的固定和本身质量,管道接头焊接、管道阀门、管道与设备的接口等。

具体质量标准和施工工艺请参考本书第 5 章相关章节。

(6)防水材料:施工前必经对基层水泥砂浆找平层清理干净,并且砂浆内水分不大于30%,修补好四角及地面损坏的砂浆,补平坑凹不平的部位及四角圆弧形角线,准备工作完成后先刷冷底子油道,待冷油干燥后开始涂刷防水材料。

① 防水材料涂层:施工时从内向外门口退刷,四角卷上 150 mm,门口延伸到外 600 mm,涂刷均匀,每遍涂刷厚度不能大于 0.05 mm,每次间隔涂刷时间不能小于 5 h 或根据材料干燥程度确定。

② 配料要求:甲、乙料严格按照说明配制,不能将稀料掺太多。保持稠度适中,每次配料必须一次配够一次用完。涂刷厚度 1.5 mm 共分 3 次完成,第 2 次、第 3 次进房间不得穿硬底鞋带钉鞋。不准将铁器工具随便乱扔。不允许抽烟,施工区配 3 kg 干粉灭火器一套备用。

③ 节点施工:烟道、风道、设备基础周边管道周围应先刷一遍附加层,高度 150～200 mm,并仔细检查细部及死角部位,对洞口周边及地漏周边及管漏口要严格按照防水工程施工工艺标准施工操作。

④ 闭水试验:防水材料完工后在门口做 100 mm 高临时门槛,做 24 h 蓄水试验,确保渗水不漏,再进行保护层施工。

(7)结论:注意这些关键部位或工序的质量,通过有效措施监管施工人员的行为,就可以消除因此造成的安全质量事故隐患。

7.2.4 本例事故隐患存在形式

设计图纸有问题,楼层之间设备(空调)安装位置不科学;进场施工前,设计对周围环境勘察不到位;楼层(上层)土建防水工程施工质量或工艺不规范;防水层工艺有问题;防水层施工质量存在问题;防水材料质量有问题;施工单位自检制度不建立,检查验收不到位;机房防水的前期勘察不够,对上、下楼层机房(房间)的勘察不够;监理的巡视、检查不到位。

7.3 在用空调配电柜上方滴水

7.3.1 事故情况

在机房配套工程的施工现场,当出现安全事故时,往往造成一连串的问题或事故,这是不能忽视的。本例事故的主要原因是:在用机房的上一层是本期工程的施工现场,施工单位在施工过程中没有认真检查所焊接的管道,冒然注水测试,结果一个新安装管道的阀门严重漏水,造成地面大面积积水。而地面的防水层并没有起到作用,水顺着空调底座的膨胀螺丝孔(另一个质量问题)流入下一层。水流入下一层的位置正好是在用机房的空调配电柜,因此造成图 7-3 所示配电柜内部进水、流水。

发现问题的人员是监理,即监理巡视上下环境时及时发现,及时断开进线开关(400A空开)。因发现较早,避免了一场更大的在用机房(云计算机机房)通信中断事故的发生。

此问题所受影响:云计算机房空调配电柜关闭(启用备用电源柜);地下一层新建电力室内空调断电停止工作,因室内温度提升较快,原计划 UPS 对蓄电池的充放电测试推迟,影响了工程的进度。

7.3.2 事故处理

发出《工程暂停令》,要求施工单位立即停工,并报告建设单位;立即从低压配电室将进水的空调配电柜交流进线端断电;调整在用机房空调的配置,通知机房维护人员到场开启备用空调;组织并责成责任单位对空调配电柜进行阻水、排水、引流;全面排查在用机房上部是否有同类问题。

7.3.3 处理措施

联系土建装修施工的监理单位总监,对地面的防水效果进行说明,并报告建设单位;要求空调施工单位检查所有已经安装的空调底座膨胀螺丝的规格,发现问题予以更换,并配合土建重新做防水施工;沟通配电设备厂商工程师到场对设备进行检查,更新所有开关组件、连接线,并就费用问题与建设单位沟通,达成一致意见;联系电源施工单位就进水空调配电柜的电源线路敷设达成一致意见,并就费用问题与建设单位沟通;向机房动力维护人员解释事故原因和处理措施,寻求谅解;在所有工作完成后,组织参与事故处理的单位召开专题例会,明确设备重新加电的时间和参与人员;检查测试修复的配电柜的各种状态,由配电设备厂家提供测试报告;加电、调试、运行;总结此次事故经验教训,引以为戒。

7.3.4 事故教训

空调施工单位在使用膨胀螺丝时,打孔深度严重违反规范要求;施工单位使用的钻头长度严重超标(数据中心机房地面安装的膨胀螺丝长度不得超过 10 mm),而施工单位为了打孔方便,使用的钻头为 150 mm,而且没有使用标尺,因此造成本例事故,同时对地面造成很大伤害,留下了大量安全隐患;设计图纸有缺陷,图纸上空调的位置,正好是下方电源配电柜的位置,一旦出现空调漏水等问题,将直接威胁下方机房设备的运行安全。

7.3.5 事故照片

参见图 7-3。

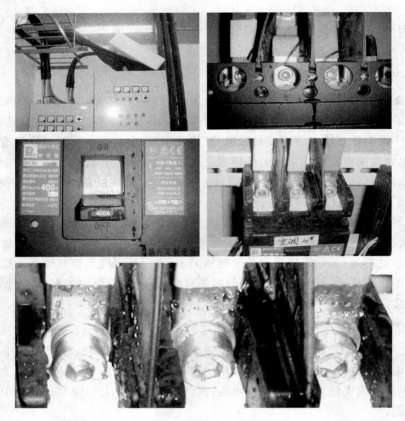

图 7-3　进水的下层机房空调配电柜

7.3.6　本例事故隐患存在形式

设备本身的管道质量有问题;设备管道有锈蚀;设备开关组件密封不严;管道施工中的接头、阀门、压力表(检测)与管道的焊接有漏点;施工人员人为损坏;其他施工人员故意动作;设计有缺陷。

7.4　在用机房消防系统误动作

数据中心配套建设工程的施工过程中,往往需要与其他在用机房的沟通联系,如果不关注机房的管理制度,不注意对人员的管理,施工人员不严格要求自己,有时就会造成很大的安全事故隐患,本例就是一个具有代表性的安全事故。

7.4.1　事故过程和原因

某机房施工过程中,施工单位人员需要进入某在用机房进行相关线路的调整,同时有一名机房管理人员陪同进入机房。在施工的过程中,有意无意碰了一下门口的手动消防按钮(后来回忆不知道是哪一个),机房立即响起消防告警的声音,大约 30 s,机房发出很大的响声,就像"冒气一样,同时有烟雾"。看到此情景,机房值班人员知道是消防启动了,赶紧叫喊施工人员向机房外面跑,但是不知为什么,消防启动状态下机房大门的电磁锁应是自动开启的，但此时并没有开启，他们只好跑向机房后面的"逃生门"。几乎在气体喷发的同时，机房电源被断电，空调设备停止运行。

7.4.2　事故教训

施工人员安全意识淡薄；施工人员的自我保护意识弱；发生险情时的逃生技能落后，心理素质有待提高；施工人员进入机房施工不通知监理；机房管理人员对进入机房的人员审核不够；施工单位的安全生产管理措施落实不到位；施工人员对消防设施上的英文标识不清楚，参见表 7-1；监理人员的巡视力度不够。

表 7-1　　　　　　　　　　　　　　消防设备的英文标识

中文	英文	中文	英文
消火栓	Fire Hydrant	消防控制中心	Fire Controlcenter
安全出口	EXIT	目前所在位置	Current Location
疏散方向	Evacuation Direction	物流中心	Logistics Center
推拉门	Sliding Doors	灭火器	Fire Extingusher
安全门	Slide	消防疏散图	Fire Evacuation Plans
手动报警器	Manual Activating Device	图例	Legend

本事故中，在用设备大多是客户自购的，设备停止工作后造成几家企业互联网通信中断。不完全计算：设备损失在 200 多万元，而因通信中断造成企业的业务损失无法计算。同时，由于施工人员逃生不及时，身体受到严重伤害，包括在医院检查和住院的费用，损失很大。

7.4.3　事故照片

参见图 7-4。

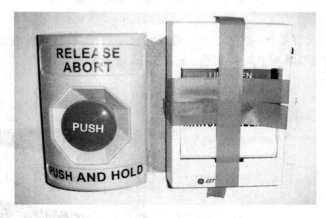

图 7-4　被碰过的消防设备按钮

7.4.4　处理措施

向施工单位发出《监理通知单》，要求施工单位对全体参与本期工程施工的人员进行安全消防知识的教育，完成后填写回复单至监理。在与本工程相关的机房的每一扇门门口张贴安全生产的警示性标识。同时建议建设单位与本期工程相关的机房管理人员沟通,在其机房的消防设施旁临时贴上中文的标志(文字)。要求施工单位人员进出机房施工时,必须提前通知监理,由监理沟通和联系机房管理人员,征得同意后方可以进入;对进入机房的参与施工或送货的人员进行控制,由所在施工单位负责出入在用机房,其他人员一概不允许进入;将本例通告所有施工单位,引以为戒。施工单位出具事故报告,建设单位对相关责任进行定性分析,并就有关赔偿事应进行协商。

7.4.5 本例事故隐患存在形式

机房管理出现漏洞;施工单位对消防设施管理规定不了解;施工单位安全生产管理措施不到位;消防设施的标志不醒目;消防设施(手动控制设施)安装位置不符合规范要求;施工人员进出机房不按照机房管理规定和要求执行;施工人员安全意识淡薄,随意碰触机房设备;施工人员自我保护意识淡薄;消防设备系统联动设计有缺陷。

7.5 现场乙炔或氧气软管漏气

7.5.1 事故过程和原因

在某机房配套工程施工现场,监理接到其他施工人员的反应,不是道在哪个地方有"嘶嘶"的声音,"好像是漏气的声音"。监理听到后立即通知空调施工人员停止施工,并组织项目监理部所有人员对现场进行检查和搜索,其检查重点是正在进行焊接操作的空调施工单位使用的焊接工具。

分别对现场的 4 台气焊工具进行排查,包括氧气瓶、乙炔瓶、气体输送软管、焊枪等,经过检查并没有发现漏气的问题。接着,监理同意施工单位继续施工,并派人跟踪焊接工具使用过程(旁站)。当第二台焊接工具开始打开氧气瓶时,出现嘶嘶的漏气声,经过监理和施工单位的共同检查发现,一个氧气瓶的红色软管有严重漏气的问题,参见图7-5,氧气软管出现裂痕和损坏。

根据问题,经过分析看出:此问题存在的时间已经很长,破裂处的痕迹老化,属于施工现场外因或施工单位工器具保管时所划伤,或者挤压,或者划伤所致。

7.5.2 事故图片

参见图 7-5。

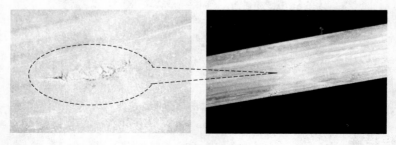

图 7-5　输送氧气软管明显的损伤痕迹

7.5.3　处理措施

要求施工单位停止使用该设备,发出《监理通知单》,要求施工单位对问题进行整改。要求施工单位对所有焊接工具进行检查、捡漏,回复并通过监理的复检合格,才可继续施工。在《监理日志》上详细记录出现此问题的原因和处理问题的过程。要求各家施工单位,在施工材料堆放和搬动、设备搬移、杂物堆积等操作时,注意施工环境狭窄的条件。注意使用的焊机、气瓶、软管、临时用电设备和工具经常进行检查或巡查,保证现场没有安全隐患,保证安全。根据此问题,监理除了向问题单位发出《监理通知单》外,向其他单位发出《工作联系单》,再次向所有施工单位负责人强调安全生产和文明施工。

7.5.4　事故教训

施工单位施工人员说,在施工前对软管进行了检查。从图中看出,由于此问题在检查时不易发现,加上此漏气问题只有在工作时才会出现,因此造成重大的安全隐患。

监理巡视工程现场时应细致。本例是氧气软管有问题,出现漏气,如果是乙炔漏气,那么后果不堪设想。因为本例施工现场正在同时施工的有:电源单位工程、空调单位工程、装修单位工程、监控和告警单位工程、数据机架安装单位工程、消防单位工程,现场施工人员近100多人,工程现场的各类电动切割、电焊等工具很多,产生的火花也多,如果乙炔漏气不能及时发现,在达到一定的条件后,会产生意想不到的后果。

监理在巡视时,不能及时发现问题,而是一家施工单位的施工人员告知,这就出现了责任的问题,比如那位施工人员如果不告诉监理呢,等等。

进行焊接的施工人员在焊接时,由于焊枪声音的遮挡,听不到周围的声音,因此只有第三者才能发现问题,这就是安全隐患中的隐患。施工单位现场安全管理人员对安全检查工作不到位,留下严重的安全生产隐患。

7.5.5　本例事故隐患存在形式

施工单位进场施工前对拟使用的工器具检查不到位;施工单位安全意识淡薄,施工单位安全生产管理工作不到位;施工单位项目负责人责任心差,施工人员安全意识淡薄,风险意识差;现场施工环境差,造成工器具操作人员的误解;其他单位施工人员本位主义意思严重;现场监理巡视力度不够,安全意识淡薄、风险意识欠缺。

7.6　电源380 V零线漏接

7.6.1　隐患发现过程和原因

火线、零线接线时的螺丝紧固力度不够。监理在检查接线人员的电源电缆成端时,发现由低压配电柜输出的本交流配电柜进线端240 mm² 电缆的零线有松动现象。

经过检查、询问后,其原因为零线(N线)电缆的进线端由两名施工人员操作的,后面施工的人员认为前面施工的人员已经做好,没有检查,因此仅安装了火线。经过对施工单位现场负责人的了解方知,前面施工的人员刚做就被抽走,而并没有向后面施工的人员交代,因此造成两者施工的衔接出现问题,留下重大安全事故隐患。

7.6.2　隐患照片

参见图 7-6。

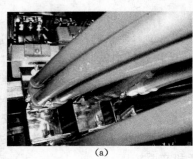 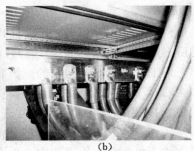

(a)　　　　　　　　　　　　　　(b)

图 7-6　380 V 零线漏接松动(右图)

7.6.3　隐患处理措施

立即停止已经启动的加电程序;发出《监理通知单》,要求施工单位整改,对所有已经连接完成的电源电缆的成端处进行全面的检查、测试,保证所有连接点紧固,质量符合规范要求。施工单位整改完毕,回复监理检查验收,通过后才能进行下一道工序;重新启动设备加电(加电)申请流程;发出《工作联系单》,要求施工单位注意后续工程施工中的安全生产管理,保证安全;《监理日志》记录本次安全隐患的原始处理过程;监理复检时,填写《通信设备安装质量检查表》;重新启动设备加电程序,报告建设单位。

7.6.4　隐患教训

施工单位安全生产管理存在缺陷,造成人员调整时工作衔接不够,留下安全隐患。施工单位自检措施落实不到位,工序结束后没有自检。如果现场监理在检查验收时不到位,加电时并不能发现问题,因设备没有负载而电流很小;当负载增加时,因三相电源的不平衡,零线中将有电流通过,此时零线接触不好或没有压紧的地方出现高电压(上升的电流,因接触不良产生很高的阻抗)而发热、打火、持续升温、燃烧,导致质量和安全事故发生。

对所有施工工序的验收不能大意,特别是关键部位和工序的检查验收,发现问题及时要求施工单位整改、复检。

增强责任心,包括监理在内。任何施工人员必须增强责任心,增加安全意识,提高抗风险的能力。发现问题应及时要求施工单位整改,有的问题不能拖延。

7.6.5　本例事故隐患存在形式

零线接线位置错误;零线或火线、电缆的规格错误;零线铜排上的螺丝规格与螺丝孔规格不相符合。火线、零线的接线铜鼻子规格型号不符合规范要求;螺丝垫片厚度不符合规范要求;零线或火线接线时没有使用弹簧垫片或者弹簧垫片装反;火线、零线接线时的螺丝紧固力度不够;铜鼻子的螺丝孔规格与铜排不一致;零、火线之间的距离不够(≥10 mm)或零、火线接线完成后偏斜,造成火、零间距过小等。

7.7 铜排截面积不够

7.7.1 保险丝接触面积小

7.7.1.1 隐患形式和原因

图纸会审时，没有发现问题（不易发现，因为建设单位没有样品）；有经验的施工单位的人员没有提出；设备运行开始时，事故隐患并没有满足事故的条件；当电流增加以后，在故障点逐渐形成事故的条件而到时事故发生；参见图 7-7，当电流通过故障点（质量失控点）时因阻抗变大，造成发热、烧毁而形成事故。

监理的原始记录如下："蓄电池开关箱送到现场后，经监理检查不符合要求。保险丝上铜排为波纹状，接线铜鼻子与铜排不能有效接触，接触面积减小。对此问题监理已报告建设单位，要求厂方整改，并规定时间整改完毕。过后，厂方将不合格的产品取回，三天后送回更换后的新品；监理要求厂方将设备的线路图、铭牌、合格证、质保书在下次开关箱进场时交监理。"

7.7.1.2 隐患照片

由图 7-7 可看出，螺丝紧固时两者连接的接触面仅达到铜排截面积的 1/2，根据设计图纸，此处在设备正常工作后的电流是 630 A，当截面积为图纸要求截面积的 1/2 时，铜排有效工作电流下降为 300 A，因此远远不能满足工程图纸的要求。

对此，监理要求设备厂商更换此产品，提供设备的性能出厂测试报告，并要求更换平面的铜排（与保险丝连为一体的铜排）。参见图 7-7。

7.7.1.3 隐患的处理措施

以《监理日志》形式报告建设单位；发出《监理通知单》，要求厂方更换产品，并在接到回复后进行复检；要求施工单位暂停此部位的工序施工；检查新品，合格后允许重新施工或安装；将厂方提供的技术资料搜集整理备案。善于发现问题，将安全质量隐患消灭在设备加电之前，是避免事故发生的根本举措。破坏事故的发生条件，是现场监理发现和处理隐患的重要措施。

7.7.1.4 本例事故隐患存在形式

设备出厂检测验收不严格，出厂含有质量缺陷的设备（次品设备）；建设单位订货时，没有和设备商商定设备部件的规格、型号、适用场合；设计单位图纸上没要求，存在设计缺陷；监理人员在设备验收、旁站、巡视，在施工单位或设备厂商自检合格的基础上定期或不定期独立进行的检查检验活动中，没有检查、验证。

7.7.2 铜鼻子压接缺陷

7.7.2.1 隐患形成和原因

某工程施工单位进场一批铜鼻子，监理验收时发现铜鼻子的螺丝孔与设备上的螺丝孔大小不相符合。经过监理的测量后发现（参见图 7-8）铜鼻子的孔径大于设备铜排上孔径很多。

监理在检查施工人员制作好的铜鼻子时发现，不仅铜鼻子的螺丝孔太大，施工人员竟然没有将电缆内护套破除，存在严重的质量和安全隐患。

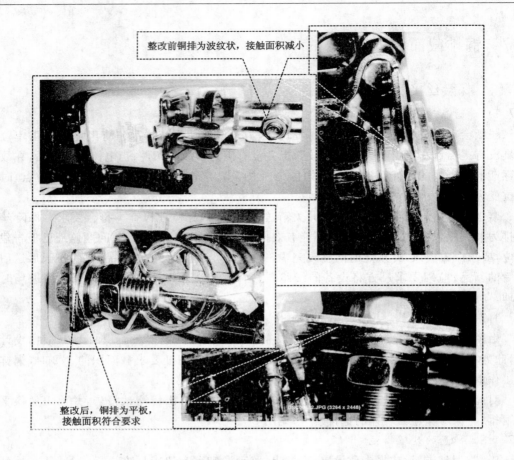

整改前铜排为波纹状，接触面积减小

整改后，铜排为平板，接触面积符合要求

图 7-7　铜排连接处因波浪形而减小铜排的有效接触面积

　　监理发现施工人员在安装蓄电池铜鼻子的时候，由于铜鼻子没有 90 mm^2 的，便将两根 90 mm^2 的电缆穿入一个铜鼻子内部进行压接，严重违反了技术规范要求。

7.7.2.2　隐患照片

　　参见图 7-8。

7.7.2.3　处理措施

　　发出《监理通知单》要求施工单位更换此批产品，并得到回复后复检；要求施工单位对已经安装制作的所有铜鼻子全部返工，并承担此次事故隐患所造成的所有损失；建议施工单位对违章作业的施工人员进行惩罚；建议建设单位在付款时扣除进度损失的款项。

7.7.2.4　本例事故隐患存在形式

　　图纸没有指定铜鼻子的规格型号；施工单位质量管理措施不到位；施工单位施工人员安全意识淡薄，责任心低；铜鼻子的规格与电源电缆规格不相符：螺丝孔太大；螺丝太细；垫片太薄；铜鼻子厚度不够；铜鼻子太短；电缆与铜鼻子规格不一致；电缆内护套没有破开和清理干净；铜鼻子压接不紧，内部松动；铜鼻子压制不紧，连接松动；三无产品；材料进场后，监理检查验收不严，标准不高。

（a）电缆内护套仍在

（b）电缆内护套仍在

（c）铜鼻子孔径大于螺丝孔径

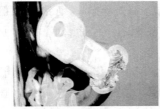
（d）电缆芯线被剪断很多

（e）双根电缆同时插入一个铜鼻子

（f）铜鼻子压线密度检查

图 7-8　电缆终端接线不合格图

7.7.3　铜排连接处工艺缺陷

7.7.3.1　事故形成过程

（1）某日，监理得到施工人员反映说两台交流输入屏的"N"线有问题，经过检查发现总"N"线到机壳地之间的距离不足 10 mm。随即监理在 11 点多先后两次联系设备厂技术科负责人，得到的答复是找厂方售后服务，随后监理拨通"电源系列产品检验报告"上指定的售后服务电话，维护人员说他们必须有技术部门的维修通知才能到现场维修，监理已说明此设备为新设备，还没有加电使用，得到上面同样的答复。

为了确保工程的实施进度，监理随后联系了设备厂方领导，该领导答应安排，并得到了落实，5 日内来现场整改。监理见到两位师傅就提出要求，整改好以后，对设备全面检查，看看还有没有其他问题。但两位师傅仅整改了模块化 UPS 交流输入屏"N"线与地之间距离的问题，对存在同样问题的新"9390"UPS 交流输入屏没有整改就走了，监理问现场施工人员和随工都说不知道什么时候走的。

由于本期工程设计文件，需要在 UPS 进线柜交流输入端接入 4 根 4×120 mm² 电缆，而设备接线铜排上仅有一个螺丝孔（只能接两根电缆），因而监理再次联系设备厂来现场查看并解决问题。两天后，设备厂技术负责人来现场检查、测量了需要添加和整改的铜排，并答应再来。五天后，该厂技术人员到现场整改，两个问题："N"线和地之间的距离问题、更换和添加了铜排，监理要求除对发现的铜排接线孔问题外，需将设备内部所有开关、接线、铜排连接、固定螺丝进行全面检查，在技术负责人明确告知监理已全部检查调整完毕，并可加电调试后离开现场。

（2）自现场监理发现问题并与设备厂联系后，厂方技术人员来现场三次，其中有技术部门负责人，监理提出了对设备进行全面检查，并得到了技术负责人明确的答复，"没有问题了,可以加电"的结论。

（3）三天后,XX局六楼电力室"9390"UPS、模块化UPS供电系统的负载全部割接至模块化UPS系统。割接后,检查模块化UPS、模块化UPS输出屏、"9390"UPS输出屏均处于正常运行状态。

设备正常工作以后,第二天上午09:00开始按照设计图纸要求,拆除原"9515"UPS系统的输出屏、"9390"UPS交流输入屏,更新安装新"9390"UPS交流输入屏,布放输入屏到"9390"UPS系统之间的相关电源电缆。

截至当天中午12点40分左右,相关设备安装已经完成,电源电缆布放仅剩下一根"9390"UPS的输入电缆,因没有铜鼻子而暂停。施工人员向监理说准备收工,明天带材料再来。此时现场监理员要求施工人员不要急着走,要求施工人员认真细致地把已经安装的设备检查一遍,把所布放的电缆校对一遍,检查标签缀挂,有什么问题马上告诉监理。

也就是当天的下午1点30分,监理员得到施工人员报告说模块化UPS输出配电屏2#有问题,监理迅速来到输出屏后面,发现模块化UPS输出屏2#总进线开关下端一个固定互感器的绝缘子已溶化,互感器向下沉落。经监理员、施工人员仔细观察（参见图7-9）,在该输出屏内总进线铜排的B相,此铜排外包绝缘材料表面颜色呈黑褐色,明显与A相、C相颜色有差别,用手靠近有很高的温度感觉,13点50分用测温仪检查铜排上螺丝的温度为60℃。

(a)　　　　　　　　　　　　　(b)

图7-9　铜牌温度升高使得固定件融化

（4）监理员经检查、分析、判断后,意识到问题的严重性,立即采取以下处理措施:

① 迅速打通某设备厂分管技术负责人的电话,描述了故障类型、位置、现象后,要求立即派人到现场抢修;随后一直到抢修人员到场前,监理员始终保持与通信设备厂的联系,掌握他们最快进场的时间。

② 监理员会同施工人员、维护中心随工立刻降低空调温度,并使用风扇,对设备环境、铜排进行降温处理;14点10分检测铜排上螺丝的温度变化为90℃。

③ 紧接着将此问题报告建设单位,报告公司总监,通知维护中心负责人。

④ 现场采取了相应措施后,监理到机房通知机房值班人员,简短说明情况,建议联系机房相关领导,能否迅速召集模块化UPS负载A路用户到现场调线。如果可行,就可以关闭模块化UPS的A路电源,为通信设备厂抢修人员到来做准备。

⑤ 在某运维处,维护中心相关领导到场后,配合运维处商量进行电源线路的调整;与维

护中心人员一起检测铜排、螺丝的温度，调整风扇风向，注意铜排温度的变化；要求施工人员派人注意设备工作情况，密切关注设备故障点的变化；时值 15 点 00 分，铜排上螺丝的温度已经达到 193 ℃，温度仍继续升高。

⑥ 至 16 点 08 分，设备厂抢修人员到场，针对设备的情况，某设备厂技术负责人明确必须停电整改。

⑦ 在 16 点 30 分，监理与维护中心一起检测设备铜排上的温度，已经到了 219 ℃（参见图 7-10），手靠近设备已经感觉比刚开始高得多的温度；建设单位、运维处、维护中心、监理单位、施工单位、设计单位以及各单位的领导均到场关注着故障点的温度变化；运维、机房人员在施工单位的配合下，正在加紧进行机房相关电源电路的调整。

图 7-10　铜排的温度已经很高

⑧ 16：45 模块化 UPS 输出配电屏 2# 故障点出现高温氧化，发出橘色的热气体，并且颜色变得越来越明亮，情况万分危急，此关键时刻，维护中心主任在与网运处、监理单位负责人相互递了个眼色后果断采取措施，关掉输出负荷开关，将本机负载断开。铜排故障点的光亮迅速变暗，并逐渐变黑。

⑨ 短短的几秒钟，这个发亮的故障点或者说是瞬间将要燃烧的事故隐患被彻底消灭，制止了故障铜排继续升温发生融化、烧毁，继而电源短路、设备烧毁，或者机房失火、在场人员伤亡等事故的发生。

⑩ 负载开关断开后，机房电路的调整仍没有完成，两套 UPS 中没有调整的部分负载全部中断供电，机房部分通信中断。

7.7.3.2　事故的照片

参见图 7-11。

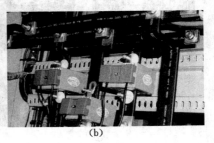

(a)　　　　　　　　　　　(b)

图 7-11　铜排温度及质量检查检查照片

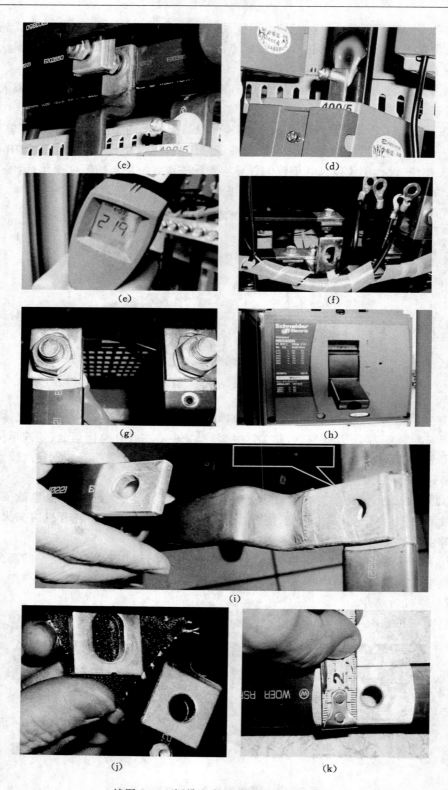

续图 7-11　铜排温度及质量检查检查照片

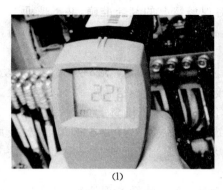
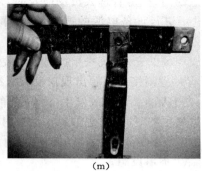

(l)　　　　　　　　　　　　　　　　(m)

续图 7-11　铜排温度及质量检查检查照片

7.7.3.3　事故发生后的处理

模块化 UPS 输出屏 2# 断电后,建设单位要求设备厂迅速对设备上所有螺丝、铜排、负荷开关进行全面检查、紧固,监理要求一个螺丝都不能放过;同时对"9390"UPS 新交流输入屏内部所有螺丝全部紧一遍。

UPS 负载中断后,建设单位一方面要求设备厂立即检查整改问题,另一方面与运维处、维护中心、监理、施工方沟通,形成以市电电源方式临时抢修的共识。

16 点 50 分,监理、施工人员一起配合电源空调中心、网运处,通过模块化 UPS 输入屏 2# 旁路电源临时向"9390"UPS 输出屏供电,恢复"9390"的 B 路电源。

17 点 05 分,通过"9390"UPS 输出屏内部的应急旁路开关、临时旁路开关至模块化 UPS 输出屏 2# 备用 160A 开关,采用倒送的方式临时向模块化 UPS 输出屏 2# 供电,A 路电源恢复;至此,所中断的设备电源得到恢复,A 路电源中断 5 min,B 路电源中断 25 min,个别用户如彩玲等设备在断电后无法自动恢复,因而耽搁较长时间(近 3 h)。

在 14:48,16:51,监理主动联系模块化 UPS、"9390"UPS 设备厂方,马上派人到现场来,以备紧急开机需要。

根据当时应急供电的状况,建设单位项目经理、电源空调中心、网运处、监理、模块化 UPS 厂商工程师商定:为防止模块化 UPS 输出开关误操作,将模块化 UPS 临时关闭,断开其输出电源开关,保证模块化 UPS 输出屏为单一市电电源。

监理要求施工人员将缺少的铜鼻子马上送到现场,对"9390"UPS 交流输入屏最后一根电缆进行上线,并全面检查,确保安装无误。

在施工人员确认"9390"UPS 施工完毕后,由某区局电力维护人员配合对交流输入屏送电,开启"9390"UPS,将所有负载割接至"9390"UPS 供电系统中,截止到当日 23:00,所有负载均由"9390"UPS 带动,所有通信恢复。

7.7.3.4　本次事故值得总结的几个方面

① 建设单位项目经理在接到监理的报告后非常重视,带病从医院立即赶到现场,协同建设各方统一布置,合理指挥,在整个调整用户线路的过程中发挥了总协调作用。

② 监理接到施工人员的报告后,检查、分析、判断迅速,处理及时,并协同施工单位随即采取了有效的措施,减缓了事故发生的时间,为抢修人员到达现场争取了时间。

③ 为维护中心跟踪设备的变化及时,对火灾事故前兆分析、判断准确,处置果断。

④ 网运部门、机房管理人员反应及时,对现场情况的判断准确,并迅速通知相关单位、相关用户进场进行设备电源的调整,使得事故发生后设备断电的时间达到最短,损失达到最小。

⑤ 事故现场的合理、统一指挥极为重要。本次现场,两套 UPS 互为备用的功能还没完成(工程还有一次割接),问题出现在没有割接之前,如果没有协调一致的现场状态,因忙而乱,就会造成更大的二次事故发生,因而各单位配合较协调极为重要。

⑥ 事故发生的时间:设想如果不能及时准确发现这样一个安全隐患,并迅速做出反应,就不是通信电源中断 5 min、25 min 的问题,将是大面积核心机房停电事故,是一次重大火灾事故,其后果不堪设想。

⑦ 事故分析会上,经参与工程建设各方分析,仔细观看了现场照片,大家一致认为,某局在用设备 UPS 输出配电屏 2# 内总汇流排连接处出现高温氧化,造成通信中断是由于通信设备内部铜排连接工艺问题,即紧固螺栓的铜排螺丝孔径偏大、螺栓、垫片与铜排紧固不实、接触面积较小、电流较大造成接触电阻较大、发热严重而引发升温、高温的故障。

⑧ 所幸设备已经工作了 36 h,问题没有暴露出来;36 h 后,这种因设备的脆弱性而引发的问题终究爆发,前期设备生产、进场检测检查等方面是我们要汲取的深刻教训。

7.7.3.5　事故的教训

设备在生产制造中的工艺质量、技术性能将直接影响设备运行和使用的安全;电源设备一旦使用,维修手段受限制,不能断电检修,备用手段欠缺;远程监控中,远程监控所处理的问题极为有限;设备厂商应保证设备出厂前消除或最大限度地排除安全隐患,不能将问题带到生产的第一线;对产品的检验必须严格认真,保证出厂后的产品除了功能满足工程建设的要求外,工艺质量、技术性能必须符合国家标准规范。特别是一些关键环节包括每一个焊点、每一个螺丝、每一块铜排、每一个固定点和支架。设备加电前,施工单位应检查设备元器件及紧固件安装是否牢固,绝缘测试是否良好等;现场监理应督促施工单位做好设备加电前的检查工作,避免之前任何一个环节的疏漏而造成设备故障;重要机房的设备在选型、采购时应考虑设备双电源特点,真正的断开一路,另一路可以有效工作,保证设备的通信畅通。

7.7.3.6　本例事故隐患存在形式

设备本身有质量问题,或者生产制造工艺缺陷;设备出厂时,提供了不符合设备性能的或与设备性能不一致的技术资料;设备内部的铜排质量不合格;设备安装质量有问题;设备进场的检查验收存在问题。设备加电前,缺乏统一的自检、互检、验收或程序不符合规范要求;监理巡视工作不够细致。

7.8　楼板内暗敷控制电缆被整齐切断

7.8.1　事故形成过程和原因

某施工单位在做楼层电缆孔的开启时,遇到障碍物,如施工人员后来所说:"有点硬,好像是钢管……",但没有停止操作,当发现有电缆线存在时,还是不停止操作,造成本例机房消防控制线缆 10 根全部拦腰切断,消防控制中断事故。

7.8.2　事故的照片

参见图 7-12。

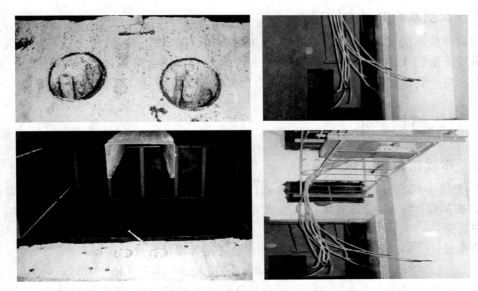

图 7-12　被切断的消防控制线电缆

7.8.3　事故的责任划定

土建装修施工单位承担全部责任,包括:① 消防抢修所造成的所有费用;② 因进度受到影响,由建设单位进行的进度考核由土建装修施工单位负责。

7.8.4　事故的教训

由于建设单位提供的施工图纸上无标识,也没有提供其他供参考的资料,施工单位盲目施工,发现有感觉不停止施工,本来可以避免的问题,由于施工人员的马虎和粗心或成品保护和安全意识造成事故发生。

机房配套工程施工过程中,有时监理不一定"忙"得过来,但需要提前给施工单位提出要求,即采用《工作联系单》将"丑话"说在前面,要求施工单位在遇到问题和发现不明情况时及时报告,由监理协调处理,不仅可以保障工程的安全,对保证工程的进度也相当重要。

土建施工单位对施工人员的安全教育问题是一个老大难的问题,因此监理在工程施工前不要忘记与施工单位沟通,及时将相关文件发至施工单位,既可以保障工程进度的按期实施,又可以规避各参建单位的风险。

7.8.5　处理措施

立即发出《工程暂停令》和《监理通知单》,要求施工单位停止该部位施工;沟通机房物业、机房管理部门,翔实说明问题发生的过程,并给其复印监理通知单一份;报告建设单位,说明问题的严重程度。建议建设单位立即协调消防施工单位对故障进行抢修;发出《工作联系单》到所有参与施工的单位,注意机房的各类系统,包括消防、门禁、告警、远程监控、视频监控以及环境中其他在用设备、线缆的防护,注意与本工程无关的部分不得乱动。当工程需要时,先联系监理或由监理统一协调机房管理、物业管理及其他第三方;协调责任施工单位配合消防抢修人员尽快恢复中断线路和设备。要求施工单位对现场施工人员进行安全生产教育再培训;整理《监理日志》,记录原始状态的痕迹(如照片)等。

7.8.6 本例事故隐患存在形式

建设单位不提供或提供了不准确的环境资料;设计文件有缺陷;施工现场较为混乱;施工人员安全意识淡薄;施工中违反规定,遇到障碍物时不停止操作;施工单位不重视施工过程的安全生产管理合成品保护;监理巡视力度欠缺等。

7.9 建筑结构承重

7.9.1 事故隐患和消除过程

① 根据本期工程需要,在楼顶的挑梁上安装冷源管道(管道尺寸:$\Phi480\times12$ 无缝钢管,2 根)。按照设计图纸,管道安装在大楼南北挑梁上(跨度 25.2 m)。计算钢管重量和后期注水的重量:

$$总重量:=(25.2\times2\times139.49\ \text{kg/m})+(钢支架等辅材重量\ 500\ \text{kg})$$
$$+(3.1416\times0.2282\times25.2\times2\times1\ 000\ \text{kg})=15\ 760\ \text{kg}=15.76(吨)$$

考虑挑梁上安装冷源管道对挑梁所承受负荷的影响,监理建议建设单位会同设计对原建筑挑梁的承重进行重新计算,设计确认能满足本期工程的需要再施工。

② 考虑该楼房设计时,对于挑梁后期的使用有没有考虑是不确切的情况,因而尽管设计已经表示没有问题,但监理仍然怀疑设计图纸的正确性。

③ 建议建设单位就此问题召开专题例会,预约同济大学建筑设计院的专家,重新评估设计图纸,以及该大楼挑梁的承重事宜。

④ 建设单位组织召开专题例会,会中经过同济大学专家对现场的分析和测算,得出的结论是此梁不能满足承重的要求。

⑤ 本期设计单位对该部位的设计图纸进行变更,冷源管道改道,改道至大楼的楼梯间上方(楼顶)敷设管道。根据设计变更,由建设单位转交监理并督促施工单位按照新的图纸组织施工,从而消除了一个可能造成挑梁坍塌或弯曲影响结构安全的事故隐患。

7.9.2 本例事故隐患存在形式

设计勘察不足,图纸计算有误;图纸会审时,设计、施工、建设的单位、监理等对设计文件的审核不够严密;施工单位施工前对相关数字的复核不够;关键部位、工序的监理控制措施不够严密;建筑结构本身存在的承重等问题。

7.10 空调内部管道锈蚀严重导致设备喷水

7.10.1 隐患形式和消除过程

在安装空调过程中,施工单位发现某设备内部漏水,而且有一个小孔喷水至已经安装好的石膏板上,造成石膏板局部阴水,仅剩下外面的纸张没有透水。监理接到报告后对现场正在安装的空调设备进行检查发现,设备内部出现严重的锈蚀问题,参见图 7-13。

发现问题后,监理发《监理通知单》要求施工单位停止此设备的安装,并要求和约定设备厂商第二天来现场检查排故。要求设备厂商对所有已经运至施工现场的 24 台双冷源机房专用空调设备进行全面的检查,提供全部设备的检查报告。经过监理的复检以及得到厂家的检查报告和盖有厂方公章的质量保证书以后,同意施工单位继续安装设备。

要求厂方工程师派人驻现场督导,防止再出现类似的问题。《监理日志》记录所有的问题处理过程,注意已经收到厂方提供的质量保证(证明质量合格)文件。

7.10.2　事故的照片

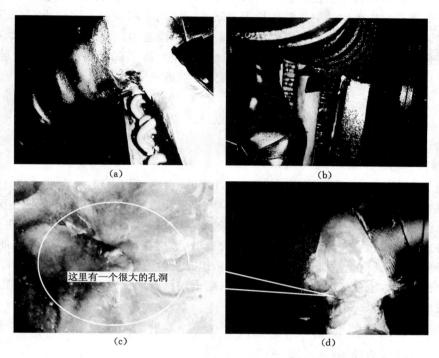

(a)　　　　　　　　　　　　　(b)

(c)　　　　　　　　　　　　　(d)

图 7-13　空调内部管道锈蚀严重

7.10.3　事故的责任划定

本质量问题(隐患)由设备本身质量引起,因此厂方负全部责任。

7.10.4　事故隐患的经验教训

本期工程的设备属于甲方采购,设备进场时认为设备的说明书、合格证、质量保证书、检测报告等文件资料较为全面就认为设备质量符合要求,而忽视对设备本身的质量检查。

由于设备内部漏水,在设备进场没有安装之前很难发现漏水的问题,给后续施工、调试带来不便;设备安装之前的厂方工程师检查不够,当水注入以后,对出现问题的检查不及时;工程师到现场以后,对设备的漏水问题狡辩,说是施工单位在施工过程中造成,通过监理对设备故障点的再次确认,属于厂方设备质量有问题,厂方工程师才承认,耽误了很多的检查检修时间。

厂方工程师对质量、安全的认识有偏差。当监理提出进场的乙炔罐没有出厂检验证明(菱形标签)和动火证不能进场施工的要求时,厂方工程师还耽误了不少时间,更换了几次乙炔罐以后才达到监理的要求。

严谨的工作作风对工作有很大的促进作用,值得总结。

7.10.5 本例事故隐患存在形式

设备内部存在漏水、漏气等性能上的缺陷;施工单位安装或对接管道时的焊接质量不合格;施工单位安装的阀门有质量问题;设备内部生产制造过程中的工艺有问题,留下质量隐患;设备搬运、安装过程中出现野蛮搬运或安装问题;水压不符合设备运行要求。

由于配套机房中的空调机房与主机房之间的隔断均使用双层双面防火石膏板,因此如果水冷空调或风冷空调漏水将严重影响石膏板的使用性能,如果出现大面积喷水,造成石膏板沾水粉化,影响机房的安全,因此在空调施工特别是水冷空调设备及管道的安装过程中,应特别注意喷水、漏水、水压过高等问题,及时发现隐患并排除。

7.11 空调管道接头有裂痕造成漏水

7.11.1 事故隐患的原因和处理过程

从现场发现问题的照片(图 7-14、图 7-15)看出,水已经流出很多,根据图片上元件(阀门螺丝)的裂痕看出,漏水的问题如果发现得早,就不会有大面积的积水,就可以及时防治。监理发出《监理通知单》要求施工单位尽快排除此类故障,并要求施工单位对所有进场待安装的设备进行全面检查,特别是已供材料的检查;向监理提交进场材料的合格证明、质量保证书、检测报告等证明质量合格的文件;监理组织对材料的验收;发出《工作联系单》,要求其他施工单位注意检查进场的材料,防止类似问题出现;《监理日志》记录所有的处理过程以及施工单位的整改结果。

7.11.2 事故的照片

7.11.2.1 管道接头漏水(滴水)照片

(a)　　　　　　　　　　　　　　　(b)

图 7-14　管道接头漏水(滴水)

7.11.2.2 阀门有裂痕照片

7.11.3 本例事故隐患存在形式

材料本身存在质量问题;材料进场时的检查验收不严格;施工人员安装时力矩太大,造成材料损坏;安装好以后,施工单位没有自检或验收;现场监理的巡视力度不够,发现问题不及时。

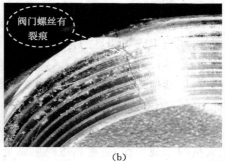

阀门螺丝有
裂痕

(a)　　　　　　　　　　　　(b)

图 7-15　阀门有裂痕

7.12　消防施工随意造成机房断电

7.12.1　事故形成过程和原因

某日,一个数据中心配套工程项目施工面中,土建装修的后期细部工程,设备安装工程的电源设备加电调试,空调设备的冷媒添加和设备调试。在一个正常和稳定的施工现场,突然在用机房的火灾警报响起,新建电力室内的所有交流进线电源断电,包括 UPS 电源配电柜、UPS 设备本身、空调配电柜、直流告警设备、照明配电柜等全部断电。

电源、空调的调试人员、厂方工程师、施工单位、监理以及建设单位派驻现场的协调人员对这突如其来的警报茫然。监理迅速到在建电力室确认交流进线端电源为断电状态;监理迅速找到正在机房进行检查的动力维护和网管人员了解情况,经过机房管理人员和维护人员的检查以后断定,机房设备、动力设备均工作正常;监理找到正在现场施工的装修、空调、电源、消防、厂方工程师了解情况,发现消防今日施工的人员中有一人面生,询问消防施工单位的现场负责人后方知,此人来自消防施工单位,进入现场以后没有经过消防负责人的允许,没有对现场情况进行了解贸然启动消防联动调试程序,才给施工现场造成混乱。

7.12.2　事故的处理措施

① 监理要求消防单位立即停止违反施工程序的行为;发出《整改通知单》要求消防施工单位对私自启动此程序的违规行为进行整改;以单位名义提供本次违规的情况报告,并在整改完毕后报监理复检和检查。

② 召开专项安全例会,会上建设单位、维护单位、机房管理人员均提出对消防施工单位的批评和建议;监理要求消防施工单位在本工程消防系统调试、系统联调等涉及整体的部分,必须按照消防系统调试的规定程序报告和申请,在得到批准和做好准备工作(应急预案)后才能进行;监理做好会议记录,编制会议纪要发至所有参与本工程施工的单位。

③ 监理发出《工作联系单》,就本次事故涉及的安全问题提醒所有施工单位,在超出自己范围的影响施工安全的做法必须通过监理统一协调后,按照计划和程序进行;要求消防施工单位对随意操作、不计后果的个人给予批评教育,并对本次消防工程施工的所有人员进行教育。

④ 空调、电源(含有 UPS 设备)如果有损坏或产生费用,由消防施工单位负责(建设单

位明确）。

⑤ 加大巡视力度，增加旁站时间，及时准确掌握各个施工单位的施工进度和施工部位、施工工序等；在施工现场明显的位置，张贴安全生产警示信息；监理的《监理日志》、《会议纪要》、《监理通知单》、《工作联系单》、《监理周报》、《监理月报》中应充分体现本次事故的原因和责任所属；后续施工监理过程中注意做好协调工作。

7.12.3　事故的教训

消防单位施工人员进场施工没有经过监理的允许，也没有报告建设单位，是属于擅自施工；施工人员的违规操作，使得事故隐患满足了形成事故的条件，造成严重的后果；由于消防施工的相对独立，现场监理必须多留意他们的进度，施工的流程以及施工工序，防止消防施工人员在没有经过监理允许的情况下擅自施工。

由于现场监理对整体进度掌握不够细致，对环境的变化发现不及时，负有不可推卸的监理责任。由于没有掌握消防施工部位和施工工序和加上协调不到位，给工作带来被动。

7.12.4　本例事故隐患存在形式

监理协调工作不到位；施工单位各自为战，本位主义思想尚存；施工单位安全意识淡薄；施工单位的整体配合不协调；设计图纸（消防）存在错误或者前期勘察不到位；消防系统的联调操作失误，系统误动作等。

7.13　监控施工不规范造成门板碰地短路

7.13.1　事故原因和处理过程

① 某日一台新安装的乙路 UPS 交流配电柜已经加电，设备厂工程师现场打开配电柜门板进行设备的检查调试时，正好有一位电源施工单位的施工人员需要从设备的后部走过。工程师走开避让但没有将设备的门板关上扣住。当施工人员从这里走过时，用手用力推关门板，由于用力过猛，在门板关上的瞬间，设备内部发出"砰砰"的声响，并冒出火花和闪光，电力室烟雾缭绕，并能闻到很大的胶皮味（苦味）。

② 接着动力维护人员急忙检查配电室的市电状态，所有甲路市电的进线空气开关跳闸，正在使用的正是甲路市电。由于乙路正是设备工程正在检查调试的设备，乙路断路器处于断开状态，那么当甲路市电断电时，机房所有的负载将因断电而停止工作。检查 UPS 的状态，庆幸的是，UPS 仍处于工作状态，取而代之的是蓄电池正在放电。

③ 得到蓄电池正在提供动力后，首先断开电力室 UPS 配电柜交流输入开关，低压配电室内的甲、乙路出线开关，并将甲、乙路两路市电的出线端挂"有人操作、禁止合闸"牌子，然后回电力室。

④ 监理得知断开了电力室所有交流进线开关后，组织设备厂方工程师、动力维护人员对设备进行检查发现：设备电源母排下方的 SPD（浪涌脉冲保护器）接线已经烧断，SPD 开关烧黑，SPD 上部的电源母排边沿有明显的飞弧放电现象，并出现烧痕；设备后门板被烧一个拇指大小的洞，并有大面积发黑、放电痕迹；门板的电源保护地线已经烧断。

⑤ 得出的结论：由于设备的 SPD 的 A 相线安装松动或脱落（并没有掉下来），设备厂工程师调试时没有发现，而施工人员关门时由于动作太猛，门板的煽动瞬间正好碰到了 A 相

线,造成 A 相 380V 电源瞬间通过门板对地短路,造成大电流放电,形成本例事故的出现。

⑥ 此时已经接近蓄电池放电 40 分钟的极限;动力室人员在检查乙路市电通路正常、工程师明确乙路 UPS 的配电柜已经可以工作的情况下,将低配的乙路市电总出线开关、电力室乙路市电配电柜、UPS 配电柜分别送电、检查、检测正常,将 UPS 的乙路市电由蓄电池供电切换至市电乙路供电,UPS 工作正常。

⑦ 工程师和动力维护人员一起,对甲路设备逐一进行检查,拆掉烧毁的部件,更换新品进行清洗、调整、加固、检查、测试一切正常后,按照规定的流程对甲路送电一切正常。

7.13.2 事故的责任划定

由于设备中的 SPD 连接线松动属于厂家问题,工程师检查时又没有发现;再就是设备的门板材质较软,强度不够等原因,说明设备质量有严重的安全隐患,负有主要责任;施工单位人员从正在调试的通道经过,并用力推关门板给事故的发生创造了条件,使事故发生,负有次要责任。

7.13.3 事故的教训

施工单位安全生产教育不到位,人员安全意识淡薄造成本例事故的发生;监理现场强调安全不到位,工程开工前没有任何有关安全生产的提示信息,现场也没有警示标志。厂方工程师调试设备时没有做好防护措施。

厂方工程师在设备加电之前检查不到位,造成重大安全隐患存在。

开工前监理没有安全生产的提示,比如《工作联系单》;设备进场时,监理往往搜集甲方采购设备的质量保证书、出厂检验合格证、检测报告等证明设备质量合格的文件,忽视对设备本身的检查,包括接线线头的检查等也应负有一定的监理责任。

因此,实际工作中,应在第一次工地例会、施工前发出《工作联系单》强调安全;巡视监理中,注意发现问题,并提醒工程师做好安全警示标志。

7.13.4 本例事故隐患存在形式

设备生产制造质量存在隐患,生产制造工艺差;野蛮设备搬运,造成人为损坏;设备螺丝松动或脱落、各类接线断路;操作人员安全意识淡薄;设备离墙面的距离不符合设计要求;施工人员走动时不小心,碰触或挤压设备的门板(或盖板);材料设备搬运时,碰触或挤压设备;设备内部连线或铜排距离门板太近,设备在出厂时就留下隐患;施工人员的管理制度和安全生产教育不到位,带电设备附近施工的安全注意事项不清;监理巡视或旁站力度不够等。

7.14 施工人员带水进入在用机房施工

7.14.1 事故的形成和处理措施

某项核心机房内部设备扩容工程项目中,某信息集成有限公司的施工人员张某,在进入在用机房施工安装设备时带了一瓶饮料瓶,并随手将饮料瓶放入工作机架上部空余设备托板上。在设备安装好开始布放线缆时,没有注意到一根网线缠绕在饮料瓶上,在顺手拉线时,饮料瓶被拉到侧翻。

侧翻的饮料瓶并没有拧死,造成饮料流出,当发现有什么烧焦的味道时才引起注意。饮料流出后,直接透过设备上方盖板边缘、散热孔进入设备内部的主电路板,造成设备内部相关部件的短路、烧焦、冒烟,断电,从而形成局部通信中断的通信安全事故发生。

其过程是,断开设备机架的总进线电源开关,找到侧翻饮料瓶所在设备上方的位置,拆掉进水设备,检查进水机架下方其他设备的状态;清理机架下方流水的路径;检查、测试本机架的绝缘状态,检查测试各类开关、保险丝的状态;检查机架配电柜(设备头柜)相应的开关、保险丝状态,一切正常后,从列头柜上送电,并按照规定的送电流程分别送电到设备的插座。

检查更换后的设备,由厂家工程师再次对设备加电,检查测试设备一切正常后,接入通信系统联机测试正常后并网运行。

7.14.2　事故的教训

由于施工人员对事故隐患的认识不足,严重违反在用机房禁止带水进场施工的管理规定,将饮料带入在用机房,饮料的放置位置又在设备机架上,势必造成事故隐患;就算饮料瓶不漏水,放在设备上以后,因设备的预热都将造成饮料瓶的局部发热,如果是可口可乐等气体饮料,终将因气体的膨胀等因素造成事故;工程开工前,监理的《工作联系单》如果没有发出或者第一次工地例会上没有提出,说明监理工作不到位;机房的管理规定落实不能忽视,任何单位和个人必须服从管理,杜绝侥幸心理,才能有效遏制机房通信事故的发生,使工程安全顺利进行。

7.14.3　本例事故隐患存在的形式

违反机房管理规定,将水或饮料带入机房;机房管理制度落实不严格;施工人员安全意识淡薄;机房管理人员安全意识淡薄;监理巡视力度不够,没有发现安全隐患或者对安全隐患的表现形式掌握不够;已经带入机房的水瓶盖没拧死,饮料瓶歪倒没发现,慢慢漏水或滴水;夜间施工,光线不够,没能发现问题等。

7.15　在有电设备上穿电缆造成内部短路

7.15.1　事故发生的原因和过程

一日,机房装修施工的一名施工人员,在准备连接新机房照明总电源时,将破好头的电源电缆($4 \times 10 \ mm^2$)从带电的照明配电柜上方往下穿入,当被穿入的电源电缆越过顶端空气开关到铜排时,有一个阻碍物,他想用力穿过,突然出现很响的"爆炸"声,出现闪光、冒烟、跳闸的安全事故,造成新机房照明配电柜的两路市电断电。

经过后面的检查和询问发现,这名施工人员进行电源电缆穿线时,电缆的裸露金属线头并没有包扎,而且他还信誓旦旦地说"这样不会有问题,以前都是这样做的"。

经过对现场的分析发现,当这名人员穿线时,没有包扎的线头在进入设备后,上方可视,随着线头的降低,离开了此人的视线,是盲目穿线的,线头遇到的障碍物正是事故的前奏,即机壳的加固横梁,由于此人的再用力,线头越过横梁后弯曲并弹出,弹出的线缆裸露部分正好使搭接在了 AB 两相线上,造成严重的瞬间短路,形成事故。

事后,询问此人的破皮长度,他说有 100 mm 左右,没有包扎的 100 mm 长的金属物体在 380 V 的相线周围活动,这是惊心动魄的过程。当此人开始穿线的那刻起,就意味着重大安全事故发生的必然性。

7.15.2   事故的处理措施

监理立即要求施工单位停止施工(事后补发《工程暂停令》),报告建设单位;机房管理人员迅速检查判断市电供电的状态;检查照明配电柜的状态,此事故对设备的伤害程度;联系设备厂家到现场来,对设备进行诊断,更换事故损坏的部件、检查、调整;在设备达到厂方出厂性能的同时,由厂家给出明确的测试报告;机房装修施工单位赔偿厂方所有开支及费用;发出《监理通知单》,要求施工单位进行安全生产、安全人员培训,要求替换违章操作的人员,并要求此人不得再进场施工;发出《工作联系单》,要求所有参与本期机房配套施工的单位进行安全生产的教育,吸取教训,查找隐患;注意整理《工程暂停令》、《监理日志》、《监理通知单》、《工作联系单》、《会议纪要》等过程资料;加强旁站,注意装修施工单位人员的变化和工作内容,对违反规定的行为坚决制止。

7.15.3   本例事故隐患存在的形式

忽视安全生产管理措施,安全意识淡薄,操作人员的素质不高;安全生产管理人员不到位;无视在用设备配电设施,对自身的保护不到位,不珍惜生命;在用设备上操作时,违反"裸露的电源电缆铜鼻子或导线接头必须使用绝缘胶带包扎 3～5 层"的规定;操作人员无特种行业上岗证书,没有经过安全生产培训;监理旁站监理不到位或者巡视不到位;开工前,监理对进场的人员检查核对不细致,没有发出《工作联系单》等涉及安全的文件。

7.16   在用机房地板下焊接设备底座无防护

7.16.1   事故造成的后果

在地板下的保温棉上方直接焊接铁件或焊接空调设备的铜管;保温棉高温冒烟,但没有明火;大面积烟雾,机房火灾警报器四处响起;消防气体误喷;大部分设备停止工作,机房通信中断。

7.16.2   事故的处理措施

事故出现以后,监理口头指令施工单位停止施工,迅速撤离现场人员。因为消防已经误喷,机房内部充满对人身有害的气体,氧气不足,人员逃生为第一选择;报告总监理工程师,本例可以直接报告建设单位项目负责人或上级主管单位;离开机房后,迅速沟通机房管理人员,落实机房通信应急方案;与机房管理人员协作处理机房消防系统的解除;协作机房管理人员对机房设备的检查;协作机房管理人员和动力维护人员对机房动力设备的检查;留下现场照片,记录处理过程,搜集客观的事故证明材料;协助事故调查人员对事故进行取证、分析、论证、判断,提供相应的证明资料;承担相应的责任,吸取教训。

7.16.3   事故产生的原因

在机房通信的应急方案落实以后,总结此次事故的原因。主要有:施工单位的焊接人员既没有动火证,也没有特种行业人员操作证;采用的石棉防火布上面污渍斑斑,焊渣很多;防火布中间部位有明显的老化现象,经过后面的协同调查发现,中间部分基本是由于受热不均匀、明显的高温烧黑的痕迹。由于中间部分的连续高温,造成下面的机房地面保温层(防火棉)温度太高而燃烧、冒烟,出现本例事故的现象;检查施工人员焊接的空调底座,焊缝周围被高温烧掉很多处(咬肉现象),说明焊接人员的焊接质量有明显的问题;由于焊接时间较长,造成防火布本身的防护作用消失、地面保温层的高温燃烧。

7.16.4　事故的教训

施工单位的安全生产管理,以及对进场施工人员的安全教育不到位;人员无证操作,有的还是所谓的"老师傅",由于思想上没有安全生产的意识,安全防护工作不到位,施工单位不检查、不验收,任其发挥,目无章法;旁站监理的人员成分较新,不能发现已经存在的安全事故隐患,旁站什么不清楚。如果监理能发现或及时发现问题所在,就不会在监理的眼皮底下发生这样的安全事故。因此对监理人员的安全事故隐患的排查、防范、识别是非常必要的;施工单位其他人员安全防范意识淡薄,不能判断违反规程的操作,再加上操作人员无证操作,造成事故是必然的;机房管理人员对制度的落实,比如在用数据中心机房严谨动火的管理规定不严格,也是造成事故的一个方面原因,如果机房管理人员严格落实此规定,就可以限制施工单位的违规行为。

7.16.5　本例事故隐患存在的形式

安全意识淡薄;违反在用机房内严禁动火的管理规定;没有积极有效的焊接防护措施;人员身体状态不良、意识不清或工作麻痹大意;防护材料性能有问题;防护措施不到位。

7.17　施工中防尘(金属颗粒)措施不得力

7.17.1　事故发生的过程

(1) 第一次事故出现

① 某日上午某工程的机房电源单项工程设备加电前期,监理要求施工单位现场项目经理对已经安装的设备进行全面的检查,施工单位已经明确检查完毕;监理沟通厂方工程师对设备进行静态检查,调整,在设备加电之前已经检查调整完毕,说可以加电,并提供设备检查报告;施工单位在监理的要求下,对已经安装的设备进行线缆布放、终端接线位置、蓄电池接线的正确性以及牢靠程度等全面检查,然后告知监理全部完成;现场监理人员对照图纸,对已经安装的设备进行全面的检查校对,没有发现问题;在报告建设单位项目经理得到同意的情况下,同意施工单位的加电申请;按照设备加电的流程,从低压配电室到机房电力室交流设备逐一加电,至所有设备进线端带电;开始对交流配电柜的后级包括 UPS 交流输入配电柜、空调配电柜等设备送电,一切正常;开始对 UPS 设备主机送电至 UPS 输入开关进线端,正常;至此所有电力室交流设备均送电完成,下一步就是 UPS 设备、直流设备(告警、监控电源)、空调配电柜、照明配电柜等进行带电检查、检测和调试。

② 次日上午,UPS 设备工程师前来对设备进行调试,一切准备工作完成后,对其中一套设备进行加电,就在 UPS 主输入开关合上的瞬间,设备内部发出"砰砰"响声,工程师被这突如其来的声音震撼后退了一步;此时的动力维护人员急忙将此套 UPS 交流配电屏的输出开关断开。机房内部经过短暂的沉默后,发现里面大量烟雾,并伴有发臭的味道;工程师醒过神来后对设备进行检查发现,里面的两个整流电路用电容器爆炸,电容器周围的设备上到处是电容爆炸是产生的纸沫。两天后,经过工程的检查清理、调整、更换新的电容器件后,确认没有问题了,又开始 UPS 设备的调试流程。

（2）第二次事故出现

① 由于本台设备刚刚整理好，工程师拟调试第二台设备。于是合上第二台设备的主输入开关，就在这瞬间，第二台设备内部出现连续的声响（内部打火），同时有大量烟雾出现，工程师立即断开主输入开关；和第一台设备一样经过两天的检查、更换内部组件、测试等操作后，工程师没有再贸然开机调试，而是将这一情况再次报告了设备公司。

② 设备公司接到报告后，派专家到现场进行诊断，并要求建设单位、施工单位、维护单位配合。工程师们用一周的时间将所有 UPS 设备（8 套）全部打开检查，对设备的性能全部检查测试，完全符合设备出厂要求，但上述两台设备内部出现的问题原因仍没有找到。

③ 为了不影响工程进度，工程师们又将所有设备全部恢复正常状态，在检查没有问题的情况下，继续进行加电调试。

（3）第三次事故出现

① 第一套设备开机时，没有问题，调试很顺利；但是当合上第二套设备的主输入开关时，设备内部又出现与上次相同的打火、冒烟现象。

② 在断掉主输入开关、交流配电柜相应开关后，工程师茫然。同样的事故出现两次，前面检查、测试都是正常的，为什么会有同样的问题出现呢？

（4）第三次全面检查

① 此时工程师在思考，设备在检查时已经将输入、输出接线，设备内部连线，设备各类开关旋钮、调试点、微调开关均做过检查，并没有发现问题，但是加电后出现问题，说明与电压有关。与电压有关的部分是绝缘问题、线间距离问题、螺丝没有拧紧问题、整流输出或设备供电电压达不到要求的问题等多方面。

② 经过分析，工程师开始把注意力集中在对影响加电后设备运行状态的因素查找。由于工程师很少手摸电路板或其他元件，用表笔测试的较多，当工程师用手摸一下电路板或其他元件时发现，电路板上黑色的粉末很多，仔细观察还有细微的闪光亮点（金属），再仔细观察设备其他部位，到处都是这些黑色并含有金属的粉末。有的竟然是近 1 cm 的细铜丝，工程师顿时明白设备加电后为什么会短路"爆炸"的原因。

③ 将所有设备重新拆开，全面检查发现，本次安装的设备内部大量存在金属粉末、金属线头等杂物，参见图 7-16。使用吸尘器对设备全面清理、检查，包括所有的元器件上面、周围，电路板上、下，开关的上、下和周围等，经过全面检查以后，经工程师再次静态检测没有发现任何问题。

④ 再次启动设备的加电流程，分别给设备送电后再没有发现问题，经调试，设备运行正常。

7.17.2 事故照片

参见图 7-16。

7.17.3 事故的责任划定

在专题例会上，根据最后一次打开设备进行检查的结果判定，建设单位对汇总问题的原因和调查、分析的结果进行通报，主要包括：设备本身没问题，但是工程师调试之前的检查并没发现设备内部存在大量的杂物，属于工作不细致，应附有次要责任。

机房装修工程是穿插于设备安装的过程中的，作为电源施工单位，在设备安装施工中对

图 7-16 接线废弃的铜丝散落及防护措施

设备的保护不力,设备没有保护和防尘,同时对成品(地面)的保护措施不力,造成设备搬运、安装中对地面摩擦等外力造成伤害。特别是电力室在做地面碳素(碳精沙)防静电地板时,设备安装中对设备的保护存在很大的安全漏洞,因此作为电源施工的单位应负有主要责任。

装修单位在做抗静电地板后,没有采取防护措施,没有警示标志,应付一定责任;监理单位对现场状态的分析判断失误,设备安装单位进场施工监理单位是同意的,因此负有一定的责任。

会议要求各单位注意掌握时间节点并形成以下一致意见:设备全部关掉,电力室地面的抗静电层重新施工,在施工完成、全部干燥后设备再重新开启。

7.17.4 事故的教训

设备工程师对设备检查、加电之前的《UPS设备加电记录表》没有填写。如果监理能主动填写此表,让厂方工程师主动填写、签字,就可以避免很多的事故发生。

监理在设备加电之前没有发出《工作联系单》并过于对设备工程师依赖,没要求设备工程师对设备进行全面细致的检查;监理工作的细心程度明显不足。

后续设备加电前,没有提醒工程师注意环境的状态、设备的防护、清理,如图7-16所列举的会造成设备短路事故的金属粉尘、线头等杂物。以及提醒工程师继续调试前,对设备做全面检查,特别是表面的粉尘检查等。

本例事故造成经济损失近40万元,这些原本可避免的事故,就这样发生了。

7.17.5 本例事故隐患的存在形式

施工单位安全生产管理制度没有建立;安全生产管理人员岗位职责发挥不到位;施工人员安全生产意识淡薄,施工人员野蛮施工,设备的防护措施不落实;施工现场的机房装修灰尘、金属粉尘、碳颗粒粉末等防护、清理、保护不到位;无视成品保护措施不落实。施工人员对周围环境的检查不细致;工程师加电调试前对环境的检查不够,忽视设备正常可靠工作的条件等。

7.18 油机电源电缆局部冒烟

7.18.1 事故发生过程和原因

某日机房配套中的后备电源400 kV·A柴油发电机(油机)开始启动测试。油机端的启动、空载测试均正常。根据油机的测试程序,带载测试中,电力室的"油机/市电"开关油机处于"油机"位,使用电阻箱逐渐增加油机的负载。当开机5 min后,测电力室油机电源输入端电压A相电源电压为320 V,而油机输出端的电源电压为390 V,显然电源电缆线路压降为390-320=70 V,此情况出现后,监理员通报给了在场调试的工程师,但并没有引起施工单位和在场油机调试工程师的注意。

随着负载的增加,电力室开关柜内测试值为286 V,另一名监理员巡视时发现通向机房的走线架上"电缆有冒烟,并有严重的烟味",立即报告了正在调试的工程师,测试工程师紧急停机。

检查电缆线路,在一个通向机房的通道上端,有一根油机电缆仍在"嗞嗞"冒着黑烟,继续检查发现,电缆的表皮部分有明显的烧痕。找到故障点后,由建设单位项目经理组织厂方工程师到现场,破开电缆故障处发现,电缆里面全是水,而且电缆有明显的划痕,在破开的2 m 长度的电缆中,有三处划伤,参见图 7-17。打开电缆,内部芯线严重锈蚀。

图 7-17　电缆管口没打磨,电源电缆陈旧或者锈蚀

最后得出结论:由于厂方工电缆质量问题,即内护套不密封;施工单位野蛮施工,强拉硬拽造成电缆划破进水;施工单位在砌电缆井时,抽水深度不够,造成电缆管道内部进水;电缆管道的喇叭口工艺差,毛刺较多等原因造成事故发生。

7.18.2　事故责任落实

施工单位在砌电缆井时,抽水深度不够,造成电缆管道内部进水;电缆管道的喇叭口工艺差,毛刺较多,施工单位野蛮施工,强拉硬拽造成电缆划破进水留下重大质量安全隐患。施工单位负有主要责任,承担损失的 70%。

电源电缆的内护套密封不良,电缆生产制造工艺存在缺陷,但基本不影响使用(隐患永远遇不到事故的条件——水的时候,隐患永久存在,但缺少事故的条件),负有次要责任。

设备厂方工程师在调试时已经发现输出到负载端的电源电压有下降现象,仍继续操作,不停机检查,促成了事故的发生,负有一定的责任。

监理及时发现事故,并正确处理,避免了更大的事故发生,应提出表扬。

7.18.3　事故的教训

油机设备安装施工单位布放电源电缆时,野蛮施工,电源电缆被电缆井管道的喇叭口造成电源电缆缆体多处受伤。在电缆布放时,这种损伤的故障不容易查找。幸运的是,油机电源可以断电查询和排故,如果是电力室设备的电源电缆,此故障将造成不可预知的严重后果。

继续开机调试的过程中末端的电源电压继续下降,当电压降为 286 V 时,才引起重视。监理员巡视当线路发现某点冒烟时,才关闭油机,说明工程师对监理的意见听之任之,漠不关心。

施工单位在油机开机调试前对电源电缆的绝缘测量不认真,走过场,这样明显的问题,只要绝缘测试一下,就能发现问题。

施工单位敷设电源电缆时,发现问题不及时处理,继续强拉硬拽导致电源电缆受损程度增加。电缆内部进水,说明电缆管道内有水存在,当被划破的电缆在水中穿梭时,电缆内部进水。

内护套封装有质量问题,属于电缆厂家,但这种质量问题通过绝缘测试不容易发现。再则,故障转化为事故需要条件,进水或者破坏这种无法测试的绝缘状态,隐患将转换为事故,本例就是如此。看似巧合,其实不然,质量隐患终究会形成事故,只是在等待条件。人员的野蛮操作,正好成就了条件,质量隐患直接转化成事故。

监理工作的时候应注意观察,特别是关键部位、关键工序的施工或设备调试,发现问题及时、迅速做出分析判断,及时制止,可以避免更大问题的出现。

7.18.4　本例事故隐患存在形式

施工单位野蛮施工,强拉硬拽,发现有障碍物时不停止操作;施工单位安全意识淡薄,不落实安全生产管理规章制度;产品质量存在问题,固有质量或安全隐患;不统一指挥,发现问题不及时停止操作;违反常规。比如正常的状态、故障的状态;正常现象、非常现场等;人员马虎,工作不负责。

7.19　屋面防水施工不规范材料燃烧

7.19.1　事故形成过程和原因

某机房的楼顶防水工程正在加紧进行,为了赶进度,施工单位将大量的屋面防水材料运至楼顶,多名施工人员做防水施工,不知道什么时候,堆放在操作旁边的防水材料被喷灯点燃。由于天气炎热(夏季的室外温度达 40 ℃),燃烧的防水材料借着风力将周围的温度进一步提升。尽管施工人员采取了材料搬移等措施,无济于事,造成大量的卷材被点着。

追究其原因,施工单位屋顶做防水施工时,温度过高;施工人员一边施工一边聊天,心不在焉,手中的喷灯在一处加热时间较长;防水卷材堆放距离施工点过近,留下重大安全事故隐患。

7.19.2　事故的教训

材料堆积动火施工现场,没有任何的防护措施;在高温天气施工,使用燃气时的温度掌握不够,施工技术欠缺;工作中聊天,心不在焉,安全意识淡薄;按照规定,动火施工是需要旁站监理的,但现场并没有发现监理,说明项目监理部的重视程度不够;施工单位安全管理不到位,后来调查时得知安全生产管理人员没有任何的安全提示和要求,施工单位没有安全生产技术交底。

7.19.3　本例事故隐患存在形式

材料本身有质量问题;施工人员违章操作或操作经验不足;环境状况检查、分析不到位;工作分心,工作不集中精力;材料放置位置违反规定;安全防护措施不到位,施工场地无消防设备;施工单位安全生产管理不到位,安全生产存在严重的漏洞。

8 数据中心机房能效管理与节能措施

8.1 数据中心机房的电力消耗

据有关资料统计,数据中心的电力消耗中,机房主设备 1 W 的功耗会导致总体耗电量达到 2 W 左右,其效率不到 50%。数据中心的能耗是运营成本增加的主要源头。机房内主设备总使用成本超过建设初期设备采购成本的几倍以上。数据中心不同设备的电力能耗比例参见表 8-1。

表 8-1 数据中心不同设备的电力能耗比例

设备名称	电力消耗比例/%
服务器	40
存储与网络通信	10
制冷设备	25
空调末端	12
电力输配	10
照明和其他辅助设施	3

表 8-1 中,制冷设备、空调末端、电力配送的电力消耗接近总电力消耗的 47% 左右,成为效率低的主要因素。一般情况下数据中心机房内每机架功率为 3～7 kW,不同数量的机架电力消耗参图 8-1,仅此一项的后期运营成本就居高不下。

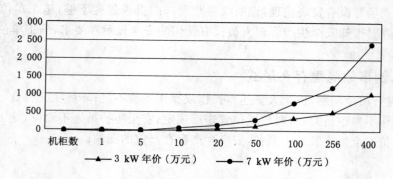

图 8-1 数据中心机架耗电量参考值

(注:表中数据按照每 1 kW/1 小时=0.5 元计算)

目前,全国数据中心总耗电量达几百亿甚至上亿千瓦时,在全社会用电量中的占比逐年增加。因此,如何降低数据中心的能耗已经成为建设单位关注的焦点。为了降低数据中心后期的运营成本,特别是能耗的问题,建设单位采取了很多有效措施。

(1)描述数据中心能耗的两个重要参数

① PUE(Power Usage Effectiveness)——电源使用效率。

PUE＝数据中心总的设备能耗/IT设备能耗。PUE是一个比值,越接近1表示能效水平越高。PUE值已经成为国际上比较通行的数据中心电力使用效率的衡量指标。国外先进的数据中心机房PUE值通常小于2,而我国的大多数数据中心的PUE值在2～3之间。

② DCIE(datacenterinfrastructureefficiency)——设备能耗占据比例。

国内机房内芯片级主设备1 W的功耗会导致总体耗电量达到2～3 W,而国外机房内芯片级主设备1 W的功耗只会导致总体耗电量为2 W以下。

由于电源使用效率PUE等于数据中心总设备能耗/IT设备总能耗,或者说PUE(数据中心电源使用效率)等于数据中心总负载/IT设备总负载。由此看出PUE越接近1,越说明电源使用效率越高。按照目前的数据中心机房的能耗计算,其效率＝1 W/(2～3 W)＝50%～33%,可见数据中心的电源使用效率非常低下。

(2)节能措施

降低机房供电系统的功耗;提高机房供电系统的效率;减少耗电量大的传统UPS,选用能耗低、效率高的高压电源设备等。如对机房的通风系统进行改造,引入新风,改善机房通风系统的性能;对机房进行能效管理,动态管理机房通风设备和电源设备的输出功率,进行机房空调技术进行革新;采用高压电源系统(如高压直流系统、高压柴油发电机系统)等对降本增效分别起到了促进作用,图8-2是基本的解决方案。

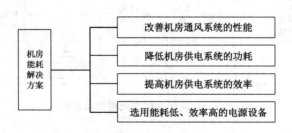

图8-2　机房能耗解决方案

8.2　高压直流电源系统

利用高压电源传输功耗小、效率高的特点,降低传输设备和电源系统能耗,省掉传统耗能较大的UPS设备,提高电源系统的效率。高压直流电源系统的组成参见图8-3。

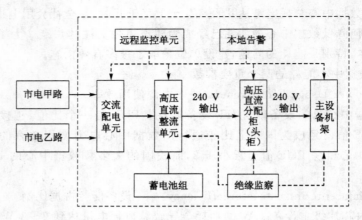

图 8-3　高压直流电源系统组成示意图

8.3　高压柴油发电机组系统

伴随着机房的扩容,作为备用电源的柴油发电机组容量要求越来越大,需多台大功率柴油发电机组并网才能满足负载的要求,而且机房与实际使用负载间距离也越来越远,采用传统的多台低压柴油发电机组并联运行暴露出多项运行和传输的缺陷。为了能够更加安全、可靠地运行,采用高压机组,参见图 8-4。

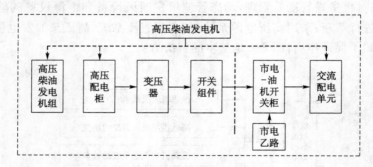

图 8-4　高压油机系统组成示意图

根据高低压柴油发电机组的特点,在容量要求较大和送电距离较远的应用场合,高压柴油发电机组具有大容量、远距离供电、可靠性强、配套配电系统简单等明显优点,是大容量机组选型应用的发展趋势,高压柴油发电机组已经在新建数据中心机房项目中广泛应用。

50 Hz 高压柴油发电机组主要电压等级有:6 kV、6.3 kV、6.6 kV、10 kV、10.5 kV、11 kV 等,单台机组功率一般在 1 000 kW 以上,多台机组并联使用。

比如:功率、电压、电流关系:$P=1.732 \times U \times I \times \cos \Phi$,以 2 000 kW 机组为例,其功率因数为 0.8,频率为 50 Hz 那么:

低压(400 V)电流为:$I=P/(1.732 \times U \times \cos \Phi)=2\ 000 \times 10^3/(1.732 \times 400 \times 0.8)=$ 3 609 A。

高压(10.5 kV)电流为:$I=P/(1.732 \times U \times \cos \Phi)=2\ 000 \times 10^3/(1.732 \times 10.5 \times 10^3 \times$

0.8)＝137 A。

这说明高压输电电流接近于低压输电电流的1/26,因此可以得出结论:输电电路的功耗减小,能量转换效率提高。

8.4 智能高频开关电源

类似于将模块化的开关电源系统分立开来,但又不同于模块化的开关电源设备。智能化的高频开关电源可以根据机房机架功率的大小在可调整范围内自动改变输出的功率大小,满足本机架电源功率需求。其特点是,采用了开关电源技术,电源的转换效率提高,电源输出稳定,工作可靠,参见图8-5。

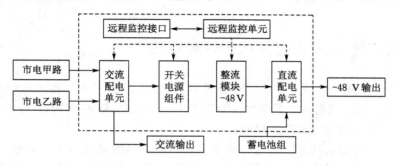

图 8-5 智能型开关电源组成示意图

智能化的高频开关电源系统具有本地告警和远程监控的接口,在机房使用过程中通过远程监控系统可以实施对设备工作状态的监控。

同时,智能化的高频开关电源系统有备用蓄电池,在工作过程中,根据机架功率的大小可以在市电停电10～30 min内自动转向蓄电池供电,保障重要设备的不间断工作。其参数参见表8-2。

表 8-2　　　　　　　　　**智能高频开关电源系统基本性能参数列表**

	交流输入电压	323～475 Vac,三相四线制
输入参数	频率	45～55 Hz
	功率因数	≥0.99
	额定输出直流电压	48 V,变化范围≤±0.5％
	额定输出容量	20～500 A 可灵活配置
	动态响应	动态电压瞬变范围主±5％,恢复时间≤200 μs
	电话衡重杂音	≤2 mV
输出参数	峰-峰值电压	≤100 mV(0～20 MHz)
	充电模块间均流不平衡度	≤±5％
	输出电压范围	42～58 VdC
	输出恒流范围	20％～110％
	效率	≥90％

输入参数	交流输入电压		323～475 Vac,三相四线制
	频率		45～55 Hz
	功率因数		≥0.99
保护参数	输出短路回缩		自动限流到110％额定电流,可自恢复
	输入过压切换点 输入欠压切换点		305±5 Vac,恢复点回差＞10 Vac 80±5 Vac,恢复点回差＞15 Vac
	输出过压保护	硬件	58.5～60 V
		软件	可设置范围56～60 V
噪声			＜50 dB

8.5　降低传统不间断电源(UPS)的功耗

　　数据中心的不间断电源系统(UPS)占机房总功耗的5％左右。而UPS自身的功率约占UPS系统的7％。机房建设的等级越高需要UPS的数量越多,UPS自身的功耗就越多,因此UPS的自身功耗也是非常重要的。

　　降低UPS的自身功耗的方法之一就是采用嵌入式电源系统(DPS)供电。即采用机架内嵌入式DPS设备,对每台机架分别供电,有效降低电力室UPS的功耗(电力室UPS设备在负载变化时,本身的功耗并不受影响)以及对环境的依赖性。

　　嵌入式电源系统(DPS)是安装在机架上的分立不间断电源系统,称为嵌入式电源系统。由于DPS分散安装,分别使用,可以根据机架的功率请求调整电源供电,因此相对集中供电的UPS[图 8-6(a)],可以最大程度地降低电源功耗,保证在用设备的通信保障。DPS具有使用灵活,影响范围小,运行可靠、安全,维护方便的特点。今天很多数据中心机房内已大量使用,嵌入式电源系统(DPS)参见图 8-6(b)。

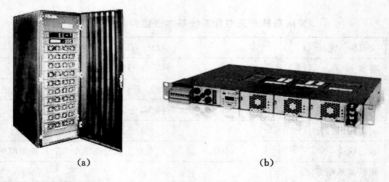

(a)　　　　　　　　　　　　(b)

图 8-6　嵌入式电源系统(DPS)

8.6　模块化不间断电源系统

　　模块化不间断电源系统(模块化 UPS)是新一代一体化机房不间断供电及智能配电管

理系统。由机架、UPS 功率模块、静态开关模块、显示通信模块以及电池组构成。① 功率模块：包括传统 UPS 的整流、充电、逆变以及相关控制电路等部分组成；② 静态开关模块：UPS 处于过载时的共用供电通道，是由双向可控硅和控制电路组成；③ 显示通信模块：作为人机对话和网络化监控的系统平台。之所以称为模块化，是 UPS 技术发展的趋势，相对于传统的 UPS 系统，具有三大优势。

（1）采用模块化冗余并联技术

机房设备的初期安装和远期设备扩容，对电源系统的功率要求不同，利用模块化 UPS 的模块可扩充的特点，在近期、远期进行灵活配置，既解决了设备运行所需要的功率要求，又给用户提供了更大的电源扩充余地。因此，不但节省了电源系统的功耗，提高了电源系统的效率，还给用户在经济等方面节省不少投资，对电源系统资源的管理非常有效果。

模块化 UPS 使用了可热拔插的模块，在用户扩容时，可以随时增加电源系统的功率，同时整机模块在输出端并联使用，并留有一定的冗余，可满足用户设备工作期间的动态变化，满足设计提供的最佳方案要求。

（2）热插拔技术变动态管理为现实

传统的不间断电源（UPS）在日常维护、设备维护期间均需要采取转旁路的方式，而负载在这种情况下是不受 UPS 保护的，如果此时发生电源中断、过载等故障，将会造成严重的损失，并且其维修过程相对繁琐，时效性差。

模块化 UPS 系统中，采用热插拔技术。可以允许单体模块在不需停电的前提下任意进入或退出并联单元，从而实现了并联系统的在线维护，同时无需专门的仪器或技术即可进行。模块统一由厂家根据要求进行生产和调试，维护非常方便。

（3）采用电源相位多制技术

传统 UPS 的电源输入与输出相位是固定的，因此用户在进行供电系统建设时，经常会为了顾全不同的相位及容量而增加 UPS 的数量。在模块化 UPS 系统下，则可以采用电源相位多制技术来改变以往单一性造成的制约，用户无须再考虑如何采购不同相位或容量的 UPS 产品来适应系统的需要。

（4）机架式模块化不间断电源的缺点

机架式的模块化 UPS 从传统立式（塔式）结构过渡而来，相对传统的 UPS 拥有宽阔的散热通道，大尺寸大功率的散热风扇以及大体积而言，模块化 UPS 由于要便于单体更换操作，模块的体积重量都较小。受到体积的限制，在 UPS 模块功率加大的情况下，散热就成了主要问题。为了能达到安全工作的目的，模块化 UPS 不但采用原有的被动式散热、主动式散热、轴流式散热和风道导流式散热技术，还引入了热管式散热技术等。

8.7　数据中心的节能措施

8.7.1　提高数据中心空调制冷效果

采用用于高显热散热密度机房的分布式冷却系统。实现将分布式冷却技术应用在信息机房热环境控制领域。对机架结构、气流组织、排热流程、冷量输配等方面进行创新，突破传统的大风量集中式冷却模式，有效减少了热量传递过程中的温差损失和冷空气分配不均的难题，可改善服务器冷却效果和室内热环境，能显著提高冷源温度和冷机效率，降低空调系统能耗。

采用串联式冷水系统,将机械制冷系统和自然冷却系统结合在一起,根据自然冷源的变化动态调整冷机负荷,实现对自然冷源的持续利用和供冷能力的连续调节,有效延长了自然冷却时间,减少了冷机运行时间,并通过"小流量,大温差"的运行模式,优化冷机运行模式,提高冷机效率,进一步降低制冷能耗。

8.7.2 热管技术

热管技术,包括管理与技术两个方面:① 技术部分是采用新型节能设备(如新风空调),降低损耗、提高效率;采用新技术、新工艺安装,使设备达到节能减排的目的。主要有:冷却技术、传热过程控制、对流换热过程控制、辐射传热过程控制、蒸汽压缩制冷控制技术等。实现的方式通过远程监控。② 管理部分包括控制措施、方式、监控、动态管理动力、空调设备的热源,主要面向数据中心机房实施管理。

在采用新技术、新方法、新工艺的项目中,监理应逐步了解和掌握热管技术基本原理以及国家相关节能减排方面新的标准规范。特别是当涉及数据中心工程项目时,应首先了解或学习其基本的组成原理、技术指标、标准规范、监理控制重点(安全、质量)。在热管技术方面掌握热管的质量检验方法,不同类别热管的区分等。除了按照设计图纸施工外,必须严格施工过程的控制,如果采用新技术、新方法、新工艺,建议有专家现场督导和指导,并严格工序质量的控制和检验。

8.7.3 地源热泵系统(参考)

能源问题已成为当今社会关注的焦点,我国非常重视节能减排,对建筑节能提出了全新要求,分别颁发了《民用建筑节能条例》(国务院第 530 号)、《通信建设工程节能环境保护监理暂行规定》(YD 5205—2011)、《通信局(站)节能设计规范》(YD 5184—2009)等规定。地源热泵技术作为一种全新的能源转换技术,已经体现出传统空调系统不可比拟的优势。

地源热泵系统是一种利用地球表面或浅层水源(如地下水、河流和湖泊)或者是人工再生水源(工业废水、地热尾水等)的低温低位热能资源,采用热泵原理,通过少量的高位电能输入,实现低位热能向高位热能转移,既可供热又可制冷的高效、环保、节能的空调系统。地源热泵的热源温度全年较为稳定,一般为 10~25 ℃,其运行费用为普通中央空调的 50%~60%。

地源热泵的制冷模式基本原理:在制冷状态下,地源热泵机组内的压缩机对冷媒做功,使其进行汽—液转化的循环。通过蒸发器内冷媒的蒸发将由空调室内机风机盘管循环所携带的热量吸收至冷媒中,在冷媒循环的同时再通过冷凝器内冷媒冷凝,由水路循环将冷媒所携带的热量吸收,最终由水路循环转移至地水、地下水或土壤里。在室内热量不断转移至地下的过程中,通过空调室内机风机盘管,以 13 ℃以下冷风的形式为房间供冷。

水源热泵机组中的液态制冷剂,在蒸发器中吸收地下水的低位热能后,蒸发成低温低压的气态制冷剂,被压缩机压缩成高温高压的气态制冷剂后送入冷凝器。在冷凝器中的高温高压的气态制冷剂经过换热将热量传给建筑物的循环水(地热或暖气散热片),在给建筑物放热后,冷凝成高压低温的液态,经节流阀节流为低压低温的制冷剂,再回到蒸发器中,重复吸热、换热的过程,达到循环制冷的目的。

地源热泵系统的能量来源于自然能源,它不向外界排放任何废气、废水、废渣,是一种理想的"绿色空调",被认为是目前可使用的对环境最友好和最有效的供热、供冷系统。该系统无论严寒地区或热带地区均可应用。目前较多应用在办公楼、宾馆、学校、宿舍、医院、饭店、商场、别墅、住宅等领域。

数据中心建设中尚没使用,其原因主要是数据中心机房因其运行环境为单制冷方式,使用较多的是冷冻水空调系统,其组成系统的方式有所不同,需要加以鉴别。

9 模块化数据中心介绍

模块化的数据中心是又一节能、高效的数据中心组建方式。模块化数据中心采用模块化或者"集装箱"形式建设,具有数据高密度、设备集中、能耗低、安装(建设或搭建)运行效率高、安全可靠等特点。数据中心由诸多模块搭建或组合而成,把这种高密度、低功耗的数据中心称作"微模块",即模块化数据中心,其包含多个不同功能的独立模块,可在工厂预制,实现现场快速灵活部署。

在数据中心的建设中,从机房建设到设备采购,再到数据中心配套建设工程建设,其周期较长,短的 3 个月,长的半年甚至更长时间。在设备投资较高的情况下,大量资金的时间价值低,成本投入大。采用模块化数据中心后,构建或部署时间可缩短到 2～3 个月。特别是在一些企事业单位、政府机构,往往不需要大规模数据中心机房,那么模块化数据中心就成为他们的首选。可在任何时候,通过微模块的组合或搭建,就可在很短的时间内建成小型的数据中心,满足数据中心性能稳定、可靠、安全要求。

9.1 微模块数据中心组成特点

9.1.1 微模块数据中心组成

(1)微模块结构特点

模块化数据中心:包含多个不同功能的独立微模块,在工厂进行预制,可实现现场快速灵活部署的数据中心。

微模块组成:设备分两列放置,采用通道封闭,包含工厂预制的机柜、配电、制冷和监控等功能单元,现场拼装,可作为一个独立的小型数据中心快速组装并投入使用,即通过将 IT 机柜、空调系统、散热系统、配电系统、监控系统、消防系统、安防系统、照明等封闭在一个模块化箱体内;通过冷、热通道隔离,满足 IT 设备运行环境要求及相关技术规范。其主要特点:

① 微模块(Micro Module),指以若干机架为基本单位,包含制冷模块、供配电模块、高压直流以及网络、布线、监控、消防在内的独立的运行单元;该模块全部组件可在工厂预制,并可灵活拆卸,快速组装。

② 微模块容量为 80～120 kW,服务器机柜 12 个,尺寸 600(W)×1 200(D)×52(U),可至多提供功率 10 kW/每机架。

③ 微模块整体尺寸根据配置可变化,尺寸通常为 5 400 mm(W)×3 600 mm(D)×2 750 mm(H),安装基础为 25～30 cm(含综合配电柜尺寸)。

④ 微模块整体重量根据配置变化,通常按 12 000 kg 计算。

⑤ 微模块的供电接口:自带输入配电柜,可支持 UPS 或 HVDC 供电,N 或 2N 方式。

⑥ 微模块的制冷接口：自带水分配单元，支持 7～20 ℃冷冻水，管径为 DN60～80，法兰或螺纹连接。

⑦ 微模块的网络接口：网络采用 TOR 方式，直接光纤或铜缆上连的核心网络微模块。

⑧ 综合布线：微模块顶置弱电与强电槽。

由于数据中心机房承载着大量的数据、信息内容，在数据中心机房的供配电、静电防护、电磁屏蔽、使用环境、智能化程度、接地特性、照明电气等方面有明确的要求，因此，采用模块结构的数据中心，从厂方这个源头保证数据中心设备的系统性和设备的性能，采用统一调试，统一安装，就像一台"设备"，其技术性能将更加容易满足设备运行功能和性能要求，更加容易实现全程监控机房设备的运行状态。

（2）微模块的组成

微模块数据中心组成示意图参见图 9-1。

图 9-1　微模块的组成

微模块的结构中，主要由制冷系统、供配电系统、机柜系统、监控系统等组成，参见相关资料。微模块的结构特点参见表 9-1。

表 9-1　　　　　　　　　　　　　　　微模块的结构特点

制冷系统	供配电系统	机柜系统	监控系统	其他
柜间精确制冷空调； 精密空调	精密智能配电柜 UPS； 高压直流 UPS（HVDC）	E 系列机柜和整体基座； 冷通道封闭组件； PDU 配电单元； 相关附件	监控系统； 温湿度、水浸、烟感、红外等检测； 智能门禁和视频	定制集装箱； 气体消防； 装修装饰

主要组件包括：机房监控单元、系统管理器、机柜、系统监控单元、各功能模块、UPS 系统、电池柜、漏水保护、门禁控制器、温湿度传感器、冷池组件（架构、门板、密封）、电源配电单元（PDU）、视频监控组件（含摄像头）等

9.1.2　微模块数据中心的空调

由于微模块数据中心设备集中，空间热量高，对空调系统有更高的要求。主要原则：高可靠性、高灵活性、全寿命低成本、维护检修方便。功能要求：① 随机房设备热量变化自动调节制冷量大小，风量根据房间负荷自动调整，紧靠机架放置，更加靠近热源，配合机架背部出热风、前进冷风的气流分布，采用背回风前送风设计，制冷效率更高，更加节能。② 有外置的温湿度传感器，可直接放置在发热设备上，根据设备进风温度实时调整制冷量输出。③ 有全中文图形显示屏。④ 送风时，可进行左、右或左右双向送风，可根据实际负荷情况现场调节。⑤ 通信组件，有联控与通讯功能，可群控多台设备或机组。⑥ 制冷方式：有多

种冷却方式,包括风冷、水冷、乙二醇冷、冷冻水机型,有利于适应现场的实际条件,制冷剂充注量减少,环保。⑦ 要求风冷型配备全新的风冷全调速、低噪音型、具有微通道技术。⑧ 与传统的冷凝器相比,有更薄的冷凝器,换热效率高,重量轻,适应环境,风阻更小,节能。⑨ 冷通道封闭,冷却效果好,能耗低等。

9.1.3 微模块数据中心机房布局

传统的数据中心机房内必须根据不同的设备特点,留足设备安装所需要的空间和位置,其设备安装时环境的制约较大,工程的进度掌控不及时,质量控制难度加大。而模块化数据中心采用的是集装箱理念,整个微型数据中心就像是一台"设备",机房内部只需要考虑这台设备的位置和尺寸,"设备"的组装、调试全部由定制生产厂家完成,从而节省了整个构建工期,参见图 9-2。

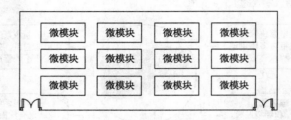

图 9-2 机房内部的微模块布局

9.1.4 微模块数据中心设备排列

不同要求的微模块数据中心设备的排列有所区别,常用微模块设备排列方式参见图 9-3。

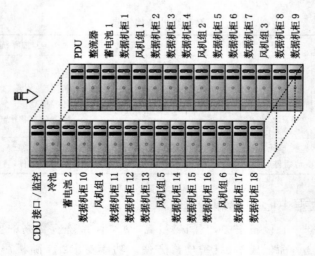

图 9-3 微模块的设备基本排列

9.1.5 微模块数据中心建设的缺点

由于微模块数据中心体现出结构紧凑、设备密集,在安装和调试过程中还存在以下不足:① 厂房定制中,不能统一标准,主要表现在一个微模块不能由一家工厂完成,这是国内设备生产厂家生产能力的限制。② 分立设备在现场组装时出现较多的不匹配性,主要表现在电源接口,布线位置等方面。③ 安装调试困难,由于不是一家工厂生产的,其技术参数参差不齐,除了国标、行标以外,在企业标准上无法做到统一,设备返工现象明显。④ 材料不统一、设备内部组件不统一,影响设备内部线缆、组件的布局。⑤ 由于微模块中的机柜体积较小,空间狭窄,在检测调试和使用维护上不方便,查找故障点困难。⑥ 由于空间狭窄,检查验收设备内部的质量时较困难,对厂家生产技术和检查测试的能力提出更高要求。

9.2 微模块数据中心的接口

参见图 9-4。

图 9-4 接口示意图

图 9-4 中,供电接口:自带输入配电柜,可支持 UPS 或 HVDC 供电,N 或 2N 方式;制冷接口:自带水分配单元,支持 7～20 ℃ 冷冻水,管径在 DN60～DN80,法兰连接;网络接口:网络采用 TOR 方式,直接光纤或铜缆上连的核心网络微模块。

① 空调系统接口(CDU)参见图 9-5、图 9-6、图 9-7。

② 电源系统接口(PDU):微模块的交流供电方式为一主一备。

③ 构建步骤:构建基座→构建主体→冷通道封闭→顶部走线。其中构建基座包括模块通道的密封支架、设备底座、水系统位置预留、水管道位置预留、消防管道位置预留等。

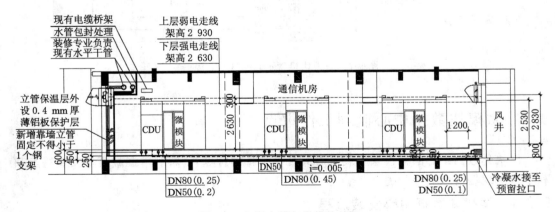

图 9-5 空调水管与微模块接口

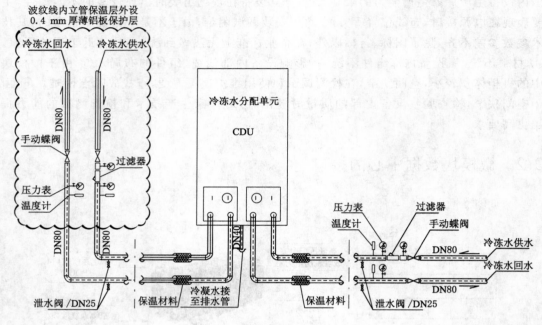

图 9-6　CDU 接口示意图

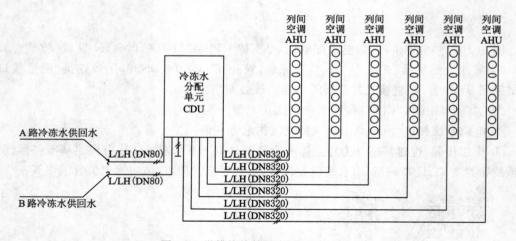

图 9-7　微模块接管示意图（CDU 接口）

9.3　微模块数据中心监理工作重点

模块化数据中心的微模块安装有着其自己独特的特点，了解和掌握微模块安装特点，有利于监理现场监理效果的提高。

9.3.1　微模块数据中心安装流程

微模块安装的流程参见图 9-8，微模块的安装只是数据中心配套建设工程的一部分，还包括机房装修、冷冻水(空调)系统、消防系统、远程监控系统等。

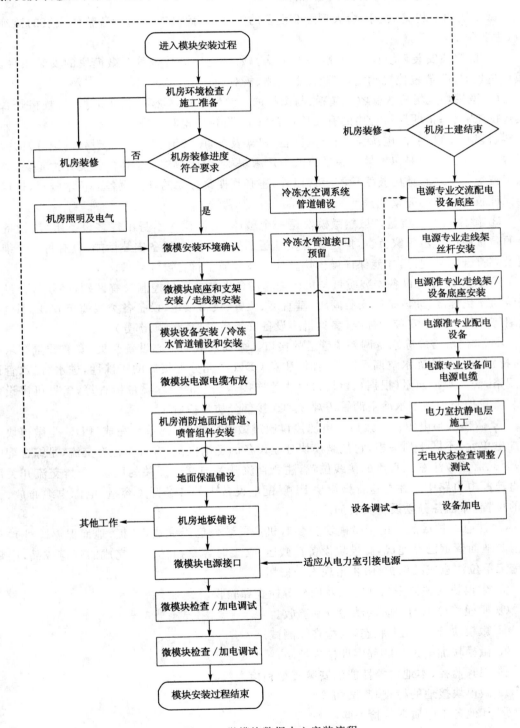

图 9-8 微模块数据中心安装流程

9.3.2　微模块监理质量控制重点

微模块的安装类似于一台大型配套设备的安装,因此具有配套设备整体安装的监理特点,主要包括:

① 微模块安装环境检查、安装进度确认。如检查环境是否符合微模块的安装条件,微模块进场时间,放置位置确定,安装位置复测、核对。

② 微模块进场检查验收。包括:与图纸的一致性核对,微模块设备的型号、规格是否与设计图纸一致;证明质量合格的有关质量合格证、设备的检验报告、质量保证书,各个具体的材料、模块(基础钢件、电源设备、空调设备、机架及配件、接地装置、配套设备的附件)的检测报告。由于微模块是以整体设备的形式由厂家提供,因此微模块整体的性能尤为重要,监理除了搜集微模块整体的技术检测报告以外,还必须搜集分立的具体设备的技术资料,这样才能保证技术资料的完整性。

③ 微模块安装质量。虽然微模块是一个整体,但微模块本身由很多设备组成,设备安装的质量原则上由厂家负责,但是作为监理还必须掌控分立设备安装性能,只有每一个细节质量都符合标准规范,才能保证微模块整体的技术质量符合设计要求。

④ 微模块分立设备安装质量与机房配套设备安装的质量控制没有区别,必须符合设备安装的质量标准,如设备间安装间距、垂直度、位置、设备接地、设备各类线缆布放、电源电缆成端等均符合设备安装的标准(参见机房设备安装质量控制细则部分)。

⑤ 微模块与冷冻水空调系统管道的接口。微模块数据中心设备密集,安装质量要求很高,特别是安装冷冻水空调系统管道时,注意 CDU 单元分配接口的正确性,进水、出水管道的规格,法兰焊接质量(根据预留接口由法兰连接),法兰的垫片质量检查等,参见机房设备安装质量控制细则中水冷空调管道焊接和连接部分质量控制。

⑥ 微模块与电源设备接口。电源接口通过微模块的 PDU 单元完成,PDU 是微模块电源配电单元,不同于列头柜,它是微模块分立设备的配电电源,有直流也有交流,是综合配电柜,因此监理应注意交直流的接线位置,注意直流开关与交流开关的区别,严禁交流开关用于直流配电电路中。注意检查微模块 PDU 配电设备中的各类开关容量,电源电缆布放、连接的位置,保证各分立设备安装的质量。

⑦ 注意保护成品。由于微模块安装时机房的装修已经完成(地板、地面保温除外),有时消防地面管道已经完成,微模块设备在搬运、安装时容易损坏已经完成的管道成品,应督促施工单位注意成品保护,防止出现人为损坏。

⑧ 微模块的整体密封性能以及门板等检查和验收。

⑨ 微模块冷池的消防联动检查和验收。

⑩ 微模块静态(无电状态)的检查和测试。

⑪ 微模块加电过程的程序性检查控制。

⑫ 视频监控、本地告警性能的安装质量和检查验收。

⑬ 微模块接地的检查、测试和验收。

⑭ 其他各工序质量的检查验收等。

9.3.3　微模块安装进度控制重点

进度控制中,注意关注几个关键节点:

① 微模块进场前的环境状态,是否符合微模块进场安装要求。

② 微模块设备安装与消防管道之间进度控制。

③ 微模块进场前,空调、电源设备安装的进度状态。

④ 机房装修的完成情况。

⑤ 微模块安装的工期对整体工程进度的影响。

⑥ 微模块的静态检查测试时间。

⑦ 微模块加电、调试的时间节点。

⑧ 微模块安装工程验收时间节点等。

9.3.4　微模块安装工程协调工作重点

微模块安装工程协调工作的重点包括:

① 协调机房装修、消防设备及管道安装的时间节点。

② 协调微模块进场及放置位置及时间节点。

③ 协调机房电源设备安装与微模块安装的时间节点。

④ 协调空调冷冻水管道安装与微模块设备安装的接口。

⑤ 各个专业相互之间进度的衔接,主次。

⑥ 协调各个施工单位的进度安排及工期掌控。

⑦ 协调各个设备厂家工程师现场检查测试设备的时间及完成节点控制等。

9.3.5　微模块安装安全生产监督管理的重点

由于微模块结构紧密,构成空间较小,设备安装后检查问题比较复杂,因此在设备安装的每一个步骤、每一道程序必须严格质量标准,任何安装过程中的失误都将给后续设备加电、调测带来重大安全隐患,监理应在第一次工地例会、通过《工作联系单》等形式向各个参与工程建设的单位进行安全生产监督管理的提出要求。

监理安全生产监督管理的重点主要包括:

① 安装环境安全隐患的检查及排除。

② PDU、CDU 单元接口的线缆接口和管道接口检查。

③ 临时用电设备、用气及焊接工具性能检查。

④ 设备加电前对线缆终端固定、开关组件接线铜排固定检查,加电程序和加电过程掌控。

⑤ 加电操作人员状态,上岗证书检查验证。

⑥ 各类工具检查和性能确认。

⑦ 施工过程的登高工具性能检查确认;空调管道的分支点检查等。

9.3.6　微模块安装信息管理工作的重点

微模块安装虽然由厂家完成,但是监理应注意记录设备安装的过程,处理监理日志、周报、月报以及质量控制文件以外注意厂方调测过程文件的搜集整理;微模块安装过程涉及会议纪要、过程文件;设备安装中的工程变更文件资料。比如工程变更资料应包括但不限于以下资料:

① 工程变更审批文件(建设单位出具)。

② 工程变更单(提出单位出具或提出)。

③ 设计图纸及变更说明文件(设计单位)。

④ 专题会议纪要及正文(监理单位)。

⑤ 工程计量报审表(施工单位、监理单位)。

⑥ 变更工程量清单(施工单位)等。

微模块信息管理中,还应注意整理建设单位组织召开的重要会议的会议纪要及建设单位所签署的意见;与本期工程相关的其他会议的会议纪要等资料的整理和记录。

监理资料中,除了包含公司规定的资料以外,还应包括微模块分立设备本身的测试报告、微模块系统测试报告等资料,实际监理时注意查收。

10 数据中心配套建设工程检查验收资料(表)

数据中心配套建设工程监理中涉及各类表格,除了《建设工程监理规范》(GB/T 50319—2013)和标准规范中规范用表以外,在实际的工作中,还涉及具体的质量控制用表,特别是单位工程中的专业检查表。本章列举的表格是作者根据工程项目的需要和专业特点以及数据中心各专业工程需要对标准用表的补充,主要包括质量检查表、安全生产监督管理用表、会议用表、监理文件资料用表,供广大读者参考,如果本章列举表格与规范用表冲突的以标准规范表为准。

10.1 质量检查表

数据中心配套建设工程监理检查验收的各类表格参见相关资料(本书略),可根据工程实际内容以及建设单位要求选择使用。

10.2 安全生产监督管理检查表

10.2.1 安全生产监督管理用表

涉及安全方面的表格文件,应在工作的过程中注意搜集、整理形成成套文件,以下表格资料是必须存在的。

①《工作联系单》(安全生产监督管理)(C.0.1)。

②《施工单位通用报审表》(安全文明措施费使用计划)(B.5.4)。

③《监理日志》(原始状态痕迹)(A.0.2)。

④《监理通知单》(安全相关)(A.0.10)。

⑤《监理通知回复单》(B.5.1)。

⑥《工程暂停令》(质量和安全相关)(A.0.11)。

⑦《工程复工令》(A.0.12)。

⑧《监理报告》(安全相关)(A.0.14)。

⑨《会议纪要》(安全相关)(A.0.7)。

注:上述小括号内的编号为《建设工程监理规范》(GB/T 50319—2013)中的表格编号。

其中,《施工现场质量、安全生产管理体系报审表》(B.0.3)是施工单位(含由建设单位发包而未纳入施工总承包管理的施工单位)向项目监理机构报审施工现场质量、安全生产管理体系资料的专项用表。项目监理机构应认真审核施工单位的质量、安全生产管理体系,应从施工单位的资质证书、安全生产许可证、项目经理部质量和安全生产管理组织机构、岗位职责分工、质量安全管理制度(如质量检查制度、质量教育培训制度、安全生产责任制度、治安保卫制度、安全生产教育培训制度、质量安全事故处理制度、工程起重机械设备管理制度、重大危险源识别控制制度、安全事故应急救援预案等)、安全文明措施费使用计划、质量安全人员证书(项目经理、项目技术负责人、质检员、专职安全员、特种作业人员资格证)等方面进行审查。

10.2.2 施工安全生产资料检查表

施工安全生产资料检查表

项目名称：＿＿＿＿＿＿＿＿ 项目编号：＿＿＿＿＿＿ 表格编号：＿＿＿＿＿＿

序号	检查项目	检查/核验内容	检查结果	说明
1	企业经营执照和资质	(1) 企业营业执照		
2		(2) 企业施工资质		
3		(3) 安全生产许可证		
4		(4) 安全生产"三类人员"安全培训证书:即建筑施工企业主要负责人、项目负责人、专职安全生产管理人员 *		
5	通信建设企业安全生产规章制度	(1) 安全生产组织及网络		
6		(2) 安全生产规章制度		
7		(3)《通信建设工程安全生产操作规范》(YD 5201—2014)		
8		(4) 安全告知书		
9		(5) "三级"安全教育卡		
10		(6) 安全检查资料		
11	通信建设企业作业安全管理	(1) 作业人员清单		
12		(2) 作业人员的劳动合同		
13		(3) 作业人员综合保险凭证		
14		(4) 作业人员上岗前安全培训和考试资料		
15		(5) 特种作业人员上岗证书		
16		(6) 作业人员身份证复印件		
17	其他事项	(7) 分发、转交、转告的文件资料、信息等		工程实施中

项目负责人(签字)：　　　　　　　　　　监理员(签字)：

日期：　　年　月　日　　　　　日期：　　年　月　日

注：*(1) 本表用于项目实施中的安全生产相关资料的检查验收。检查结果填写"符合"或者其他理由。通信建设企业作业安全管理资料还应包括《通信工程现场监理简明工作手册》1.9.5 节所指内容。(2)"三类人员"指 A、B、C 类证书:施工企业主要负责人(A 类)、施工企业项目负责人(B 类)、施工企业专职安全生产管理人员(C 类)。"三类人员"和中华人民共和国特种作业操作证均由安全生产监督管理局颁发。通信建设工程常见的证书类型:电工、焊工、登高证。

10.3 会议用表

10.3.1 会议签到表

会议签到表

会议名称				
会议时间	年 月 日	会议地点		
参加会议人员				
序号	姓名	单位/部门	电话	电子邮箱
1				
2				
3				

10.3.2 监理文档资料签收单

监理文档资料签收单

工程名称:_____ 工程编号:_____

序号	文档名称	签收人单位	签收人姓名	签收时间
1				
2				
3				

10.3.3 现场监理文件资料列表

现场监理文件资料列表(目录)

序号	资料名称	工程编号	资料来源	说明
1				
2				
3				

10.4 监理过程检查验收表

① 机房配套过程的各子项的原始资料。

② 设备静态、动态调试资料。

③ 设备试运行以后的检查检测。

④ 问题处理的过程资料。

⑤ 竣工验收及后续的移交资料。

⑥ 质量、安全问题,事故的完整资料。

⑦ 各类会议的会议纪要、联系单。

⑧ 各种应急事件(如果有)的过程资料。

⑨ 设备动力、通信割接资料等。

10.4.1 项目监理部工作交底清单

项目监理部工作交底清单

项目名称：_____ 项目编号：_____ 表 格 编

号：_____

序号	交底项目	交底内容	处理结果	说明
1	设计文件	(1) 图纸、设计说明中重点把控的部分； (2) 设计变更的程序，变更、签证的权限说明； (3) 现场出现与设计文件矛盾的情况处理方法		监理员第一次去工地之前或发生设计变更之后交底
2	监理规划监理总体思路	(1) 主要的监理工作范围、内容； (2) 参与本工程监理的主要人员； (3) 监理在各阶段的主要注意事项； (4) 质量和进度(工期)、安全监管的关键节点； (5) 重大质量事件的报告流程、要求		监理员第一次去工地之前或工程实施中
3	进度控制	明确开工、复工的时间节点，工程进度计划		监理员第一次去工地之前或工程实施中
4	质量控制监理实施细则	(1) 本工程监理质量标准、要求； (2) 本工程质量重点、难点； (3) 监理的工作程序； (4) 关键部位、关键工序实施监理的方法、要求		监理员第一次去工地之前
5	安全生产监督管理	(1) 本工程安全生产监管的重点、难点、注意事项； (2) 安全生产监管的内容、方法； (3) 安全生产重大事件的报告程序、要求； (4)《监理通知单》、《工作联系单》的发出时机、要求。		监理员第一次去工地之前或工程实施中
6	参建单位	(1) 建设单位、施工单位、其他监理单位名称、简况； (2) 施工单位素质说明，要求及注意的问题		监理员第一次去工地之前
7	准备工作要求	(1) 按照专业准备现场使用的表格； (2) 按照专业准备现场使用的标准规范； (3) 按照专业准备现场使用的工具； (4) 现场影像资料(拍照)要求、注意事项； (5) 工作结束需要反馈的信息、要求； (6) 施工地点的大致位置(详细位置由监理员查询)； (7) 总/分包、特种作业、拟进场人员资料检查校对要求		监理员第一次去工地之前
8	行为准则	现场监理的《监理行为准则》告知		监理员第一次去工地之前
9	其他事项	分发、转交、转告的文件资料、信息等		工程实施中

项目负责人(签字)：   监理员(签字)：

日期：   年 月 日   日期：   年   月 日

注:本表由项目负责人、领受任务的监理员共同签字有效。处理结果:为本次交底是否完成,填写"完成"或者其他理由。

10.4.2 监理在施工现场的工作内容

监理在施工现场的工作内容

项目名称：_____ 项目编号：_____ 表格编

号：_____

序号	项目	工作内容	处理结果	说明
1	质量控制	各专业现场质量控制,填写《通信专业工程质量检查验收表》		必须
2	进度控制	各个专业工程的进度控制(根据项目负责人要求)		必须
		搜集整理工程实施中产生的各类资料,包括:		
3		(1)各种设备调测报告、蓄电池充放电记录		
4		(2)设备开箱报告、设备安装质量检查记录		
5		(3)设备、材料进场时采集的证明其质量合格的文件(合格证、质保书、出厂检验报告、质检报告等)		
6		(4)材料、设备的送检/检验报告		
7	现场资料搜集、整理	(5)钢筋、混凝土工程中采集的检验检测报告、强度检验报告、混凝土配合比报告、小应变测试报告等		根据专业工程的内容、工序
8		(6)隐蔽工程质量检查记录、接地检查测试记录		
9		(7)旁站监理记录表		
10		(8)监理通知单、监理通知单(回复)单		
11		(9)工程例会的会议纪要		
12		(10)其他与工程质量有关的文件资料		
13	现场拍照(影像)要求	(1)关键部位、关键工序必须拍照(参见各专业检查表)		必须拍照
14		(2)照片清楚、主题明确		
15		(3)必要的录影资料		根据需要
16	现场安全监管重点	(1)检查校对进场人员与施工单位报送资料的一致性,特种作业人员为重点		必须
17		(2)现场安全检查重点:临时用电、电气焊、在用设备		
18		(3)根据需要、要求发出《工作联系单》、《监理通知单》		根据需要
19	现场重大事项的处理	(1)记录发生的重要事件:业主/监理公司的检查、其他		记在监理日志上
20		(2)质量、安全事故,立即报告项目负责人		立即报告项目负责人或者分公司
21		(3)发生纠纷,立即报告项目负责人		
22		(4)其他自然灾害、紧急事件,立即报告项目负责人		
23	变更、签证的处理	按照项目负责人的交底要求处理		按照要求
24	协调工作	基本的现场协调工作		根据工程需要

项目负责人(签字):　　　　　　　　　　　监理员(签字):

日期:　　年　　月　　日　　　　　　　　日期:　　年　　月　　日

注:由总监理工程师(项目负责人)、领受任务的监理员共同签字有效。处理结果填写:"完成"或其他理由。

10.4.3 监理当日工作完成后的检查汇总表

现场监理当日工作完成后的检查汇总表

项目名称：＿＿＿＿＿＿＿＿ 项目编号：＿＿＿＿＿＿ 表格编号：＿＿＿＿＿＿

序号	项目	检查内容	检查结果	说明
1	离开现场前的环境检查	(1) 安全隐患检查(电源关闭、气阀关闭、警示设施、警示标志、对第三方安全影响的因素消除、施工单位工器具没有遗忘,特别是设备上)		必须
2		(2) 垃圾清理(干净、卫生)		
3		(3) 门窗关闭		
4		(4) 设备、材料的防盗措施检查		
5		(5) 工器具放置检查(有序、整洁)		
6		(6) 防鼠孔洞封堵		
7		(7) 如在机房施工,应告知管理人员当日施工结束		根据工程需要
8	离开现场后	(1) 路途安全、资料安全		必须
9		(2) 工作汇报(根据项目负责人要求进行)		根据负责人需要
10	整理监理日志	汇总一天的情况,书写《监理日志》,及时上报		必须
11	整理当日资料	(1) 产生的表格、报告归类存放		必须
12		(2) 需要项目总监(负责人)签字的要及时请签		根据负责人需要
13		(3) 汇报当日工程实施情况		
14		(4) 当日的影像资料(特别是关键工序的照片)		必须
15	准备明天的工作	参见《现场监理员出发前的准备工作内容》表		必须
16	其他事项			

项目负责人(签字)： 监理员(签字)：

日期： 年 月 日 日期： 年 月 日

注:本表由项目负责人检查监理员当日工作情况的表,项目负责人和监理员共同签字有效。

11 后记

数据中心配套建设工程监理,需要平时积累相关知识,需要有一定的机房监理经验,知识面较宽,要掌握的监理规范和技术标准较多。工作中要更好地完成任务,做到建设单位、施工方、监理方三方满意以及得到其他参与建设各方对监理工作的理解和支持,要在所有监理活动的基础上注重:脑勤(多思考、事前三控)、眼勤(注意发现质量问题、安全隐患)、口勤(一般问题及时要求整改,采取有效手段和方法,积极主动处理)、手勤(信息管理的基础,手中掌控尺度)、腿勤(及时巡视、旁站,现场把控),要达到这些要求,应注意以下方面的知识积累:

(1) 学习法律法规知识的作用:纠正参建各方不正确的建设行为。实施监理的过程是经历运用法律标准的过程。如果不会使用法律或以种种理由不去学习法律知识,就不能成为一名合格的监理人员。没有理解监理本身的作用,就失去了法律这个有力的武器,工作做不好成为必然。

(2) 学习标准规范知识:监理公司必须使用标准规范对工程实施阶段施工单位的行为进行监督管理,必须掌握与所担负工程监理一致的标准规范,才能科学规范地履行监理义务。

(3) 学习合同及合同条件:建设工程的合同包括设计、施工(总包、分包)、监理、采购、设备监造合同等。除了法律法规、标准规范以外,合同也是需要共同遵守的法律文件。合同中的专用条款是结合工程项目特点做出双方履约的规定。学习各类合同文件,使监理的工作又多了一份依据,对工作有重要的指导意义。

(4) 建设工程监理规范:是监理规范工作的行为准则。

(5) 监理技术:包括监理技术(生产技术:如何降低成本,提高生产效益);专业技术(如何推动和支撑生产)。具备一定的专业知识结构,掌握新技术知识,是我们完成工作的基础。

(6) 业主新规定、通知、项目所在地近期重大事件、活动:在不同时间和环境下,业主有着不一样的要求。积极主动、自觉地获取比如以会议纪要(并非监理参加过的会议)、有关通知、工程例会、电话等信息或内容,有利于主动开展工作,必须随时掌握,并在工程建设监理工作中得到落实。监理员特别是主控人员、项目总监必须具备这种管理上的敏感性,随时保持清醒的头脑,积极主动的工作方式,使得工作思路更加清晰可见。

(7) 工程项目建设流程:流程是工程实施经验的总结,也是工程建设的规律,不能违反,必须遵循。工程中的任何单位工程,都有着其本身的建设(施工)时间、周期,都有着不同的工序范围,到了一定的时候工序完工,这些工程或工序必然会有一个成果输出,监理应明确知道这些成果的来源、流向;与成果密切关联的任何说明成果属性(时间、品质等要素)的材料或者成果检验报告,然后将这些内容报送指定的位置。

(8) 监理过程中各类会议:监理参与的会议不外乎图纸会审、设计交底、第一次工地例会(工程启动会)、工前会、工程例会、专题例会、事故分析会等,项目总监对各类会议的参加人员,组织会议的单位应明确。同时,会议组织者应明确,会议纪要整理单位也要明确。如会议纪要整理的写作归属,建设方并不一定清除,包括大部分建设单位项目经理。建设方是我们服务的对象,建设单位项目经理是服务对象的代表,因此必须想办法采取一定的沟通手段,与建设单位项目经理做好工作关系,维系相互间的工作感情。

(9) 工程项目各类用表:监理用表中,除了工程实施中的相互沟通的进度表外,还有监理资料使用的 A、B、C 类表。B 类表由施工单位提供,这些表的搜集(严格说应为施工单位进场施工前上报的),监理应当积极主动在施工前要求施工单位提供。如果有困难可以在启动会上以《工程师联系单》的方式要求提供。在进场施工材料报验时,将 B 类表、进场材料、设备报验表同时提交(这点非常重要)。

(10) 监理日志:根据工作内容客观公正地记录工程建设活动状况,给监理工作留下原始状态的痕迹,对今后的工作、对工程服务的质量、对建设方满意的程度都将起到重要的作用。明确几个方面:① 监理日志是实践监理规划的具体表现;② 监理日志是监理与建设方之间沟通的桥梁;③ 监理日志要求内容充实、结构严谨;④ 监理日志体现了监理工作的时效性,监理日志以最原始、最直接的方式详细记录了工程实施的全过程,记载了工程实施中质量和诸多方面的真实面貌;⑤ 监理日志是现场监理的基本工作;⑥ 监理日志是监理文件,施工单位施工人员不需要在监理日志上签名;⑦ 监理日志是我们日常监理工作中最为常用,最为普通的信息管理资料。

(11) 监理资料整理:监理资料的整理、制作质量取决于平时资料的搜集和整理。最终形成的监理资料是施工过程文件的汇总,平时没有搜集,就不存在汇总,更谈不上监理资料质量,工程质量就没有保障。高质量的监理资料是一连串有序、有效工作资料的合集。资料提供时间:工程竣工资料(施工单位整理)在工程实施过程中,工程主体结束,初验之前;监理资料(监理单位整理):工程实施过程中,工程全部结束,正式验收之后。

(12) 材料设备进场检验:材料、设备的进场检验是质量控制的主要方式之一;材料设备质量证明资料审核中,包含两种情况:① 建设单位直接采购时:由监理工程师协助编制设备采购方案;② 总包单位或设备安装单位采购时:由监理工程师对总承包单位或是施工单位编制的采购方案进行审查;对进场的材料或设备进行验收和检验,其应有完整的施工工艺依据、质量检查记录以及证明进场材料或设备质量符合要求的文字资料,材料或设备实体质量经过检验均符合要求时,才能是检验合格。审查或检验不符合要求或存在质量问题及质量隐患的严禁在工程上使用,监理应拒绝签字。鉴于进场材料或设备对工程质量具有决定性影响,监理必须对进场材料的入口严格把关,避免以次充好现象发生。监理必须从严要求,注意学习,掌握材料的特性,才能避免不必要的问题出现。

(13) 施工企业资料审核:施工企业资料的审核是安全生产的重要关口。要求监理必须按照建设方和监理公司的管理制度和要求,对进场施工企业的资料进行认真审核和检查,发现问题绝不手软,特别是施工组织设计(专项施工方案)中安全技术措施是否符合国家建设工程强制性标准的审查。作为监理人员安全生产监督管理的工作,要求正确履行安全生产监督管理法定职责。被审查的施工方资料、设备厂商的技术资料应符合国家标准,还应根据国家、地方、工程建设方政府和工程所在地政府的统一格式要求进行。